《景观生态与规划》编委会

主　　编　刘云慧

副主编　刘文平　陈　健　张　鑫

编写人员（以姓氏拼音为序）

白珍建（东北农业大学）
常　青（中国农业大学）
陈　健（浙江农林大学）
段美春（西南大学）
李朋瑶（西南民族大学）
李　想（西北农林科技大学）
李学东（山东建筑大学）
刘文平（华中农业大学）
刘云慧（中国农业大学）
伍盘龙（内蒙古大学）
张少良（东北农业大学）
张　鑫（河北建筑工程学院）
张旭珠（河北工程大学）

主　　审　宇振荣（中国农业大学）

前言

景观生态学是一门研究景观结构、功能和动态特征的宏观生态学分支学科，其发展从一开始就与土地利用规划管理、森林管理、自然保护等实际问题密切联系。近30年间，受益于人们对大尺度生态问题的逐步重视以及现代生态科学、遥感和地理信息技术等发展，景观生态学成为生态学领域最为活跃的分支学科之一，其中通过景观生态规划推动目前人类发展面临的主要热点问题的解决，如生物多样性保护、区域生态安全、城乡可持续发展等，成为景观生态学最重要的应用领域。随着国家生态文明战略的提出，国土空间生态修复和生态规划等生态保护和建设工作迫切需要景观生态学理论、方法的支撑，也为景观生态学发展和应用提供了广阔天地。

针对国家生态文明建设的需求，本教材由中国农业大学主持编写，联合华中农业大学、西北农林科技大学、内蒙古大学、浙江农林大学、西南大学、东北农业大学、西南民族大学、山东建筑大学、河北工程大学、河北建筑工程学院等高校的教师，结合当前生态学、土地资源管理、风景园林、林学等专业对景观生态学教学的需要编写。本书在系统介绍景观生态学理论、方法、应用方面基础知识的基础上，进一步阐述各类景观生态规划的方法和途径，旨在推动景观生态理论结合实践的教学，并培养学生应用景观生态学理论和方法解决当前主要生态环境问题的能力。

全书共15章：第1章绪论，第一部分为基础理论篇，包括第2章景观生态学基本理论，第3章景观要素与景观结构和格局，第4章景观格局与生态流和生态过程，第5章干扰与景观动态；第二部分为方法篇，包括第6章景观调查与分类，第7章景观格局分析，第8章景观模型与模拟，第9章景观特征评价；第三部分为总体规划篇，包括第10章区域景观生态规划、第11章城市景观生态规划，第12章乡村景观生态规划；第四部分是专项规划篇，包括第13章生物多样性保护规划、第14章基于生态系统服务的景观规划、第15章退化生态系统生态修复规划。

本书由刘云慧任主编，刘文平、陈健、张鑫任副主编，具体编写分工如下：第1、5章由刘云慧撰写；第2、7章由张鑫负责撰写；第3章由伍盘龙负责编写，常青参与编写；第4章由李想负责编写，伍盘龙、张少良参与编写；第6章由张旭珠负责编写；第8章由陈健负责编写；第9章由李想负责编写；第10、14章由刘文平负责编写；第11章由李朋瑶负责编写；第12章由李学东负责编写，刘云慧、陈健参与编写；第13章由刘云慧负责编写，段美春参与编写；第15章由张旭珠负责编写，常青、张少良、白珍建、刘云慧参与编写。刘云慧、陈健、刘文平负责整理和统稿工作。宇振荣参与了章节内容的筹划，并负责书稿的审核，为书稿质量提升提出了宝贵建议。

在本书编写过程中，张启宇、李佳宁、安瑜、孟璇、唐文惠等在图表整理做了大量工作，特向他们表示由衷的感谢。

景观生态学近些年发展迅速，理论和方法研究成果不断推陈出新，应用领域也不断地拓展，限于笔者水平和认知，难免存在疏漏和欠妥之处，敬请读者批评指正。

编　者

2022 年 12 日

目　录

第1章 绪 论

景观生态学是20世纪30年代后发展起来的生态学的分支学科，结合了地理学和生物学的思想，研究景观结构和功能、景观动态变化及其相互作用的机理。得益于人们对大尺度生态问题的逐步重视、“3S”技术的发展，以及现代生态科学、地理科学和其他相关学科的领域知识的积累，景观生态学在近30年间得到了快速的发展，且应用越来越广泛。景观生态规划是应用景观生态学及其他相关学科的原理与方法，从景观生态功能的完整性、自然资源的内在禀赋特征及社会经济实际条件出发，通过调整或构建合理的景观格局从而实现景观整体功能的优化，现已广泛应用到区域、城市、乡村的可持续发展规划和管理中，在生物多样性保护、生态系统服务管理、生态系统修复中发挥着越来越重要的作用。

1.1 景观定义及特征

1.1.1 景观定义

景观(landscape)一词最早出现在希伯来文《圣经·旧约全书》中，用来描绘所罗门王国由教堂、城堡和宫殿构成的耶路撒冷城美丽的景色。在德语中，景观(landschaft)是指一片或一块乡村土地(Turner，1987)，但通常用来描述美丽的乡村自然风光；英语中的景观(landscape)源于德语，被理解为形象而又富于艺术性的风景；汉语中景观作为风景的同义语，不仅反映了风景、景色、景物，而且反映了观察者的感受和认知。因此，早期对于景观的理解是针对美学风景的景观的理解，既是景观最朴素的含义，也是后来景观科学概念内涵的基础。

19世纪初期，德国著名的植物学家和自然地理学家洪堡(A. V. Humboldt)将景观作为地理学研究的中心问题，探索原始自然景观转换为人类文化景观的过程。这时景观概念的内涵是指由气候、水文、土壤、植被等自然要素以及文化现象组成的地域综合体，也就是地表的一个特定的地域功能单元。在地理学中，形成了类型方向和区域方向两种关于地理景观概念内涵的理解。区域方向所理解的景观代表发生学上最具一致性的某个地域或地段；类型方向的理解主要关注景观要素(气候、地貌、土壤、植被等)特征和景观形成过程，所表述的景观没有空间尺度限制。

1939年，德国生物地理学家特罗尔(C. Troll)在研究东非土地利用及变化时，借助航片解释自然土地利用和景观变化，将景观的概念引入生态学中，“景观”这一概念才引起越来越多的生态学家的关注。根据特罗尔的说法，景观包含“水平”和“垂直”两个方向(图1-1)：水平方向研究自然—生物综合体的区域差异和空间的相互作用；垂直方向研究组成自然—生物综合体的各种自然现象的相互关系，即把生境内的各种现象作为一个生态系统加以研究。此后，不同的生态学家根据自身的研究需求和理解，先后给出了不同的景观生态学层面关于景观概念内涵的理解。例如，纳维(Naveh，1984)指出景观是研究自然、生态和地理等实体组成的综合体，包含所有自然和人类的格局和过程。福尔曼和戈登(Forman and Godron，1986)认为景观是一组以相类似方式重复出现的、相互作用的生态系统所组成的异质性陆地区域。我国景观生态学家肖笃宁(1991)认为景观是一个由不同土地单元镶嵌组成，具有明显视觉特征的地理实体；它处于生态系统之上、大地理区域之下的中间尺度，兼具经济、生态和美学价值。傅伯杰等(2001)也对景观定义做了总结：①景观由不同空间单元镶嵌组成，具有异质性；②景观是具有明显形态特征与功能联系的地理实体，其结构与功能具有相关性和地域性；③景观既是生物的栖息地，更是人类的生存环境；④景观是处于生态系统之上、大地理区域之下的中间尺度，具有尺度性；⑤景观具有经济、生态和文化的多重价值，表现为综合性。

邬建国(2000)认为景观可以分为狭义景观和广义景观。狭义景观是指在几十千米至几百千米范围内，由不同类型生态系统所组成的、具有重复性格局的异质性地理单元。广义景观则包括出现在从微观到宏观不同尺度上的、具有异质性或斑块性的空间单元，并与所关注和研究的问题相关，强调空间异质性、景观空间尺度随研究对象、方法和目的而变化(图 1-1)。广义景观概念体现了生态学系统的多尺度和等级结构特征，有助于多学科、多途径的融合与交叉，因此这一概念得到了生态学家的关注和采用，也推动了景观生态学在不同尺度上的研究，丰富了景观生态学的研究内容和对象。

图 1-1　广义的景观及大小与研究对象关联

(如图所示，蚜虫、步甲、苍鹰对异质性空间大小的感观尺度不同，其多样性研究需要的景观大小不同)

然而，鉴于区分狭义和广义景观容易引起歧义，特纳等(Turner et al.，2001)推荐了一个对尺度没有绝对要求的景观定义，即景观是一个至少在某个方面表现为空间异质性的区域，也就是景观不是必然由其大小所定义，而是由所关注和研究的对象或现象有关的斑块镶嵌体来定义，可以是任何尺度。

1.1.2 景观主要特征

综合前面不同学者从不同的视角对景观的定义，景观具有以下的特征：

(1)区域性

景观是具体的地表空间单元，任何一个具体的景观类型都包含着特定的自然(岩石、气候、地形、土壤)和人文要素(历史特征、人工特征)组合，共同构成了景观的区域特色。

(2)异质性

景观是由不同的空间单元镶嵌构成，其结构、功能和动态表现出时空的不均匀性，这种不均匀性正是景观的复杂性和变异性的体现。异质性研究是景观生态学区别于传统生态学研究内容的重要特征，因而景观生态学也被称作关于时空异质性研究的学科。

(3)尺度性

随着观察尺度的变化，景观中的优势地表现象和过程及其内在影响因素、相互关系将随之发生变化，人们所认识和理解的景观也随之发生改变。景观生态学研究极其重视这种尺度效应，多尺度的研究有助于系统、深入地理解和认识相关科学问题。

(4)多功能性和综合性

景观是一个特定的复合功能单元，既是生物的栖息地，也是人类活动的场所；景观具有经济、生态、文化多重价值，提供调节、供给、支持服务，表现出功能与服务的综合性。

1.2 景观生态学概念、发展概况及应用

1.2.1 景观生态学定义

1939年，德国地植物学家特罗尔在利用航空相片解译研究东非土地利用时，首次提出了“景观生态学”(landscape ecology)这一新的生态学研究范畴。特罗尔认为，景观生态学是由地理学和生物学(生态学)两种科学思想结合而产生的，研究支配一个区域不同地域单元的自然—生物综合体的相互关系。不过当时，特罗尔仅是将景观生态学作为一种景观综合研究的特殊视角，而非新的学科(Troll，1939)。

20世纪70年代以后，景观生态学研究不断兴起，景观生态学作为一门新兴的生态学分支学科逐渐得到确认，不同的学者也给出了其对景观生态学概念的不同理解。如福尔曼和戈登(1986)指出，景观生态学是研究由相互作用的生态系统组成的异质土地区域的结构和功能的科学。纳维和利伯曼(Naveh and Lieberman，1994)指出，景观生态学是一门新兴的现代生态学，处理人类与其建立的景观之间的相互关系。它不仅是为了研究景观的生态学而建立的一个种群生态学、群落生态学和生态系统生态学的空间分支，而且是一个有其自身特征的、新颖的、动态的和综合的环境研究和实践领域。威恩斯(Wiens，1999)指出，景观生态学将景观格局及其随时间的变化与景观功能和过程相连接，并研究这种空间关系怎样作用于生物和环境系统的功能，及其怎样受人类活动的影响，同时，还研究怎样应用景观的知识来预测景观价值(自然、文化和经济方面)的变化(Wiens，1999)。我国景观生

态学家肖笃宁等(2003)认为，景观生态学是研究景观空间结构与形态特征对生物活动与人类活动影响的科学。邬建国(2004)指出，景观生态学是研究景观单元的类型组成、空间配置及其与生态学过程相互作用的综合性学科，强调空间格局、生态过程与尺度之间的相互作用是景观生态学研究的核心所在。傅伯杰(2011)则指出，景观生态学是以景观为对象，通过物质流、能量流、信息流与价值流在地球表层的传输和交换，通过生物与非生物要素以及人类之间的相互作用与转化，运用生态系统原理和系统方法研究景观结构和功能、景观动态变化以及相互作用的机理，研究景观的美化格局、优化结构、合理利用和保护的途径。维特(With，2019)认为，景观生态学是一门研究格局和过程相互关系的学科，关注格局如何影响生态过程以及生态过程反过来如何改变景观格局。

1.2.2 景观生态学发展概况

景观生态学起源于欧洲，是德国生物地理学家特罗尔于 1939 年在利用航片研究东非土地利用时提出来的，强调对一个区域自然—生物综合体相互关系和过程分析的综合。与此同时，苏联科学家在研究土壤发生和发展时也提出综合性研究的概念以及景观地球化学。以荷兰和德国为代表的西欧派，强调人是景观的重要组成部分并且在景观中起主导作用，注重宏观生态工程设计和多学科综合研究，主要应用景观生态学思想进行土地评价、规划以及自然保护区和国家公园的景观规划设计。以捷克斯洛伐克的梅热(Mazur)和鲁日奇卡(M. Ruzicka)为代表的东欧派，用景观生态学思想研究区域规划和开发，根据生态信息和生态平衡原则对人类经营和生态系统进行优化设计。20 世纪 70 年代，欧洲的景观生态学特点可概括为：起源于植物地理学、土地评价规划学和航空摄影测量学，强调人类主导作用和景观中文化的重要性，对农业景观进行了大量的研究，并将景观生态学原理应用于土地利用规划。

20 世纪 70 年代以前，北美国家用自然地理综合的思想对土地分类进行研究，形成了一套用生态学原则和标准对土地进行分类的方法，称为生态土地分类；除自然地理综合思想外，特别强调土地的生态属性和生态功能，以此作为土地利用的依据，并开展生态规划研究。70 年代后，欧洲的景观生态学思想传入北美国家，1981 年，在荷兰召开的第一届国际景观生态学大会标志着景观生态学在北美进入一个新的蓬勃发展阶段，以丹瑟兰(Danseran)、福尔曼、里瑟尔(Risser)、特纳等为代表的美国学派，通过一系列文章介绍了欧洲景观生态学思想，并提出了"斑块—廊道—基质"模式。1982 年 10 月，在捷克斯洛伐克召开的景观生态学国际学术讨论会上，正式成立了"国际景观生态学学会"(International Association for Landscape Ecology)。1983 年，在美国伊利诺伊斯州的 Allerton 公园召开的景观生态学研讨会，对当时景观生态学的发展现状、存在问题和研究方向进行了广泛讨论，会后出版的综论成为日后美国景观生态学研究的重要指南(Risser et al.，1984)。景观生态学在美国的发展在很大程度上也促进了整个生态学科在理论、方法和应用方面的快速发展，特别是 1986 年美法科学家联合撰写和出版的《景观生态学》(Forman and Godron，1986)标志着不同研究方向和观点开始融合。1987 年，国际《景观生态学》杂志在美国创刊，标志着景观生态学进入一个全面发展时期。

此后，随着大批北美生态学家积极参与景观生态学研究，景观生态学发展迅速，影响力逐渐增大，呈现出全球化的趋势。1990年，在日本横滨召开的第五届国际生态学大会上第一次同时设置了三个景观生态学专题，标志着景观生态学正式成为生态学重要分支。此后的历届国际生态学大会中，景观生态学一直是重要的学科主题之一，并且随着全球范围对于宏观生态问题研究越来越重视，景观生态学的学科地位不断突出。

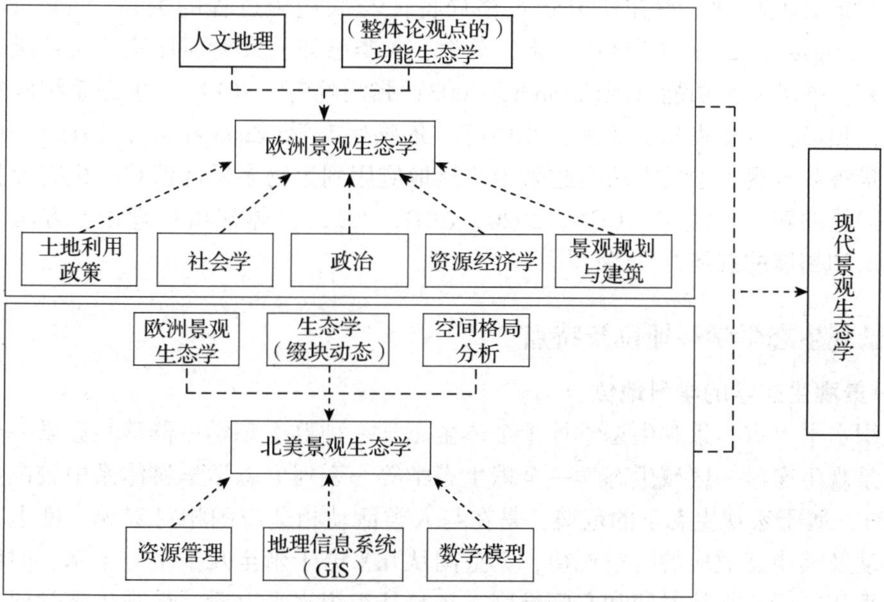

图1-2 欧洲景观生态和北美景观生态学的特点和关系（改自 Wiens，1997）

此后，景观生态学的基本概念框架体系和研究范式逐步形成，为学科的完善和成熟创造了有利条件，并逐渐形成景观生态学北美学派和欧洲学派（图1-2）。北美学者从景观生态学的基本理论研究入手，通过借鉴传统生态学研究的经验和方法，开拓了景观格局、景观动态模拟等特色研究方向，并应宏观生态学理论和应用研究发展的需求，将研究工作逐步向自然资源管理、生物多样性保护、全球环境变化等新方向拓展。在传统景观设计学工作者的积极参与下，北美景观生态学工作者还提出了景观安全格局构建的概念并形成了一系列初步的范式总结，极大地推动了景观生态学的应用研究发展。这一期间，欧洲景观生态学工作者在继承传统应用研究特色的同时，逐步细化和深化特色研究方向，在乡村景观规划、土地生态设计和生物多样性保护与自然资源管理等方面开展了大量工作，形成了一批具有重要影响力的区域生态规划模式；并吸收和借鉴北美景观生态学研究的成功经验，在初步统一了基本概念框架的基础上，运用相同或类似的理论研究范式，开展了大量基础理论研究工作，继续推动景观生态学学科发展。

从20世纪80年代后期起，世界各国也跟进欧美景观生态学领域的研究，形成了不同区域的研究特色。东亚地区特别是中国由于特定的经济社会发展氛围，景观生态学研究重点围绕城市化过程、土地利用动态变化、区域生态保护与修复等主题开展；澳大利亚学者则特别关注农业景观的相关理论和应用问题研究；世界其他地区学者的研究工作也同样表现出鲜明的地方特色，如南美洲学者关于热带雨林和稀树草原景观的研究。

进入21世纪后，随着计算机、遥感（RS）和地理信息系统（GIS）技术的发展，GIS、

RS、模型模拟等技术方法更加广泛地应用到景观生态学的研究中，进一步推动土地利用变化、可持续城市的研究，模型模拟在景观生态学的研究中发挥更加重要的作用。格局—过程、可持续发展、全球气候变化、生物多样性等全球性问题持续成为景观生态学研究的热点。景观生态学的交叉学科和跨学科发展的特点更加突出，由景观生态学和种群遗传学结合发展出的景观遗传学，旨在研究景观格局特征与微遗传过程的关系(Balkenhol et al.，2009；Holderegger et al.，2008)；文化、美学、人类感知、人类福祉等要素被融入景观生态学的研究，推动了多功能景观(Brandt，2003；张雪峰等，2014)、生态系统服务和景观服务(Wu，2013；赵文武和王亚萍，2016;)、景感生态学(Zhao et al.，2015)等议题的研究发展，景观和景观管理的方法也越来越广泛地应用到生物多样性保护、生态保护和修复等全球性问题的解决方法中(IUCN，2020；CBD，2021)，体现出在理论、方法、应用方面不断深入和拓展的态势。

1.2.3 景观生态学学科地位及特点

1.2.3.1 景观生态学的学科地位

从组织水平上讲，景观生态学处于个体生态学—种群生态学—群落生态学—生态系统生态学—景观生态学—区域生态学—全球生态学等一系列生态学学科体系中较高的组织层次(图 1-3)，属于宏观生态学的范畴，是在与人类活动相适应的相对宏观尺度上剖析自然和人为活动及其生态效应的时空规律，其空间从几平方千米至几千平方千米，时间尺度从几年到几百年。无论是从时间和空间维度，还是从组织水平上看，景观生态学研究的尺度域都比生态系统以下生命组建层次的传统生态学分支学科更宽泛。

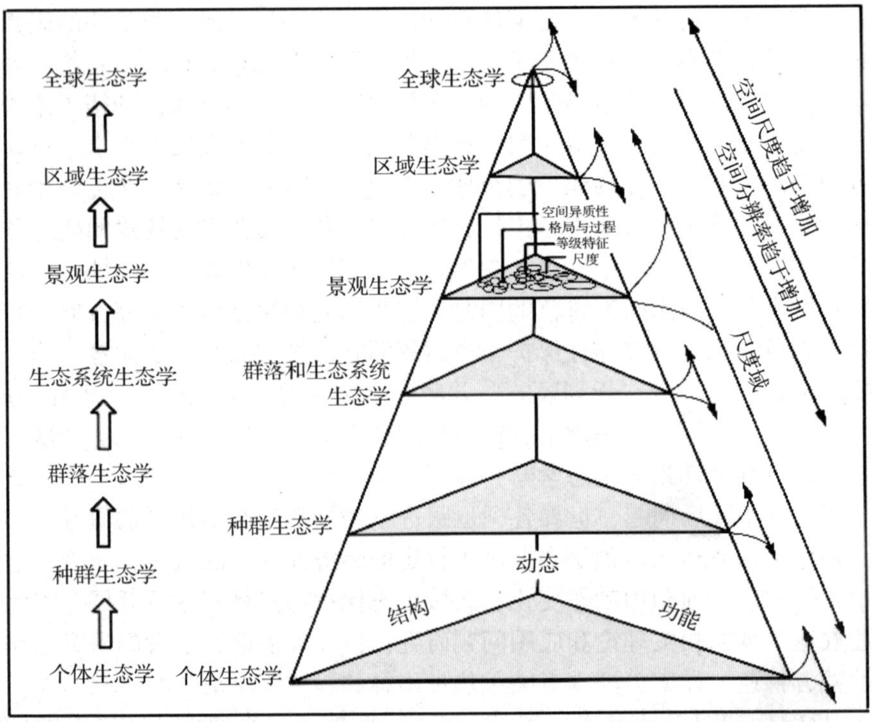

图 1-3 景观生态学在生态学系列中的定位(引自邬建国，2000)

从学科地位来讲，景观生态学兼有生态学、地理学、环境科学、资源科学、规划科学、管理科学等许多现代大学科群系的优点，适宜于组织协调跨学科、多专业的区域生态综合研究，因而在现代生态学分类体系中处于应用基础生态学的地位。景观生态学可称为空间生态学，它以景观生态系统的空间关系为研究重点，注重空间结构与生态过程的相互影响，强调尺度的重要性与时空异质性。

景观生态学又可称为建设生态学，它以人类活动对景观的生态影响为研究重点，注重景观管理、景观规划和设计的研究，相对于保护生态学和恢复生态学而言，它是一门内容更加丰富的宏观尺度上的应用生态学。

景观生态学属于人类生态学，它以人类对景观的感知作为景观评价的出发点，综合考虑景观的经济价值、生态价值和美学价值，围绕建造宜人景观这一目标，实现自然科学与人文科学的交叉。

1.2.3.2　景观生态学的学科特点

作为生态学的一个独立分支，景观生态学为生态学注入了新的活力，具有其独特的研究对象、方法和视角。概括起来，景观生态学具有以下三个方面的特点。

(1)强调景观时空异质性的研究

景观生态学中，景观是作为一个异质性系统来定义并进行研究的，时空异质性被认为景观生态学的研究重点。关注生态学过程和格局在空间分布上的不均匀性和复杂性、不同时间尺度下景观空间异质性的变化情况，以及时空异质性相互作用导致的景观系统的演化发展和动态格局。

(2)注重人为活动效应及应用研究

景观生态学除研究自然系统外，还更多地考虑经营管理状态下的系统，人类活动对景观的影响是其重要研究课题。在欧洲，景观生态学一直与土地利用规划和管理、森林管理、农业景观管理、自然保护等问题密切联系。在景观生态学研究涉及的时空尺度下，人类活动往往是景观格局、功能及其动态变化的决定性影响因素，注重人类活动的影响、解决人类活动带来的各种生态环境问题也必然成为景观生态学的重要特征。20世纪80年代以后，随着景观生态学概念、理论、方法的不断扩展和完善，学科的不断交叉与融合，景观生态学的研究和领域不断扩大，其中很多热点问题、研究主题，如城市化过程及其生态环境效应、生境丧失和破碎化对生物多样性的影响等，都与人类活动相关，这也使得景观生态学成为生态学中最为活跃的分支学科之一。目前，景观生态学广泛应用到自然资源开发与利用、生态环境影响评价、生态系统管理、自然保护区规划与管理、生物多样性保护、城乡土地利用规划、生态系统恢复与重建等诸多领域。同时，这种应用也反过来推动景观生态学基础理论的发展，成为景观生态学发展的动力源泉。

(3)强调跨学科发展

景观生态学是一门充满活力的、跨学科的科学，早期的景观生态学将地理学研究自然现象空间关系的“横向”方法，同生态学研究生态系统内部功能关系的“纵向”思路相结合，为主体的一门交叉学科(Naveh and Lieberman，1994)。此后，景观生态学不仅汲取了地理学和生态学相关分支学科的现有理论和方法论成果，而且兼有环境科学、资源科学、规划管理科学等许多现代学科群系的多功能特点，与遥感(RS)、地理信息系统(GIS)和全球导航卫星系统(GNSS)、模型模拟等现代地学信息技术紧密结合。目前，景观生态学不仅整合了自然科学和社会科学的研究，而且通过促进跨学科对人类土地利用的环境和社会后果的关注的整合研究，跨越了科学与实践之间的传统界限(图 1-4)(Wu，2006；With，2019)。这种多学科的整合，不是简单地在相关研究和实践中应用有关学科的理论和方法，而是将景观中发生的现象或过程，或者与景观格局和过程有相互影响和联系的现象和过程，作为景观生态学的研究对象进行综合整体研究，并通过将综合研究成果应用于景观开发利用、保护、恢复、建设和管理的规划设计中，促进学科的整合和进一步发展。

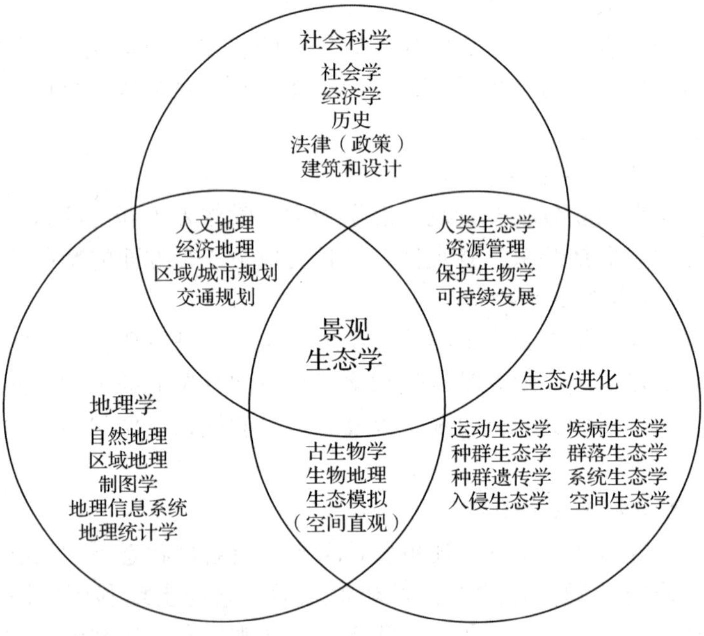

图 1-4　景观生态学的领域(引自 With，2019)

1. 2. 4　景观生态学核心观点、研究内容及应用

1. 2. 4. 1　景观生态学核心观点

With(2019)认为下列几个核心观点驱动了景观生态学研究，它们均与景观结构、景观功能以及景观变化这三个景观的重要特征有不同程度的关系。这几个核心观点分别是：

(1)景观具有异质性，且异质性对认识景观范围内空间过程至关重要

景观是不同地形、生态系统、栖息地类型或土地利用的镶嵌体(Forman and Godron，1986)。虽然景观通常被视为由离散的要素(如栖息地斑块、廊道、道路、水体)组成，异质性可以在景观中持续变化，其后果是景观镶嵌的要素很可能在质量或对物种的适应性方面存在差异。

(2)景观在形式和功能上是多样的

景观可以依据地貌(如山地景观)、主要土地覆盖或土地利用(如森林景观)、特定生态或生物功能，或者景观提供的设施或商品(如农业景观)，或与人类占据和价值评价的情况(城市景观、文化景观)来进行特征化，因此，景观在形式和功能可以是多种多样的。

(3) 景观是依赖于尺度的

传统上，景观是具有广阔空间范围的区域，但景观生态学研究中一直存在一种趋势，即将景观简单地定义为一个空间上异质性的区域(Turner，1989)，并根据过程或生物、研究兴趣进行放大或缩小。在同一栖息地生活的两种物种，因其各自活动的范围不同，它们所感知到的景观可能是不同的。尺度依赖性承认斑块性(即异质性)可能在一系列尺度上同时存在。多尺度斑块结构可以反映塑造景观的各种过程或干扰的不同尺度。这种观点拓展了景观的定义，从而扩大了景观生态学的领域。依据这一观点，任何尺度上的任何类型的空间分布都可以构成景观。这一观点很重要，因为它使得景观生态学不是简单的"区域生态学"或"大尺度生态学"，而是一种研究空间格局对任何尺度生态过程影响的研究范式。

(4) 景观是动态的

所有的生态系统都是动态的，景观也不例外。各尺度的扰动，从几平方厘米内几分钟内发生的干扰，到数千平方千米范围内的干扰，都对我们今天看到的景观做出了贡献。因此，景观是"变迁中的镶嵌体"，而不是某种平衡中的静态系统(Wu and Loucks，1995)，景观变化的速度与变化的幅度同样重要。认识人类活动对景观结构和功能影响，并比较其与自然干扰体系的影响对于景观管理策略的制定至关重要。

(5) 空间背景对于了解生态系统的分布和动态很重要

由于景观是异质的，可以预期景观动态也将在空间上变化。例如，如果栖息地对某一物种的适宜性不同，那么该物种的种群增长率也会因栖息地类型的不同而不同，依栖息地数量、质量的变化而改变。然而，栖息地的质量也可能是空间依赖的，同一种栖息地的两个地点可能会因其所在的特定位置(即空间背景，spatial context)不同而质量不同。例如，对于森林繁殖的鸣禽来说，在栖息地的中心筑巢的个体，其繁殖成功率可能比在边缘筑巢的个体要高(在边缘筑巢的捕食率往往更高)，或者在一个以森林为主的景观中比在一个森林覆盖率非常低的景观中具有更高的物种多样性。因此，空间背景对于理解单个斑块(或景观)内部以及理解斑块之间发生了什么均很重要。

(6) 生态流对许多生态现象很重要

由于空间背景很重要，斑块边界的性质和中间基质(栖息地斑块之间的土地覆盖或不同土地利用的镶嵌体)可以影响斑块之间的生态流量的大小。受生物对栖息地边缘的结构的感知和响应差异，斑块的边界可能对某些生物的移动是可渗透的，对其他生物是不可渗透的。植被类型之间的过渡可能是突然的，形成了所谓的"硬边缘"，或者可能是从一种栖息地类型到另一种生物如何感知和响应栖息地边缘的结构缓慢地过渡，形成了"软边缘"。生态流也可能发生在生态系统之间，例如，来自周围农业景观的雨水径流是海洋和淡水系统中非点源污染的常见来源，且生态流并不仅仅发生在一个方向，可以从陆地到水，从水到陆地。跨越斑块或系统边界的不对称生态流会对景观斑块或系统内部以及之间的动态产生深远的影响。生物、物质或营养物质在景观斑块或系统之间存在不同程度流动，意味着景观的某些区域至少在功能上是相互联系的，虽然一些情况下表面上看它们在景观中没有明显的联系。

(7) 景观的连接度很重要

连接度可被认为是景观的一种新生属性。它是生态流和景观格局相互作用的结果。因此，可以说，景观生态学的很多内容最终都与连接度的测量和研究有关。连接度对于理解干扰在景观中的传播、生物、物质和营养物质的运动和再分配、种群结构和动态、基因流与群体遗传结构、入侵物种和疾病的传播、群落结构和动态、生态系统结构和功能都很重要。

(8)景观是多功能的，需要以可持续的方式管理资源和土地使用

人类是世界范围内景观变化的主要驱动力，景观也被日益改造，并被用于各种生态、社会和经济功能。景观是多功能的，它们为人类提供一系列的商品和服务。因此，景观管理需要能够识别和解决各种功能矛盾。可持续性是景观生态学的一个关键概念，是健全的生态系统和自然资源管理的基础。景观生态学的产生正是为了在更大范围内、更全面地管理资源。

1.2.4.2　景观生态学的研究内容

在过去的发展中，研究者从不同的角度对景观生态学研究内容进行了阐述，例如，荷兰学者文克(Vink)认为，景观生态学把景观作为由相互影响的不同要素组成的有机整体来研究，研究生物圈、人类圈和地球层或非生物组成之间的相互关系(Vink，1983)。纳维和利伯曼(1994)指出景观生态学研究人类社会与其生态空间与组合的景观相互作用关系。维恩斯(1993)认为，景观生态学是将景观格局及其随时间的变化与景观功能和过程相连接，并研究这种空间关系怎样作用于生态和环境系统的功能，及其怎样受人类活动的影响。同时，它还研究怎样运用景观的知识来预测景观价值(自然、文化和经济方面)的变化。

1998 年，国际景观生态学学会(IALE)在修改的学会章程中指出，景观生态学是对于不同尺度上景观空间变化的研究，包括对景观异质性、生物、地理及社会原因的分析，认为景观生态学的核心主题包括：景观空间格局(从自然到城市)，景观格局与生态过程的关系，人类活动对于格局、过程与变化的影响，尺度和干扰对景观的作用。

邬建国(2000)进一步概括了景观生态学的研究对象和内容，主要包括景观结构、景观功能和景观动态及其相互作用和关系(图 1-5)。景观结构指景观组成单元的类型、多样性及其空间关系；景观功能指景观结构与生态学过程的相互作用或景观结构单元之间的相互作用。这些作用体现在能量、物质和生物有机体在景观镶嵌体中的运动过程中。景观动态指景观在结构和功能方面随时间的变化。具体包括景观结构单元的组成成分、多样性、形状和空间格局变化，以及由此导致的能量、物质和生物分布与运动方面的差异。典型的景观生态学研究问题包括：如何量化空间异质性，如何将空间异质性与生态过程关联，现存景观格局的形成过程和机制是什么，空间异质性如何影响生物、物质和能量的流动，景观格局如何影响干扰如虫害暴发、疾病、火灾和入侵物种等的传播，不同尺度上格局和过程如何相互关联的，生态信息如何从小尺度传递到大尺度，反过来又是如何传递，有关空间异质性的知识如何应用于提高生物多样性的保护、规划和管理，如何发展和维护可持续的景观(Wu，2006)。同时，邬和霍布斯(Wu and Hobbs，2002)也在景观生态学旗舰杂志 *Landscape Ecology* 上发表文章对进入 21 世纪景观生态学的关键议题进行了总结，指出景观生态学关键议题和优先研究领域包括：①异质景观中的能量、物质和生物流过程；②土地利用和覆盖变化的起因、过程和效应；③非线性科学和复杂性科学在景观生态学中的应用；④尺度推绎；⑤景观生态学方法论的创新；⑥发展能反映生态和社会经济过程的综合

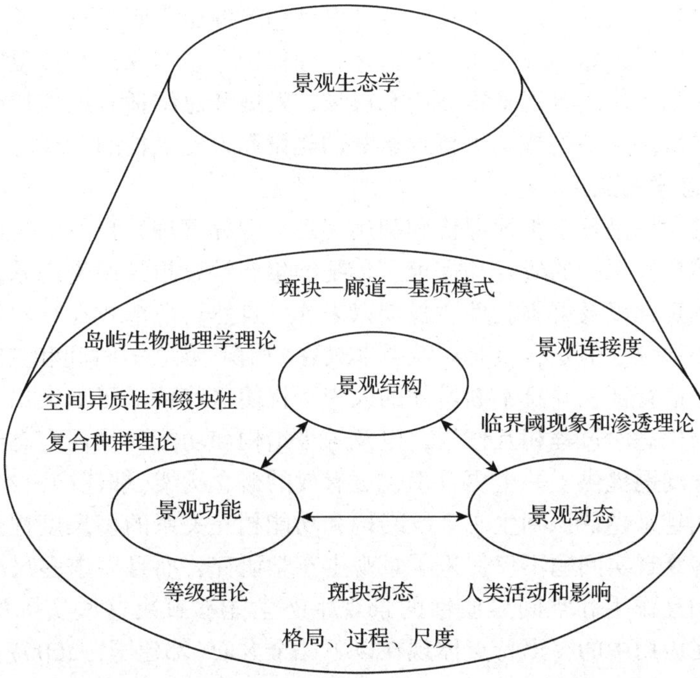

图1-5 景观生态学研究的主要对象、内容及相互关系（引自邬建国，2000）

景观指数；⑦把人类和人类活动整合到景观生态学中；⑧景观格局的优化；⑨景观水平的生物多样性保护和可持续性发展；⑩景观数据的获得和准确度评价。

曾辉等（2017）则从理论研究、方法论研究、应用研究几个方面提出景观生态学的研究内容。在景观生态学的理论研究方面，基础理论研究一直是学科发展的一个薄弱环节，虽然经过30年的不断积累已经在景观格局与过程、景观结构与功能、景观动态及其自然和人为驱动机制、景观的尺度效应问题、景观的复杂性与稳定性问题等方面形成了一些具有显著学科特色的理论研究方向，但仍然需不断丰富和完善，一方面可以发挥景观生态学交叉学科和应用研究的优势，寻找新的学科生长点，如水域景观生态学、景观遗传学和文化景观生态学等，聚焦景观格局、景观服务和人类福祉之间动态关系的可持续景观生态学研究等。另一方面，提炼和总结成熟的景观理论范式，不断创新并构建有足够应用潜力的理论范式；同时进行一般性的规律总结，完善景观生态学的理论体系。在景观生态学的方法论研究方面，通常包括基础数据获取方法、景观现象表征与分析方法、景观动态研究方法三个大的类别。"3S"技术的普遍应用很大程度上解决了基础数据的获取问题，成为推动现代景观生态学快速发展的重要因素。景观格局指数分析方法的开发及传统地理学和统计学方法的应用，对景观的空间异质性和规律性、生态系统之间的相互作用以及空间格局的等级结构、景观动态的定量分析方面发挥积极作用，推动景观生态研究的量化和深入。随着景观生态学研究工作的复杂性程度不断提高，需要对传统研究方法进行创新和完善，如需要构建更反映生态过程的景观格局指数，需要创造具有景观生态学学科特色的新型野外观测和实验方法，并不断创新景观模型，不断发展新的检验手段与实效性测试技术，提高模型的模拟和预测能力。在应用研究方面，在景观生态规划和设计、区域生态保护和建设、环境污染控制与管理、旅游开发、文化资源开发利用等领域不断渗透，并不断形成新的特色应用方向。针对减缓全球环境变化、生物多样性保护、生态保护与修复等重大问题，景观生态学需要研究如何应用景观基本理论和成果，发展和总结适宜的应用模式和方法，推动上述重大问题的解决，最终推动可持续景观的建设和人类福祉的实现。

1.2.4.3 景观生态学的应用

景观生态学的发展是基于土地评价和利用规划、森林管理、自然保护区设计、景观规划和设计、生物多样性保护的研究和需求。传统的生态学思想强调生态系统的平衡态、稳定性、均质性、确定性以及可预测性，长期以来这一自然均衡范式在自然保护和资源管理的应用中占有重要地位。但是，生态系统并非处在“均衡”状态，时间和空间上的镶嵌性或异质性才是它的普遍特征，并且不断增加的人为干扰使这些特征更加突出。因此，强调多尺度上空间格局与生态学过程相互作用，以及等级结构和功能的景观生态学观点，为解决实际环境和生态学问题提供了一个更合理、更有效的概念构架(邬建国，2000)。生态学的研究和发展使人们越来越认识到生态系统结构和功能相互关系的多尺度性、综合性以及时空异质性，这些客观现实问题不仅促进了景观生态学研究，而且要求多尺度下研究空间格局和生态学过程相互作用和空间异质性的景观生态学能够解决这些实际的环境和生态问题。景观生态学在应用中的突出特点体现在以下几个方面(邬建国，2000)：①强调空间异质性的重要性；②强调尺度的重要性；③强调空间格局与生态学过程的相互作用；④强调生态学系统的等级特征；⑤强调斑块动态观点，明确地将干扰作为系统的一个组成部分来考虑；⑥强调社会、经济等人为因素与生态过程的密切联系。景观生态学像其他学科一样，只是提供了解决实际生态和环境问题的一种途径和方法，它的理论和方法使我们能够更加全面地认识实际问题。

从20世纪80年代中期以来，景观生态学概念、理论和方法在不断发展的同时，其概念、理论和方法的应用也不断向纵深发展，广泛地应用于自然保护、森林管理、乡村景观建设、土地利用规划、生态环境评价等方面(Liu and Taylor，2002)，已涵盖城市、乡村、湿地、草原等几乎所有景观类型以及规划、设计、政策、管理等宏观生态学应用研究的各个层面。近些年，得益于人类对生态环境问题的愈加重视和景观生态学快速发展，景观生态学在国土整治和生态修复、资源开发、生物生产、环境治理、区域规划、城乡建设、旅游发展等领域都大有可为。简单而言，景观生态学的应用可以分为景观生态管理与景观生态设计两个互相联系而又各有侧重的方面。

景观生态管理主要体现在各种与生态实践密切相关的景观规划工作中，从我国当前实际需要出发，以下内容可作为重点：①区域国土整治与发展战略研究中的生态修复和建设规划；②区域生态环境变化的动态监测和预测预报；③大型生态工程的系统论证与大型建设工程的环境影响评价与生态预测；④城市空间格局优化和景观生态规划；⑤乡村土地生态适宜性评价与土地利用优化结构设计；⑥乡村人居环境提升和规划；⑦自然保护区的景观生态规划与管理；⑧旅游开发区建设的景观生态规划和风景名胜的景观生态保护。

除某些类型的土地利用优化设计外，景观生态设计基本上都要与具体的建筑工程相联系，作为整个工程设计的有机组成部分。例如：①城市居住区的景观生态设计；②乡镇居民生活环境的景观生态设计；③各类公园和休闲用地的景观设计；④重要城市建设物的环境设计；⑤被矿山开发和其他工程所破坏的景观重新塑造设计。

尽管对景观生态学开展了大量研究，但是，景观生态学理论和方法尚未成熟，这些理论和方法如何有效地指导资源管理、生态环境保护、人居环境改善并最终实现人与自然的可持续发展，还需大量的研究、验证、改善和发展。随着我国经济发展水平的逐步提高，人们对生活质量的追求更加重视，国家建设生态文明社会的不断推进，景观生态学应用的领域将会更加宽广，如何应用景观生态学的基本理论和成果，发展和总结适宜的应用模式和方法，将是推进景观生态学应用的重要方向。

1.3 景观生态规划概念、发展概况及应用

1.3.1 景观生态规划概念、内涵和特点

1.3.1.1 景观生态规划的概念及内涵

景观生态规划(landscape ecological planning)是应用景观生态学的原理及相关学科知识，从景观生态功能的完整性、自然资源的内在禀赋特征以及社会经济实际条件出发，以区域景观生态系统优化为基本目标，通过研究景观格局与生态过程，在景观生态分析、综合和评价的基础上，研究建立区域景观生态系统优化利用的空间结构和模式，提出景观最优利用方案和对策及建议(傅伯杰等 2011；肖笃宁等，2010)。

傅伯杰等(2011)综合诸多学者对景观生态规划的理解，对其内涵作如下概括：①它涉及景观生态学、生态经济学、人类生态学、地理学、社会政策法律等相关学科的知识，具有高度的综合性；②它建立在充分理解景观与自然环境的特性、生态过程及其与人类活动的关系基础之上；③其目的是协调景观内部结构和生态过程及人与自然的关系，正确处理生产与生态、资源开发与保护、经济发展与环境质量的关系，进而改善景观生态系统的整体功能，达到人与自然的和谐；④规划强调立足于当地自然资源与社会经济条件的潜力，形成区域生态环境功能及社会经济功能的互补与协调，同时考虑区域乃至全球的环境，而不是建立封闭的景观生态系统；⑤它侧重于土地利用的空间配置；⑥它不仅协调自然过程，还协调文化和社会经济过程。

1.3.1.2 景观生态规划的特点

景观生态规划是在风景园林、地理学、生态学学科的基础上孕育发展起来的，并扎根于生态学，是景观生态学应用研究的重点领域，秉承景观生态学景观空间格局控制和影响过程的思想，重视强调景观格局与水平运动流的关系(Forman，1995)，试图通过调控和改变格局来实现景观功能优化和景观的可持续发展。

景观生态规划和土地利用规划、自然保护、资源环境管理及旅游开展等实践活动密切相关，但主要对象是土地利用，重视区域尺度上各种土地利用类型、数量组成、空间配置关系与景观功能的影响，以区域系统为具体的规划单位，以国土最优化发展为目标，强调通过合理土地利用布局和配置推动区域规划与生态环境的可持续发展相协调。景观生态规划也被视作一种对人类土地利用导致的景观变化的调整行为，也是对退化景观的修复(Farina，1998)。

景观生态规划强调将景观作为一个整体加以考虑，规划涉及的要素不是道路、农田、

住宅、森林、草地等单一的景观要素，而是将构成景观的所有要素均作为目标和对象进行综合考虑，重视从整体上协调人与环境、社会、经济发展与资源环境、生物与非生物、生物与生物以及生态系统之间的关系，使景观格局和生态特征及其内部社会文化活动实现时间和空间维度上相协调，强调景观系统结构和功能的整体优化。

景观生态规划关注区域生态特征，以大中尺度的景观单元利用和配置为主要目标，与景观规划和设计(landscape planning and landscape architecture)、生态规划(ecological planning)既有差异，又有共同点，侧重点各有不同。景观规划和设计注重中小尺度的空间和建筑的配置；强调对小尺度的人类居住空间的规划和设计，包括城市公园绿地、广场、校园、居住区、道路系统、主题公园和国家公园等，并形成了由景观规划和评价、立地(场地)规划、景观设计等组成的完整的景观规划和设计学科体系。生态规划是针对土地利用规划中出现的生态问题而提出的，强调大中尺度的生态要素的分析和评价的重要性，主要内容包括生态要素评价(生态调查、生态评价)、环境容量和生态适宜性分析、评价指标体系的建立及规划目标的研究、生态功能区划与土地利用布局等。从20世纪50年代后，随着工业化和城市化的发展导致环境与生态系统遭到破坏，景观生态规划、景观规划和设计以及生态规划三者逐渐走向融合。景观规划和设计开始吸收生态学和生态规划的理论和方法，特别是景观生态学的发展为景观规划和设计注入了新的活力，也开始关注更大尺度的规划与设计；生态规划也开始重视景观生态学和地理信息系统技术，开始重视格局与生态过程分析；而景观生态规划也吸收景观规划和生态规划的特点，加强空间设计和生态分析，使得景观生态规划更加综合、更加具体、更加注重区域的生态功能(肖笃宁等，2010)。

1.3.2 景观生态规划发展概况

景观生态规划设计的思想产生可以追溯到19世纪末。由于对自然界的认识匮乏，人们对资源的开发和利用近乎掠夺，导致景观和功能的急剧变化。一些有远见的学者意识到了自然保护的重要性及价值，如马什(Marsh，1965)在研究地中海地区环境变化时意识到了人类对环境的巨大影响，他在《人与自然》(*Man and Nature*)一书中主张应依据环境进行设计而不是与环境相抵触；合理规划人类的活动，而不是破坏自然。尤其强调恢复被破坏的土地前需进行综合规划，不仅要考虑工程问题及方法，还要注意土地本身的特征。在生态学家和生物学家探索规划理论的同时，一些先驱也将规划付诸实践，并在实践中丰富了规划的理论与方法。之后许多规划师在对美国的中西部与东北部许多城市公园与开阔地的规划时开始有意识地协调自然景观、过程与文化景观的关系，为后来景观生态规划的理论和实践奠定了基础。

第二次世界大战后，德国、荷兰、捷克斯洛伐克成为景观规划与设计的中心，他们的工作除了景观生态学的理论和方法研究外，更多地涉及在实践中的应用景观规划与设计，标志着景观生态规划与设计的思想开始逐步形成。20世纪中期以后，随着新技术和手段的发展，人类对自然干预和破坏能力提高，导致资源环境问题突出，威胁到人类的生存和发展，英国著名规划师麦克哈格(McHarg)提出环境科学如土壤学、气象学、地质学和水资源学等学科要综合考虑，应用到海岸带管理、城市开阔地的设计、农田保护、高速公路和流域综合开发景观规划中，对景观规划和设计的工作流程及方法做了较全面的研究，出版了《设计结合自然》(*Design with Nature*)一书，改变了传统区域规划的思想理念，它突出各项土地利用的生态适应性和体现自然资源的固有价值，重视人类对自然的影响，强调人类、生物和环境三者是合作伙伴关系。与此同时，20世纪70年代初在东欧捷克斯洛伐克的梅热和鲁日奇卡等景观生态学家通过景观综合研究，逐步发展并形成了比较完整的景观生态规划理论方法，作为国土规划的一项基础性研究。

进入20世纪80年代，随着地理学和生态学等学科的发展，景观生态学成为一门独立的学科并形成自己的一套理论和方法，为景观生态规划进一步发展提供理论指导。另外，遥感技术、地理信息系统和计算机辅助制图技术的广泛应用，使景观规划与设计走向系统化。景观生态规划发展成为综合考虑景观的生态过程、社会过程和它们之间的时空关系，利用景观生态学的知识及原理经营管理景观以达到既要维持景观的结构、功能和生态过程，又要满足土地可持续利用的目的。哈佛大学的福尔曼(Forman，1995)强调景观空间格局对过程的控制和影响作用，通过格局的改变来维持景观功能、物质流和能量流的安全，他们的规划思想是景观生态规划方法论的又一次思维转变。我国学者俞孔坚以福尔曼倡导的景观生态规划方法为理论基础，针对景观生物多样性保护，进行了景观生态规划的实践探索，提出了景观安全格局最小阻力表面模型，通过对生态过程潜在表面的空间分析，判别和设计景观生态安全格局，保护区域生物资源(Yu，1995；1996)。近些年，随着对生态环境保护与可持续发展的重视，景观生态规划的应用范围不断扩大，相关理论和方法也在不断地发展之中，资源环境承载力评价、生态系统服务权衡与协同、国土空间适宜性评价、生态源地识别、生态网络构建、景观动态模拟预测、景观功能分区等理论和方法不断为景观生态规划注入活力，为景观生态规划提供科学支撑和技术指导，而景观生态规划也将在促进资源可持续利用、生态环境保护中发挥着越来越重要的推动作用。

1.3.3 景观生态规划目标和内容

1.3.3.1 景观生态规划的目标

景观生态规划的目标是通过景观生态系统格局优化，从自然生态、社会经济过程和景观组分质量与数量方面，提高景观系统的生态服务功能，保护自然环境，提高人类福祉。在规划实践过程中，需要根据规划对象和类型、时空尺度确定具体的目标。一般目标可概括为：①实现与其他规划的科学整合，确定生产、建设和生态用地的空间布局，优化国土空间格局，构建满足不同生态服务功能需求的景观生态安全格局；②提出生物多样性保护网络，通过重建生境之间的连接，缓解和改变生境破碎化造成的影响，保护和提高生物多样性；③实现绿色空间最优利用，提升绿色空间多功能效益，防止土地退化、水土污染及各类灾害发生，强化土地生态系统弹性，提高土地生产系统稳定性和综合生产能力；④挖掘乡村景观美学和文化价值，保护历史文化遗产，延续和提升乡村和城镇景观特征，建立游憩网络，促进乡村休闲旅游经济发展；⑤为区域可持续发展提供具有吸引力的绿色基础设施，改善人居环境，提高生活质量。

1.3.3.2 景观生态规划的内容

景观生态规划的主要内容是优化廊道、斑块、基质等景观组分的数量及其空间分布，满足各类生态经济过程和生态服务功能的需求。

由于景观生态规划独立的理论方法体系尚在形成中，目前的实践规划需要结合城市规划、土地利用规划、区域生态网络等相关规划关于景观组分和景观要素的分类以及目标要求，开展不同具体内容的景观空间格局优化。例如，土地利用规划中主要是优化土地利用类型的空间布局；城市规划中主要是优化商业用地、居住用地、交通用地、绿色开放空间的空间布局；区域生态网络规划中主要是优化核心区(斑块)、廊道、缓冲区、踏脚石和基质的空间布局。

1.3.3.3 景观生态规划的一般步骤

实践中，因不同类型规划的基础不同，所采用的方法和程序不尽相同，但大多数包含有空间格局的完整规划，具体包括如下步骤：确定规划目标与范围，收集数据和数据库建设，在景观分类和评价的基础上，制订规划方案，最后是规划实施与管理。傅伯杰等(2011)对景观生态规划的一般步骤做了概括(图 1-6)：

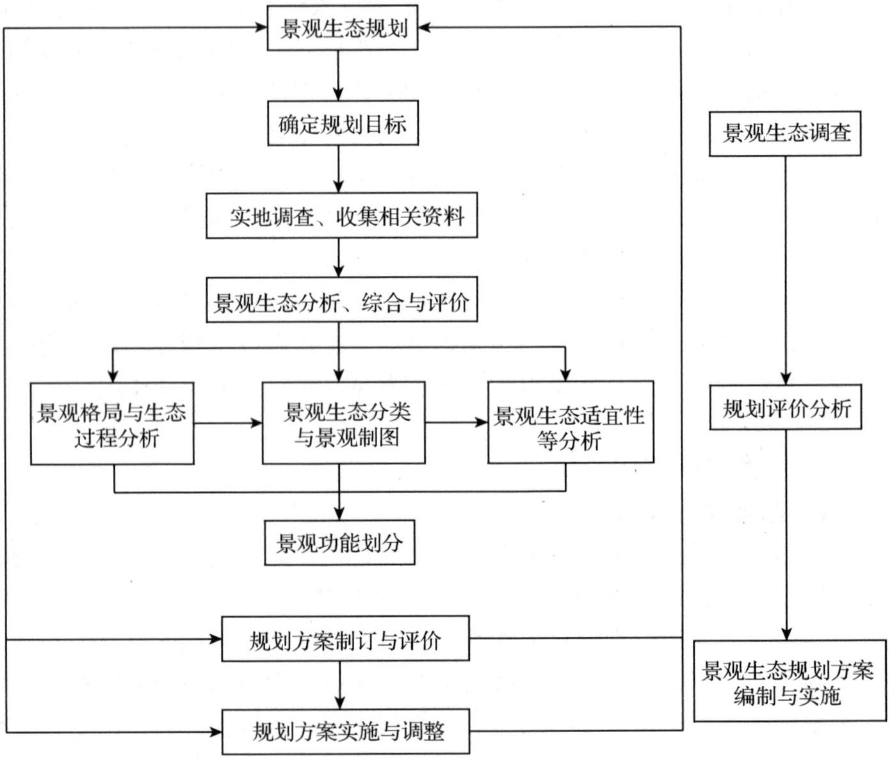

图 1-6 景观生态学规划一般流程(引自傅伯杰等，2011)

(1)规划目标和时空范围的确定

景观生态规划的目标和规划的地理空间范围及规划年限的制定一般基于两个方面：一是基于委托方要求；二是基于地域战略规划、已有的城市、土地利用和社会经济发展规划。

(2)空间数据建设和实地调研

景观生态规划需要收集的数据资料一般包括：规划以上层次的和相邻地区的政策法

规、规划等资料，不同行业有关规划、规定和标准；景观构成要素社会经济等统计数据和专题图件，建立空间数据库和属性数据库；进行必要的实地调研。

(3)景观生态分析

包括景观格局、生态过程分析及其人类活动之间的相互关系，诊断规划区域存在的问题。

(4)景观生态分类与评价

根据规划类型、尺度和目标，确定景观生态分类尺度、分类指标、标准和逻辑关系，开展景观生态分类。在景观生态分类的基础上，开展景观适宜性等生态评价，为规划具体目标的确定、规划方法的选择提供依据。

(5)景观功能划分

根据规划目标和区域生态安全格局构建需求，在对规划区自然生态和人文环境空间分异性充分认识与关键问题诊断的基础上，进行区域的划分和合并，确定不同的景观主体功能单元。

(6)规划方案的制订

规划方案制订的基本过程为：一是根据问题诊断结果和规划目标确定规划工作开展的总体安排；二是征求不同利益相关者的意见和建议，提出景观空间格局发展战略概念模型；三是将概念模型具体化，基于现状分类、景观生态评价，提出优化策略和实施方法。

(7)规划方案评判和选择

首先，组织规划课题组和行业专家进行预选方案科学性的评判；其次，从技术可行性、经济效益、社会效益、生态环境影响等方面对不同方案进行比较，确定最优规划方案；最后，通过不同利益相关者参与的多边、多学科讨论，确定景观生态空间格局、生态过程维护空间策略、建设战略，提出景观生态工程建设项目。

(8)规划方案的实施与调整

将最优规划方案付诸实施，并制定规划实施保障措施。根据规划实施过程和实施结果的成本效益与可持续性评价，实时做出局部调整。

由此可见，景观生态规划是景观生态学的重要应用。景观生态学有关格局和过程关系、人类活动和干扰对景观格局过程认识为科学制定景观生态规划提供知识储备和科学基础，景观分类与评价是景观功能区划的基础，景观模型分析和应用为景观生态规划提供规划的依据、方案，景观生态学的相关理论、资源管理策略则为景观生态规划提供了相应的理论指导和策略措施。

1.3.4 景观生态规划的应用

近些年，随着景观生态学研究不断深化，景观生态规划除了自身理论和方法发展外，与景观规划、生态规划、环境影响评价、生态系统管理、城乡规划等方法相互融合、相互促进，不断提高规划的科学性和可操作性，有力地支撑了区域生态环境保护和管理的科学决策。同时，遥感技术、地理信息系统和计算机辅助制图技术的广泛应用为大尺度景观生态规划提供了有力的工具，景观生态规划得到越来越广泛的应用。从总体规划的角度，景观生态规划可以应用到区域景观生态规划、城市景观生态规划、乡村景观生态规划中；从专题规划的角度，景观生态规划可以应用到生物多样性保护规划，生态系统服务提升规划及生态修复规划中，在后面的章节中我们将就以上规划展开深入的介绍。

1.3.4.1 区域景观生态规划

区域景观规划是指在区域的范围内，从区域的角度、区域的基本特征和属性出发，以社会—经济—自然的复合生态系统为对象，以协调生态系统与社会经济系统关系为基本任务的空间规划，包括生态安全格局和绿色基础设施网络两种主要形式。由于区域是落实国土空间生态安全决策的最佳空间尺度，区域景观生态规划在保障区域生态安全发挥着巨大作用，是区域生态环境可持续发展的前提和保障，也是对大尺度上自然地理特征，气候区域差异、地理区域差异等因素而造成的区域景观特征和特色的保护。

1.3.4.2 城市景观生态规划

城市景观生态规划就是根据景观生态学原理和方法，合理地规划景观空间结构，使廊道、嵌块体及基质等景观要素的数量及其空间分布合理，使信息流、物质流与能量流畅通，使景观不仅符合生态学原理，而且具有一定的美学价值，而适于人聚居。城市景观生态规划本身既包括整个城市范围内的规划，也包括对城市内某一景观类型或区域的规划，如城市蓝色、绿色空间的专项规划。

1.3.4.3 乡村景观生态规划

乡村景观是泛指城市景观以外的具有人类聚居及其相关行为的区域，是以农业为主的生产景观、粗放的半自然与自然景观以及乡村聚落景观的复合镶嵌体。乡村景观承载重要的生态、生产和生活功能，乡村景观生态规划需要考虑生态空间、生态用地的保护规划，也要考虑生产空间有利于生产的农用地的合理布局、田园风光提升和农田生态服务提升的绿色基础设施规划，还有生活空间则涉及乡村建筑、庭院、道路等人居环境改善的规划设计。协同生产—生活—生态空间的可持续发展是乡村景观生态规划的主要目标，也是乡村振兴目标实现重要保障和支撑。

1.3.4.4 生物多样性保护规划

生物多样性是人类社会生存和发展的基础，保护生物多样性已经得到国际社会的广泛重视，景观生态学的发展为生物多样性保护规划提供了重要的理论和方法基础，通过空间规划、生境保护、景观管理保护生物多样性已经成为国际社会公认的重要途径。2021 年在中国昆明召开的《生物多样性公约》第十五次缔约方大会(COP15)制定《2020 年后全球生物多样性框架》中就将空间规划和栖息地保护作为生物多样性保护的措施。最常见的生物多样性保护规划是自然保护区的规划，涉及自然保护区的选址、核心区、缓冲区、廊道等的规划。在人类主导的景观中，针对生物多样性保护也不断发展起不同保护途径，有基于物种的景观规划途径，也有基于景观要素的景观规划途径。

1.3.4.5 生态系统服务提升规划

生态系统服务是生态系统结构和功能与其他投入相结合对人类福祉的贡献。如何保护和提升生态系服务成为近些年生态学研究的热点。提升生态系统的服务，更好地保障人类福祉成为景观生态规划的目标，越来越成为制定和优化空间规划的途径，也是实现景观可持续管理的重要保障。生态系统服务的概念在规划领域得到较多的关注，在土地利用规划、景观规划和绿色基础设施规划中也开始得到考虑，但是仍处于初步的研究和应用阶段，随着人口和经济发展带来的资源环境压力的增加，生态系统服务规划与管理中需要更好地考虑不同生态系统之间的权衡和协同作用，需要考虑生态系统服务需求与供给的空间匹配，生态系统服务的时空动态，以制定更加精准的空间规划(陈春谛等，2022)。

1.3.4.6　生态修复规划

生态修复是修复、改善人类活动破坏的生态环境质量，维护生态安全格局的重要手段。进入21世纪，联合国制定了生态系统修复十年计划，推动生态修复成为国际社会关注的热点问题，也是全球生态环境治理的核心议题。党的十八大以来，在山水林田湖草沙系统治理、“绿水青山就是金山银山”等理念的引领下，国土空间生态修复已然成为国家战略部署。2020年，中央全面深化改革委员会通过了《全国重要生态系统保护和修复重大工程总体规划(2021—2035年)》，进一步强调坚持新发展理念，统筹山水林田湖草沙一体化保护和修复，着力提高生态系统自我修复能力，促进自然生态系统质量的整体改善和生态产品供给能力的全面增强已经成为当前我国生态文明建设的重要内容之一。生态修复规划作为国土空间整治与生态修复的依据，是国土空间规划体系的重要组成部分，是国土空间规划中生态建设内容的细化与实施载体(李锋等，2021)，在未来一段时间内将是景观生态规划的重要应用方向，相关理论、方法和技术的研究对支撑国土空间生态修复、助力国家和区域高质量发展至关重要(傅伯杰，2021)。

本章小结

作为生态学的分支学科，景观生态学结合了地理学和生物学的思想，研究景观结构和功能、景观动态变化以及相互作用的机理，强调景观时空异质性，注重人为活动效应和强调跨学科的发展，是宏观尺度上的生态学，并在近30年间得到了快速的发展，越来越广泛地应用到国土整治和生态修复、资源开发、生物生产、环境治理、区域规划、城乡建设、旅游发展等领域。景观生态规划是应用景观生态学及其他相关学科的原理与方法，从景观生态功能的完整性、自然资源的内在禀赋特征以及社会经济实际条件出发，通过指导调整或构建合理的景观格局以实现景观整体功能的优化，是景观生态学的具体应用，并在指导资源可持续利用、生态环境保护与修复、空间优化和布局方面发挥越来越重要的作用。

思考题

1. 景观生态学学科地位和特点、主要研究内容是什么？
2. 景观生态规划的内涵和特点是什么？

参考文献

陈春谛，2022. 基于文献计量分析的生态系统服务研究：从理论研究走向实践应用[J/OL]. 生态学报(14)：1-11. [2022-06-30]. http：//kns. cnki. net/kcms/detail/11. 2031. Q. 20220321. 1807. 049. html.
傅伯杰，陈利顶，马克明，等，2001. 景观生态学原理及应用[M]. 北京：科学出版社.
傅伯杰，陈利顶，马克明，等，2011. 景观生态学原理及应用[M]. 2版. 北京：科学出版社.
傅伯杰，2021. 国土空间生态修复亟待把握的几个要点[J]. 中国科学院院刊，36(1)：64-69.
李锋，刘海轩，马远，等，2021. 国土空间生态修复研究进展及规划策略[J]. 北京规划建设(5)：5-9.
邬建国，2000. 景观生态学——格局、过程、尺度与等级[M]. 北京：高等教育出版社.
邬建国，2004. 景观生态学中的十大研究论题[J]. 生态学报，24(9)：2074-2076.
肖笃宁，李秀珍，高峻，等，2010. 景观生态学[M]. 2版. 北京：科学出版社.

肖笃宁，1991. 景观生态学理论、方法及应用[M]. 北京：中国林业出版社.
张雪峰，牛建明，张庆，等，2014. 整合多功能景观和生态系统服务的景观服务制图研究框架[J]. 内蒙古大学学报(自然科学版)，45(3)：329-336.
赵文武，房学宁，2014. 景观可持续性与景观可持续性科学[J]. 生态学报，34(10)：2453-2459.
赵文武，王亚萍，2016. 1981—2015年我国大陆地区景观生态学研究文献分析[J]. 生态学报，36(23)：7886-7896.
BALKENHOL N，GUGERLI F，CUSHMAN S A，et al.，2009. Identifying future research needs in landscape genetics：where to from here[J]. Landscape Ecology，24(4)：455-463.
BRANDT J，2003. Multifunctional landscapes-perspectives for the future[J]. Journal of Environmental Sciences，15(2)：187-192.
CBD，2021. 2020后全球生物多样性框架初稿[R]. Montreal：CBD.
FARINA A，1998. Principles and methods in landscape ecology[M]. London：Chapman & Hall.
FORMAN R T T，GODRON M，1986. Landscape ecology[M]. New York：John Wiley and Sons.
FORMAN R T T，1995. Some general principles of landscape and regional ecology[J]. Landscape Ecology(10)：133-142.
HOLDEREGGER R，WAGNER H H，2008. Landscape genetics[J]. BioScience，58(3)：199-207.
IUCN，2020. IUCN Global Standard for Nature-based Solutions[R]. Gland：IUCN.
LIU J，TAYLOR W W，2002. Integrating landscape ecology into natural resource management[M]. London：Cambridge Univ. Press.
NAVEH Z，LIEBERMAN A S，1994. Landscape ecology：theory and application[M]. 2nd edition. New York：Springer-Verlag.
TROLL C，1939. Luftbildplan und ökologische Bodenforschung[J]. Zeitschrift der Gesellschaft für Erdkunde zu Berlin，74(7-8)：241-298.
TURNER M G，Gardner R H and O'Neill R V，2001. Landscape ecology in theory and practice：pattern and process[M]. New York：Springer-Verlag.
TURNER M G，1989. Landscape ecology：the effect of pattern on process[J]. Annual Review of Ecology and Systematics，20：171-197.
VINK A P A，1983. Landscape ecology and land use[M]. London：Longman.
WIENS J A，STENSETH N C，VAN HORNE B，et al.，1993. Ecological mechanisms and landscape ecology[J]. Oikos，66369-66380.
WIENS J A，1997. Metapopulation dynamics and landscape ecology[A]. HANSKI I，GILPIN M E. Metapopulation biology；ecology，genetics，and evolution[M]. San Diego：Academic Press：43-68.
WU J，HOBBS R，2002. Key issues and research priorities in landscape ecology：an idiosyncratic synthesis[J]. Landscape Ecology，17(4)：355-365.
WU J，2013. Landscape sustainability science：ecosystem services and human well-being in changing landscapes[J]. Landscape Ecology，28(6)：999-1023.

第2章　景观生态学基本理论

景观生态学作为一门发展迅速的综合性交叉学科，其理论体系正在不断发展过程中，作为一门新兴的、发展迅速的学科它亦是当今生态学研究核心内容之一，许多研究者从不同的学科基础出发，采用不同观点和方法对不同类型的景观进行研究，为建立和完善景观生态学理论体系做出了重要贡献。本章从等级理论与尺度、岛屿生物地理学说、复合种群理论等方面介绍了目前景观生态学的基本理论，围绕与景观生态学内容最为密切的理论基础和景观生态学的核心论题展开论述。

2.1　等级理论与尺度

2.1.1　等级理论

等级理论(hierarchy theory)是20世纪60年代以来逐渐形成的，关于复杂系统结构、功能的理论，它的发展是建立在一般系统论、信息论、非平衡态热力学以及现代哲学和数学有关理论之上。广义的等级是指由若干单元组成的一个有序系统。西蒙(Simon，1962)指出，复杂性常常具有等级形式，一个复杂的系统由相互关联的亚系统组成，亚系统又由各自的亚系统组成，依此类推，直到最低的层次。

尽管早在1942年，埃格勒(Egler)就指出，生态系统具有等级结构的性质。但直到20世纪70年代奥弗屯(Overton，1972)才将等级理论引入生态学，认为生态系统可以分解为不同的等级层次，不同等级层次上的系统又具有不同的特征。20世纪80年代以来，等级系统概念被生态学界广泛接受。艾伦和斯塔尔(Allen and Starr，1982)出版第一部生态学等级理论的专著《等级：生态复杂性的观点》(*Hierarchy：Perspectives for Ecological Complexity*)，详细论述了如何借助等级理论理解复杂的生态系统。奥尼尔(O'Neill et al.，1986)的专著《生态系统的等级概念》(*A Hierarchical Concept of Ecosystems*)进一步阐述了生态系统结构和功能的双重等级性质，并强调时空尺度以及系统约束对于生态系统研究的重要性。当前，等级理论为理解生态学系统的结构、功能和动态的复杂性提供了一个新的理论构架，并促进了新方法和新观点的产生和发展。特别对景观生态学的兴起和发展起到了重大作用，已成为景观生态学概念框架与理论体系的基础(Kotliar and Wiens，1990；Wu and Loucks，1995；O'Neill，1996)。

2.1.1.1　等级系统理论概述

自然界是一个具有多水平分层等级结构的有序整体，在这个有序整体中，每个层次或水平上的系统都是由低一级层次或水平上的系统组成，并产生新的整体属性。这一规律从亚原子—原子的物理和化学水平到各层次的亚有机体—有机体(有机大分子、细胞器、细胞、组织、器官、生物个体等)的生物学水平，再到超有机体(种群、群落、生态系统等)的生态学和社会学水平，直到全球乃至银河系都可以表现出来(Naveh，1993)。等级系统中的任何一个子系统都有自己的上一级归属关系，即它属于上一级系统的组成部分，也有其对下一级的控制关系，即它由下一级子系统构成。但应当指出，这种关系不是直线梯级结构关系，而是树状分支结构关系，而且同一水平上的分支之间也有相互联系和影响(Naveh，1993)。

等级结构系统的每一层次都有其整体结构和行为特征，并具有自我调节和控制机制。一定层次上系统的整体属性既取决于其各子系统的组成和结构关系，也取决于同一层次上各相关系统之间的相互影响，并受控于上一级系统的整体特征，而很难与更低级层次或更高层次上系统的属性和行为建立直接联系，这就要求人们在对复杂等级系统进行研究时，要全面认识系统的这种双向性或两重性，正确进行系统的分解，并始终将对系统组分的认识置于系统整体特征的控制之下。人们可以在不了解系统每一个组分的结构和行为细节的情况下，在一定等级水平上把握系统的整体属性和行为特征，这对于研究复杂大系统具有重要意义。对于景观复杂性，等级结构理论提供了一个把握系统不同结构成分在人类可见的尺度上与其他结构成分之间相互联系的新范式。

复杂性是等级结构系统的基本属性，系统的复杂性不仅由系统组成要素的多样性所决定，还取决于系统组成要素之间相互关系的多样性或生态过程的多样性。在等级结构系统中，系统独立于其组分而存在，且一般具有自组织性，因而可以看成一个控制系统。景观是复杂的等级组织结构系统，应当充分认识系统的组织结构水平，选择最佳时空尺度，才

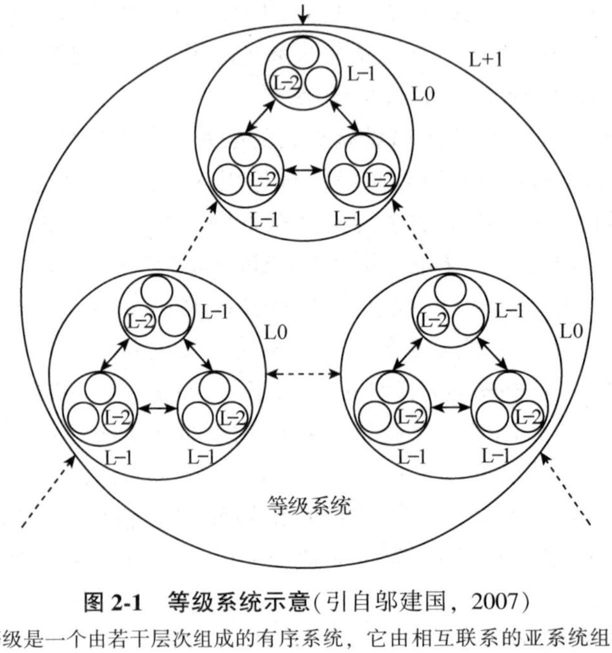

图 2-1　等级系统示意(引自邬建国，2007)

注：等级是一个由若干层次组成的有序系统，它由相互联系的亚系统组成，亚系统又由各自的亚系统组成，依此类推；属于同一亚系统中的组分之间的相互作用在强度或频率上要大于亚系统之间的相互作用；图中表示的是一个巢式等级系统

能把握复杂系统的整体属性和过程特征。

2.1.1.2　等级系统理论内涵

等级系统中每一个层次是由不同的亚系统或整体元(holon)组成。整体元具有两面性或双向性，即相对于其低层次表现出整体特性，而对其高层次则表现出从属组分的受制约特征。不同等级层次之间具有相互作用的关系，即高层次对低层次有制约作用。由于低频率、慢速度的特点，在模型中这些高层次制约(constraint)往往可以表达为常数。低层次为高层次提供机制和功能，由于其快速率、高频率的特点，低层次的信息则常常以平均值的形式来表达。概而言之，高等级层次上的生态学过程(如全球植被变化)往往是大尺度、低频率、慢速率；而低等级层次的过程(如局部植物群落中物种组成的变化)则常表现为小尺度、高频率、快速率。

2.1.1.3　等级系统的类型与结构

等级系统可分为巢式(或包含型；nested)和非巢式(或非包含型；non-nested)两类(邬建国，2007)。在巢式等级系统中，高层次由低层次组成，即相邻的 2 个层次之间具有完全包含/被包含的关系，如植物分类等级系统的“门—纲—目—科—属—种”；而在非巢式等级系统中，不同等级层次由不同实体单元组成，高层次与低层次不具有完全包含/被包含的关系，如“物种—种群—群落”等级体系中，一个物种可以分布在很广阔的范围内，只有落在某个特定空间的个体才统称为一个种群，而群落也是指特定空间上的所有种群的集合，而其中的每一个种群都可能分布在其他的群落里。

尽管两类等级系统均遵从等级理论的一般概念和原理，但它们的行为方式确实不同(表 2-1)(Ahl and Allen，1996；Wu，1999)。在巢式等级系统中，高层次对低层次有空间的包含和特点的概括，而低层次是高层次的组成和细节特征的反映。也就是说，高层次系统的特征可以由低层次系统的特征来推断。而在非巢式等级系统中，高层次对低层次有空间上的包含，但没有特点上的概括；低层次是高层次的组成，但不是对高层次的细节特征的全部反映。也就是说，高层次系统的特征不能完全由低层次系统的特征来推断，不同层次之间无完全的因果关系。例如，科尔沁农牧交错带的特征可以通过奈曼旗、科左后旗、翁牛特旗等低层次的农牧交错带的特征来判定和描述；而同样是科尔沁农牧交错带中低层次的水陆交错带特征[如广泛分布于科尔沁沙地的湖泊(或河流)—沙丘交错带等]却不能用来推断其高层次的特点(常学礼等，1999)。

等级系统具有垂直结构和水平结构(图 2-2)。垂直结构是指等级系统中层次数目、特征及其相互作用关系，而水平结构则指同一层次上整体元的数目、特征和相互作用关系。

表 2-1　巢式等级系统和非巢式等级系统的比较

巢式等级系统	非巢式等级系统
易于推测系统的未知特征	不易推测系统的未知特征
不同层次有不同的标准或测量单位	各个层次的划分标准(或测量单位)有一致之处
不容易进行等级间的比较	容易比较不同等级之间的关系
通过研究系统组成及其相互作用可理解系统的整体行为	从系统的部分不能理解系统的整体行为

注：Ahl and Allen，1996。

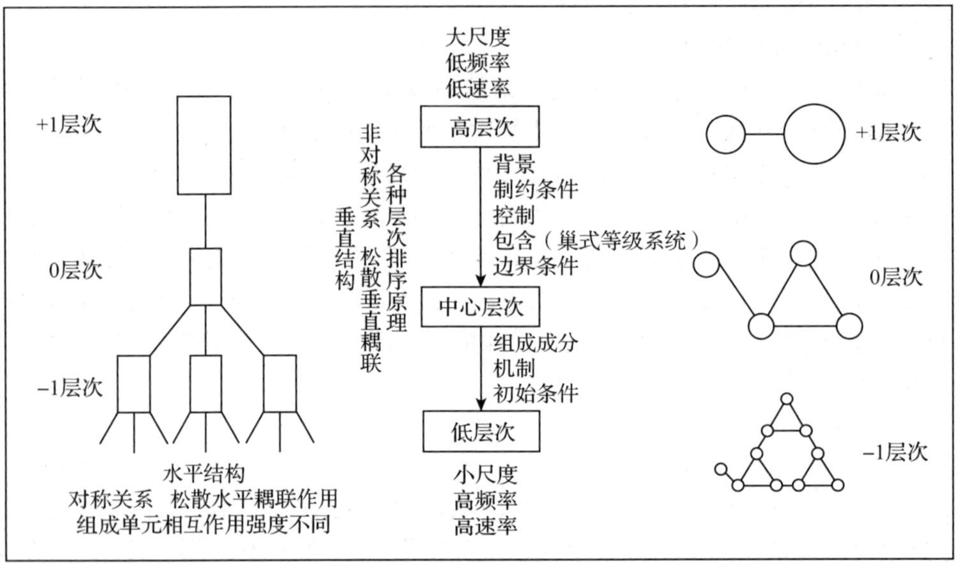

图 2-2 等级系统及其主要概念(引自邬建国，2007)

等级系统的垂直结构和水平结构都具有相对离散性或近可分解性，其中垂直结构的近可分解性是因为不同层次具有不同的过程速率(如行为频率、缓冲时间、循环时间或反应时间)，而水平结构的近可分解性来自同一层次整体单元内部及其相互之间作用强度的差异。等级系统的离散性(或可分解性)反映了自然界中各种生物和非生物学过程往往有其特定的时空尺度，同时也为了解包括景观系统在内的复杂系统提供了基本框架与有效手段(邬建国，2007)。基于等级理论，在研究复杂系统时一般至少需要同时考虑 3 个相邻层次：即核心层(0 层)、上一层(+1 层)和下一层(−1 层)(图 2-2)。只有如此，方能较为全面地了解、认识和预测所研究的对象。

垂直结构的相对离散性或近可分解性来自各层次间过程速率(或频率或循环周期或反应时间)的差异。每个亚系统均有其特定的过程速率，使其处于等级系统的某个层次上。一般来说，在时间尺度相同的情况下，处于等级中高层次的组成要素的行为或过程常表现出大尺度、低速率、低频率的长期特征，如一个生物群系的变化；而处于等级中低层次的组成要素的行为或过程则常表现出小尺度、高频率、高速率的短期特征，如一个生物个体的变化。例如，北方农牧交错带组成要素的变化要小于科尔沁农牧交错带组成要素的变化，科尔沁农牧交错带的变化也小于奈曼旗农牧交错带的变化；而生态交错带的最基本单位农牧交错生态系统的组成类型最简单(只有农田和牧场)，变化非常快。若降水条件好，则许多适合种植旱田作物的草场被开垦为农田；若降水量减少，则前一年开垦的农田将被弃耕而变成牧场。

水平结构的相对离散性或近可分解性来自同一层次上亚系统内部组分间与亚系统间相互作用强度的差异，也就是说，亚系统内部组分间的相互作用强于亚系统间的相互作用。例如，一个学院内部成员之间的相关性强于一所大学的不同学院之间，而不同学院之间的相关性又强于不同大学之间。

2.1.2　尺度

2.1.2.1　尺度的概念及分类

等级理论为尺度及尺度推绎的研究提供了一种系统的科学思路，借助该理论能够简化复杂的地表系统，将不同的系统过程纳入离散的时空尺度，解析不同尺度上的特征、功能及相互关系，从而为跨尺度时空转换，构建尺度推绎模型等提供理论依据(Johnson et al.，1999；Turner et al.，2001；赵文武等，2002)。从20世纪70年代早期开始，许多生态学家开始关注空间尺度；到80年代中期，一些生态学家已经开始在其研究中考虑尺度效应(scale effect)；80年代中期以后，生态学对尺度问题的研究呈指数增长趋势。这时期大尺度环境和资源管理问题的日益紧迫、计算机技术和数字化空间信息技术的飞速发展、北美景观生态学学科的兴起，以及等级理论的发展促进了生态学范式由机制研究向机制与空间分析相结合的转变。在20世纪80年代，一些专著和论述对尺度研究做出了重要贡献。目前景观生态学在处理尺度问题上处于前沿，并已成为阐述生态学中基本的尺度问题的主要推动力。近年来，等级系统理论为景观生态学的兴起和发展起了重大作用，其最为突出的贡献在于，它极大地增强了生态学家的"尺度感"，为深入认识和理解尺度的重要性以及发展多尺度景观研究方法起了显著的促进与指导作用。

尺度(scale)，通常意义上的空间尺度和时间尺度是指在观察或研究某一物体或过程时所采用的空间或时间单位，同时又可指某一现象或过程在空间和时间上所涉及的范围(Turner et al.，2001)。生态学尺度有三重概念：维数(dimensions)、种类(kinds)和组分(components)，其中每重概念又包含多个定义(图2-3)，有必要进行澄清、分类和统一(Wu and Li，2006)。

(1)从维数角度划分

尺度包括空间尺度、时间尺度和组织尺度(图2-3)。

①空间尺度(spatial scale)　一般是指研究对象的空间规模和空间分辨率，研究对象的变化涉及的总体空间范围和该变化能被有效辨识的最小空间范围，一般用面积单位表示。在实际的景观生态学研究中，空间尺度最终要落实到由欲研究的景观生态过程和功能所决定的空间地域范围，或最低级别或最小的生态学空间单元。例如，研究流域高地森林景观与流域水文过程的关系，就必然将流域集水区范围作为研究范围，而把具有不同水文学特征的森林类型作为最小的生态学单元，实际可分辨的森林类型斑块最小面积也相应地由森林类型的对比度和研究资料的分辨率决定。

②时间尺度(temporal scale)　指某一过程和事件的持续时间长短和考察其过程和变化的时间间隔，即生态过程和现象持续多长时间或在多大的时间间隔上表现出来。由于不同研究对象或者同一研究对象的不同过程总是在特定的时间尺度上发生的，相应地在不同的时间尺度上表现为不同的生态学效应，应当在适当的时间尺度上进行研究，才能达到预期的研究目的。例如，不同的自然地理、演替历史和干扰历史决定了森林景观斑块演替的速率和进程，决定了研究的时间范围和观测取样间隔期的长短。

③组织尺度　景观生态学研究中用生态学组织层次定义的研究范围和空间分辨率称为组织尺度(organizational scale)。显然，由个体(individual)、种群(population)、群落(com-

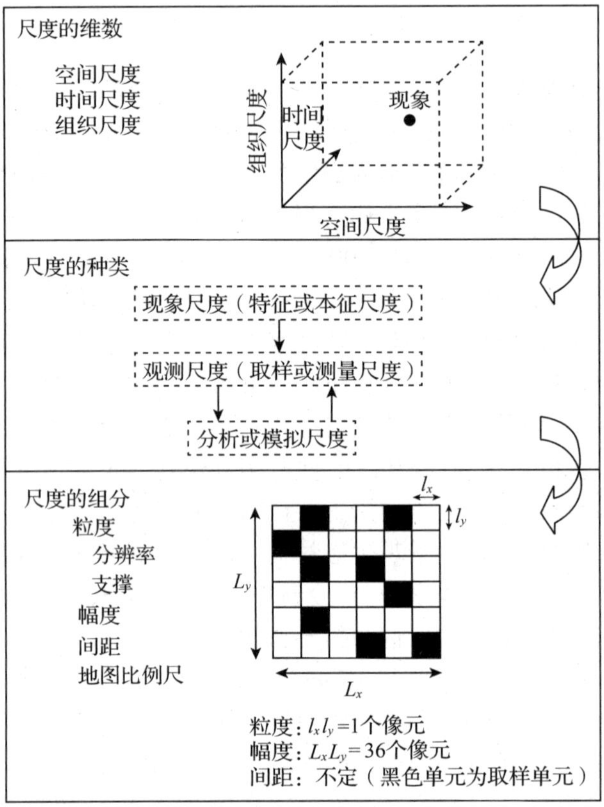

图 2-3　生态学尺度的三重概念(引自张娜，2014)

munity)、生态系统(ecosystem)、景观(landscape)和区域(region)组成的生物组织等级结构系统，不同层次对应着不同的空间尺度，不同层次上各种生态过程的时间尺度也有明显差别。一般从个体、种群、群落、生态系统、景观到区域乃至全球，虽然在各层次的具体研究对象之间，实际的时间和空间尺度可能会有一定的重叠和交叉，但不同等级层次上生态学研究的空间和时间尺度都趋于增大。而不同的时空尺度上生态学的研究内容有较大差异(图 2-4)。

(2)从种类角度划分

尺度包括现象尺度、观测尺度、分析或模拟尺度(图 2-3)。

①现象尺度　包括格局尺度以及影响格局的过程的尺度。格局尺度指与格局的物理大小有关的尺度，包括格局所处的等级水平、各等级水平的斑块大小分布(如某种生物的生境斑块大小的平均值和方差)、同类斑块之间的距离等。过程尺度包括过程本身作用的范围，也包括过程能够影响的潜在或实际的幅度。很多生态过程不仅发生在紧邻发生源一定距离的潜在范围内，后者的意义甚至会远远超过前者。由于现象尺度为自然或人为现象所固有的，不随研究视角而改变，因此也常称为特征(characteristic)尺度或本征(intrinsic)尺度。

②观测尺度　也被称为取样尺度或测量尺度，包括地面或遥感观测中样方或像元的大小、形状、间距，观测幅度以及间隔时间等。生态学研究中的取样单元可以是一些自然物

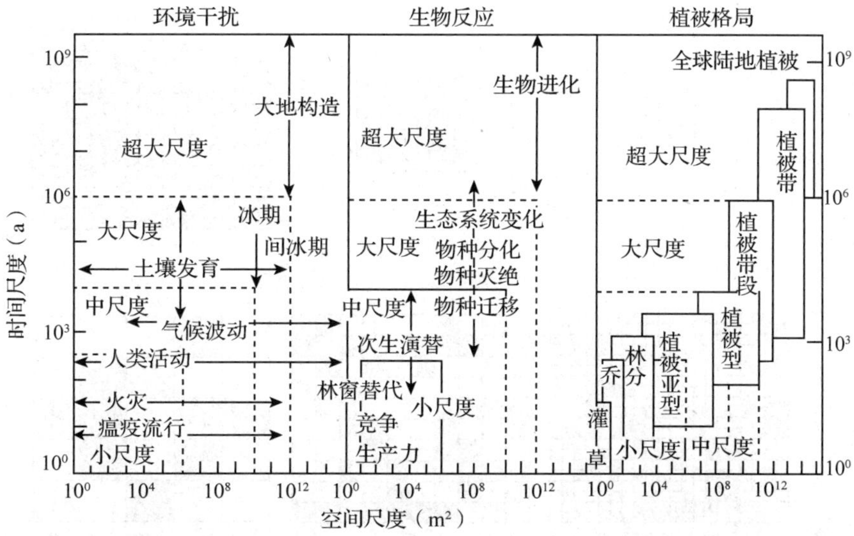

图 2-4　不同时空尺度上的生态学研究(引自肖笃宁等，1997)

体，如一片树叶、一个生物体、一个动物巢穴等。

③分析或模拟尺度　在空间分析或模拟模型中所用的时空分辨率和范围尺度。在单尺度分析或应用中，分析或模拟尺度可能等同于现象或观测尺度。但在多尺度分析或应用中，由于涉及一系列尺度上的聚合或变换，分析或模拟尺度不再完全等同于现象或观测尺度。

(3)从组分角度划分

尺度包括粒度(grain)、幅度(extent)、间距(lag 或 spacing)、分辨率(resolution)和地图比例尺(cartographic scale)等核心概念。在景观生态学中，常用粒度和幅度来度量尺度(图 2-5)。空间粒度是景观中最小可辨识单元所代表的特征长度、面积或体积，如斑块大小、样方大小、栅格数据中的格网大小及遥感影像的像元大小或分辨率等；时间粒度是某一现象或事件发生的(或取样的)频率或时间间隔，如野外测量生物量的取样时间间隔、某一干扰事件发生的频率、模拟的时间间隔等。幅度是研究对象在空间或时间上的持续范围或长度，如整个研究区大小、模拟的持续时间。对于一个生态系统，随着组织层次从较低到较高的变化，粒度和幅度呈逐渐增加的趋势。总体上，幅度与粒度在逻辑上互相制约；大幅度通常对应着粗粒度，而小幅度通常对应着细粒度。间距是相邻单元之间的距离，可用单元中心点之间的距离或单元最邻近边界之间的距离表示。粒度、幅度和间隔的概念除可用于时间和空间外，也可用于现象、观测、分析或模拟中。

具体地说，研究每个生态学现象和过程需要的时间长度和空间幅度；研究项目持续多久，则确定其时间幅度。一般而言，从个体、种群、群落、生态系统、景观到全球生态学，粒度和幅度均趋于增加。粒度和幅度相互联系，但又不相同。从生物体观点来看，粒度和幅度可以定义为在一定高空上某一生物对较小尺度和较大尺度可视力的敏感程度。粒度是指能够被有机体所辨别和区分的最小的环境组分；而幅度是生物体能够区别彼此有关联物体(对象)的区域范围。实际上，粒度和幅度一般应用于图像处理(如航片)中像素和

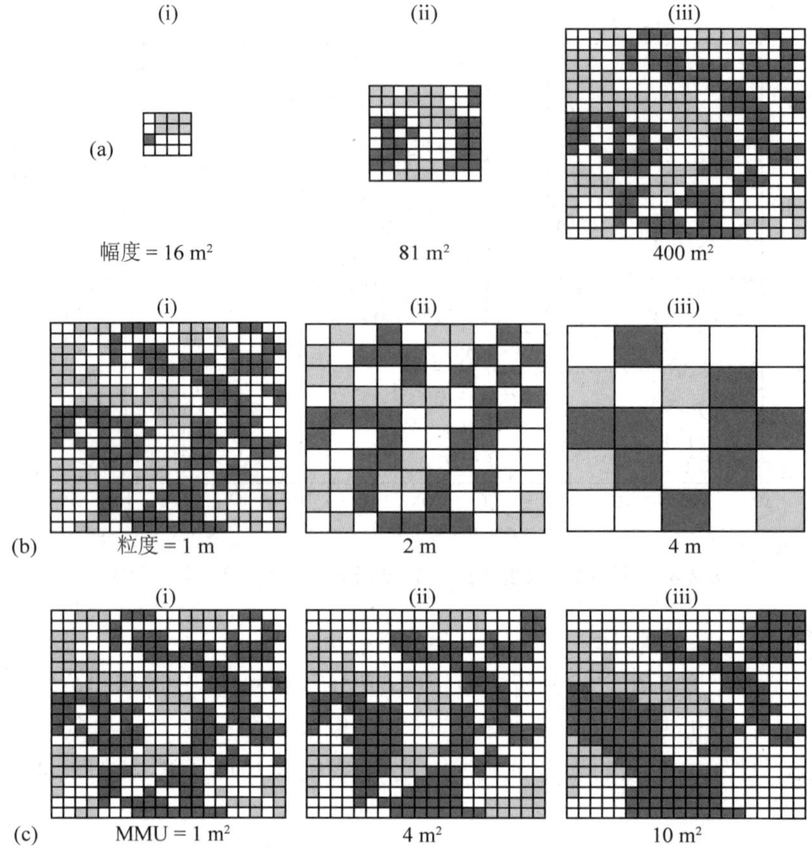

图 2-5　粒度(grain)、幅度(extent)和最小制图单元(MMU) 的变化对制图的影响(Turner et al. , 2001)

(a)反映幅度逐渐增加的变化　(b)反映粒度逐渐增加的变化　(c)反映最小制图单元增加的变化

面积来表示。

时间和空间尺度的关系表现为空间尺度大的现象趋向于相对低的动态性，或长时间和低频率，如全球气候变化；空间尺度小的现象趋向于相对高的动态性，短时间和高频率，如农田小气候变化。

2.1.2.2　尺度的选择

尺度问题涉及很多生态学研究领域，如景观结构(斑块大小、形状、镶嵌体格局、破碎化)、土地利用/土地覆被的分类和驱动机制、植物群落组成和分布、景观动态(演替、干扰、稳定性、时间序列)、栖息地分析、动物行为、生物多样性、生物地球化学循环、全球变化(生态系统模型、全球变化的影响、生态系统的反馈)和景观规划设计及管理等，但在不同领域，研究和应用尺度的方式和程度有很大差异。实际上，只有当观测尺度和分析尺度与所研究现象的特征尺度相符时，格局或过程才能被揭示。多尺度空间格局分析也是跨尺度推绎的基础，由此判断生态过程或控制因素是否变化，以及某种尺度推绎方法的适用范围。一些人认为自然界并不存在所谓的特征尺度，尺度或等级水平仅仅是观测者主观认识的结果，而不是客观存在的事实；但更多的则认为所观测到的某种现象的特征尺度是观测者与该现象的内在尺度相互作用的结果。由于空间异质性的存在、生态过程作用范围和影响幅度的不确定和不明显，往往不能直接识别等级结构和特征尺度，而需要借助适当的多尺度空间格局分析方法。因此，等级结构和特征尺度的识别反过来又依赖于对观测尺度和分析尺度的选择。

不同尺度上系统特征和过程的性质会发生变化，然而，在一定的尺度范围内，系统的行为和特征具有相似性，这个尺度范围就是尺度域。在同一尺度域内，系统特征具有相似性，尺度推绎比较容易和简单，预测性高；当在不同尺度域或跨越不同尺度域时，由于系统的特征和过程的相互作用以及随尺度域变化的非线性变化，尺度推绎必然困难和复杂化。在选取特征尺度时要针对研究对象，确保选择系统特征和过程在尺度域内的不同尺度上具有代表性。

既然格局和生态过程的关系随研究尺度而变化，那么研究尺度选择关系对试验设计、信息收集是非常重要的。此外，选择的尺度不同，可能会得出生态学格局和过程及相互作用规律不同的结果。在理论上，需要把研究问题与生物、非生物、自然和人类干扰相关联起来的最佳尺度，但是尺度选择却经常按照认识和感知能力或技术的、常规逻辑的限制来选择。奥尼尔等认为粒度应该比研究的空间范围小 2~5 倍，而在应用优势度(dominance)、形状(shape)、聚集度(contagion)等景观结构指标时为避免偏差，取样面积必须比斑块大 2~5 倍。乌尔班(Urban，1987)用图例表示了森林的等级结构和相应的研究尺度(图 2-6)。

实际上，尺度的选择受到一系列因素的影响和制约(吕一河等，2001)。首先是研究项目的状况，例如，项目的规模、资助强度、目标、任务和时限等；其次是研究对象的性质和复杂程度。在充分考虑这些因素的情况下，尺度选择应该具有层次性，即至少要包括核心尺度、小尺度组分和大尺度背景三个层次。这样有助于全面把握研究对象的特征与规律。

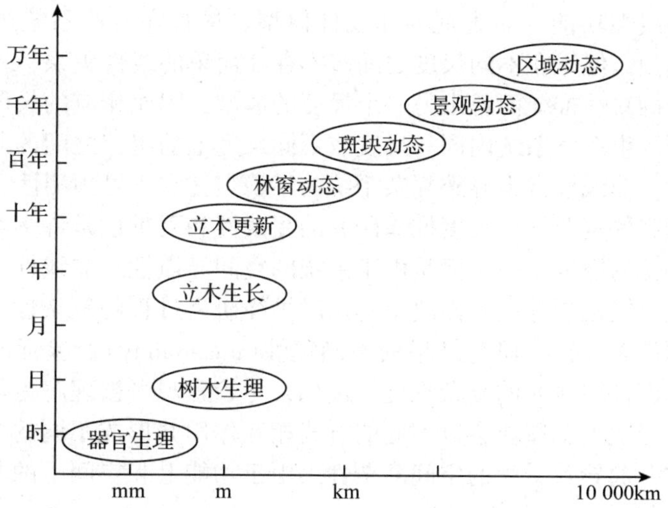

图 2-6　森林景观生态系统不同等级系统研究时空尺度

(引自 Urban et al.，1987)

2.1.2.3 尺度推绎

在景观生态学研究中，人们往往需要利用某一尺度上所获得的信息或知识来推测其他尺度上的特征，这一过程即所谓尺度推绎(scaling)。尺度推绎包括尺度上推(scaling up)和尺度下推(scaling down)。将小尺度上的信息推绎到大尺度上的过程称为尺度上推(scaling-up 或 upscaling)；反之，则为尺度下推(scaling-down 或 downscaling)(Wu，1999；Wu and Li，2006；邬建国，2007)。尺度下推意味着对客观的认识更为细节化，趋向微观；相反，尺度上推则意味着对客观的认识更为全面化，趋向宏观。

由于生态学系统的复杂性，尺度推绎往往采用数学模型和计算机模拟作为重要工具。当我们讨论景观的性质总是考虑所观察的时间和空间尺度时，人们会问，是否可以从一尺度上的性质外推到另一尺度呢？一般来说是很困难的。但是，不同等级上的生态系统都是由低一等级的系统所构成。如斑块构成景观，景观又构成区域(即大景观或超级景观)，不同等级之间存在着信息交流。这种信息交流就构成了等级之间的相互联系。这种联系也许能使尺度上推和尺度下推成为可能。诸如目前一些生态学家在探索如何将林窗动态模型尺度上推为景观动态模型，即是一个很好的例证。

(1)尺度推绎的复杂性

近来的研究表明尺度推绎常常是复杂的(赵文武，2002)。

①尺度推绎过程的尺度依赖性　地表系统是一个自然等级系统，在该系统内不同尺度上的主导过程不同，在一种尺度下空间变异的噪声(noise)成分可在另一较小尺度下表现为结构性成分，不同尺度间的变化存在明显的尺度效应；而且，在同一尺度上和不同尺度之间存在着广泛的正负反馈机制。因而，在尺度推绎过程中，应根据不同的研究环境，在划分尺度域(domains of scale)的基础上，针对不同尺度的特征进行尺度推绎。

②尺度推绎模型的非线性　由于气候、土壤等自然因素特性的空间变异和干扰机制的普遍存在，空间异质性是地表系统的重要特征之一。在该系统内，功能要素和空间因素因空间异质性而表现为明显的非线性，相应的系统动态模型(包括尺度推绎模型)往往也要集成空间参变量的非线性功能，而表现为非线性模型。尽管在有些系统过程中存在线性模型，如指数增长模型，但是在不同尺度之间多不存在简单的线性关系，一个尺度上的模型往往不能通过简单的线性推绎而得出另一个尺度的模型，因而相应的尺度推绎模型必然也表现为非线性特征。生态学系统内同一尺度或不同尺度上的组分之间的非线性关系和反馈作用是非常普遍的。非线性常常导致复杂系统的不稳定性和不可预测性。

③尺度推绎研究的复杂性　尺度推绎研究的复杂性和困难性是许多生态学家、地学家们的共识，其复杂性的原因，一方面是由于系统的空间异质性、非线性关系、尺度效应和不同尺度上的正负反馈机制等因素而决定其尺度推绎研究过程的复杂性；另一方面，尺度推绎结果误差来源的多样性、研究结果的不确定性(uncertainty)及验证的困难性等也在一定程度上增加了尺度推绎研究的复杂程度。例如，尽管景观可被理解为具有等级结构的镶嵌体，但在每一个层次上，斑块会以不同的方式相互作用并形成不同的格局。同时，斑块和梯度常常交织在一起导致景观的空间复杂性。由于功能上和空间上的非线性，景观中斑块动态通常是复杂的。

(2)尺度推绎的途径

关于尺度推绎途径目前还基本上是停留在多尺度分析，用于分析景观格局和生态过程的尺度效应，多尺度空间格局分析也是跨尺度推绎的基础。吕一河和傅伯杰(2001)论述了尺度转换方法，包括图示法、回归分析、半方差函数、自相关分析、谱分析、小波分析。张娜(2006)综述了景观生态学多尺度分析方法，包括空间统计学方法、景观指数法和分维分析法，其中空间统计学方法又包括半方差分析、空间自相关性分析、空隙度指数法、尺度方差分析、聚块样方方差分析、趋势面分析、小波分析和谱分析等。

邬建国(2007)介绍利用生态学模型进行尺度上推的 4 种基本方法，包括简单聚合法(lumping)、直接外推法(direct extrapolation)、期望值外推法(extrapolation by expected value)和显式积分法(explicit integration)。这些方法主要针对相邻尺度域间信息转换的方法，对于跨尺度的推译，他提出了等级斑块动态尺度推绎策略(图 2-7)。

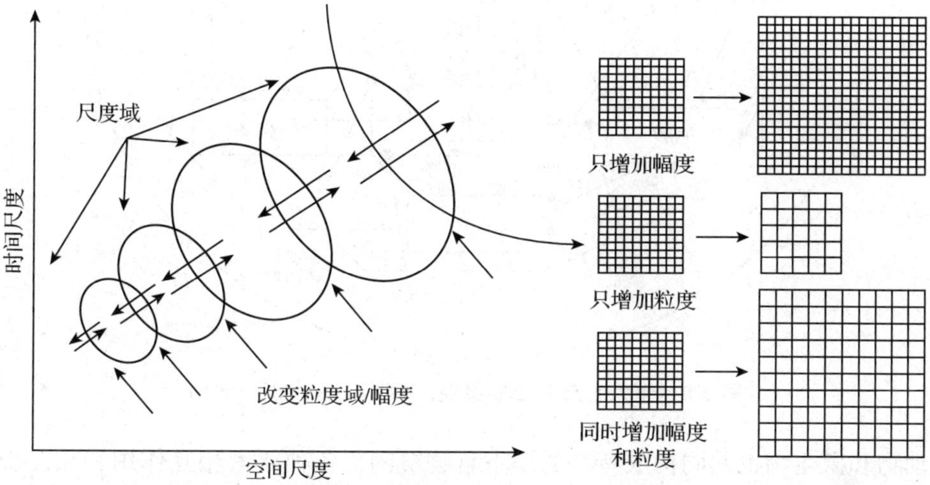

图 2-7　等级斑块动态尺度推绎策略(引自邬建国，2007)

图中所示为“云梯尺度推绎途径”即沿着一个尺度云梯将信息外推。尺度上推和尺度下推要通过改变模型的粒度、幅度或同时改变两者来完成

尺度推绎作为目前自然科学一个重要问题，也是一个复杂问题，在生态系统、景观生态学和全球变化等方面均有广阔的应用前景。但是，有关尺度问题的解决仍然非常棘手，需要多方面的突破，包括尺度推绎的机制或理论、提炼不同尺度格局与过程之间关系的一般规律、非线性复杂系统的数学表达、推绎结果的验证等问题。这些问题的解决，不仅需要多学科综合研究，还需要综合应用遥感和 GIS 技术、空间统计和分析方法、景观模型等来定量不同尺度景观格局和生态过程的关系，用以研究探讨实际问题。

2.1.3　生态学含义

2.1.3.1　生态学中的系统性

系统理论是生态学研究一切问题的出发点。景观生态学研究对象是景观生态系统，涉及时间和空间尺度，是一个非常复杂的系统(图 2-8)，作为生态系统的景观，可以分成 3 个不同的层次：地上层——气候、小气候、植被、动物；地表层——土壤、陆地水文(面)、浅层地下水、部分植物和微生物；地下层——土壤层以下的岩石、深层地下水等。地上生物，包括人工植被，与地上动物和土壤中微生物共同构食物链网；地下土壤的植物

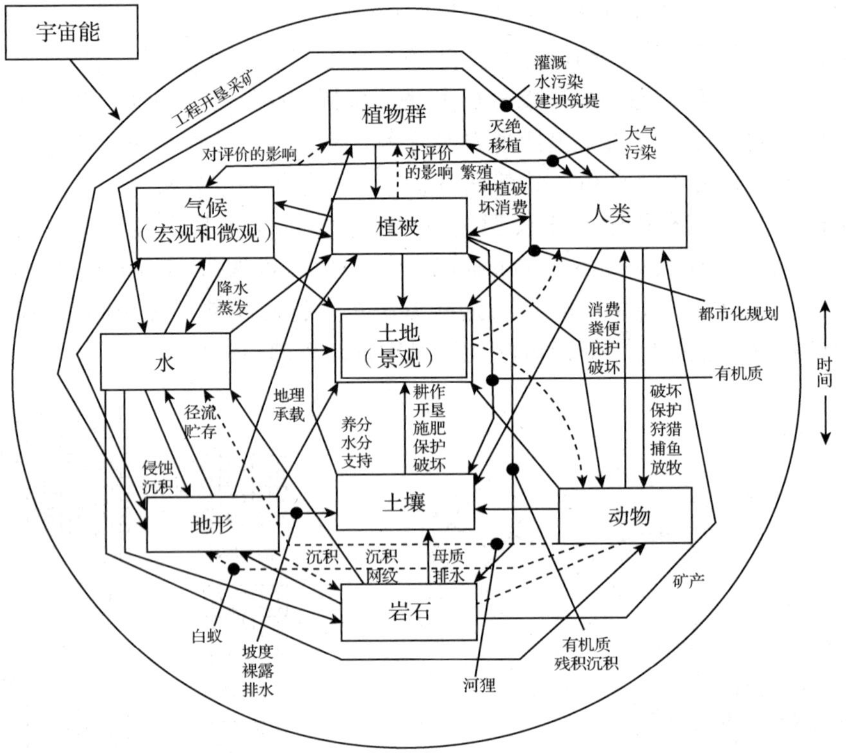

图 2-8　作为生态系统的景观(引自 Zonneveld，1995)

根系，动物和微生物也共同构成特有的地下食物链网，各种要素相互作用和相互影响，要分析这样复杂系统需要用系统思想和方法来研究景观生态系统的结构和功能。

景观生态系统也可以理解为由不同的土地利用系统构成。土地利用系统(land use system)是一定的土地类型与土地利用方式的结合。土地是一个由气候、地貌、岩石、土壤、植被、水文、土质，以及人类活动和种种结果所构成的一个自然—经济复合体。土地利用系统及其与社会经济与自然环境系统之间的相互作用构成了复杂的自然—生态—经济复合系统，这种错综复杂的关系可用图 2-9 来表示。

2. 1. 3. 2　景观的等级性

等级理论是基于一般系统论发展起来的，是关于复杂系统结构、功能和动态的理论。该理论以一般系统论、信息论和数学等有关理论为基础，研究系统要素的整体性和层次性、层次的相互作用以及动态变化等。等级理论认为，景观生态系统具有亚稳态性(metastability)，即景观生态系统在一定的时间和空间上能保持相对稳定。而且，当景观生态系统遭受一定程度的干扰后，具有恢复能力。景观生态系统的亚稳态性只有在一定条件下，或者说，在约束体系里才能实现。当干扰程度超过一定的阈值时，景观生态系统的性质就会发生改变，失去恢复能力，而亚稳态性也不复存在。

时间和空间尺度对景观生态系统的亚稳态和动态相当重要。高等级系统(如森林小流域景观)的动态，时间尺度要长些。而低等级的系统(如林分或斑块)的动态，其时间尺度要短些。所以，从小的时间尺度上观察景观相对处于亚稳态，而斑块则处于动态。动态的

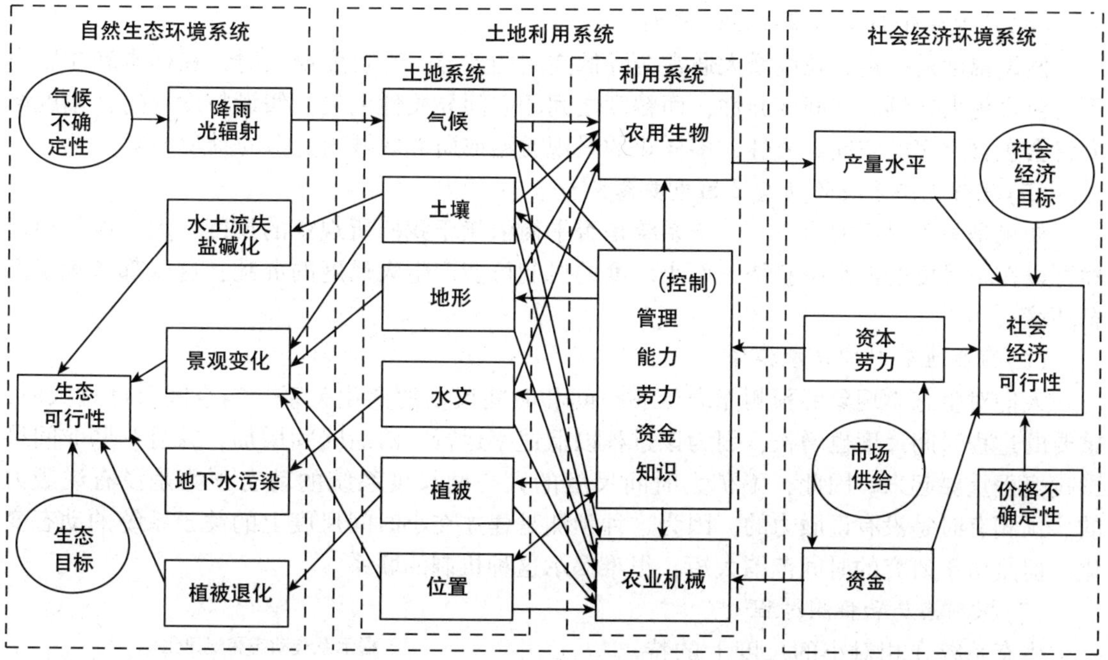

图 2-9　土地利用系统的复杂性(不同的土地利用系统构成景观)
(引自宇振荣等，1998)

空间尺度同样不可忽略。例如，森林的动态和个体树木的生长动态，具有不同的内涵。

2. 1. 3. 3　尺度对生态学格局和过程的影响

在生态学中，尺度效应主要表现在以下几个方面(邬建国，2000；吕一河等，2001；张娜，2006)：

(1)物理尺度和生态学尺度的联系

一般来说，气候和植被的关系在大尺度范围内是明显的，而在小尺度范围内消失，或被生物竞争和其他生物学过程覆盖而抵消。

(2)系统的开放性

当相邻系统之间的传输速率接近于零或当相邻要素的过程转化率差异很大时，以至于相邻要素的动态性减弱，生态系统变的封闭。在开放系统中，要素之间的传输率是相对高的。当幅度变化时，系统可能在“封闭”和“开放”之间转换。对同一种现象，幅度越小的系统，其开放性一般也越强；而对开放性不同的系统，人们所能揭示的影响过程的机制也不完全相同。例如，若研究物种的扩散，则景观中某个栖息地斑块是个相对开放的系统，种群动态可能取决于个体在斑块之间的扩散；而包含该景观的整个岛屿则是一个相对封闭的系统，可能在岛屿之间并不存在物种交流；

(3)景观格局或过程变量的统计分布

当测定尺度的变量发生变化时，变量的变异性会发生变化，即随着尺度的变化，变量间统计特征会发生变化；景观格局或过程变量的统计分布(如平均值、方差、多变量之间的关系)表现出尺度效应。

(4)尺度变化对空间变异性的影响

假设幅度是一定，粒度增大通常会降低空间的差异。当粒度增大时，在样本和粒度内系统包含更大比例的空间变异性，而粒度之间的空间异质性消失。假设粒度一定，幅度增大将会包含更多的空间异质性、多样化的景观类型或研究区域内更多的景观要素。

(5)理解生态系统的动态性的重要意义

如果是关于尺度的研究，一个系统是否平衡依赖于我们所观察的尺度。大尺度的稳定性可以在小尺度的混乱中获得，而小尺度的机制可能产生大尺度的混乱，这些都依赖于生态环境。

(6)预测性和时空尺度推译

人们对生态学现象的预测能力依靠空间和时间尺度的变化关系。当空间尺度增大时，重要的过程时间尺度也增长，因为该过程以低速率运行，滞后时间增加，并且一些非间接影响变得重要起来。因此，不扩大时间尺度的大空间尺度系统的动态预测是没有说服力的。预测有时是没有说服力的，因为这种预测是建立在小时间尺度上的关于系统的动态变化，但是由于研究的时间范围太短，很难揭示这种机制的联系。

(7)探测格局和推测过程

生态系统在相对小的尺度上的特征和在相对大的尺度上的特征是不同的。这种差异会影响生态学家研究系统的方法(图 2-10)。小尺度的研究可以揭示位于格局下更多的生物学机理，但是机理的提炼和一般化需要在大尺度下研究。因为在大尺度上生态学过程时间较长，因此，长期观测对揭示系统的动态变化是必需的。观察的尺度决定了能够探测的格局和过程的范围。在一个不恰当的尺度研究一个系统就不会查明系统的实际的动态和格局，而且有可能得出与实际尺度不符合的格局。

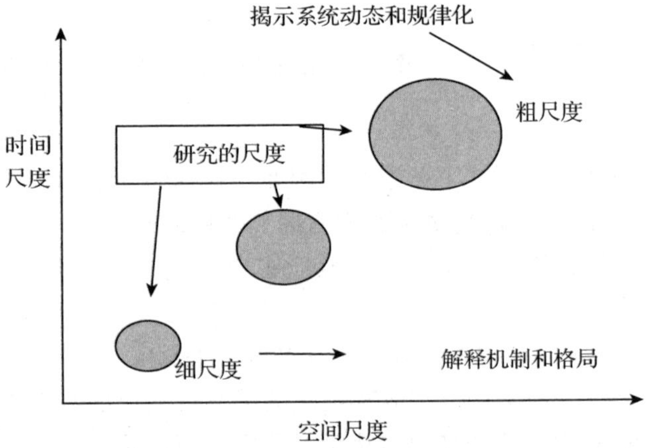

图 2-10　不同尺度下的规划方法

2.1.3.4　等级理论的实践意义

等级理论为简化复杂系统、方便对复杂系统结构、功能和动态的理解和预测提供依据，相应的，复杂系统的可分解性是应用等级理论的前提和关键环节。复杂系统可以通过过程的速率(如周期、频率、反应时间等)、边界和其他结构特征(如植被空间分布、动物体重空间分布等)进行分解。在研究系统的等级结构确定后，一般需要同时考虑 3 个相邻层次，即核心层次、上一层次和下一层次，才能较全面地了解所研究的对象。等级理论对促进生态学研究中多尺度研究起到了促进和指导作用，也促进了对生态问题深入、全面的认识。越来越多的研究显示，农业景观生物多样性的分布和多样性受多个尺度因素的影响，不同尺度之间的影响因子之间甚至存在交互作用。例如，影响农田生物多样性的因子除了有局部的管理措施、植被结构等因素外，还受到周围景观结构的复杂性(Schmidt et al.，2005)，甚至是与区域背景的影响(Holzschuh et al.，2007)；局部管理措施在具有中等复杂程度的景观中对于生物多样性的促进作用最为明显，但在结构简单和复杂的景观中均不显著(Tscharntke et al.，2005)，因此，单一尺度上的生物多样性保护是不充分的，生物多样性保护需要多尺度的观点，保护措施除了要考虑不同尺度的影响因子，还要考虑不同尺度因子之间的交互作用才能够取得最好的效果(Batáry et al.，2012)。

2.2 岛屿生物地理学说

岛屿生物地理学最初用于探讨决定岛屿物种丰富程度的影响因素，后来也用来研究戈壁湖泊、沙漠绿洲、草原林地，甚至城市、农田等人为用地包围下的小面积自然栖息地的物种数量状况。依靠岛屿生物地理学所提供的理论基础，景观生态学发展并形成其独有的“斑块—廊道—基质”范式。

2.2.1 概述

2.2.1.1 基本概念

岛屿作为生态学系统，具有明显的特征。例如，生物群系较为简单，不同岛屿在其隔离程度、大小和形状上差异很大，同时岛屿的数目很大。岛屿的这些特征使其可以很容易满足统计上对可重复性样本的数量需求。自从达尔文时期，岛屿就为自然选择、物种形成和进化、生物地理学和生态学领域的理论与假说的发展及检验提供了重要的天然实验室。岛屿生物地理学理论(theory of island biogeography)就是对岛屿进行的一系列研究中的重要成果之一(Wu and Vankat，1995；邬建国，2007)。

麦克阿瑟和威尔逊(MacArthur and Wilson，1967)描述了岛屿上物种的数量是岛屿面积、岛屿与大陆隔离程度(到达大陆距离)的函数。该理论认为岛屿上物种的数量达到平衡时物种的数量与岛屿的大小呈正相关的关系(面积大的岛屿拥有更多的物种数量)，与岛屿和大陆的距离呈负相关关系。物种的迁入和灭绝速率取决于岛屿的大小和其到陆地的距离，据此可以绘成一个一般性的动态图(图 2-11)。图中有 4 个动态平衡点，分别是：S1，远距离小岛上拥有较少的物种；S2，近距离的小岛或者远距离的大岛上拥有中等的物种丰富度；S3，近距离的大岛上拥有较多的物种。这一模型揭示了隔离、自然选择、扩散、灭绝和物种形成等因素之间的相互作用，在景观生态学和保护生物学中具有非常重要的意义。

然而，该理论中的“岛屿”并不局限于通常意义上的海洋岛和陆桥岛，其含义要广得多。海洋岛具有比较明确的“边界”，有相对不受人为干扰的“体系”，有内部相对均一的“介质”，有外部差异显著的“领域”。广义上，人们将具有这 4 个特征的自然环境均称为“岛屿”或“岛屿状生境”或“生境岛屿(habitat island)”，其中包括各种“陆地岛”或“陆地斑块”，如树叶、个体植株等“小岛”，孤立分布的山峰、沙漠中的绿洲、陆地中的水体、开阔地包围的林地、自然保护区和景观地理单元等“大岛”(傅伯杰等，2001；邬建国，2007)。尤其是自然保护区，随着其周围人类活动的日益频繁，它越来越像一个孤岛。总之，该理论不仅适用于海洋岛和陆桥岛，也被广泛地应用于所有岛屿状生境的研究中。

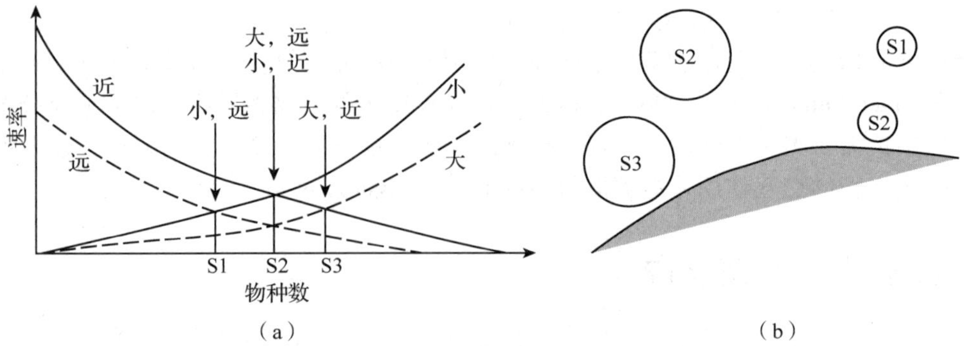

图 2-11 岛屿生物地理学理论：岛屿大小和物种数量之间的动态平衡示意

（引自 MacArthur and Wilson，1967）

注：图(b)中的 S1、S2、S3 分别是大小和到陆地距离不同的岛屿，对应图(a)中的物种数平衡点

2.2.1.2 物种—面积关系

岛屿生物地理理论是在研究岛屿物种组成、数量及其他变化过程中形成的。达尔文考察岛屿生物时就曾经指出岛屿物种稀少，成分特殊，变异很大，特化和进化突出。以后的研究进一步注意岛屿面积与物种组成和种群数量的关系，突出了岛屿面积是决定物种数量的主要因子的论点。1962 年，普雷斯顿(Preston)最早提出岛屿理论的数学模型。

普雷斯顿最早注意到岛屿物种数量差异与岛屿面积有关的现象，并建立了关于岛屿面积和物种数量之间的回归模型：

$$S = c \cdot A^z \tag{2-1}$$

式中，S 是物种数量；A 是岛屿面积；c 是常数，表示单位面积上的物种数量，与岛屿所在的生物地理区域有关；z 表示单位面积上物种丰富度的变化，取值通常在 0.18～0.35。

上述物种—面积经验模型是对岛屿物种数量的一种静态估算，在实际应用中受到严重挑战。因此，麦克阿瑟和威尔逊(1963)发展了上述模型，提出均衡理论(equilibrium theory)，认为岛屿的大小和隔离程度可能会对生活于其中的物种特征和多样性产生显著影响。岛屿生物地理学理论可以用模型表示为：

$$\frac{\mathrm{d}s(t)}{\mathrm{d}t} = I - E \tag{2-2}$$

式中，$\mathrm{d}s(t)$ 为某时段内新迁入物种数量的变化；t 为时间；I 和 E 分别为迁入速率和灭绝速率。

岛屿中物种的类型可以是动物、植物、微生物，也可以是不同类型的物种数量之和。岛屿的规模可以大到上百平方千米的保护区、国家公园，也可以小到生物个体、叶片之类的微岛(邬建国，2007)。

2.2.1.3 动态平衡理论

生态学家发展了不同的假说来解释物种—面积关系。主要有生境多样性假说(habitat diversity hypothesis)、被动取样假说(passive sampling hypothesis)和动态平衡理论(dynamic equilibrium theory)。其中，普林斯顿大学麦克阿瑟和威尔逊(1967)提出的动态平衡理论最具有说服力。该理论包括两层含义。

(1)迁入—绝灭的动态平衡过程

对于某一岛屿而言，迁入率(I)随着岛屿上物种丰富度的增加呈下降趋势，而绝灭率(E)随着岛屿上物种丰富度的增加呈上升趋势(图 2-12)。这是因为任何岛屿上的生态位或生境的空额有限，已定居的物种数越大，新迁入的物种能够成功定居的可能性就越小，而已定居物种的绝灭概率(或迁出概率)则越大。物种迁入和绝灭这两个过程遵循着一种动态平衡的规律，即目标区(汇区)的物种动态演化是该物种“迁入—保持—绝灭”关系的一种动态平衡结果。当迁入率与绝灭率相等时，岛屿物种丰富度达到动态平衡状态，这时的物种丰富度用 S_e 或 S'_e 来表示(图 2-12)，即虽然物种的组成在不断变化和更新，但其丰富度数值却保持相对稳定。这种状态下物种种类的更新速率(即单位时间内原有物种被新来物种取代的数目)在数值上等于当时的迁入率或绝灭率，通常称为物种周转率(species turnover rate)或物种更替率(species replacement rate)，在图 2-12 中用 R 或 R' 来表示(邬建国，1989，2007；韩兴国，1994；Wu and Vankat，1995)。

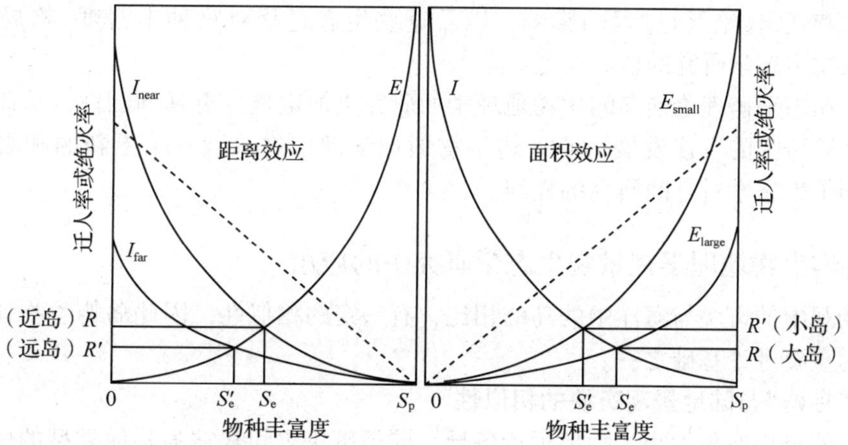

图 2-12　岛屿生物地理学理论示意(引自 Wu and Vankat，1995；邬建国，2007)

注：S_p 表示大陆物种库中潜在迁入种的总数；S_e 表示达到动态平衡状态时的物种丰富度。R 和 R' 表示物种周转率。I_{near} 和 I_{far} 分别表示近岛和远岛的迁入率；E_{large} 和 E_{small} 分别表示大岛和小岛的绝灭率。虚线表示迁入率(I)和绝灭率(E)随岛屿上物种丰富度的增加呈线性变化

(2)影响物种丰富度的距离效应和面积效应

一方面，岛屿离物种库越远，物种迁入率越低(图 2-12)，这就是所谓的距离效应(distance effect)。岛屿的物种库可理解为物种较丰富的大陆(或其他岛屿)。距离效应产生的原因是，距离影响物种的传播或运动能力，以及物种库与岛屿的隔离程度，从而影响物种的迁入率。另一方面，岛屿面积越小，物种绝灭率越大(图 2-12)，这就是所谓的面积效应(area effect)。岛屿面积对物种多样性的影响主要表现在它限制物种的存活，岛屿越小，种群也越小，由随机因素引起的物种绝灭率越高；岛屿越小，生境多样性越低，资源可获得性越低，通常物种丰富度也越低(李义明等，1998；Turner et al.，2001；邬建国，2007)。该理论首次从动态方面阐述了物种丰富度与面积及隔离度之间的关系。

综上，麦克阿瑟-威尔逊动态平衡理论(简称 M-W 理论)认为，岛屿上物种的丰富度

取决于两个过程：新物种向岛屿中的迁入和原来占据岛屿的物种的绝灭(或迁出)。这两个过程的速率既与岛屿上已有物种数有关，也与岛屿的空间特征(面积及隔离度)有关。岛屿物种的丰富度是由物种的迁入和绝灭之间的动态平衡来体现的。处于不同地理位置，具有不同面积大小的岛屿将会有其特有的平衡态物种丰富度(Wu and Vankat，1995；邬建国，2007)。

与物种—面积关系相比，动态平衡理论使得对岛屿生物地理学理论的阐述从单纯的经验统计关系向较高层次的机制解析推进了一步；从单纯的反映静态的宏观趋势向反映动态变化推进了一步；从单一的岛屿面积研究向以岛屿为中心并结合其邻域特点的空间研究推进了一步(傅伯杰等，2001)。物种—面积关系将岛屿看成孤立的生态系统，研究岛屿内部物种丰富度与该岛屿本身面积大小之间的关系。而动态平衡理论将岛屿放在景观的某个相对的空间位置上，不仅考虑岛屿本身的面积大小，而且考虑岛屿与其他生态系统之间的距离(可反映岛屿的隔离度)；岛屿不再作为一个孤立的生态系统，而是考虑岛屿与其他生态系统之间的生态过程物种迁入和迁出(绝灭)过程关注岛屿的空间格局(如面积和隔离度)对物种迁入和迁出(绝灭)过程的影响，以及这些生态过程对物种丰富度(格局)的影响，而这正是景观生态学研究的核心问题。

总之，动态平衡理论使岛屿生物地理学的研究更加定量、更具预测性，从而促进了有关岛屿状生境研究的飞速发展，使岛屿生物地理学理论进入到一个更新的和更成熟的境界，也开创了生态学对空间研究的先河。

2.2.2 岛屿生物地理学在景观生态学研究中的应用

陆地景观中的斑块与海洋中的岛屿相比，有一定的相似性，因此岛屿生物地理学是景观生态学的重要理论基础之一。

2.2.2.1 “岛屿”与陆地景观斑块的相似性

景观中的斑块面积大小、距离远近各异，同类斑块之间常常为其他类型的斑块或者基质、廊道所分隔，其分布模式符合岛屿生物地理学理论。例如，沙漠中的绿洲，被农田包围的小片林地等，都可以视为“岛屿”。景观生态学中很多对于斑块的研究，尤其是对生境斑块的研究，是可以借鉴和应用岛屿生物地理学理论的。对于所研究的目标物种而言，“适宜生境”就是被一系列不友好生境所包围的“岛屿”，而物种迁徙能力范围内的若干生境斑块则可视为“踏脚石”。

2.2.2.2 陆地景观斑块中的物种数量

陆地斑块不完全等同于海洋中的岛屿，保护区或者公园内外往往有物种的迁移，而个体迁移的路线和速度也不完全取决于斑块的面积和距离。相比岛屿生物地理学，景观生态学更加强调“镶嵌理论”和“空间异质性”以及物种、种群和群落对景观格局的响应。陆地景观斑块中的物种周转率往往较岛屿高，斑块的边界有时也呈渐变梯度的形式，且变化较快，不像岛屿边界那样清晰和相对稳定。斑块周围的基质也通常具有较高的异质性，整个景观的特征和过程对单个斑块物种多样性的影响，远高于海洋水体对岛屿物种多样性的影响。

因此，福尔曼和戈登(1986)对岛屿物种多样性的概念函数做了补充，作为陆地斑块物种多样性的一般模型：

$$S=f(+生境多样性，-(+)干扰，+面积，+年龄，+基质异质性，-隔离，-边界的不连续性)$$

式中，各因子的顺序按其相对重要性排列。每个物种或生物类群(如乔木、灌木、草本、苔藓、菌类、昆虫、鸟类等)对上述每个特征因子的响应会有所不同，导致其迁入、灭绝速率以及定居的时间长短、部位会有很大差异。

在某种意义上，经济发达地区的残留生境斑块类似于海洋中的岛屿。在这类生境中，生境多样性、干扰度、物种之间的相互作用以及功能团的构成规则等来自“陆地生境”的指标，都可以用来指示和量化不同的隔离程度。在矿山复垦过程中，物种的重新定居过程，也与物种在岛屿上的定居过程相类似；次生演替过程中发生的物种替代，不仅有数量上的变化，还有具体物种类型的更替，并受功能团构成规则的制约(Fox and Fox，2000)。

2.2.2.3　岛屿生物地理学在动植物园和自然保护区设计中的应用

由于多数的动植物园和自然保护区(以下统称“保护区”)在很大程度上可看成被人类栖息地包围着的陆地“生境岛”，岛屿生物地理学理论自 20 世纪 70 年代以来成为自然保护区设计的主要理论基础，而对这些问题的研究也可反过来加深对岛屿生物地理学内涵的理解(董波，1997)。根据岛屿生物地理学理论，自然保护区的设计应遵循以下原则。

(1)保护区面积大小

在进行保护区设计时，保护区的面积是要考虑的主要因素，而其他因素一般都属次要因素。基本原理是：一个保护区应该足够大，使其尽可能包括有代表性的生态系统类型及其演替序列；一个大保护区比具有相同总面积的几个小保护区好，如果栖息地是同质的保护区，一般应尽可能少地分成不相连的小保护区。

保护区的面积效应主要取决于生境多样性(habitat diversity)。在多数情况下，大保护区具有更多样的生境，可以容纳具有不同生态位的多个物种，维持更多的物种生存。保护区的面积也与遗传基因多样性的保存有关。在小保护区中生活的小种群的遗传基因多样性较低，较易受到各种随机性因素的影响，也较易导致遗传漂变及遗传多样性的降低，包括抗病基因的丧失。保护区的面积也关系到能否维持生态系统的稳定性。面积小的保护区，边缘效应明显，容易受到外来物种和流行病的侵扰，稳定性较低(董波，1997；徐宏发等，1998；傅伯杰等，2001)。

此外，确定保护区的面积必须充分考虑保护的对象和目的，并以物种的个体生态学调查为基础。如果保护的是核心物种，则对核心物种的考虑应优先于其他物种，需首先确定核心物种的最小存活种群(minimum viable population，MVP)规模，保护区的面积不应小于维持核心种群存活的最小面积；如果保护的是整个生态系统，则需首先确定该生态系统的顶极物种及其 MVP 规模，保护区的面积不应小于维持顶极物种存活的最小面积。

在保护区中，可能存在一些无效面积，如某个关键因素缺失或恶化的区域。关于保护区的面积，考虑的应是保护区的有效面积，而不是包含无效面积的实际总面积；而且，保护区有效面积的确定还必须考虑周边地区受干扰的状况。例如，即使是像美国大沼泽地国家公园(面积达 $56.7\times10^4 hm^2$)这样大型的保护区，仍然存在着种群规模衰减和不足的问题。这是因为在公园岛屿化的过程中，周边湿地的排水和土地利用的变化造成公园内水环境的恶化，并最终导致湿生和水生动植物生境的萎缩，以及有效生存面积的缩小(董波，1997)。

(2)保护区的连接度

①保护区与保护区之间　如果栖息地是同质的保护区，又要分成几个不相连的保护区，那么这些保护区应尽可能地靠近或有序地排列，保护区之间最好用廊道相连，以保证生物个体在保护区之间的迁移和再定居，并通过种群互补效应降低物种的局部绝灭率，最终改进所有保护区的物种保护功能。

②保护区与周围区域及环境之间　随着保护区周围人类活动的日益频繁，保护区与周围自然环境的隔离程度也在加剧，致使保护区越来越像一个孤岛。这影响了周围物种的迁入，也在相当程度上改变了保护区内生物群体的生态习性，甚至降低了生物群体的遗传能力。为了减少这种影响，可以在保护区与周围的野生动植物群落之间建立廊道或暂栖地，将被保护的生物群体与野生的生物群体联系起来。例如，在美国华盛顿州，通过廊道—溪沟将城市中零散分布的动植物公园与野外的天然生物群落区直接联系起来，使野鸭可以从天然的栖息地进入城市公园区(Greer，1982)。

③保护区内不同栖息地之间　在保护区内，每个栖息地相对于其他栖息地来说，都可以看成“岛屿斑块”。景观连接度对物种(尤其是核心物种或顶极物种)迁移、觅食、繁殖和躲避等活动的影响是保护区设计中应该考虑的。

然而，以上由岛屿生物地理学理论得出的、用于保护区设计的原则和结论只是理论观点，在实践中引起了很多争议。首先，降低保护区与保护区(或保护区与周围区域和环境，或保护区内不同栖息地之间)的隔离度可增加物种的迁入率、降低物种的局部绝灭率，但同时也易使保护区受疾病传播、干扰扩散和外来种侵入等的影响。特别地，自然保护学中存在一个长期有争议的问题：在总面积相同的情况下，是设立一个大保护区还是几个小保护区更有利于保护物种多样性，即所谓的 SLOSS(single large or several small)问题(Wu and Vankat，1995)。

实际上，SLOSS 问题是一个伪问题，它忽略了物种多样性问题的复杂性。理论分析和野外数据都表明，在有些情况下，一个大保护区比具有相同总面积的几个小保护区具有更多的物种，因为大保护区的生境多样性、遗传基因多样性、生态系统稳定性均较小保护区高。但在有些情况下，结果却正好相反，几个小保护区比一个大保护区具有更多的物种。这是因为多个小保护区往往具有以下优越性：增加景观生境的异质性，降低种内和种间竞争，减少某些疾病、干扰和外来种的侵袭，以及给边缘种提供更多的生境。然而，尽管几个小保护区能够拥有更多的物种，但可能大多是边缘种，而大保护区通常还含有敏感的内部物种。这说明 SLOSS 争论部分源于未充分意识到不同物种对活动范围的需求是有差异的(Wiens，1989)，通常内部种的活动范围(观察尺度)比边缘种更大。有些分析和实验也表明，单一的大保护区所含的物种数量比将其分成几个相邻的小保护区多得多，但却比总面积相同的几个散布于各处的保护区少。由此可见，物种—面积关系以及岛屿生物地理学理论在解决 SLOSS 问题上是模棱两可的(Wu and Vankat，1995)。

2.2.3　岛屿生物地理学理论发展完善

岛屿生物地理学说对生态学家如何看待生物与空间格局产生了巨大的影响。随着对生境破碎越来越多的关注，可以将破碎化的生境与岛屿进行类比，岛屿生物地理学说得到了生态学家的广泛欢迎。这一理论应用于陆地景观自然保护设计，由此也引起了生态学家关于是建立一个大的自然保护区还是建立多个面积总和相当、但便于物种迁移的保护区更有利于生物多样性的保护的争论。争论的关键是单个大面积保护区可以拥有更多的总物种数量，但是一旦灾害发生如果只有一个保护区，保护区内的物种可能同时全部灭绝。与此不同的是，小一些的保护区虽然拥有较少的物种数量，但是在特定的灾害面前，一些物种有可能存活下来。即使是一个小的保护区逃过了灾害，它也可以作为遭遇灾害区域内物种重新定殖的物种源。尽管这一争论没有得到完全的解决，但是这一争论也向生态学家提示生物保护过程中另一个重要的方面，也即是物种数量也许并不是生物保护过程唯一需要考虑的指标，还需要考虑保护物种在空间尽可能保留的可能性。

事实证明，群落生态学家(尤其是保护生物学家)通常并不是很关注在达到平衡时物种总数，而是关注都有哪些物种出现。更多关注的是所谓的物种“面积—敏感性”，也就是关注那些在小面积生境、隔绝生境或两者中稀少或者缺失的物种。

围绕岛屿生物地理学说还存在大量的争议。最初的争议是关于岛屿生物地理学说中平衡的假说，岛屿系统要达到平衡需要很长的时间，也许需要用地质年代来衡量。但事实上，在许多生态系统中，存在有周期性的干扰(Villa et al.，1992)，这使得系统很难达到平衡。并且在一些距离海岸近的岛屿中，迁入速率可能很高，这使得迁入抵消了灭绝，岛屿面积的影响也就不再明显，并且随着扩散能力的增加，岛屿大小和距离的影响也就不再重要(Roff，1974)。也就是，除了岛屿生物地理学说中所考虑的面积等影响物种丰度的因素，还有生境质量、干扰、种间竞争等诸多因素影响到物种的丰度。

然而，尽管岛屿生物地理学说还有待进一步的修正、检验和完善，但是它阐明了面积与隔离对生物多样性保护的重要性，同时提醒人们物种数量并不是生物保护过程中最重要的衡量指标，这些因素是目前自然保护区设计和规划中考虑的重要因素。但是，也应该看到在将岛屿生物地理学原理应用于陆地保护区的平衡时必须经过格外谨慎的检查，因为几乎没有证据证明大陆保护区和海洋保护区有任何相似之处。

2.3　复合种群理论

2.3.1　基本概念

2.3.1.1　复合种群的概念

复合种群(metapopulation)概念源于岛屿生物地理学对物种分布的空间异质性的认识。生态学家早已注意到由于各种各样的原因导致的生物栖息地的破碎化，使得一个较大的生物种群被分割成若干较小的局部种群。一些局部种群可能随时灭绝，但另外一些未被占据的生境斑块上又可能建立起新的局部种群。不同的局部种群空间上彼此分离，但通过一些生态过程，如传粉、种子、个体传播等发生联系。复合种群理论就是研究上述过程的生态学理论。

1970 年，莱文斯(Levins)首次提出复合种群(metapopulation)的概念，并将其定义为“由经常性局部性绝灭，但又重新定居而再生的种群所组成的种群”。换言之，复合种群是由空间上相互隔离，但又有功能联系(繁殖体或生物个体的交流)的两个或两个以上的亚种群组成的种群斑块系统。亚种群生存在生境斑块中，而种群的生存环境则对应于景观镶嵌体。复合一词正是强调这种空间复合体特征。复合种群理论是关于种群在景观斑块复合体中运动和消长的理论，也是关于空间格局和种群生态学过程相互作用的理论。

所有种群都生存在空间异质性程度不同的生境中，但它们不全是复合种群。复合种群必须满足两个基本条件：①构成复合种群的亚种群(即局部种群)之间必须在空间上彼此隔离，比如分别占据着彼此间具有一定空间距离的生境斑块；②亚种群在功能上必须相互联系，比如存在着以花粉或者种子为载体的基因交流，或者直接存在个体的迁移。

在探讨物种大尺度分布格局时，理论生态学家通常会强调环境的均一性，即在均一环境条件下，种群动态如何形成复杂的空间格局。与之相反，景观生态学家通常会强调环境的物理结构以及物种和资源在不同生境之间的异质性。而复合种群理论则试图寻求两者之间的中和(图 2-13)。在该理论中，景观斑块被看作不连续的局部种群，相互之间通过迁移发生联系(Hanski and Gilpin，1991)。所以复合种群概念一经提出，就获得了广泛认可，并得到以芬兰 Ilkka Hanski 为代表的一些生态学家的修正和发展。

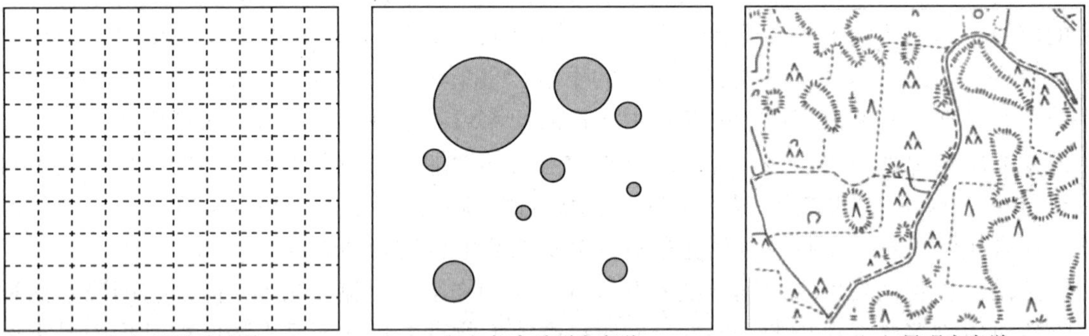

(a) 理论生态学　　(b) 复合种群生态学　　(c) 景观生态学

图 2-13　探讨空间生态格局的三种模式方法

2. 3. 1. 2　复合种群动态

美国生态学家莱文斯(1969)观察到大多数种群都具有特定的灭绝概率，也就是灭绝的概率大于 0，物种最终都会灭绝。如果种群分散为多个亚种群，亚种群灭绝的概率仍然保持很小，局部的灭绝可能被邻近的种群的重新定居而抵消。这时，灭绝和定居在局部空间表现是动态的，但是在区域的尺度上却表现出是稳定的。用一个简单的方程描述这一概念是：

$$\frac{\mathrm{d}p}{\mathrm{d}t}=cp(1-p)-mp \tag{2-3}$$

式中，c 和 m 分别表示与所研究物种有关的定居系数和灭绝系数；p 表示种群占据的生境斑块的比例；t 表示时间。

根据式(2-3)，当系统达到平衡状态时(即$\frac{\mathrm{d}p}{\mathrm{d}t}=0$)，复合种群系统中的斑块占有率为 p'：

$$p' = 1 - \frac{m}{c} \quad (2\text{-}4)$$

根据式(2-4)，生境斑块占有率随灭绝系数与定居系数之比的减少而增加；只要$\frac{m}{c}<1$，复合种群就能生存($p'>0$)，则种群将在区域内持续存在。要计算未被定居点的比例 s' 也就很简单：

$$s' = 1 - p' = \frac{m}{c} \quad (2\text{-}5)$$

莱文斯复合种群模型没有考虑空间问题，即物种在适宜的生境斑块中的定居和灭绝是独立于它们的空间位置的。物种在距离其邻近的地点远近的地方中灭绝和定居的概率是相同的，这就意味着无论多远或迁移所需经过的景观的条件有多艰难，物种可以轻易地在未被占据的斑块中定居。20 世纪后期，随着计算机技术的迅速发展以及地理信息系统在生态学中的广泛应用，空间显示复合种群模型亦得到长足发展。这些模型通常是计算机模拟模型，单个斑块及其集合体在空间上的分布常以地图的形式在模型中表示。

2.3.1.3　复合种群的类型

哈里森和泰勒(Harrison and Taylor，1997)将广义复合种群分为以下几种类型(邬建国，2007)。

(1)经典型或莱文斯复合种群

经典型或莱文斯复合种群(classic or Levins metapopulation)由大量生境斑块组成，而且斑块的大小和所有的生态特征均相同[图 2-14(a)]。每个亚种群都经历绝灭过程，具有同样的绝灭概率；亚种群动态比复合种群动态快得多；复合种群的稳定性来自生境斑块间生物个体或繁殖体的交流，而且稳定性随生境斑块数量的增大而增强。

(2)大陆—岛屿型复合种群

大陆—岛屿型复合种群(mainland-island metapopulation)由少数很大的和许多很小的生境斑块组成[图 2-14(b)]。这个物种可能之前是连续分布的，但由于人为和其他因子的作用，分布区边缘的种群逐渐与中心区隔离，形成围绕中心区的若干个小种群。大斑块起到“大陆库”的作用，在没有很大的外界干扰情况下，亚种群基本上不经历局部绝灭现象，可以单独长期生存，为大陆种群；而小斑块中的种群频繁消失，但若有来自大斑块的生物个体或繁殖体不断迁入和再定居，则可使其持续存在，为岛屿种群。例如，美国加利福尼亚州的格纹蛱蝴蝶是一个大陆—岛屿型复合种群，由一个超过 5.0×10^5 只蝴蝶的大种群和 9 个 10~400 只蝴蝶的小种群组成。

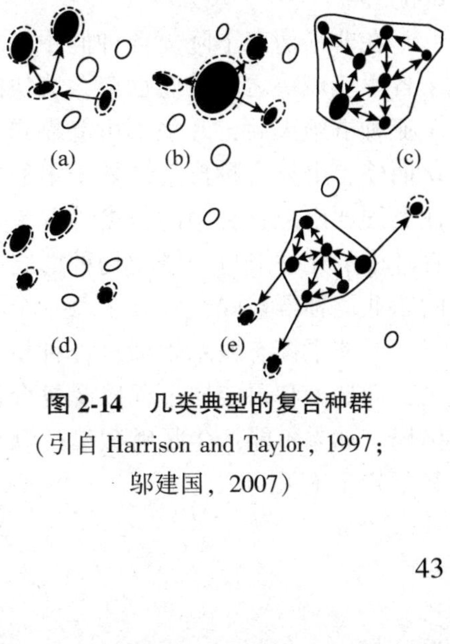

图 2-14　几类典型的复合种群
(引自 Harrison and Taylor，1997；邬建国，2007)

有些生境系统虽然没有特大斑块，但斑块大小的变异程度很大；有些系统由少数质量很好和许多质量很差的生境斑块组成。其中，较大斑块和高质量斑块(源斑块)的种群动态特征类似于大陆种群(源种群)，可向汇斑块提供物种；而较小斑块和低质量斑块(汇斑块）的种群动态特征则类似于岛屿种群（汇种群），可接受来自源斑块的物种。因此，这些种群系统也可视为大陆—岛屿型复合种群。

相比其他类型，这类复合种群最为稳定。其稳定性和生存力主要取决于大陆种群。除物种本身的迁移能力之外，亚种群的绝灭率和迁入率还与大陆种群的大小、与“大陆库”的距离有关。

莱文斯模型中的种群是经典型复合种群，岛屿生物地理学动态平衡模型中的不同种群可视为大陆—岛屿型复合种群。前者斑块的大小相似，后者斑块的大小差异很大。而真实自然界中的绝大多数复合种群的性质是介于经典型和大陆—岛屿型复合种群这两种极端情况之间的（傅伯杰等，2001）。

（3）斑块性复合种群

斑块性复合种群（patchy metapopulation）是由一系列栖息在斑块状的生境中的亚种群所组成的种群系统[图 2-14（c）]。扩散能力很强的动植物通常形成这种复合种群。例如，一种取食千里光属植物 *Senecio jacobaea* 的昆虫，根据在其 1.3 km^2 栖息地上的研究，相邻斑块之间的距离极少大于 50 m。这种斑块通常是由人类适度干扰造成的，最初连续分布的栖息地被分隔成多个斑块，如某些鸟类生活在森林的破碎化生境斑块中，形成亚种群，组成斑块性复合种群。

然而，斑块性复合种群只是广义概念上的复合种群，而不是严格意义上的狭义复合种群（Hanski and Gilpin，1997）。虽然斑块性复合种群在一个空间上非连续的生境斑块系统中，但许多生境斑块之间有频繁的个体或繁殖体交流，而且这种交流常发生在同一个生命周期（或同一代）中，使得整个斑块网络在功能上形成一体；而斑块内种群绝灭现象十分罕见。

（4）非平衡态复合种群

与斑块性复合种群正好相反，非平衡态复合种群（nonequilibrium metapopulation）的动态特征是：亚种群绝灭的频率或强度最高，而亚种群之间交流的频率或强度最低[图 2-14（d）]。非平衡态复合种群主要包括两种：非平衡态下降复合种群（nonequilibrium declining metapopulation）和非平衡态跟踪生境复合种群（nonequilibrium habitat-tracking metapopulation）。

在非平衡态下降复合种群中，生境斑块的空间结构可能与经典型复合种群相似，但由于各生境斑块之间彼此远离，斑块间生物个体或繁殖体的交流非常少，或根本没有，在某个亚种群绝灭后，几乎不可能靠自然的再迁入而重建，亚种群数量呈现单调下降的趋势，从而使整个复合种群系统处于不稳定状态，甚至趋于绝灭。例如，更新世后期的气候变化使美国西南部森林中的兽类种群完全被隔绝，美国的红头啄木鸟及西北部太平洋沿岸原始森林中的几种濒危两栖动物种群之间完全隔离，国家领土的划分使原本连续分布的森林中的东北虎种群被隔绝，其中每一个种群都只能视为一个单独的系统。

在非平衡态跟踪生境复合种群中，由于各种原因，其中的部分生境斑块及其种群消失，而迁入和再定居过程以及复合种群的续存主要取决于剩余生境斑块的数量和空间分布格局。如果不能产生足够数量的新生境斑块，那么整个复合种群系统将处于不稳定状态，甚至趋于绝灭。

由此可见，两种非平衡态复合种群的不稳定状态都是由物种绝灭率大于迁入—再定居率造成的，但其形成机制不同，一个源于生境斑块之间的隔离，另一个源于生境斑块的数量。人类活动引起的生境破碎化既造成生境斑块之间隔离度的增强，也造成生境斑块数量的减少，以至于两种非平衡态复合种群在人类活动剧烈的景观中同时出现。在最糟糕的情况下，斑块网络过于破碎，亚种群之间的交流完全缺失，复合种群不再处于非平衡态，而是最终消失(张大勇等，1999)。

上述 4 类典型的复合种群具有一般的概念性意义。由于景观系统的异质性，种群空间结构呈现出多样性和复杂性的特点，复合种群远不止上述 4 类，而且任何种群也都难以吻合于某一特定类型。实际景观中的复合种群常常是不同类型在不同等级层次上的组合，表现为“中间型(intermediate type)或混合型(mixed type)复合种群”，并具有等级结构特征。例如，在较高层次上，一个复合种群可被视为由中心部位的核心区和若干个外围小斑块组成的大陆—岛屿型复合种群；核心区并不是一个单独的“大陆种群”，而是一个斑块性复合种群，在其内部还包含有更低层次的、功能上密切联系的多个斑块[图 2-14(e)]。核心斑块之间的相互作用密切而频繁(高速率)，而核心斑块与外围斑块之间的相互作用弱而少(低速率)。这种相互作用速率的差异是可将整个复合种群系统分解为不同等级层次的原因。

鉴于不同结构的复合种群具有不同的动态特征，人们应该对其结构类型加以区分。然而，人们的根本任务并不只是对生存于破碎景观中的种群进行分类，更重要的是寻求能够理解种群生物学特征、预测种群动态的有效途径。复合种群在某种情况下可能代表了一种研究途径，那么，检验这一途径在研究实际种群动态时是否真正有效才是最根本的问题(Hanski，1999；张大勇，2002)。

2.3.1.4　复合种群原理

复合种群理论通过描述种群在异质的景观镶嵌体中的运动和消长，以及空间格局与种群生态学过程的关系，关注亚种群之间相互作用的动力学后果，以及由不稳定的亚种群形式存在的物种的区域续存条件(张大勇等，1999)。提出和解决的问题属于景观或区域水平的，这是研究的核心水平；但要回答和解决这个问题，必须从其下的斑块水平入手。

复合种群理论的内容十分丰富，而且还在不断发展。就目前来看，该理论可归纳如下几点(徐宏发等，1998；傅伯杰等，2001)。

①复合种群由一组空间相隔、但相互之间有联系的亚种群组成。

②复合种群越大，即组成复合种群的亚种群越多，种群生存的时间就越长。

③复合种群的稳定性由亚种群之间的迁入率来维持；亚种群之间的迁入率越高，复合种群的稳定性越高。

④一个复合种群要长期生存，其组成的亚种群之间的迁入率必须大于各自的绝灭率。

⑤组成复合种群的亚种群之间的距离、物种的扩散迁移能力对复合种群的维持有重要作用，因为它们都会影响亚种群之间的迁入率。

⑥组成复合种群的亚种群生境的不同对复合种群的生存有重要作用。不同生境的亚种群会因环境的不同导致遗传结构的差异，因此，当这些来自不同生境的个体相互交流时，会增加各亚种群的遗传多样性，提高抵御近亲衰退和遗传漂变的不良影响，从而提高种群

的生存力。另外，生境的不同对保证局域动态的非同步性非常关键，可有效避免所有亚种群的同时绝灭。

⑦对于由少数大种群和许多小种群组成的大陆—岛屿型复合种群，如果大种群的数量足够大，并且大种群与小种群之间有一定的扩散，那么将对物种的保护十分有利。

总之，相比其他斑块动态理论，复合种群理论的核心思想和重要观点是：斑块化等级结构和多尺度、局域绝灭和斑块间相互作用的生态过程、空间格局与生态过程的相互关系、多尺度动态(斑块动态和景观亚稳态)。因此，复合种群理论是等级斑块动态理论在种群生态学中的具体体现。

2.3.2 复合种群理论的应用

复合种群的概念很好地描述了自然界和人类影响的破碎化景观中种群的动态。根据莱文斯模型，一个复合种群若能持续存在，必须要有足够的斑块间交流以补偿不断发生的局部灭绝过程。因为局部种群灭绝概率随斑块面积减少而增加，再定居的概率随斑块间距离增加而降低。这说明，一方面在破碎化的景观中生境的数量对于复合种群的维持非常重要，应该尽可能多地保护生境，一些当前没有被占据的斑块未来可能成为物种的生境(Hanski，1998)。另一方面，这说明生境斑块的空间格局对于复合种群的维持非常重要，如果生境斑块间的距离太近，那么由随机因素造成的区域的灭绝风险会大大增加；但如果生境斑块间的距离太远，则不利于生境斑块的重新定居(Hanski，1998)。此外，基质的性质对于复合种群的维持也非常重要，基质是否有利于物种的迁移，对迁移过程中的死亡率有重要的影响。

复合种群的另一个重要的应用方面是评价生境破坏对区域种群动态的影响。生境破坏相当于复合种群中对栖息地斑块的破坏，使得某个可能支持复合种群中某个亚种群的栖息地消失。如果假设被物种定居的地点的比例 p 随被破坏的潜在栖息地的比例的增长呈线性地减少，则方程可以表示为：

$$\frac{\mathrm{d}p}{\mathrm{d}t} = cp(1 - D - p) - mp \tag{2-6}$$

式中，D 为被破坏地点的比例。平衡状态下方程的解为：

$$p' = 1 - D - \frac{m}{c} \tag{2-7}$$

平衡状态方程预测了整个复合种群的灭绝临界值为当可利用栖息地的比例($1-D$)小于或等于 m/c。这就表明复合种群在区域的所有栖息地完全被破坏之前就可能已经灭绝。

生境丧失、退化和隔离是导致物种和种群灭绝的首要因素。通常，复合种群对于生境退化的响应具有 3 个特征：①时滞性，复合种群对于退化生境的适应需要一定的时间和一个过程(Hanski et al.，1996)；②非线性，因为随着生境丧失，不同斑块间的连通性发生高度非线性的变化，复合种群原有的平衡性可能会突然丧失(Hanski，1998)；③多样性，复合种群对于生境数量的需求必须高于某一阈值(如 15~20 个斑块)，当生境遭到破坏而数量低于此阈值时，复合种群就会发生灭绝。当生境破坏比较严重时，一些物种虽然在景观中还能长期存在，但已经丧失了维持稳定复合种群和对新生境的占据能力，成为所谓

“活着的死种群”，物种终将走向灭绝(Hanski，1998)。

复合种群理论对于退化生境中的生物保护具有重要作用，引入景观生态学理念后，其应用价值大大提高。诸如斑块数量、面积、连通性、基质性质均已成为生物保护中必须考虑的因素。

首先，生境数量对于复合种群维持非常重要。在生物保护中，应该尽可能多地保护生境。一些当前并没有被占据的斑块可能会成为物种未来的生境，这一点在开展生物保护和恢复工作时必须予以重视(Hanski，1998)。

其次，生境斑块的空间格局对于复合种群维持非常重要。一方面，如果生境斑块间的距离太近，那么由随机因素造成的区域灭绝风险就会大大提高。另一方面，斑块间的距离又不能太远，否则不利于物种对一些生境斑块的重新占据(Hanski，1998)。如果作为物种栖息地的生境斑块具有较大的空间变异性，能降低多个斑块同时沦为不适宜生境的概率。

最后，基质性质对于复合种群的维持十分重要。在生物保护中，应尽量使基质有利于繁殖体的迁移，避免在迁移过程中出现死亡率过高的情况。例如，可以基于复合种群承受力进行破碎化景观的复合种群承载力估算，这对于物种保护恢复规划具有重要作用。总之，复合种群理论为研究现实世界中的种群维持提供了有力的理论和方法，成为指导生物保护和生态恢复的重要依据，但目前因面临诸多挑战而趋冷。

2.4 “源—汇”理论

2.4.1 基本概念

“源—汇”的概念来源于人们对大气污染的研究。“源”是指一个过程的源头，“汇”是指一个过程最终汇集的地方。“源”景观是指在格局—过程研究中，那些能促进生态过程发展的景观类型；“汇”景观则正好相反，是在格局—过程研究中，那些能阻止延缓生态过程发展的景观类型。由于“源”景观和“汇”景观是针对生态过程而言，所以在识别判定时，必须和将要研究的生态过程相结合。“源—汇”景观是相对的过程，是相辅相成的，“源”与“汇”可以是一个景观元素，作用于不同的环境下，所起的功能作用不同，也决定其景观属性的不同。

迪亚斯(Dias)在采用种群统计学用来反映生境的异质性，提出了“源”和“汇”景观的概念(Dias，1996)。源指局部的繁殖成功率高于局部死亡率的生境区域。源斑块中的种群繁殖了过量的个体，这些个体为了获得足够的栖息地和食物必须从他们出生的地方迁出(图 2-15)。与此相反，汇是条件较差的栖息地，也就是该生境中死亡率大于繁殖成功率，如果没有物种从源中迁入，那么种群就会灭绝。从这一工作中得到关键的一点结论是，多余的个体会从源中迁出以维持当前种群的平衡。即使景观中少部分源的增加，也会使得种群的大小有很大的

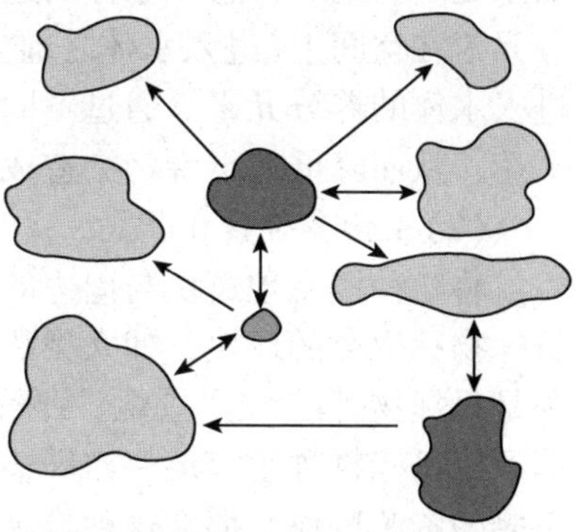

图 2-15　由源亚种群(深色图斑)和汇亚种群(浅色图斑)组成的复合种群

(引自 Pulliam et al.，1994)

注：当占据少数比例的源生境中物种个体数过多时，物种则迁移并定居到汇生境。箭头方向指示斑块间物种迁移的方向

增加。相反，如果从景观中将一个巨大种群的源移走，可能会导致种群的灾难性减少。尽管作为汇的斑块通常不会有迁出者，但是它们在景观中出现有时能够极大地扩大种群的丰度。

异质性的景观支持更大的种群。然而，如果汇相对于源占据过多的面积，扩散能力有限的生物就不能够寻找到源，景观也就不能够维持可持续的种群。景观中保持高质量的栖息地是很重要的，如果仅是保护汇生境，生境丧失的负效应就难以消除。此外，一种物种的源也可能作为另一种物种的汇。

“源—汇”理论的提出主要是基于生态学中的生态平衡理论，从格局和过程出发，将常规意义上的景观赋予一定的过程含义，通过分析“源—汇”景观在空间上的平衡，来探讨有利于生态学过程的调控途径和方法。针对生物多样性保护而言，“源—汇”理论突出地显示了保护高质量生境对于生物多样性保护将起到事半功倍的效果；反之，对于高质量生境的破坏，也会对系统的生物多样性造成更加严重，甚至是毁灭性的影响。

2.4.2 “源—汇”理论的应用

在格局—过程研究中，“源”是指一个景观过程的源头，是那些能促进生态过程发展的景观类型；“汇”是指一个过程消失的地方，是那些能阻止、延缓生态过程发展的景观类型。景观的“源”“汇”功能在非点源污染、生物多样性保护、城市热岛效应等领域均有较好的应用前景。

(1)非点源污染控制

根据“源—汇”景观理论，不同的农田景观类型也可以看作不同的“源”“汇”景观。如果能够在流域生态规划中合理地设置这些“源”“汇”景观的空间格局，就可以使非点源污染物质在异质景观中重新分配，从而达到控制非点源污染的目的。非点源污染，尤其是水体的富营养化，归根结底是养分在时空过程上的“盈”“亏”不平衡造成的。降低非点源污染形成危险的最可靠方法是控制污染物(养分物质)来源，将非点源污染物的排放控制在最低限度。控制养分进入水体的途径，力求使养分在每一个景观单元上达到收支平衡，让养分元素在空间上(进入水体之前)达到平衡状态，这样就可以通过景观合理布局有效地截留进入水体的养分元素。通过不同景观类型在空间上的组合来控制养分流失在时空尺度上的平衡，从而降低非点源污染造成的危险性(陈利顶等，2002)。

(2)生物多样性保护

将物种栖息地斑块与周边的资源斑块看作目标物种的“源”景观，那么在区域中不适合目标物种生存的斑块，如人类活动占据的斑块、天敌占用的斑块等，在一定意义上可以认为是目标物种的“汇”景观。评价一个地区景观格局是否有利于目标物种的生存和保护，可以评价目标物种生存斑块与周边斑块之间的空间关系。如果目标物种的栖息地周边分布有更多的资源斑块，那么这种景观格局应该更有利于目标物种的生存；如果周边地区分布有较多的“汇”景观，那么这样的景观格局将不利于目标物种的生存和保护。由此，可以通过“源”“汇”景观评价模型，通过分析不同景观类型相对于目标物种的作用，评价景观空间格局的适宜性，进而对自然保护区功能分区进行划分(李道进等，2014)。

(3)城市热岛效应控制

城市热岛效应的根本原因在于城市景观格局的不合理。城市热岛效应和交通拥挤的出现，在一定程度上可以认为是城市景观中“源”“汇”景观空间分布失衡造成的。城市景观类型包括灰色景观(人工建筑物，如大楼、道路等)、蓝色景观(如河流、湖泊等)、绿色景观(如城市园林、草坪、植被隔离带等)，不同的景观类型在城市的热岛效应中所起的作用明显不同。城市热岛效应主要是由于灰色景观过度集中分布引起的，可以将它看作热岛效应的“源”，而蓝色景观、绿色景观可以起到缓解城市热岛效应的作用，可以看作热岛效应的“汇”；但是由于城市土地资源的有限性，蓝色景观和绿色景观的发展受到较大限制，城市景观中“汇”的作用较弱，从而导致了“源”“汇”分布不均。为了减少城市热岛效应，力求在有限的土地资源条件下，合理布置各种景观类型空间格局是至关重要的。

2.5　渗透理论

2.5.1　基本概念

渗透理论(percolation theory)源于物理学中流体在材料介质中运动的理论。该理论认为当介质密度达到某一阈值(threshold)，渗透物突然能够穿透整个介质到达另一端。这种因为影响因子或者环境条件大于某一阈值而发生的从一种状态过渡到另一种截然不同状态的过程称为阈值现象。自然界中广泛存在这种阈值现象，显示的是由量变到质变的特征。生态学的限制因子定律和最小存活种群，流行病的传播与感染率，景观连接度对于种群动态、水土流失的干扰蔓延等现象都属于广义的临界阈值现象。

渗透理论最初是用以描述胶体和玻璃类物质的物理特性的，并逐渐成为研究流体多孔介质中运动的理论基础。渗透理论最突出的要点是：渗透过程一般存在一个渗透阈值(percolation threshold)或临界阈值(critical threshold)或临界密度(critical density)或临界概率(critical probability) P_0：当多孔介质所构成的有限区域(finite region)中渗透概率(percolation probability，即该区域被流体占据的概率) $P<P_0=0.5928$ 时，流体就保留在其中；而当 $P>P_0$ 时，流体就会突然穿越有限区域网络发生渗透，从多孔介质的一端达到另一端(Ziff，1986；Stauffer and Aharony，1992；傅伯杰等，2001；邬建国，2007)。

渗透理论已广泛应用于景观生态学研究。以下主要以生物个体在景观中的运动为例来描述和解释渗透理论，能量、物质和干扰等在景观中的流动和扩散等也是类似的。在研究生物个体的运动时，一个重要问题是：当生境面积增加到何时，生物个体可以通过彼此相互连接的生境斑块从景观的一端运动到另一端，从而使景观破碎化对种群动态的影响大大降低？假设有一系列景观，其中某一物种的生境面积占景观总面积的比例由小到大，各不相同。用一系列两色栅格网来代表这些景观，其中灰色栅格细胞代表生境(“可渗透”地区)，白色栅格细胞代表非生境(“不可渗透”地区)(图 2-16)。一个生境斑块是由相邻的生境细胞相互连接构成的。当两个或多个生境细胞相邻时，它们一起构成更大的生境斑块，生物个体可以穿过这些彼此相互连接的生境细胞运动。对于二维栅格网而言，判别生境细胞是否相邻时常采用四邻规则(four-neighbor rule 或 nearest-neighbor rule 或 Neumann neighborhood rule)和八邻规则(eight-neighbor rule 或 Moore neighborhood rule)。显然，选用不同的邻域规则会直接影响到生境斑块边界的划分，从而影响到生境斑块的大小和形状(邬建国，2007)。

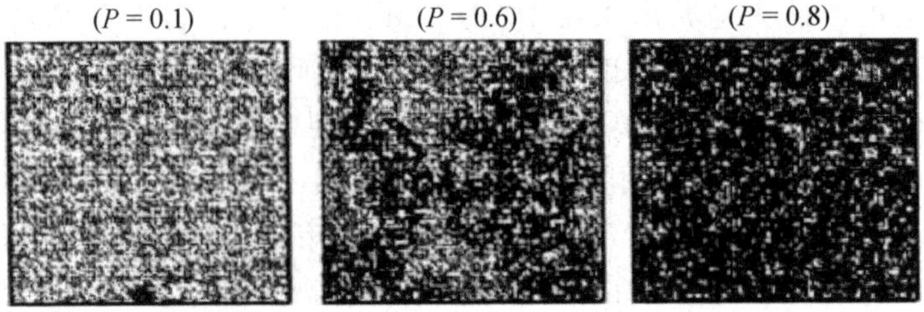

图 2-16　具有不同生境细胞比例(P)的随机图

用渗透理论研究生物个体在景观中的运动时包含如下假设。

①景观的空间幅度　二维栅格景观很大或无限大。

②景观中生境细胞的空间分布特征　随机分布。

③生态学过程　忽略生物个体的扩散运动能力。生物个体只能通过生境细胞运动，不能跳跃过非生境细胞，即只能在同一个生境斑块中运动，而不能在不同生境斑块之间运动。

④邻域规则　生境细胞之间是否相邻根据四邻规则来判定。一个生境细胞与其上、下、左、右 4 个位置上相邻的生境细胞属于同一个生境斑块，而与其两个对角线上相邻的生境细胞不属于同一个生境斑块。

在这些假设条件下，根据渗透理论，当生境面积占景观总面积的比例(P)小于 0.6 时，景观中生境斑块以面积小、离散性高为主要特征[图 2-16(a)]；而当 P 增加到 0.6 时，景观中突然出现横贯两端的特大生境斑块[图 2-16(b)]，其形成概率由 0 骤然达到 1，没有任何过渡(图 2-17 中虚线表示的阶梯形曲线)。这些特大生境斑块是当生物个体从景观的一端渗透(或运动)到另一端时，由单个生境细胞(即最小的生境斑块)互相连接而形成的生境通道，称为连通斑块(spanning cluster)或渗透斑块(per-colating cluster)。连通斑块的形成标志着生境从大量相对小而高度离散的分布状态突然转变为少量大而连接良好的分布状态；对于种群动态来说，这意味着生物个体从只能在局部生境范围内运动的情形突

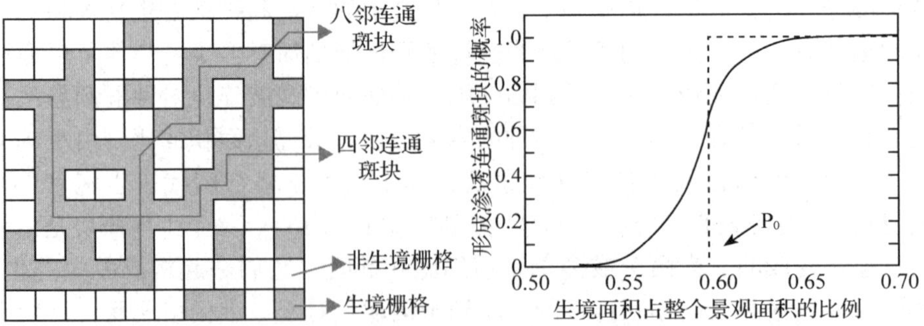

图 2-17　渗透理论的基本概念(引自 Green，1994；邬建国，2007)

注：在随机栅格景观中，灰色栅格代表生境，白色栅格代表非生境，采用四邻规则时，当生境面积小于 60%时，景观中无连通斑块形成；当生境面积等于 60%时，景观中连通斑块(黑色区域)的形成概率骤然达到 100%

然转变为能够从景观的一端运动到另一端的情形(邬建国，2007)。由此可见，生境是否被连接、生物个体是否能在整个景观中运动都是一种临界阈现象。连通斑块出现时的最小 P 值(0.6)即为临界阈值(P_0)。

由于实际景观中生境斑块多呈聚集型分布，如果存在有利于物种迁移的廊道，或者由于生物个体迁移能力很强，可以跳过一个或几个非生境单元，其渗透阈值或临界景观连接度通常要比纯随机渗透模型所得出的理论值低。生物种群在景观中的渗透不但依赖于景观结构，还取决于物种的行为生态学特征。当景观结构变化时，生境面积的减少对于生物个体和种群迁移而言，有生境损失与生境隔离两种影响，其中后者表现出的临界阈现象更加明显(Wiens，1997)。

景观连接中还存在明显的尺度效应。当生境斑块之间的距离达到某个阈值时，其连接度会发生突然增大，而且不同扩散能力的物种所对应的阈值大小会有所不同。在此基础上，通过灵敏度分析，还可以判断出某些“关键生境斑块”，如果这些斑块从景观中消失，则会大大降低生境的连接度。

2.5.2　渗透理论在景观模型中的应用

目前，渗透理论主要应用于研究景观的生态流所表现出的临界阈限特征以及景观连接度与生态过程的关系，并逐渐作为一种“景观中性模型”来使用。所谓中性模型，是指不包含任何具体生态过程或机理，只产生统计学期望值的单纯数学模型。通过中性模型，可以反复产生若干统计特征相似，但空间分布格局不同的模拟景观，进而用来研究景观格局对景观流的影响。与真实景观相比，中性模型所产生的景观可以重复，且不同类型之间的比例可以调整，因此便于比较分析，比较常用的中性景观模型有 Rule 模型、Simmap 模型等。

以渗透理论为基础，可以解释和模拟景观生态学的研究对象中广泛存在的阈限效应，如流域中养分“源”“汇”空间分布和数量结构对流域养分负荷影响的模拟，森林景观动态及生物多样性保护(Oliveirade Filho et al.，2006)，景观破碎化和连通性的研究(Ferrari et al.，2007)，林火模拟(Li et al.，2008)等。

加德纳(Gardner et al.，1987)、奥尼尔等(1988)和特纳等(1989)于20世纪80年代中后期将渗透理论引入到景观生态学中，为景观生态学理论和应用的发展做出了很大贡献。渗透理论对理解能量、物质、物种和干扰等在景观镶嵌体中的流动、运动和扩散与景观格局(特别是连通性)之间的关系具有很大的启发性和指导意义，而这一关系正是景观生态学研究的核心问题。某些生态学过程和动态可能在景观格局特征达到某一临界值时出现突变。意识到这种临界阈现象的存在，找到这些阈值，并解释其可能的生态学意义，在理论和实践中都十分重要。例如，河岸带的植被覆盖度达到多大时可显著截留地表径流中的可溶性氮，而覆盖度再增大植被的截留效应变化不大；适宜农田斑块的面积占整个景观面积的多大时，田鼠能够穿越大面积的景观，危害农作物；红松的覆盖度达到多大时可显著促进火干扰在阔叶红松林中的扩散；生境破碎化(与景观连通性相对)达到什么程度时，生境隔离效应开始表现明显，从而影响濒危物种在不同栖息地之间的迁移和基因交流；城市可渗透地表面积比例达到多少时，可对暴雨时的地表径流起到显著的滞缓作用，对洪峰流量起到显著的削减作用，从而减轻城市内涝引起的灾害。

在景观生态学中，渗透理论也常作为一种中性景观模型(neutral landscape model，NLM)而得到应用。渗透理论基于简单随机过程，而非具体的生态学过程或机理，并有显著的且可预测的统计阈限特征，因此是非常理想的中性景观模型(邬建国，2007)。渗透理论作为一种中性景观模型，在景观生态学中的应用主要表现在以下两个方面。

(1)为景观格局的理论研究服务

例如，对一个中性景观，在某类生境面积所占比例高于和低于某个阈值(通常约为0.6)时，许多景观指数(如平均斑块面积、斑块数量、最大斑块面积、总边缘长度等)的行为特征有显著的差异，该阈值是其行为特征发生变化的拐点。这种行为特征是将实际景观中的具体过程剔除之后，景观指数所体现出一般性的、纯粹的格局特征，而这种行为特征的揭示在景观格局研究中具有重要的理论意义。

(2)为研究景观格局与过程之间的相互作用提供一个参照系统

具体地，通过比较实际景观与随机渗透系统的行为特征，检验有关景观格局与生态学过程关系的假设，从而促进对格局和过程相互作用的理解(邬建国，2007)。通常采用零假设(null hypothesis)思想：在假定某一具体过程A不存在的前提条件下建立期望格局，然后将其与实际格局比较，据此揭示过程与格局间的关系。例如，假设过程A不控制格局。先排除过程A，然后进行试验室模拟，得到期望格局B，将其与实际格局C相比较。若B与C相似，则接受假设，表明A不控制格局；否则拒绝假设，表明A控制格局(傅伯杰等，2001)。在维恩斯等(1997)的甲虫例子中，假设“甲虫个体的迁移不影响其在整个景观中扩散迁移时生境面积比例的临界阈值”。在不考虑甲虫个体的迁移过程情况下，根据渗透理论，P_0值为0.6；但试验研究发现，甲虫迁移时生境面积比例的P_0值仅为0.2，与不考虑迁移过程时的期望值相差很大，所以拒绝零假设，认为甲虫个体的迁移影响其在整个景观中扩散迁移时生境面积比例的临界阈值。

2.6 景观连接度

景观连接度(landscape connectivity)是复合种群和景观生态学中的一个重要概念。连接度可影响一些基本过程，包括物种的扩散和迁移、种群遗传结构的形成、源—汇动态、群落对气候变化的潜在响应等，而这些过程是生态学和物种进化学的研究主题。连接度也影响保护区网络设计、生态修复、入侵种控制、边界资源的管理等生物保护方面的决策。因此，连接度研究既可为生态学和物种进化学的一些关键方面提供重要见解，也可为更加有效地保护生物做出重要贡献。尽管连接度研究已受到很大关注，但仍需做许多工作，以理解引起连接的基本原因及连接产生的后果，同时将我们对连接度的理解融入具体的管理策略中(Kool et al.，2013)。

2.6.1 景观连接度概述

2.6.1.1 定义和分类

梅里亚姆(Merriam，1984)首次将“连接度”一词引用到景观生态学中。根据岛屿生物地理学理论、复合种群理论和渗透理论，人们认识到，景观中植物和动物种群的生长、繁殖和长期续存除了需要足够大小和数量的生境斑块外，还往往需要生境斑块之间有一定的连续性，以保证斑块之间的过程和功能联系。其他生态过程(如能量与物质的流动、干扰的扩散等)也在不同程度上受到空间结构连续性的影响。景观连接度就是描述景观中斑块、廊道和基质在空间上如何连接和延续的一种测定指标(Forman and Godron，1986；Forman，2006；邬建国，2007)。一般地，可通过物种迁移或其他生态过程在不同景观组分(如资源斑块)之间进行的顺利程度来间接地表达景观连接度(Taylor et al.，1993；1996)。实际上，不同的研究领域对连接度的定义方式不尽相同。然而，不论何种定义，景观连接度均对应于空间分离的景观组分之间关系的结构集合；换句话说，景观连接度是种群或个体之间相互依赖的结果(Kool et al.，2013)。

根据渗透理论中对流体在多孔介质中的渗透状况的描述，可将景观的连接状态分为 3 类(图 2-16)：①完全离散(或非渗透，sub-critical)[图 2-16(a)]，有许多离散的小斑块；可分别研究这些斑块；单个小斑块上的物质或物种等的动态易被预测。②临界连接(或临界渗透，critical)[图 2-16(b)]，有一个单个的大斑块贯通整个景观，但仍有许多离散的小斑块存在；存在景观连接度的阈值；景观的空间结构对其功能和动态非常重要，空间结构的略微变化就可能引起功能和动态从一种状态(完全离散)到另一种状态(完全连接)的突变，因此，物质或物种等的动态非常复杂，极不易被预测。③完全连接(或超临界或超渗透，super-critical)[图 2-16(c)]，斑块大多被连接，有一个单个的特大斑块贯通整个景观，只有极少的离散小斑块；可以通过该单个特大斑块来研究景观的许多特征；物质或物种等的动态易被预测。

2.6.1.2　影响景观连接度的因素

影响景观连接度的因素主要表现为以下 4 个方面。

(1)景观的组成和空间分布格局

根据定义，景观连接度包括斑块连接度、廊道连接度和基质连接度，还包括不同景观组分之间的连接度，如斑块与廊道的连接、斑块与基质的连接。因此，与景观组分及不同组分之间关系相关的结构指标均有可能影响景观连接度，包括斑块的结构(如斑块的位置、斑块的组成和质量、斑块的大小和形状、斑块的数量和密度、同类斑块的间距和隔离度)，廊道的结构(如廊道的数量、组成、宽度、形状、长度和质量)，基质和网络的结构(如基质的异质性/多样性和连接性、景观阻力、网络中连接廊道的密度和空间布局、网眼大小、连通性)，以及斑块与廊道和基质之间的关系(如斑块之间是否存在廊道，斑块与基质之间是否有梯度变化)等(图 2-18)(Taylor et al.，1996；陈利顶等，1999；傅伯杰等，2001；Kool et al.，2013；Muratet et al.，2013)。

图 2-18　具有相同面积但不同格局的景观连接度(引自 Farina，1998)

(2)研究的生态过程

即使是在同一个景观中具有相同的格局特征，由于研究的生态过程不同，其变化机理也不同，景观连接度也将有较大差异。例如，在坡地上种植灌木林有助于物种沿灌木林的迁移，但却不利于水分和养分的流动。因此，对物种迁移来说，景观连接度较高；而对水分和养分流动来说，景观连接度较低。又如，道路网对于物质运输和能量交换具有较高的景观连接度，但对于物种在不同栖息地之间的迁移和交流将起到阻挡作用，具有较低的景观连接度(傅伯杰等，2001)。

(3)研究的对象

对于某个种群或群落或物质具有较高连接度的景观，对于其他种群或群落或物质，其连接度也许呈较低水平。例如，在同一景观中，SO_2 的扩散范围不及 1km，而氧化锌可扩散到几千米之外，因此，对氧化锌来说，景观的连接度更高。不同种群或群落的生态学习性和生活史特征不同，适应环境条件的方式和能力不同，活动能力和范围也不同，因此，景观连接度有较大的差异。例如，水生生物可以在河流中自由地迁移，对于水生生物来说，包含河流的景观的连接度较高；但对于大多数陆生生物来说，河流对它们的迁移造成很大的障碍，并可能成为它们生存的陷阱，因此景观连接度较低。一般地，在同一景观中，运动能力较弱的物种、个头较小的物种、独居的物种、对资源有特别需求的物种，以及处于较高营养级的物种对生境损失和隔离的敏感性较高，其景观连接度也较低(Holt et al.，1999；Ewers et al.，2006；Jauker et al.，2013)。另外，景观连接度也不局限于种群/群落的运动或物质流，也可指基因流(Hedgecock et al.，2007)，甚至更加抽象的信息或观点的传播(Ahmad et al.，2006)。

(4)尺度关系

从单个物种的角度来看，最终影响景观连接度的实际上是物种能够感知和反应的范围(perceptual range)与景观的结构特征尺度之间的相对关系(With et al.，1999)。物种能够感知和反应的范围简称物种的感知尺度，是生物个体所能观察到的景观组分的尺度(如生境斑块尺度)(Lima et al.，1996)，与物种的领域或活动范围有关。如果物种的感知尺度大于景观的结构特征尺度，则景观连接度较高；反之，则景观连接度较低。例如，尽管鸟类栖息地之间不存在廊道连通，但鸟类可以一次飞越较长距离，达到其他同类斑块。对于鸟类来说，只要斑块之间的距离(景观的结构特征尺度)限定在其可以一次飞越的距离(物种的感知尺度)之内，仍具有较好的连接度。

从两个或多个相互作用的物种角度来看，决定不同物种景观连接度差异的是生物个体所感知并产生反应的生境斑块尺度的差异，与个体大小和传播或迁移能力有关。这个斑块尺度实际上是一个尺度域，涵盖生物个体能够感知和反应的环境斑块的最小和最大空间尺度。对于具有同类特征的物种(如均为鸟类或爬行动物等)，一般地，个体越大，感知和反应的斑块尺度越大，小尺度上的斑块被忽视得越多，景观连接度也越高。例如，与其猎物相比，陆地景观对于捕食者的连接度要高得多，在猎物看来，某地是景观内部一个很难逾越的异质性斑块，但对捕食者来说，它与基质的差异不大，在空间上仍是相对连续的。同理，与爬行类动物相比，陆地景观对于飞禽的连接度要高得多。又如，同一景观的连接度对于种子传播距离很远的物种(如风媒植物)要比种子传播范围很局限的物种高得多。因此，如果有必要和有可能评价一个景观总的连接度的话，那么需要以等级和多尺度的观点，综合考虑不同尺度上的多个物种和过程。

理解和识别生物个体的感知尺度是解释和评价景观连接度的关键。基于信号识别理论

(signal detection theory, SDT)，随着信号发出者(即生境斑块)与信号接收者(即生物个体)之间的距离越来越远，若达到某一点时，噪声和信息相互重叠甚至合并，信号不再能被识别，个体不再能观察到斑块，那么该点即为感知尺度，即生境斑块信号的可检测性(signal deteactability of habitat patch)为零的距离。与传统方法相比，信号识别理论可以检测生境斑块信号识别过程中的不确定性，并可很好地将生境斑块信号的可检测性从生物个体的反应偏差(response bias)中区分和提取出来，从而有助于解释景观基质背景或个体状态变化对感知尺度的影响(Olden et al.，2004)。因此，信号识别理论在精确估计物种的感知尺度上及推断不同个体和物种的感知尺度的变异性上具有特别的优势(Fletcher et al.，2013)。

2.6.1.3　景观连接度与景观连通性的关系

几乎在提出景观连接度概念的同时，博德里(Baudry，1984)，博德里和梅里亚姆(1988)也提出了另一个类似的概念——景观连通性(landscape connectedness)。两个概念之间既有联系，又有区别。景观连通性测定景观的结构特征，反映景观不同组分在空间格局上的联系，或反映某个斑块类型的不同斑块之间的物理联系(图 2-11)。景观连通性主要取决于景观的组成特征和空间分布格局，一般不与特定的生态过程相结合。景观连接度取决于景观结构与研究过程(或功能)的关系，融合了结构连接度(structural connectivity)(也即连通性)和功能(或行为)连接度(functional or behavioral connectivity)。景观连接度不仅描述景观的组成特征和空间分布格局(结构连接度)，而且还定量描述景观中不同生物群体之间以及不同斑块之间在生态行为、生态功能和生态过程上的有机联系(功能连接度)，即景观连接度与具体的研究对象或生态过程相结合。例如，景观结构连接度与种子的传播过程、动物的迁移过程、水分和养分的循环过程相结合，共同决定了种子、动物、水分和养分的景观功能连接度。仅考虑景观的表观结构连接度，而不考虑具体的研究对象或生态过程，是不足以反映景观连接度水平的，也是没有什么意义的(傅伯杰等，2001；邬建国，2007)。例如，可用斑块之间的间隔距离(如 10 m)作为结构连接度或连通性的量度，但 10 m 到底是连接度高，还是连接度低呢？这需要结合具体的研究对象或生态过程来回答。有时，景观连接度的变化甚至仅取决于特殊的生物体或生态过程，而与一定空间幅度范围内的景观格局无关(赵羿和李月辉，2001)。

景观连通性是一个客观存在的、可以量化的测定指标。综合了同类斑块的大小、隔离度、聚集度和连接度，以及不同类型斑块的相似性或对比度等信息。可根据遥感图像或地图信息，用网络连通性、网络环度、隔离度指数、相邻指数、相似性指数、对比度指数、聚集度指数、连接度指数等表示，如 Fragstats 软件中的相关景观指数。景观连接度是一个抽象的、相对的测定指标，其大小在 0~1，0 表示不同景观组分之间在功能上没有联系，1 表示它们在功能上达到最好的联系(陈利顶等，1999；傅伯杰等，2001；邬建国，2007)。

通常认为，连通性较高的景观，其连接度也具有较高水平。然而，具有较高连通性的景观不一定具有较高的连接度；连通性较差的景观，其连接度也不一定较低(傅伯杰等，2001)。这与具体的生态过程、研究对象和尺度有关。例如，梅里亚姆(1984)在研究加拿大农业景观内某些啮齿动物时发现，有较多孤立残存林地斑块的景观却有着较高的功能连接度。

需要指出的是，国内有些文献在对 connectivity 和 connectedness 的翻译上存在不统一。

例如，陈水华等(2000)在研究城市化与湿地水鸟群落的关系时将 connectivity 译为连通性。赵羿和李月辉(2001)将“connectivity”译为“功能连通性”，而将“connectedness”译为“结构连接度”。本书中我们根据傅伯杰(2011)建议不加区分二者但偏向采用“连接度”一词。

2.6.2 景观连接度的应用

2.6.2.1 景观连接度与生物保护

景观连接度已在景观生态学研究中得到广泛应用，特别是在生物资源管理、生物多样性保护方面开展了较多的研究工作，对于破碎景观(如人类活动强烈的农业景观地区)中动植物栖息地和物种保护具有尤其重要的意义(Forman et al.，1984；Wu et al.，1993)。克鲁克斯和桑杰安(Crooks and Sanjayan，2006)提出“连接度保护(connectivity conservation)”一词便是景观连接度应用于生物保护的具体体现。

在生物保护中，景观连接度研究更多地局限于种群水平，而群落水平的连接度研究则罕见(Tischendorf et al.，2000；Muratet et al.，2013)。在与景观连接度相关的生态学组织水平这一问题上存在着大量的争议。多尔等(Doerr et al.，2011)认为，生物对景观连接度的反应可能并不是基于特定物种的，具有相似生活史特征的物种在某个群落环境中共存，它们有着相似的运动行为，对景观连接度也有着相似的反应。穆拉特等(Muratet et al.，2013)预测了巴黎附近城市景观中半自然草本植物斑块在群落水平上的景观连接度。然而，大多数生态学家宣称景观连接度应该局限于种群水平(Prevedello et al.，2010)。

景观连接过程可看作生境破碎化的反过程。生境破碎化主要表现在生境的丧失、生境斑块面积的减小，以及生境斑块之间隔离度的增强，是生物多样性降低的最重要原因。与生境隔离效应相同，景观连接过程也是一种临界阈现象。当生境面积比例 P 低于临界阈值 P_0 时，大多数生境斑块小而破碎，在整个景观中不连接；相反，当 P 高于 P_0 值时，形成一个特大的连通斑块，原来离散的斑块被高度连接。当 P 在 P_0 值附近变化，即景观处于临界连接状态时，P 的微小变化就可能引起斑块组成和结构及景观连接度的极大变化，以至于引起物种动态的截然相反的变化。换句话说，当 P 在 P_0 值附近变化时，物种动态对干扰的影响十分敏感(Turner et al.，2001)。因此，在生物保护 上，应避免使被保护核心物种的生境面积比例在 P_0 值附近变化，或者通过增加保护区的面积使得 P 远小于 P_0 值，以降低干扰的相对影响，或者通过加强对生境斑块的保护，使得 P 远大于 P_0 值。

景观连接度可通过物种运动在不同景观组分之间进行的顺利程度来间接地表达，因此也常被用于生境适宜性评价。例如，陈利顶等(1999)将景观连接度的概念引入卧龙自然保护区大熊猫的生境评价研究中：首先选择了影响大熊猫生存和顺利迁移的 3 种典型景观因子，即地形高度、地形坡度和食物来源；在分析 3 种景观因子对大熊猫迁移、觅食和生存的重要性的基础上，对各因子的景观连接度进行了模糊相对赋值，并采用模糊赋值求和的方法建立景观连接度评价模型；在 GIS 的支持下，获取了景观连接度的空间分布图，据此进行景观连接度分级、生境适宜性评价和生境破碎化评价。结果表明，最适宜和适宜大熊猫生存的地区在空间分布上处于极度破碎化状态。除了几个较大的斑块外，尚有许多较小斑块处于孤立状态，这些斑块将无法为大熊猫所利用。空间上的破碎化状态将不利于不同栖息地之间大熊猫的迁移与交流，长此以往将降低该区大熊猫的遗传多样性。

通常情况下，廊道形成是景观中出现的重要连接事件，可提高景观连接度和系统的整体性，有利于遭受破碎化影响的大多数内部种的生存。在生物保护规划中，常常针对被保护生物，分析其景观连接度水平，以反映生物群体之间的联系，发现景观中对生物群体影响比较敏感的关键地段和栖息地。进而在这些关键点，建立适宜的廊道(包括增加廊道的数量、宽度和长度，设计廊道的形态和空间布局、改善廊道的物质组成和质量等)，或建立功能类似于廊道的一系列暂栖地等，使它们起到连接不同栖息地的作用，以促进不同栖息地之间生物个体的迁移以及基因的交流，增强生物的续存能力，最终达到物种保护的目的(傅伯杰等，2001；Turner et al.，2001)。例如，由于大熊猫不能穿越狭窄廊道，卧龙自然保护区为了加强大熊猫栖息地之间的联系，增强大熊猫的遗传能力，适当加宽了栖息地之间的廊道。又如，在人类活动占主导地位的农业景观中保护野生动植物时，在残存林地之间建立合理的廊道，将起到积极的作用。

然而，对廊道在生物保护中的作用和有效性，存在着许多争议。廊道形成所产生的高连接度景观对有些物种的长期存续和系统的稳定性可能会产生不利影响。例如，高景观连接度在促进物种流的同时，也增加了污染物、疾病、病毒和其他干扰的扩散风险；高景观连接度在增加生物个体在生境斑块之间的迁移和基因交流、减弱遗传漂变危害的同时，也增加了自然基因多样性丧失的风险，或者增加了有害变异累积的风险。因此，廊道对物种的保护也并非都是有利的；有时增加廊道和物种交换，反而会加速局部种群的绝灭。

使用廊道来保护生物必须充分考虑被保护生物本身的特征，以及保护的目的。Wu等(1993)利用数学模型模拟了不同生境斑块之间廊道的数量(假设廊道具有相同的组成和特征)与生物生存之间的相互关系。结果表明，廊道在局部种群的生存、迁移和基因交流方面起着重要的作用。但斑块之间并非有廊道就好，廊道的数量也并非越多越好，局部种群的生存还与不同斑块上的种群数量有关。只有当所有斑块上的种群数量均不低于生物生存的最低维持量时，才能保证所有斑块上的种群得以延续。当一个斑块上的种群数量低于该最低值，面临消亡，而另一个斑块上的种群数量高于最低值而又低于某一特定的数量时，如果两个斑块之间有廊道相连，那么两个斑块之间生物个体的交流将导致两个局部种群都绝灭。在这种情况下，面临两种选择：要么两个斑块上的局部种群都绝灭，要么切断两者之间的廊道连接，只保护一个斑块上的局部种群，而放弃对另一个局部种群的保护。

实际上，廊道与景观连接度之间并没有直接的关系。景观连接度是一个反映生态过程能否在不同景观组分之间顺利进行的抽象指标，而廊道是空间格局的一种具体形态和表现方式。对于生物而言，景观连接度意味着生物个体能否从一个生境斑块到达另一个生境斑块。当景观连接度较大时，生物个体在景观中迁徙、觅食、交换、繁殖和生存比较容易，受到的阻力较小；反之，则活动的阻力较大。然而，廊道却具有多重属性，可以起到通道、屏障或过滤、源、汇、栖息地的作用。对某些物种起通道作用的廊道，对其他物种很可能就起着屏障作用(Gustafson et al.，1996；傅伯杰等，2001)。因此，同样的廊道对某些物种来说景观连接度较高，而对其他物种来说，景观连接度可能很低。具有不同类型、形态和空间布局的廊道可能具有相同水平的景观连接度。在生境斑块之间有廊道存在的情况下，其景观连接度也可能为零。同样地，在生境斑块之间没有廊道存在的情况下，其景观连接度也可能很高。因为生境斑块之间的连接可以有多种表现形式，除廊道外，生境斑块之间的距离只要限定在某些物种可以到达的距离，或生境斑块与相邻景观组分之间具有生态功能上的相似性或呈梯度变化，尽管不存在廊道，其景观连接度也具有较高水平。

2.6.2.2 景观连接度与景观规划和管理

基于景观连接度与生态过程和功能之间的关系，我们可以通过改变一些景观组分的数量和格局特征，导致景观连接度的变化，从而达到影响关键生态过程和功能的目的。对景观结构改变最明显的3种方式为农林牧业土地利用规划和管理、道路和水路建设、城市生态规划。

(1)农林牧业土地利用规划和管理

在世界上很多地方，大量土地已开发为农田，极大地挤占了生物的栖息地。农田中残存栖息林地或防护林的破碎化现象很严重，不仅本身的面积很小，而且不同栖息地之间的联系也被切断。在现实环境中，生物的保护不可能依赖大面积的连续生境，也不能只依赖那些有限的、被分隔的动植物园。要拯救野生生物，需要合理地保护、规划和管理这些少量的残存生境斑块。它们虽然数量很少，却很珍贵，对野生生物的生存、觅食、繁殖和活动至关重要，在一些重要地段和关键点(如防护林的交点处)尤其需要加强保护。同时，也需要合理地规划一些生物廊道，连接这些残存栖息地，并像保护和管理动植物公园那样保护这些廊道，以保证生物个体可在不同地区、不同生境斑块之间进行迁移和交流。

在草地蝗虫的防控上，可通过改变草地景观的连接度，探讨一种除化学和生物防治技术之外的景观生态学防控方法和观念。例如，可改造蝗发区的环境，调整不同类型草地的空间分布，适当增加乔灌木的比例，种植林带，以提高对蝗虫天敌(如鸟类)的景观连接度；也可改变单一的土地利用方式，适当增加人工草场和围栏草场，甚至配置一些农田，修筑交通设施，修筑沟渠网络等，以降低对蝗虫的景观连接度，或者减少蝗虫的适宜生境数量，或者阻碍蝗虫在不同生境斑块之间的扩散迁移。

在森林间伐作业中，若不同的间伐迹地斑块之间能通过森林廊道相互连接，则采伐对原来森林中生存的生物和森林生态功能的不利影响可降到最低程度。虽然大多数内部动物(包括鸟类)不能生存于迹地斑块，但仍能生存于这些相互连接的、面积不小的森林廊道中；虽然大多数动物不能直接穿越迹地斑块，从斑块的一边到达另一边，但仍能沿着这些廊道迁移，到达更远的林地。

(2)道路和水路建设

道路和道路网具有很强的生态效应(Forman，2006)。道路往往割断景观中繁殖体传播、生物个体迁移和觅食的路径，破坏生物生存的环境，降低景观中各组分的连接度。为了减弱道路对生物的影响，在修建道路之前，有必要进行景观连接度分析，探究不同等级的道路对不同生物的作用；在影响景观连接度的敏感地段和关键点建立桥梁、隧道、自然保护区等，或增加廊道。例如，青藏铁路可可西里路段的修建必然会割断藏羚羊栖息地和繁殖地之间的联系，为了保护藏羚羊，铁路建设者们在藏羚羊每年必经的33处地方(关键点)专门修建了高架桥，以确保藏羚羊能安全通过桥下，进行南北迁徙和繁殖；英国白金汉郡的蟾蜍每年春天要爬出森林到池塘去产卵，路途必经一条公路，英国动植物保护协会在公路下面修建了一条供蟾蜍专用的“隧道”；保加利亚政府开挖了一条通往希腊的“隧道”，以便一种灰熊能通过“隧道”，往返于两国间寻找配偶。

水生生物也存在类似的问题。例如，最近的调查发现，中国长江流域的特有物种江豚种群的分布呈相对集中、日益斑块化的趋势。调查人员推断这与航运阻隔造成江豚迁移困难有关。密集的航运，对完全依赖声呐系统生存的江豚来说，是一个潜在的致命威胁(彭科峰，2013)。

总之，如何在建设新的道路或水路时为野生动物的迁移设计专门的通道，以及如何在已经分割得七零八落的生境斑块之间建立联系，成为景观生态学研究的一个新课题(李秀珍，2000)。

(3)城市生态规划

城市绿地主要包括居民区和商业区的草坪和绿植、行道树、公园、人工或天然片林等。在城市生态规划中，常用绿地率、绿化覆盖率、人均绿地指标等这些静态的组成指标来评价城市绿地，而忽略了绿地的功能特征，忽略了绿地的空间布局，特别是忽略了绿地之间是否有联系。常见一个城市的绿地率很高，但绿地的空间布局不是很合理，各绿地斑块之间往往缺乏绿色生命廊道的相互连接，而且整个城市绿色生命廊道之间也缺乏有机联系。这种斑块化分布的绿地与连续分布的绿地相比，在很多生态功能的发挥上都大打折扣，如对风沙和污染物的阻隔和截留、对洪水的拦截和吸收、对城市鸟类的觅食和迁移、对景观美化和人类休闲的影响等。

其实，城市绿地不应是一个独立的空间，而应是城市—自然综合体的有机组成部分，因此，在设计和管理绿地时需要将其作为人的生活空间和自然过程的连续体。在这种景观连接度的思想指导下，在城市生态规划过程中，可充分利用已形成或部分形成的不同等级行道树网络，在关键性的局部和连接处有意识地增加绿地，连接绿地系统的点、线、面，建立城区内部及城区—郊区绿化网络，以加强城市景观格局和生态过程的连续性。

北京于 2012 年春季启动的“20 万亩平原造林工程”，按照“绿不断线、景不断链”的要求，构建平原地区绿色生态体系骨架，以改善城市气流，促进生物流的畅通，缓解热岛效应。具体地，按照“两环、三带、九楔、多廊”的空间布局，在中心城区周边营造林海绵延、绿道纵横、公园镶嵌、林水相依的森林景观。其中，“两环”指五环路两侧各 100m 永久性绿化带，形成平原区第一道绿色生态屏障；六环路两侧绿化带加宽加厚，形成平原区第二道绿色生态屏障。“三带”指永定河、北运河(包括温榆河、南沙河、北沙河)、潮白河每侧不少于 200m 的永久绿化带。“九楔”指在 9 个楔形限建区，通过建设功能明确、规模适度的四大郊野公园和多处集中连片的大尺度森林，形成连接市区与城市外围的九大楔形绿地。“多廊”指重要道路、河道、铁路两侧的绿色通道，以及贯通各区域森林景观、公园绿地的健康绿道(步行道、自行车道等)。

本章小结

景观生态学的基础理论是景观生态学发展的前提和基石，它对人们了解景观生态学的产生背景与发展历程，理解景观生态学中的概念、原理与方法具有重要的指导作用，因此，在景观生态学研究中，基础理论的研究是重中之重。景观生态学的理论发展突出体现其对异质景观格局和过程的关系，以及它们在不同时间和空间尺度上相互作用的研究。理论研究早期以单一景观格局判断和解释为主，之后景观格局与过程的关系、尺度效应研究逐渐成为学科关注的重点和热点。本章从等级理论与尺度、岛屿生物地理学说、复合种群理论等方面介绍了目前景观生态学的基本理论：①等级理论与尺度问题比较复杂多样，而且与景观格局和生态过程紧密联系，又受到遥感数据源等相关技术的影响和限制，进一步增加了探索相关问题的难度。随着学科的交叉与融合，景观生态学在尺度研究方面表现出一系列的特点及趋势。在研究过程中，需要注重这些问题间的相互联系，将新的理论和方法综合应用，并不断完善。同时，引入计算机模拟、遥感、GIS 等先进技术，充分考虑尺度效应，在实际问题中不断探索和创新，以推动尺度问题研究和景观生态学的发展。②岛屿生物地理学和复合种群理论是目前生物多样性保育所依赖的主要生态学理论，可以通过斑块—廊道—基质这样的空间语言来描述表达这个宏观生态系统中的结构、功能和动态变化等。③“源—汇”理论最初源于大气科学，后被引入到景观生态学领域，“源—汇”理论进一步将空间格局和生态过程有机结合在一起。复合种群理论与“源—汇”理论两者相辅相成，为探索格局与过程的关系提供较好的理论基础。④渗透理论与景观连接度研究已经在理论、方法以及应用方面取得了较快的发展，有了许多具有价值的研究成果，目前在综合生态目标下的景观格局优化与调整中得到广泛应用，但是如何解决多个生态过程下的连接度的差异问题，依然是一个难题。

思考题

1. 景观生态学基本原理有哪些？其各自在景观生态学研究与实践中的意义是什么？
2. 什么是景观生态学尺度？如何理解空间尺度、时间尺度和组织尺度的含义？
3. 等级结构系统理论的基本观点有哪些？有什么意义？
4. 岛屿生物地理学理论的核心思想是什么？其意义是什么？
5. 复合种群理论的核心内容有哪些？“源—汇”理论对景观生态学研究有什么意义？
6. 景观连接度的应用前景有哪些？

参考文献

常学礼，张德干，杨持，1999. 农牧交错区沙地景观空间格局的间隙度分析[J]. 中国沙漠(S1)：6.

陈利顶，刘雪华，傅伯杰，1999. 卧龙自然保护区大熊猫生境破碎化研究[J]. 生态学报，19(3)：287-291.

陈水华，丁平，郑光美，等，2000. 城市化对杭州市湿地水鸟群落的影响研究[J]. 动物学研究，21(4)：279-285.

董波，1997. 美国大沼泽地国家公园的自然保护效益[J]. 世界地理研究(1)：71-77.

傅伯杰，陈利顶，马克明，等，2001. 景观生态学原理及应用[M]. 北京：科学出版社.

韩兴国，1994. 岛屿生物地理学理论与生物多样性保护[A]. 钱迎倩，马克平. 生物多样性研究的原理与方法[M]. 北京：中国科学技术出版社，83：103.

李秀珍，2000. 从第十五届美国景观生态学年会看当前景观生态学发展的热点和前沿[J]. 生态学报，20(6)：1113-1115.

李道进，逄勇，钱者东，等，2014. 基于景观生态学源—汇理论的自然保护区功能分区研究[J]. 长江流域资源与环境(S1)：7.

李义明，李典谟，1998. 影响舟山群岛蛙类物种多样性的主要因素分析[J]. 动物学报，44(2)：150-156.

吕一河，傅伯杰，2001. 生态学中的尺度及尺度转换方法[J]. 生态学报，21(12)：2097-2105.

邬建国，1989. 岛屿生物地理学理论：模型与应用[J]. 生态学杂志，8(6)：34-39.

邬建国，2007. 景观生态学——格局、过程、尺度与等级[M]. 2 版. 北京：高等教育出版社.

邬建国，2000. 景观生态学——概念与理论[J]. 生态学杂志，19(1)：11.

肖笃宁，布仁仓，李秀珍，1997. 生态空间理论与景观异质性[J]. 生态学报，17(5)：9.

徐宏发，陆厚基，王小明，1998. 玛他种群：种群生态学理论应用于保护生物学实践的新范例[J]. 生态学杂志，17(1)：47-53.

宇振荣，王建武，邱建军，1998. 土地利用系统分析方法及实践[M]. 北京：中国农业科学技术出版社，1998.
张大勇，雷光春，1999. 集合种群动态：理论与应用[J]. 生物多样性，7(2)：81-90.
张大勇，2002. 集合种群与生物多样性保护[J]. 生物学通报，37(2)：1-4.
张娜，2014. 景观生态学[M]. 北京：科学出版社.
张娜，2006. 生态学中的尺度问题：内涵与分析方法[J]. 生态学报，26(7)：16.
赵文武，傅伯杰，陈利顶，2002. 尺度推绎研究中的几点基本问题[J]. 地球科学进展，17(6)：906-908.
赵羿，李月辉，2001. 实用景观生态学[M]. 北京：科学出版社.
AHL V，ALLEN T F H，1996. Hierarchy theory：a vision，vocabulary，and epistemology[J]. New York：Columbia University Press.
AHMAD M A，TEREDESAI A，2006. Modeling spread of ideas in online social networks[A]. In：Proceedings of the Fifth Australasian Conference on Data Mining and Analystics[C]. Vol 61. Australian Computer Society，Inc.，Sydney：185-190.
ALLEN T F H，STARR T B，1982. Hierarchy：perspectives for ecological complexity[M]. Chicago：University of Chicago Press.
BATáRY P，HOLZSCHUH A，ORCI K M，et al.，2012. Responses of plant，insect and spider biodiversity to local and landscape scale management intensity in cereal crops and grasslands[J]. Agriculture，Ecosystems & Environment，146(1)：130-136.
BAUDRY J，MERRIAM H G，1988. Connectivity and connectedness：functional versus structural patterns in landscapes[A]. In：SCHREIBER K F. Connectivity in landscape ecology[C]. Proceedings of the 2nd International Seminar of the International Association for Landscape Ecology. Münstersche Geographische Arbeiten，29：23-28.
BAUDRY J，1984. Effects of landscape structure on biological communities：the case of hedgerow network landscapes[A]. In：BRANDT J，AGGER P. Methodology in landscape ecological research and planning[C]. Denmark：Roskilde University Centre，1：55-65.
CROOKS K R，SANJAYAN M，2006. Connectivity conservation[M]. Cambridge：Cambridge University Press.
DIAS P C，BLONDEL J，1996. Local specialization and maladaptation in the Mediterranean blue tit (*Parus caeruleus*)[J]. Oecologia，107(1)：79-86.
DOERR V A J，BARRETT T，DOERR E D，et al.，2011. Connectivity，dispersal behavior and conservation under climate change：a response to Hodgson[J]. Journal of Applied Ecology，48：143-147.
EWERS R M，DIDHAM R K，2006. Confounding factors in the detection of species responses to habitat fragmentation[J]. Biological reviews of the Cambridge Philosophical Society，81：117-142.
FERRARI J R，LOOKINGBILL T R，Neel M C，2007. Two measures of landscape-graph connectivity：assessment across gradients in area and configuration[J]. Landscape Ecology，22(9)：1315-1323.
FLETCHER R，MAXWELL C，ANDREWS J，et al.，2013. Signal detection theory clarifies the concept of perceptual range and its relevance to landscape connectivity[J]. Landscape Ecology，28：57-67.
FORMAN R T T，2006. Land mosaics：the ecology of landscapes and regions ninth edition[M]. 9th edition. Cambridge：Cambridge University Press.
FORMAN R T T，GODRON M，1986. Landscape ecology[J]. Journal of Applied Ecology，41(3)：179.
FOX B J，FOX M D，2000. Factors determining mammals species richness on habitat islands and isolates：habitat diversity，disturbance，species interactions and guild assembly rules[J]. Global Ecology and Biogeography，9(1)：19-37.

FRANZÉN M, SCHWEIGER O, BETZHOLTZ P E, 2012. Species-area relationships are controlled by species traits[J]. PLoS One, 7: e37359.

GARDNER R H, MILNE B T, TURNER M G, et al., 1987. Neutral models for the analysis of broad-scale landscape pattern[J]. Landscape Ecology, 1: 5-18.

GERGEL S E, 2005. Spatial and non-spatial factors: when do they affect landscape indicators of watershed loading [J]. Landscape Ecology, 20 (2): 177-18.

GREEN D G, 1994. Connectivity and complexity in landscapes and ecosystems[J]. Pacific Conservation Biology, 1: 194-200.

GREER D M, 1982. Urban waterfowl population: ecological evaluation of management and planning[J]. Environmental Management, 6: 217-229.

GUSTAFSON E J, GARDNER R H, 1996. The effect of landscape heterogeneity on the probability of patch colonization[J]. Ecology, 77: 94-107.

HANSKI I, GILPIN M, 1991. Metapopulation dynamics-brief-history and conceptual domain[J]. Biological Journal of the Linnean Socieiy, 42: 3- 16.

HANSKI I, GILPIN M, 1997. Metapopulation biology: ecology, genetics, and evolution[J]. San Diego: Academic Press.

HANSKI I, MOILANEN A, GYLLENBERG M, 1996. Minimum viable metapopulation size[J]. The American Naturalist, 147: 527-541.

HANSKI I, 1998. Metapopulation dynamics[J]. Nature, 396: 41-49.

HANSKI I, 1999. Metapopulation ecology[M]. New York: Oxford University Press.

HARRISON S, TAYLOR A D, 1997. Empirical evidence for metapopulation dynamics[A]. In: HANSKI I, GILPIN M. metapopulation biology: ecology, genetics and evolution[M]. San Diego: Academic Press: 27-42.

HEDGECOCK D, BARBER P H, EDMANDS S, 2007. Genetic approaches to measuring connectivity[J]. Oceanography, 20 (3): 70-79.

HOLT R D, LAWTON J H, POLIS G A, et al., 1999. Trophic rank and the species-area relationship[J]. Ecology, 80: 1495-1504.

HOLZSCHUH A, STEFFAN-DEWENTER I, KLEIJN D, et al., 2007. Diversity of flower-visiting bees in cereal fields: effects of farming system, landscape composition and regional context[J]. Journal of Applied Ecology, 44(1): 41-49.

JAUKER B, KRAUSS J, JAUKER F, et al., 2013. Linking life history traits to pollinator loss in fragmented calcareous grasslands[J]. Landscape Ecology, 28: 107-120.

JOHNSON G D, MYERS W L, PATIL G P, 1999. Stochastic generating models for simulating hierarchically structured multi-cover landscape[J]. Landscape Ecology, 14(5): 413-421.

KOOL J, MOILANEN A, TREML E, 2013. Population connectivity: recent advances and new perspectives[J]. Landscape Ecology, 28: 165-185.

KOTLIAR N B, WIENS J A, 1990. Multiple scales of patchiness and patch structure: a hierarchical framework for the study of heterogeneity[J]. Oikos, 59: 253-260.

LEVINS R, 1969. Some demographic and genetic consequences of environmental heterogeneity for biological control[J]. Bulletin of the ESA, 15: 237-240.

LI C, HAN S H, BARCLAY H, et al., 2008. Comparison of spatially explicit forest landscape fire disturbance models[J]. Forest Ecology and Managernent, 254 (3): 499-510.

LIMA S L, ZOLLNER P A, 1996. Towards a behavioral ecology of ecological landscapes[J]. Trendsin Ecology

& Evolution, 11: 131-135.

MACARTHUR R H, WILSON E O, 1967. The theory of island biogeography[M]. Princeton: Princeton University Press.

MERRIAM G, 1984. Connectivity: a fundamental ecological characteristic of landscape pattern[A]/ BRANDT J, AGGER P. Methodology in landscape ecological research and planning: proceedings[C]. 1st seminar, International Association of Landscape Ecology, Roskilde, Denmark, Oct 15-19, 1984/Roskilde, Denmark: Roskilde University Centre.

MURATET A, LORRILLIERE R, CLERGEAU P, et al., 2013. Evaluation of landscape connectivity at community level using satellite-derived NDVI[J]. Landscape Ecology, 28: 95-105.

NAVEH Z, LIEBERMAN A S, 1993. Landscape ecology: theory and application[M]. New York: Springer- Verlag.

OLDEN J D, SCHOOLEY R L, MONROE J B, et al., 2004. Context-dependent perceptual ranges and their relevance to animal movements in landscapes[J]. Journal of Animal Ecology, 73: 1190-1194.

OLIVEIRADE FILHO F J B, METZGER J P, 2006. Thresholds in landscape structure for three common deforestation patterns in the Brazilian Amazon[J]. Landscape Ecology, 21 (7): 1061-1073.

O'NEILL R V, DE ANGELIS D L, WAIDE J B, et al., 1986. A hierarchical concept of ecosystems[M]. Princeton: Princeton University Press.

O'NEILL R V, MILNE B T, TURNER M G, et al., 1988. Resource utilization scales and landscape pattern [J]. Landscape Ecology, 2: 63-69.

O'NEILL R V, 1996. Recent developments in ecological theory: hierarchy and scale[A]. In: SCOTT J M, TEAR T H, DAVIS F W. GAP analysis: a landscape approach to biodiversity planning[C]. American Society of Photogrammetry & Remote Sensing, Bethseda: 7-14.

OVERTON W S, 1972. Toward a general model structure for forest ecosystem[A]. In: FRANKLIN J E. proceedings of the Symposium on Research on Coniferous Forest Ecosystems[C]. Northwest Forest Range Station, Portland, Oregon, USA.

PRESTON F W, 1962. The canonical distribution of commonnes sandrarity: part 1 and 2[J]. Ecology, 43: 185-215, 410-432.

PREVEDELLO J A, VIEIRA M V, 2010. Does the type of matrix matter: a quantitative review of the evidence [J]. Biodiversity and Conservation, 19: 1205-1223.

PULLIAM, H R, DUNNING J B, LIU J, 1994. Demographic processes: population dynamics on heterogeneous landscapes[A]. In G K Meffe and C R Carroll. Principles of Conservation Biology[C]. Sunderland, Massachusetts: Sinauer Associates, Inc.: 179-205.

ROFF D A, 1974. The analysis of a population model demonstrating the importance of dispersal in a heterogeneous environment[J]. Oecologia, 15: 259-275.

SCHMIDT M H, ROSCHEWITZ I, THIES C, et al., 2005. Differential effects of landscape and management on diversity and density of ground-dwelling farmland spiders[J]. Journal of Applied Ecology, 42(2): 281-287.

STAUFFER D, AHARONY A, 1992. Introduction to percolation theory[M]. London: Taylor & Francis.

TAYLOR P D, FAHRIG L, HENEIN K, et al., 1993. Connectivity is a vital element of landscape structure [J]. Oikos, 68: 571-573.

TAYLOR P D, MERRIAM G, 1996. Habitat fragmentation and parasitism of a forest damselfly[J]. Landscape Ecology, 11 (2): 181-189.

TISCHENDORF L, FAHRIG L, 2000. On the usage and measurement of landscape connectivity[J]. Oikos, 90:

7-19.

TSCHARNTKE T, KLEIN AM, KRUESS A, et al., 2005. Landscape perspectives on agricultural intensification and biodiversity-ecosystem service management[J]. Ecology Letters, 8(8): 857-874.

TURNER M G, GARDNER R H, DALE V H, et al., 1989. Predicting the spread of disturbance across heterogeneous landscapes[J]. Oikos, 55: 121-129.

TURNER M G, GARDNER R H, O'NEILL R V, 2001. Landscape ecology in theory and practice: pattern and Process[M]. New York: Springer-Verlag.

URBAN D L, O'NEILL R V, SHUGART H H, 1987. Landscape ecology[J]. BioScience, 37: 119-127.

VILLA F, ROSSI O, SARTORE F, 1992. Understanding the role of chronic environmental disturbance in the context of island biogeographic theory[J]. Environmental Management, 16: 653-666.

WIENS J A, SCHOOLEY R L, WEEKS R D, 1997. Patchy landscapes and animal movements: do beetles percolate[J]? Oikos, 78: 257-264.

WIENS J A, 1989. Spatial scaling in ecology[J]. Functional Ecology, 3: 385-397

WIENS J A, 1997. Meta population dynamics and landscape ecology[A]. In: GILPIN M E. Metapopulation Biology: Ecology, Genetics and Evolution[C]. New York: Academic Press: 43-68.

WITH K A, CADARET S J, DAVIS C, 1999. Movement responses to patch structure in experimental fractal landscapes[J]. Ecology, 80: 1340-1353.

WU J, LOUCKS O L, 1995. From balance of nature to hierarchical patch dynamics: a paradigm shift in ecology [J]. Quarterly Review of Biology, 70: 439-466.

WU J, 1999. Hierarchy and scaling: extrapolating information along a scaling ladder[J]. Canadian Journal of Remote Sensing, 25 (4): 367-380.

WU J, VANKAT J L, 1995. Island biogeography: theory and applications[J]. Encyclopedia of environmental biology, 2: 371-379.

WU J, LI H, 2006. Concepts of scale and scaling[A]. In: WU J, JONES K B, LI H, et al.. Scaling and uncertainty analysis in ecology: methods and applications[C]. Dordrecht, The Netherlands: Springer: 3-16.

ZIFF R, 1986. Test of scaling exponents for percolation-cluster perimeters[J]. Physical Review Letters, 56: 545-548.

ZONNEVELD I S, 1995. Land ecology: an introduction to landscape ecology as a base for land evaluation, land management and conservation[M]. Amsterdam: SPB Academic Publishing.

第3章　景观要素与景观结构和格局

斑块、廊道和基质是三种基本的景观要素，“斑块—廊道—基质”的类型划分为描述景观结构/格局、功能及动态提供了一种空间语言，认识景观要素及其功能特征是理解景观结构/格局、功能和动态的基础。斑块、廊道和基质三者在空间上镶嵌分布，构成了景观结构/格局；对景观结构/格局进行定量刻画，是认识景观结构/格局与生态过程、景观功能关系的基础。本章在介绍景观要素定义及其结构特征和功能的基础上，进一步梳理景观格局和结构的内涵，介绍异质性、多样性、连接度、对比度等重要的景观结构/格局特征。

3.1　斑块

3.1.1　斑块定义和类型

3.1.1.1　斑块的定义

斑块，指在外观和性质上与周围环境有明显的区别，同时在内部具有均质性的面状景观要素，如农业景观中镶嵌在农田周围的林地斑块和农村居民点斑块等。斑块是依赖于尺度的(邬建国，2000)，不同空间尺度和研究对象条件下，斑块代表的含义不同。例如，在局部尺度上，某一小片高大乔木是鸟类可利用的筑巢斑块；但在大尺度上，整个森林是鸟类的栖息斑块。对于小的传粉昆虫而言，某一种开花植物是花粉和花蜜斑块，但对于东北虎来说，其领地可能达到数百平方千米。

不同斑块具有不同的起源和形成机制，其影响因素包括生物因素和非生物因素，生物因素包括生产者植物、自身生活史特征、生物之间的相互作用、疾病和人为干扰等，非生物因素包括气候、土壤、地质和水文等因素。随着人类对自然的过度利用，人为干扰成为造成景观破碎化的主要原因，如农田扩张与集约化导致农业景观简化，过度放牧造成草地退化，乱砍滥伐导致森林丧失等。

3.1.1.2　斑块的起源和类型

依据斑块的形成原因可以将斑块分为干扰斑块、残存斑块、环境资源斑块、引进斑块和再生斑块。

(1)干扰斑块

干扰斑块是由于小部分基质受到人为或自然干扰发生质的变化而形成的斑块类型。例如，过度放牧、森林砍伐、土地开垦、围湖造田等人为因素造成的斑块，林火、泥石流、山洪等自然因素形成的斑块。与其他斑块类型不同，干扰斑块多为短期的局部性干扰，具有较高的周转率和恢复性，一般随着干扰的消失而消失。但有些干扰斑块可能存在反复的或长期的外界干扰，使干扰斑块不能恢复到干扰前的斑块类型，如河口冲刷形成的陆地斑块、开荒和围湖造田形成的农田斑块等。

(2)残存斑块

残存斑块是由于基质受到大范围的干扰后残留的未受干扰的小面积区域。与干扰斑块相似，残存斑块的干扰类型为自然或人为干扰，都具有较高的物种周转率，种群大小、迁入和灭绝的速率都在干扰发生初期变化较大，随后进入演替阶段，直至与基质和斑块融为一体。例如，在大面积火烧后有残留的草地斑块，农业景观内残存的天然林地，果园周围保留的野花带，都可视作残存斑块。

(3)环境资源斑块

环境资源斑块通常与干扰无关，主要由于环境条件或资源的不同而在空间上形成的异质性或镶嵌分布的斑块，如沙漠中的绿洲、海洋中的岛屿、农业景观中的森林斑块、沿海拔梯度变化的植被群落等。环境资源斑块与周围基质之间的界限有时不明显，如草原上局部的湿草甸斑块与周围的草甸斑块，且由于资源的分布相对持久，所以斑块的寿命较长，斑块内的物种周转率也较低。

(4)引进斑块

引进斑块是由于人类活动在某一区域引进了某些物种(包括植物、动物或人类自身)所形成的斑块，其实质也是一种干扰斑块，只是由于其在全球范围内分布广泛，影响深远，而被单独划作一类。引进斑块可进一步划分为种植斑块和聚居斑块。

①种植斑块　由人类引进种植植物或动物而形成，如麦田、稻田、果园、人工林、人工草地等。种植斑块的寿命取决于人类的管理活动。一旦人类管理停止，由于野生物种的入侵和定殖，则进入自然演替的过程。不同于干扰斑块，引进斑块中由于引进的物种可能在很长时间内占据优势(如人工林)，也可能由于周转很快(如轮作的农田)，可能相对于干扰斑块自然演替过程相对较慢。

②聚居斑块　人类定居形成的聚居斑块，大到城市、郊区，小到村落、庭院，是最明显而又普遍存在的景观组分之一。聚居地一般持续时间较长，短则数十年，长则几千年。由于人类生活居住的需要，聚居地内部的自然环境大部分被破坏，代之以建筑物和人工种植、养殖的其他物种，或者自然富集的一些伴人物种，如家鼠、跳蚤等。聚居地是高度不稳定的生态系统，它与周围环境之间在物质、能量和信息的输入—输出上有着非常密切的关系，并高度依赖周围环境和人工管理，而聚居地中产生的废弃物又输入周边环境。这种对周围环境的依赖和影响程度主要取决于聚居地的大小和管理方式。

(5)再生斑块

再生斑块是指在先前被干扰而遭破坏的斑块上再次出现的生态系统，在形式和演替上与残存斑块类似，但二者的起源不同，再生斑块通常更强调干扰后的自然演替过程。例如，森林被砍伐后经过自然演替形成的次生林，闲置农田演替为荒草地等。

3.1.2 斑块结构特征和生态功能

3.1.2.1 斑块的大小及其生态功能

斑块的大小即指斑块的面积，是斑块的基本属性之一，通常对斑块的功能具有重要的影响。斑块的大小可以通过调节生物的运动影响生物多样性及其生态系统服务，还可以影响能量流和物质流。

(1)斑块大小对能量流和物种流的影响

对于斑块内物质和能量均匀分布的斑块类型而言，斑块的总物种和能量随着斑块面积的增加而增加。但由于受到基质或周围其他斑块的影响，物质和能量通常在斑块中心至斑块边缘呈现不均匀分布，导致斑块内物种和能量与斑块面积的关系呈非线性增加。但大斑块与小斑块中的物质和能量分布甚至会出现相反的分布特征，可能造成大斑块物质和能量小于小斑块。例如，随着城市化加剧，硬化建筑面积比例越来越高，而许多动物需要依赖于自然或半自然生境提供的筑巢和食物资源进行生存和繁殖。因此，城市中大面积的建筑斑块抑制了城中动物多样性。

(2)斑块大小对生物多样性及其生态系统服务的影响

斑块类型决定斑块对生物多样性及其生态系统服务影响的性质，斑块大小决定影响程度。与之相关的理论有麦克阿瑟和威尔逊(1967)提出的岛屿生物地理学理论，该理论用函数量化了岛屿上物种多样性与岛屿面积、岛屿与大陆隔离程度、岛屿年龄等之间的数量关系，强调了岛屿面积对物种多样性的影响。

例如，高质量的生境类型具有丰富的筑巢资源和觅食资源，被认为是农业景观中野生蜂扩散至其他生境的源，野生蜂多样性及其传粉服务能力随着半自然生境面积的增加而增加。果园樱桃花的野生蜂访花率与周围高质量筑巢生境的面积比例呈正相关，当果园周围 1 km 半径范围内的筑巢生境的比例由 20% 增至 50% 时，樱桃的坐果率增加了 1.5 倍 (Holzschuh et al., 2012)；当农田周围自然生境的面积比例在 1.2 km 半径范围内达到 30% 时，野生蜂可以满足美国加利福尼亚州西瓜的传粉服务需求(Kremen et al., 2004)。家族宗坟被认为是我国华北平原集中连片农田景观中传粉昆虫和天敌资源的避难所，随着宗坟面积的增加，宗坟斑块中开花植物多样性也随之增加，对保护农业景观中传粉昆虫多样性及其传粉能力具有重要作用(图 3-1，Gong et al., 2021)。

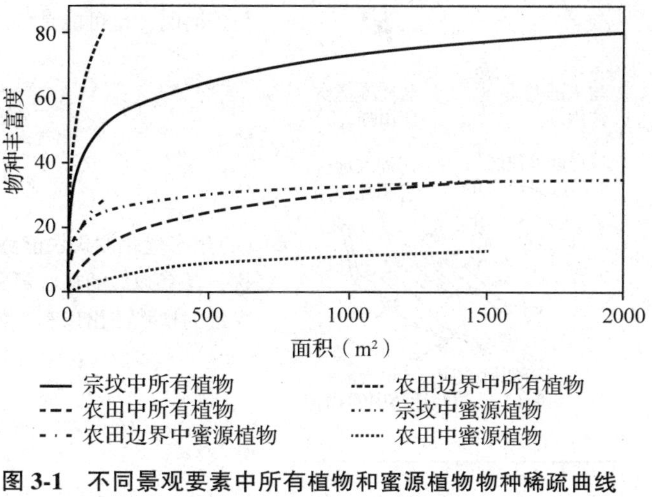

图 3-1　不同景观要素中所有植物和蜜源植物物种稀疏曲线

(引自 Gong et al., 2021)

3.1.2.2　斑块形状与功能

斑块的形状是斑块的另一重要特征。一般而言，自然形成的斑块，如湖泊、岛屿等，通常表现出不规则的复杂形状，而人为活动造成的斑块，如农田、居民区、厂区等，常常呈现比较规则的几何形状。斑块的形状及其复杂性可以通过长宽比、周长—面积比、分维数等指标进行描述。

虽然形状对于生态系统过程的影响极为复杂和多样，但是在这方面的研究却相对缺乏。已有的相关研究结果显示，紧密形状在单位面积中的边缘比例小，有利于保蓄能量、养分和生物，而松散型形状(如长宽比很大或边界蜿蜒多曲)易于促进缀块内部与外围环境的相互作用，尤其是能量、物质和生物方面的交换。斑块的形状对于生物的散布和觅食有重要影响，通过林地迁移的节肢动物或脊椎动物，更容易发现与它们迁移方向垂直的狭长采伐迹地，而圆形的采伐迹地或者与动物迁移方向平行的狭长采伐迹地，则容易被忽略。宽阔的公路在局部可视为长方形的斑块，会阻碍垂直于公路方向迁移的动物，对平行于公路方向活动的动物却影响较小。此外，不同形状的斑块在视觉、美学上还给人不同的感受，斑块的形状也是景观园林设计中需要考虑的重要内容之一。

达拉斯塔特等(Dramstad et al.，1996)总结了几种斑块形状及其功能特点(图 3-2)：

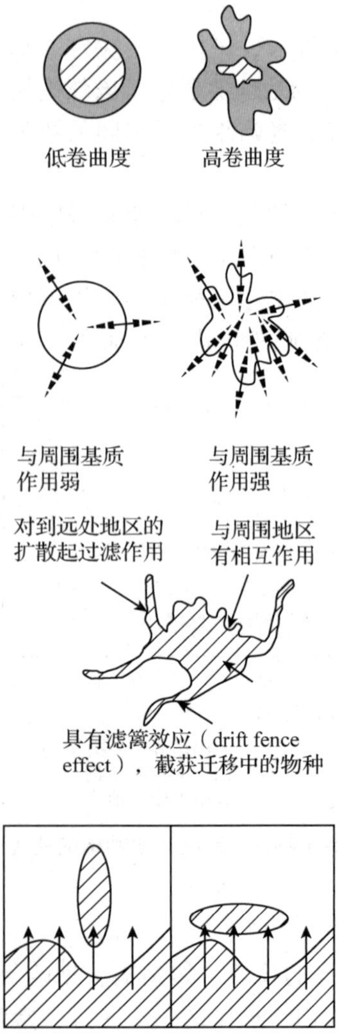

(a)卷曲程度高的斑块具有更高比例的边缘生境，因此会增加边缘物种的数量，但是内部物种会因此急剧减少，其中可能包括具有重要保护价值的物种

(b)斑块的形状越呈回旋状，则斑块与周围基质的相互作用(可能是正面的，也可能是负面的)则越强

(c)生态优化的斑块能够提供多种生态效益，且通常呈现宇宙飞船状，具有圆形的核心部分以保护资源，并有一些卷曲状的边界及少量的指状凸出以利于物种扩散

(d)长轴的方向平行于生物个体扩散的路线的斑块，比垂直于扩散路线的斑块被定居或再定居的概率低

图 3-2　不同斑块形状及其功能特点

3.1.2.3　斑块内缘比与功能

斑块和周围的基质存在过渡带，称为边缘。斑块内部与外侧边缘的面积之比，称为内缘比。内缘比是一个与面积和形状均有关的指数，当生境斑块面积增加时，核心区面积比边缘面积增加得快；同样，当生境斑块面积减小时，核心区面积则比边缘面积减小得快。当斑块的面积很小时，核心区—边缘环境差异不复存在，因此整个斑块全部被边缘种或对生境不敏感的物种占据。圆形或正方形这样较大的等径斑块，主要由斑块内部和外侧边缘带组成；相同面积的矩形斑块则具有相对少的内部和相对多的边缘；而相同面积的狭长斑块可能全是边缘(图 3-3)。

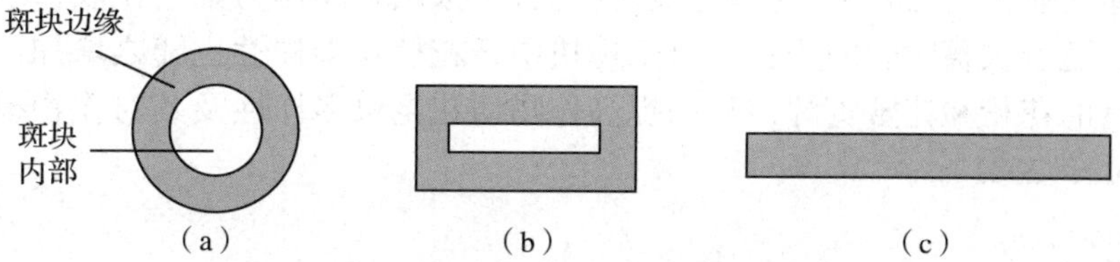

图 3-3　不同形状斑块内部和边缘面积示意

(白色部分代表核心区，灰色部分代表边缘)

内缘比的生态学意义在于，斑块内部与边缘在生境条件上(如光照、湿度、食物、天敌等)存在差异，因而可能造成边缘与内部物种组成的差异。一般而言，内缘比不同，斑块对生态学过程的促进或抑制作用也有所不同。例如，有些物种需要较稳定的环境条件，往往集中分布在斑块中心部分(核心区)，故称为内部种(interior species)；而另一些物种适应多变的或阳光充足的环境条件，主要分布在斑块边缘部分，称为边缘种(edge species)；也有许多物种的分布介于这二者之间。内缘比的不同，可以影响斑块所维持的物种组成及数量。圆形斑块对内部种和边缘种都能提供生存条件，而长条形斑块则可能更便利于边缘种，前者物种多样性可能较高。这种斑块边缘部分由于受外围影响而表现出与斑块中心部分不同生态学特征的现象，称为边缘效应(edge effect)。

边缘效应是生态学研究和关注的一个重要方面，目前已有许多学者研究边缘效应对小气候、生态环境、物种迁移和多样性保护的影响，以及其在森林恢复和自然保护区设计与管理中的应用。其中，由于景观边界的高异质性、生物多样性以及对环境变化的敏感性，与其他部分相比，景观边界更具有区域和全球生态环境变化指示和预警意义。然而需要注意的是，虽然目前对于边缘宽度的确定大多取决于研究的对象和尺度，但是很多情况下都具有很大的主观性，未来需要基于大量实际调查来研究边缘宽度对边缘效应的影响，为景观规划提供指导。

3.1.2.4　斑块的数目及其生态功能

与斑块面积相似，景观中斑块的数量也是决定景观中物种动态和分布的重要因素。斑块的数量和密度是野生动物保护和林业管理中考虑的重要因素。一般而言，应当尽可能保持较高的斑块数，因为：①消除斑块导致生境的丧失，从而减少了依存于这些生境类型的种群的大小，也可能减少生境多样性，导致物种更少；②斑块的移除减少了复合种群的大小，因此增加了局部斑块间种群灭绝的概率，降低了再定居的过程，并减少复合种群的稳定性。但是，通常应当避免将现存较大面积的生境斑块人为地分割成多个斑块，因为这将导致斑块内部生境的减少，使对斑块面积变化较敏感物种的灭绝概率增加，进而导致种群变小和内部物种数量减少，而这些内部物种通常具有较高的、重要的保护价值。

3.1.2.5 斑块的年龄及其生态功能

除了斑块大小、形状和数目外，斑块年龄也是影响斑块生态功能的重要参数。斑块的年龄指斑块形成时期距离现在的时间跨度，在一定程度上可以代表斑块中生物群落和环境的演替阶段。斑块类型对斑块中生物多样性和群落组成的影响因斑块类型而异。例如，家族宗坟被认为对我国华北平原集中连片农田景观中传粉昆虫和天敌资源提供了保护作用，可以使其躲避农业活动的频繁干扰甚至农药毒害，家族宗坟作为集约化农田中有益节肢动物的避难所，随着坟墓时间的增长，坟墓斑块中开花植物多样性也随之增加，能够为传粉昆虫提供丰富的花粉和花蜜资源，从而提高作物访花昆虫多样性及其对作物授粉服务的贡献(Gong et al.，2021)。

3.2 廊道

3.2.1 廊道定义和类型

3.2.1.1 斑块的定义

廊道是指不同于两侧基质或斑块，以条带状出现的狭长地带，如野花带、树篱、防护林带、河岸、道路等。廊道在运输、保护、阻抑、资源、美学等方面具有重要的作用，几乎能以各种方式渗透到每一个景观中。例如，河流、铁路、高速公路和运河等起运输作用；城墙、防火带、防护林和沟渠等起保护作用；在热带地区，一排排树篱长满绿叶和鲜花，廊道所提供的美景全部表现出来。

3.2.1.2 廊道的类型

与斑块的类型相似，根据廊道起源的不同，可以将廊道分为干扰型、残留型、环境资源型、人为引入型和再生型廊道。

干扰性廊道通常由于人类干扰后形成，如道路、铁路和防火带等。残留廊道是由于基质受大范围干扰后残留的条带，如农田开垦后的农田边界、砍伐森林残留的林带等。环境资源廊道是指环境资源在空间上的异质性线性分布形成的，如河流廊道。人为引入廊道是由人类建设形成，如防护林带、穿沙公路和树篱等。再生廊道是指干扰地区内的再生带状植被，沿栅栏生长的树篱和城市绿化带都是再生廊道。

相对于公路等干扰性廊道，人们还提出生态廊道(ecological corridor)。生态廊道是指具有保护生物多样性、过滤污染物、防止水土流失、防风固沙、调控洪水等生态服务功能的廊道类型。生态廊道主要由植被、水体等生态性结构要素构成，它和绿色廊道(green corridor)表示的是同一个概念。人类活动造成的景观破碎化已成为众多环境问题的根源，通过建立生态廊道实现生物多样性保护、河流污染控制等多种生态功能，同时满足人类日益增长的亲近自然的需要，已成为现代景观及城市规划领域的共识。

3.2.2 廊道结构特征与生态功能

廊道的结构特征显著影响甚至决定其生态功能。廊道的结构因素包括廊道的宽度、曲度、内环境和连通性(傅伯杰等，2011)。

3.2.2.1 廊道宽度

廊道宽度对沿廊道或穿越廊道的物种迁移及物质能量流有重要意义，随着廊道宽度的增加，廊道边缘物种多样性与内部物种多样性可能呈现不同的增加趋势，如图 3-4 所示。当廊道宽度极窄时，几乎不具有边缘种和内部种，随着廊道宽度的增加，边缘种迅速增加直至饱和，而内部物种增加数量小于边缘种。

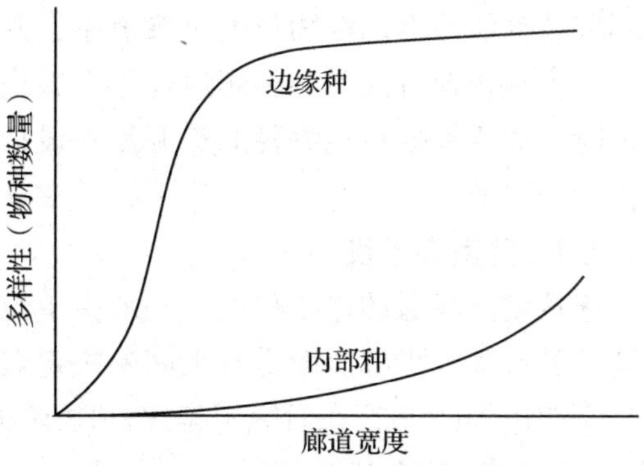

图 3-4 廊道宽度对边缘种和内部种的假定影响关系

(引自 Forman and Godron，1986)

由于不同生物类群的体长和生境需求存在明显的差异，因此，在景观管理中，依据保护目标物种不同，廊道设计的宽度也不同(图 3-5)。通常大型哺乳动物的廊道比小型节肢动物要宽许多，可以为其提供遮挡、避难所和食物等资源，便于其顺利通过廊道迁移至其他斑块。

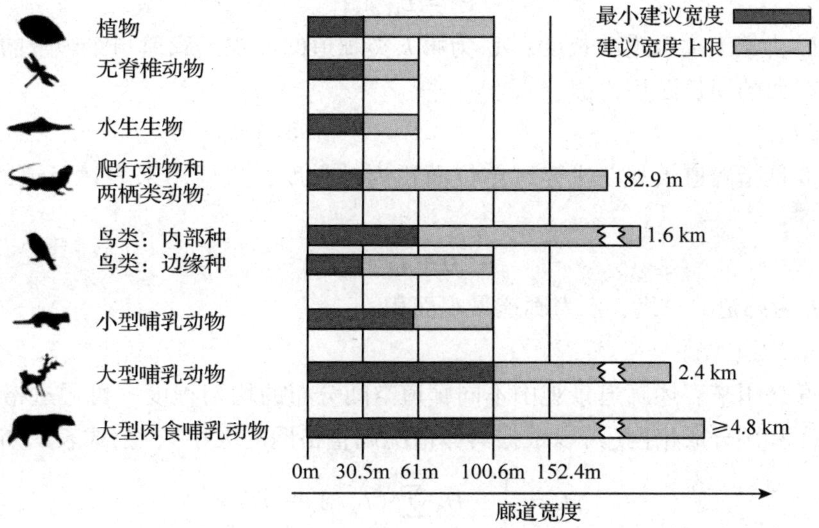

图 3-5 美国农业部为保护不同生物所需的生态廊道推荐的廊道宽度值

(引自 Benrup，2008)

3.2.2.2 廊道曲度

曲度(curvilinearity)指廊道的弯曲程度。曲度对沿廊道的移动影响较大。一般而言，廊道曲度越小，移动距离越短，阻力越小，移动速度越快。但廊道的弯曲处也能创造异质性生境，为生物提供优质的食物和栖息生境资源。例如，河流弯曲处形成的洼地，通常具有肥沃的土壤、浅滩和丰富的植被资源，能够为水生生物、两栖动物和鸟类提供高质量的栖息生境。

3.2.2.3 廊道内环境

内环境指廊道的生境质量，包括动植物资源、温度、湿度、风速和干扰等因素。适宜的环境条件能够将动植物吸引至廊道中，并沿廊道扩散至其他生境斑块。但若廊道生境质量差，目标物种可能不会随廊道迁移，廊道反而起到阻碍生物扩散的作用。因此，在规划廊道时，需要根据目标物种的资源需求设计适宜的廊道内环境，以提高廊道生境质量和促进物种的扩散。

3.2.2.4 廊道连接度

连接度指廊道的连续程度，一般由单位长度上的间断数量和长度表示，是评价廊道结构特征的最基本指标。廊道有无间断决定着廊道起阻隔作用还是通道作用。

马明国等(2002)在研究干旱绿洲廊道景观时应用的指标如下：

(1)长度(L)和宽度(P)

以线性廊道为主，通过长度和宽度可以表述其线性特征。长度可以确定廊道同基质接触的程度，宽度可以确定廊道对基质的干扰和对动植物阻隔的程度。

(2)周长面积比(P_k)

廊道的周长面积比是判定廊道形状的主要指标，公式表示如下：

$$P_k = L_k/A_k \tag{3-1}$$

式中，L_k 为第 k 类廊道的长度；A_k 为第 k 类廊道的面积。廊道与景观中的其他斑块相比，通常具有大的周长面积比值。

(3)密度(D)

廊道密度是指廊道景观在研究区单位面积内的长度，主要用来表述廊道的疏密程度，公式表示如下：

$$D = L/A \tag{3-2}$$

式中，L 为廊道的长度；A 为廊道景观面积；

(4)非均匀度(NE)

非均匀度是用来表述廊道景观中不同廊道空间分布的均匀程度，可通过格网的方法来计算，即将实验区分成格网(可以根据具体情况调整格网的大小)，公式表示如下：

$$NE = \frac{1}{n} \cdot D \cdot \sum_{1}^{n} (L_n/A_n - D) \tag{3-3}$$

式中，L_n 为第 n 个格网内的廊道长度；A_n 为第 n 个格网的面积；D 为廊道密度；n 为格网数。

李维敏(1999)在城市规划研究中提出的廊道结构指标有：廊道密度、廊道绿化率、廊道高层密度栋、廊道客流承载量、商业廊道比率。

3.3 基质

3.3.1 基质定义和类型

基质是景观中面积最大、分布最广、连续性最高、相对同质的景观要素，如农田基质、草原基质、沙漠基质、森林基质等。基质是景观中的背景结构，在景观功能上起着重要作用，影响景观中的物质流、能量流和物种流，在很大程度上决定着景观的性质(Forman，2001；傅伯杰等，2011；曾辉等，2017)。但在实际研究中，精确地区分斑块、廊道和基质，是一个非常大的挑战，因为景观要素的划分与研究尺度相关，不同尺度同一要素的类型可能不同。因此，斑块、廊道、基质的划分是相对的。

3.3.2 基质判断标准

如何判断景观中的基质，福尔曼和戈登(1986)提出了 3 个标准可供参考。

3.3.2.1 相对面积

当景观的某一要素比其他要素大得多时，这种要素可能就是基质。因此，基质中的优势种也是景观中的主要种；当一种景观要素类型在一个景观中占的面积最大时，即认为它是该景观的基质。一般来说，基质的面积应超过其他所有类型的面积总和，或者说应占总面积的 50% 以上。如果面积在 50% 以下，就应考虑其他标准。面积最大的景观要素类型往往也控制景观中的物质流和能量流。例如，沙漠基质的热流可充满绿洲并使其干燥，沙暴可以席卷村庄和农田。

3.3.2.2 基质连接度

基质的连接度较其他景观要素类型较高。如果一个空间未被分为两个开放的整体(即不被边界隔开)，则认为该空间是连通的。例如，一座房子，里面虽然分了几间屋子，互相也有墙，但各个屋子间有过道相通，这时认为它是相通的。

一个连接度高的景观类型有下述几方面的作用：

①这个景观类型可以作为一个障碍物，将其他要素分隔开。例如，一个林带可将两边农田隔离开；在森林中设置防火林带可将两边森林隔开。这种障碍物可起物理、化学和生物的障碍作用，以阻碍物种或生态过程的扩散。

②当这种连接度是以相互交叉的带状形式实现时就可形成网状走廊，这既便于物种的迁移，也便于同一物种不同个体或种群间的基因交流。

③这种网状走廊对于被包围的其他要素来说，则使它们成为被包围的生境岛。当景观中发生这种隔离时，有些动物(如鼠类、蝴蝶等)的种群可能会产生遗传分化。由于以上这些效果，当一个景观要素完全连通并将其他要素包围时，则可将它视为基质。当然，基质也不是完全连通的，也可能分成若干块。因此，在确定哪种景观要素类型是基质，哪种景观要素类型是斑块和廊道之前，应对现有的各种景观要素做出鉴别。

3.3.2.3 动态控制

基质对景观动态的控制程度较其他景观要素类型大。例如，以树篱和农田来说，树篱中乔木树种的果实、种子可被动物或风等媒介传播到农田中，从而使农田在失去人的管理之后可能会演替为林地，这样就表现出树篱对景观动态的控制作用。又如，在森林地区，采伐迹地和火烧迹地是不稳定的，其内部乔木树种的更新和恢复，要靠周围森林供应种源并给予其他方面的有利影响，所以，原始森林应为基质，而采伐迹地和火烧迹地应为斑块；但是，当采伐迹地或火烧迹地面积很大时，森林常呈岛状分布，发挥不了基质的作用。一般来说，先锋群落不稳定，而顶极群落或称地带性群落比较稳定，如果其他条件相同，顶极群落控制动态发展的能力更强，即基质主要是通过产生未来景观来控制景观动态。

从判断难易程度来说，相对面积最易估计，动态控制最难估计，而连通性介于中间。因而判断流程如下：首先应计算每一景观要素的相对面积和连通性水平，如果某一景观要素的面积远远超过其他任何要素，我们可以称它为基质。如果有几个景观类型所占面积接近，则可将连通性最高的要素类型视为基质。如果据上述两个标准仍不能做出决定，则必须进行野外调查，研究植物种类成分以及它们的生活史特征，估计哪个要素对景观动态的控制作用更大些。然而，在实际研究中，要确切地区分斑块、廊道和基质有时是困难的，也是不必要的。例如，许多景观中并没有在面积上占绝对优势的植被类型或土地利用类型；再者，因为景观结构单元的划分总是与观察尺度相联系，所以斑块、廊道和基质的区分往往是相对的。此外，广义上讲，基质可看作景观中占主导地位的斑块，而廊道亦可看作狭长形斑块。

3.4 景观结构与格局

3.4.1 景观结构与格局的定义

虽然不同学者对景观和景观生态学的定义存在差异，但均强调景观空间结构的重要性，即景观结构。福尔曼和戈登(1986)即提出景观结构是景观组分及其时空配置形成的镶嵌格局。但在狭义上，景观结构特指景观要素的类型、分类属性及其数量关系的特征，不涉及空间格局范畴。景观格局以景观的空间单元和整体构型为基础，可以从景观整体、空间单元(如斑块、廊道、过渡带、网络等)类型及特定单元三个层次上进行描述和分析。在实际的应用中，景观格局与景观结构均为景观空间构型的不同表述，虽然二者存在细微区别，但景观生态学家大多并未对二者进行区别，通常将二者等同对待，可以相互代替。景观结构和格局包括以下两个方面。

3.4.1.1 景观组成

景观组成(landscape composition)主要强调景观中各组分的类型、数量和面积。对于景观中的生物而言，不同景观组成或生境类型对其影响不同，包括对其筑巢资源、栖息生境、食物资源、避难所等的量化。有关景观组成对生物多样性影响，国内外展开了大量的研究，例如，戴漂漂(2016)分析了苹果园周围半径 1 km 范围内自然林、人工林、荒草地和果园的面积等对苹果园内传粉昆虫多样性的影响(图 3-6)。人为干扰少、气候条件适宜的自然或半自然生境可能是景观中生物物种库，拥有较高的生物资源，随着景观中高质量生境类型数量和面积的增加，生物多样性及其生态系统服务功能也随之增加。相反，人为干扰大或生境质量差的景观组成阻碍了生物类群在景观中的种群数量、生物多样性及其生态系统服务功能。例如，硬化的城镇、河道和沟路林渠不仅不能保护生物资源，还可能导致河水泛滥和内涝等灾害(俞孔坚等，2021)。

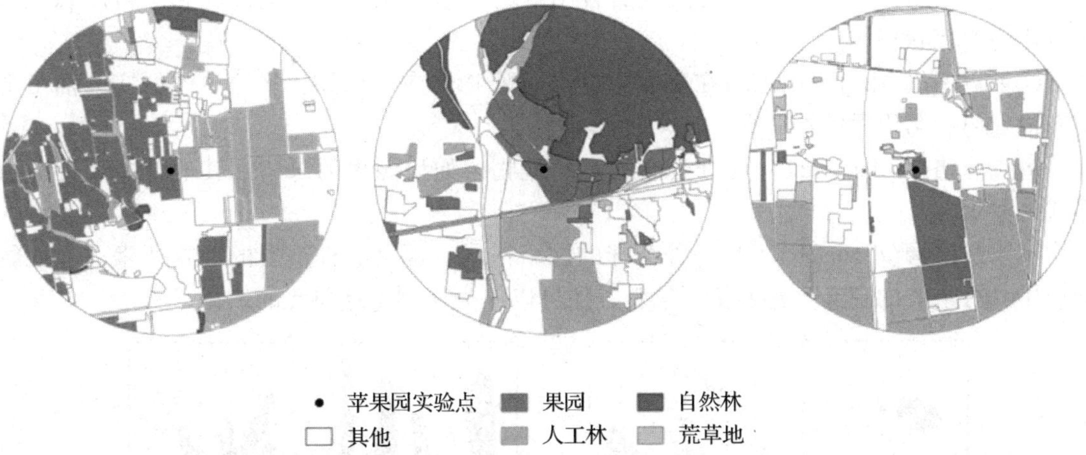

图 3-6　不同苹果园周围半径 1 km 范围内的景观组成情况(引自戴漂漂，2016)

3.4.1.2　景观构型

景观构型(landscape configuration)指景观要素的空间特征、配置及要素的背景特征状况，主要描述景观中要素的空间配置关系(spatial arrangement)，如距离、边缘形状和密度、连通性指数等。景观构型也是影响生态过程和功能的重要的因素，例如，马丁(Martin)等(2016)比较了景观中斑块密度对鸟类、寄生昆虫、天敌等 7 个类群多度和多样性的不同影响；吴等(2019)发现随着与自然灌木林距离的增加，周围苹果园中野生传粉蜂多度下降；莱特等(Wright et al.，2020)评估了美国东北湿地面积和连通性对两栖动物群落的影响，发现随着湿地面积和连通性的增加，两栖动物群落丰富度随之增加。

对景观结构整体(overall structure)而言，尽管因斑块、廊道、基质组成和空间配置的不同，所构成的景观综合体形态万千，但是也会形成具有一定规律性的景观格局构型。肖笃宁等(2003)对景观格局构型进行了总结，将景观格局分为 9 种类型。

①散斑格局(scattered patch)　少数组分出现在占优势的基质内[图 3-7(a)]。例如，带有沙漠化斑块或残余林块，或者二者兼有遭到破坏的土地；自然的疏林草原景观。

②网状格局(network)　主要由线状要素构成，规则分布的如农田防护林景观，不规则的如城乡交错带的道路[图 3-7(b)]。

③指状格局(fingerlike)　不像交替格局那样斑块之间的边界较直，而是呈不规则状，从而使得景观组分之间出现交叉[图 3-7(c)]。例如，有些具有复杂结构的景观，大的景观梯度与其他小的、垂直于大梯度延伸方向的梯度结合在一起(如遭受切割的山坡、受破坏的林缘)。

④镶嵌格局(mosaic)　由大小相差不多、形状基本规则的斑块构成[图 3-7(d)]。其中最规则的就是棋盘型格局，由两种绝对规则分布的组分构成，如平原上的耕作田块。但这种情况不多见。

⑤带状格局(zonation)　由带状分布的要素构成，如全球尺度上的气候带，中等尺度上由气候或湿度造成的山地自然带。

⑥交替格局(alternation)　是反复交替出现的带状格局，如连续沙丘和平行山脉地区重复出现的带状格局。

⑦散点格局(dot)　由点缀在基质里的点状地物构成。例如，平原上的村庄、油田上散布的农田、苇田里的油井等。

⑧点阵格局(dot-grid)　规则分布的点状地物，如果园里的果树；其他许多人工种植形成的景观。

⑨水系格局(drainage)　是一种特殊的网络格局，也是一种重要的地物要素，在地貌分类中具有重要的意义。它连接了景观，还可以作为识别土地单元的依据。

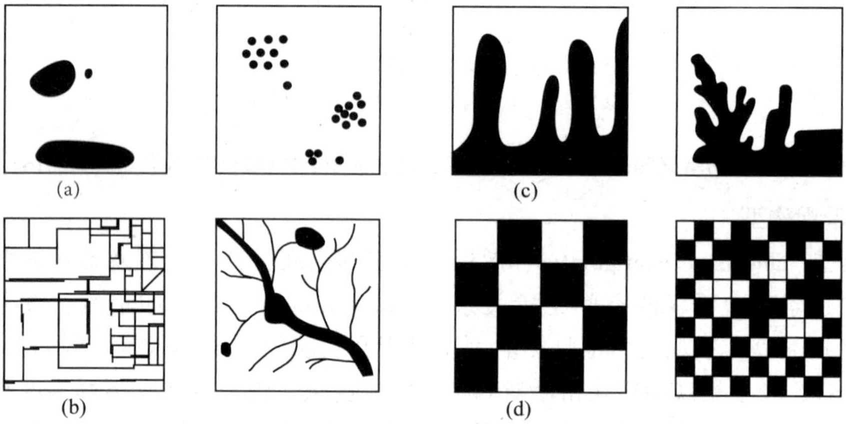

图 3-7　4 种常见的景观类型(引自肖笃宁等，1997)

(a)散斑格局　(b)网状格局　(c)指状格局　(d)镶嵌格局

注：在每一景观中仅包括两种组分(生态系统或土地利用类型)，由黑色和白色表示。树枝状例子则兼有网络和散布两种景观类型的特征

3.4.2　景观结构与格局的表征

3.4.2.1　景观异质性

景观异质性(landscape heterogeneity)是指景观要素的类型、组合及属性(景观中生物和非生物因子，如生物量、土壤养分、温度、光照等(Li and Reynolds，1995))在时空上的变异程度，是景观区别其他生态学组织层次(如种群、群落和生态系统)的最主要特征，也是景观最基本的结构特征(余新晓等，2005)。它是由许多基本生态过程和物理环境过程(如自然干扰、人类活动、植被的内源演替等)在空间和时间连续系统上共同作用的产物(傅伯杰等，2011)。

景观异质性强调景观要素斑块空间镶嵌的复杂性(傅伯杰等，2011)。我们可以从两个方面理解景观异质性：一是景观要素的丰富程度和其相对数量关系的复杂性；二是景观要素空间分布相互关系的变异性。对于第一点，当景观中仅存在某一类景观要素，对此景观要素来说景观是均质的；当另一景观要素也出现在景观中，并占有一定比例时，景观异质性增加，且异质性随该景观要素出现相对频率的增加而增加(余新晓等，2005)。而当景观中要素一定时，同类景观要素以大斑块相对集中分布的格局，景观异质性较低；以小斑块分散布局的格局，景观异质性较高(郭晋平等，2006)。

过去 20 年中，景观异质性引起了研究者的高度关注(曾辉等，2017)，是景观生态学研究的重要内容之一(Forman，1995)，具体包括空间异质性、时间异质性和功能异质性 3 个方面。

(1)空间异质性

空间异质性是景观要素在空间分布的复杂性，既可以描述二维平面，如农田中不同种类作物种植的异质性、内蒙古自治区主要自然景观由东到西的异质性等；也可以描述三维立体空间(包括垂直方向)的异质性，如自然植被垂直结构的异质性。景观生态学研究主要集中在水平异质性，这是由于在同一景观尺度范围内，两点间的垂直距离往往远小于水平距离，因此多数情况下仅强调了水平异质性(曾辉等，2017)。

空间异质性研究一般包含空间组成、空间构型和空间相关 3 个组分(李哈滨等，1992)。①空间组成是指景观要素的类型、斑块数量、面积比例和景观要素的丰富程度等，常使用景观类型特征指数(如斑块数、斑块面积比等)和景观类型多样性指数(如丰富度指数、均匀度指数、优势度指数等)等测度；②空间构型是指景观要素的斑块大小、斑块形状和空间分布等，常使用景观类型特征指数(如斑块面积、斑块周长、形状指标等)、景观镶嵌度指数(如镶嵌度指数、聚集度指数)和距离指数(如最小距离指数、邻近度指数)等测度；③空间相关则是景观要素的空间关联程度、整体或参数的关联程度、空间梯度和趋势，常使用方差分析、分维分析、空间自相关分析等方法测度。

(2)时间异质性

时间异质性是景观要素和其结构在不同时段的差异性，可通过景观动态变化来研究和表征。包括景观要素类型、景观要素结构组合，乃至景观要素属性随时间的变化及其在变化趋势、速率和时间节律上的差异(曾辉等，2017)，如群落动态和演替、景观破碎化过程中斑块的出现、持续与消失等(肖笃宁等，1997)。

(3)功能异质性

功能异质性是反映景观要素和其结构的功能指标，如物质、能量和物种流等空间分布的差异性。它强调景观生态过程和功能的异质性，本质上是由于景观多方面复杂的异质性特征共同决定。例如，土地生产力空间分布差异、景观温度调节服务空间分布差异等。

景观异质性作为一个景观格局的重要特征，是地球上多种多样景观形成的原因。它对景观的生态过程和功能具有显著影响，可以影响(促进或阻碍)资源、物种、能量或干扰在景观中的流动与传播，也是关系景观生态系统的抗干扰能力、恢复能力、系统的稳定性和生物多样性等的重要因素。此外，景观异质性的存在会影响景观生态研究方法的选择，因为不仅抽样设计要考虑异质性因素，而且许多数据分析方法的选择在某种程度上也是由异质性的程度决定的(肖笃宁等，1997)。

3.4.2.2 景观多样性

景观多样性(landscape diversity)是指由不同类型生态系统构成的景观在格局、功能和时间方面的多样性或变异性(傅伯杰等，2011)，通常也认为是生物多样性的一个层次。它和异质性一样是景观生态学的重要概念，同样受到自然干扰、人类活动等基本生态过程和环境物理过程影响。

景观多样性的含义侧重于斑块性质和空间分布的多样化(傅伯杰等，2011)。相关的研究主要从斑块多样性、类型多样性和格局多样性 3 个方面理解和测度景观多样性(傅伯杰等，1996)。

①斑块多样性　指景观中斑块的数量、大小和斑块形状的多样性和复杂性。研究常使用斑块数、斑块面积、形状指标、破碎度指数等测度斑块多样性。

②类型多样性　指景观类型的丰富度和复杂度，多考虑不同景观类型(如农田、森林、草地等)的数目多少以及它们所占面积的比例。斑块类型数目增加将提高景观多样性，面积比例不同也将影响景观多样性(图 3-8、图 3-9)。常使用类型的丰富度指数、多样性指数、均匀度指数、优势度指数等测度类型多样性。

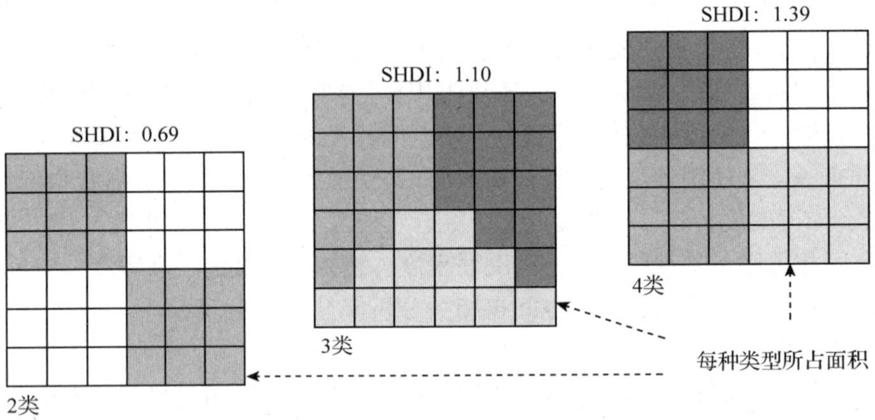

图 3-8　具有不同斑块类型数目的景观香农多样性指数差异(引自曾辉等，2017)

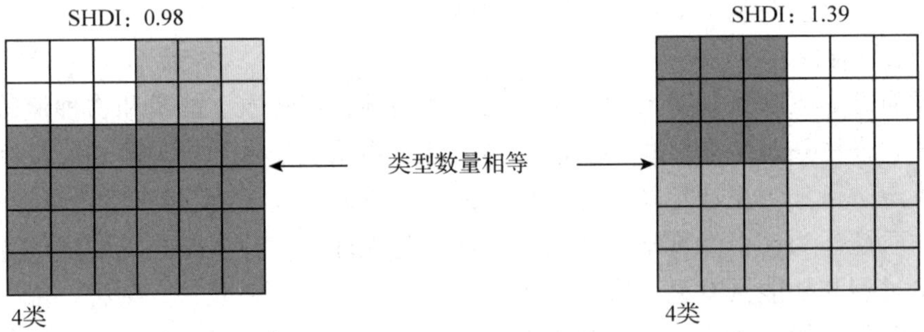

图 3-9　面积比例不同导致的景观香农多样性指数差异(引自曾辉等，2017)

③格局多样性　指景观斑块类型及其空间分布的多样性，各斑块类型之间和斑块之间的空间构型与功能联系的多样性。多考虑不同景观类型的空间分布、同一类型间的连接度和连通性、相邻斑块间的聚集与分散程度。例如，全球半干旱地区普遍存在的一类条带状灌丛植被景观——“虎斑灌丛”，受到降水量和坡度的影响，形成斑点格局、宽带格局和条带格局等多样格局(图 3-10)。常使用聚集度、连接度和连通性等测度格局状况。

景观斑块多样性能指示景观的完整性和破碎化程度，影响到生物种群大小、种群局部

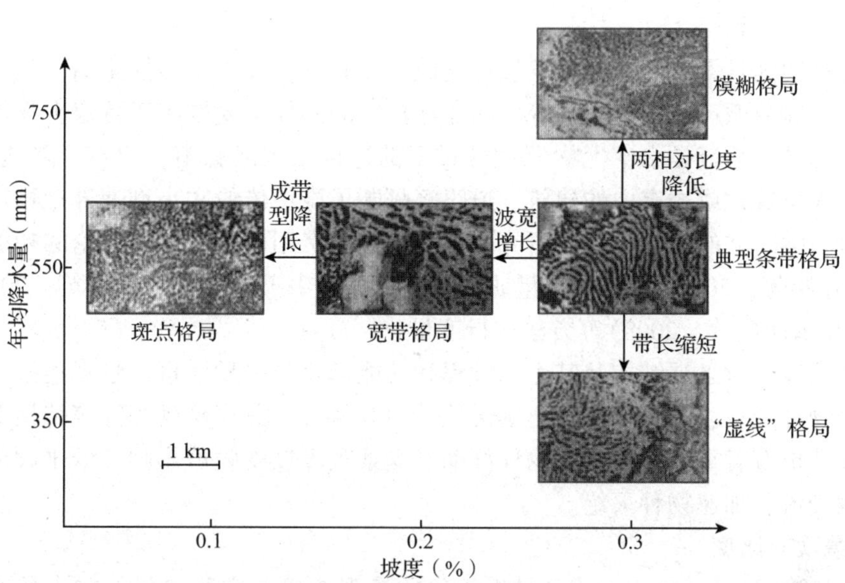

图 3-10　非洲尼日尔"虎斑灌丛"植被的格局多样性(引自 Valentin et al.，1999)

灭绝速率和种群的迁徙及扩散，也影响到斑块中生物的生产力水平。类型多样性则主要影响物种多样性，两者之间并非呈正比，而是呈现正态分布关系。景观格局多样性对物质和能量流动、生物扩散和动物觅食行为等生态过程具有重要影响。因此，景观多样性不仅是生物多样性的重要组成部分，也是生态过程实现和生物多样性保护的基础。与立地条件相适应的景观多样性，维续着景观生态过程和功能的正常运行和稳定性，为生物多样性维持提供了生境场所保障，对实现人类社会可持续发展至关重要。

3.4.2.3　景观连接度

景观连接度(landscape connectivity)是对景观空间结构单元之间连续性及生态过程与功能联系的度量，是通过斑块之间物种迁徙或其他生态过程发展的顺利程度来反映的。景观连接度由梅里亚姆于 1984 年首次引用到景观生态学中，已成为景观生态学主要研究内容之一(Merriam，1984)。有一个相似的概念是景观连通性(landscape connectedness)，它是指景观元素在空间结构上的联系，从斑块大小、形状、同类斑块之间的距离、廊道存在与否等来反映(Baudry，1984)。通常，连接度较高的景观，其连通性也较高；但连接度较低的景观，其功能连通性不一定低(Farina，2006)。景观连接度可通过结构连接度和功能连接度进行度量(Tischendorf and Fahrig，2000)。

(1)结构连接度

结构连接度是景观要素仅在空间结构上的连续性，是斑块间的物理距离。根据福尔曼的"斑块—廊道—基质"范式(Forman and Godron，1986)，基质是结构连接度最高的景观单元，高度破碎化的斑块是结构连接度最低的景观单元。研究中常使用网络结构指数(α、β 和 γ)和空间格局指数(多从斑块、类型和景观 3 个层次上选取具有连接意义的指标，如平均最小邻接距离、蔓延度和聚集度等指数揭示区域景观连接度格局的变化特征)测度结构连接度(陈春娣等，2017)。

(2)功能连接度

功能连接度则是景观生态过程发生程度或功能联系，如种子传播距离、动物取食和繁殖活动范围、养分循环的空间幅度等。功能连接度的差异主要取决于特定生物体或生态过程的差异。例如，河流是水生生物(鱼类)重要的连接景观或廊道，但对于陆地哺乳动物，河流则是阻碍景观；或城市中的建筑、道路等隔断了昆虫传粉和小型哺乳动物迁移等生态过程，但对鸟类跨域的阻碍较小。研究中常使用最小费用模型、基于图论的功能连接度指数测度(陈春娣等，2017)，也有少量研究使用生态连接度指数(张小飞等，2009)、生境适应性模型(朱丽娟等，2008)等方法进行度量。

景观连接度是对景观结构及其生态过程和功能耦合的一种度量。景观连接度可以促进或阻碍生物物种分布、动物迁移、土壤侵蚀、地表径流、林火蔓延和噪声传播等；对于维持生物多样性也有着重要作用，生物种群动态受景观连接度阈值影响，低于阈值则会阻断种群间基因交流，加速物种灭绝。

3.4.2.4 景观对比度

景观对比度(landscape contrast)是指相邻的景观要素及空间单元的差异程度和变化的急缓程度。有些研究者认为景观对比度可以作为测度景观异质性一项指标(傅伯杰等，2011；曾辉等，2017)。相邻景观要素彼此差异甚大，或其间过渡带很窄或缺失，就意味着景观对比度较强，是整体景观格局的一个鲜明特征。

针对景观对比度，研究中常使用斑块周长、边界密度和对比度指数等景观格局指数进行测度。根据相邻景观要素对比度的大小，将景观分成低对比度景观和高对比度景观。

(1)低对比度景观

低对比度景观多是自然形成的，甚至可能是由一种景观元素组成，只有基质而没有斑块和廊道，最典型的是热带雨林。从遥感影像来看，热带雨林地形起伏微小，植被茂密，布满了深洞和突出的大树；若进入雨林中，又会发现不同地点的植物区系并不相同，很难区分植物群丛；大多数物种稀有，只有少数是常见种且往往是聚集状分布；所以热带雨林是一个整体同质但又微观异质的低对比度景观。在一些人迹罕见的干旱地区，由于地貌过程和水蚀、风蚀作用，产生了单调重复的景象，也是低对比度景观的例子。

(2)高对比度景观

在自然形成的宏观异质性景观中，人类活动使微观异质性增加，从而产生各种各样高对比度的景观。人类活动可以在几百米甚至几十米内造成完全不同的景观。例如，农业、林业和都市化的主要结果之一是增加了景观对比度。当然，高对比度景观也有自然形成的，尤其是土壤条件起决定作用的景观，例如，西伯利亚的泥炭地与森林对比强烈，界限分明；半干旱热带地区中的森林—热带稀树草原交界地区也是高对比度景观，多半是由水量分配不均而形成的。

相邻景观要素对比较大可能会隔断斑块间生物迁移、能量和物质流动、信息传播等生态过程。如果某一景观要素相邻的均是对比度较高的其他景观要素，则可能对该景观要素斑块中的生物物种造成隔离，加速局部灭绝。因此，景观对比度也是生态过程、功能和生物多样性的重要影响因素。

本章小结

景观要素由斑块、廊道和基质组成，因结构特征的不同，斑块、廊道、基质相应表现不同的功能特征，认识结构特征和生态功能的关系是景观规划和设计的基础。景观结构包括景观组成和景观构型，是景观组分及其时空配置形成的镶嵌格局，景观格局同样影响和决定景观功能，是景观生态学研究的重要内容。

思考题

1. 构成景观的基本要素是什么，它们的关键特征如何影响生态功能，对景观管理有何启示？
2. 景观结构和格局可以通过哪些特征表征，研究认识这些特征的生态学意义是什么？

参考文献

曾辉，陈利顶，丁圣彦，2017. 景观生态学[M]. 北京：高等教育出版社.

陈春娣，贾振毅，吴胜军，等，2017. 基于文献计量法的中国景观连接度应用研究进展[J]. 生态学报，37(10)：3243-3255.

戴漂漂，2016. 京郊苹果园花期传粉蜂多样性及传粉服务的影响因素研究[D]. 北京：中国农业大学.

傅伯杰，陈利顶，马克明，等，2011. 景观生态学原理及应用[M]. 2 版. 北京：科学出版社.

傅伯杰，陈利顶，1996. 景观多样性的类型及其生态意义[J]. 地理学报(5)：454-462.

郭晋平，周志翔，2006. 景观生态学[M]. 北京：中国林业出版社.

李哈滨，伍业钢，1992. 景观生态学的数量研究方法[M]. 北京：中国科学技术出版社.

李维敏，1999. 广州城市廊道变化对城市景观生态的影响[J]. 地理学与国土研究，15(4)：76-80.

马明国，曹宇，程国栋，2002. 干旱区绿洲廊道景观研究——以金塔绿洲为例[J]. 应用生态学报，13(12)：1624-1628.

邬建国，2000. 景观生态学——格局、过程、尺度与等级[M]. 北京：高等教育出版社.

肖笃宁，布仁仓，李秀珍，1997. 生态空间理论与景观异质性[J]. 生态学报(5)：3-11.

余新晓，牛健植，关文彬，等，2005. 景观生态学[M]. 北京：高等教育出版社.

俞孔坚，周淑倩，Wu Bohui，2021. 基于自然，顺应自然，利用自然——"海绵城市"与城市生态韧性[J]. 建筑实践(1)：58-65.

张小飞，李正国，王如松，等，2009. 基于功能网络评价的城市生态安全格局研究——以常州市为例[J]. 北京大学学报(自然科学版)，45(4)：728-736.

朱丽娟，刘红玉，2008. 挠力河流域丹顶鹤繁殖期生境景观连接度分析[J]. 生态与农村环境学报(2)：12-16.

BAUDRY J，1984. Effects of landscape structure on biological communities：the case of hedgerow network landscapes[A]. In：BRANDT J，AGGE P. Methodology in landscape ecological research and planning：proceedingsr[C]. 1st seminar，International Association of Landscape Ecology，Roskilde，Denmark，Oct 15-19.

DRAMSTAD W E，OLSON J D，FORMAN R T T，1996. Landscape ecology principles in landscape architecture and land-use planning[M]. Boston：Harvard University Graduate School of Design.

FORMAN R T T，2001. Land mosaics：The ecology of landscape and regions[M]. London：Cambridge University Press.

FORMAN R T T，GODRON M，1986. Landscape Ecology[M]. New York：John Wiley & Sons.

FORMAN R T T, 1995. Land mosaics : the ecology of landscapes and regions [M]. London: Cambridge University Press.

GONG C, LI L T, AXMARCHER J C, et al., 2021. Family graveyards form underappreciated local plant diversity hotspots in China's agricultural landscapes[J]. Scientific Reports, 11(1), 1-9.

HOLZSCHUH A, DUDENHÖFFER J, TSCHARNTKE T, 2012. Landscapes with wild bee habitats enhance pollination, fruit set and yield of sweet cherry[J]. Biological Conservation, 153: 101-107.

KREMEN C, WILLIAMS N M, BUGG R L, et al., 2004. The area requirements of an ecosystem service: crop pollination by native bee communities in California[J]. Ecology Letters, 7(11): 1109-1119.

MACARTHUR R H, WILSON E O, 1967. The theory of island biogeography[M]. Princeton: Princeton University Press.

MARTIN E A, SEO B, PARK C R, et al., 2016. Scale-dependent effects of landscape composition and configuration on natural enemy diversity, crop herbivory, and yields[J]. Ecological Applications, 26(2): 448-462.

MERRIAM G, 1984. Connectivity: a fundamental ecological characteristic of landscape pattern[A]. In: BRANDT J, AGGER P, Methodology in landscape ecological research and planning: proceedings[C]. 1st seminar, International Association of Landscape Ecology, Roskilde, Denmark, Oct 15-19.

LI H, REYNOLDS J F, 1995. On definition and quantification of heterogeneity[J]. Oikos, 73: 280-284.

TISCHENDORF L, FAHRIG L, 2000. On the usage and measurement of landscape connectivity[J]. Oikos, 90(1): 7-19.

VALENTIN C, HERBÈS J M D, POESEN J, 1999. Soil and water components of banded vegetation patterns[J]. Catena-Giessen Then Amasterdam, 37(1-2): 24.

WRIGHT A D, GRANT E H C, ZIPKIN E F, 2020. A hierarchical analysis of habitat area, connectivity, and quality on amphibian diversity across spatial scales[J]. Landscape Ecology, 35(2): 529-544.

WU P, AXMACHER J C, LI X, et al., 2019. Contrasting effects of natural shrubland and plantation forests on bee assemblages at neighboring apple orchards in Beijing, China[J]. Biological Conservation, 237: 456-462.

第 4 章　景观格局与生态流和生态过程

景观单元之间通过生态流和生态过程进行联系。生态过程通常是指生态系统中物质循环、能量流动、信息传递等，在这些过程中就产生了各种“流”，这些“流”也是实现景观功能的基础。对生态流和生态过程的研究是阐明生态系统的功能、结构、演化、生物多样性等的重要基础，景观格局在其中扮演着十分重要的角色。生态流和生态过程往往复杂而抽象，人类希望通过规划或设计的方式去影响过程，仅仅通过细微之处的改变和干扰是不足以达到目标，因而行动的落点就在于改变景观格局。在景观规划的理论研究中，最先形成的范式就是“格局—过程—尺度”，在其后的演变中出现了“格局—过程—功能(服务)”，进而结合实际成为“格局—过程—规划(设计)”这样的范式。通过理解景观格局如何影响生态流和生态过程，进而理解生态功能，才能做出科学合理的规划设计。本章内容将会介绍景观尺度中的生态流和生态过程，以及景观格局对生态流和生态过程的作用。

4.1　景观中生态流和生态过程

在识别景观中各个组分的结构的基础上，需要进一步识别整个景观中不同组分之间的生态联系，而景观生态联系的基础是生态流和生态过程。

生态流，特指能量、物质、物种和信息等在景观组分之间的流动，在生态系统中，景观的能量、养分和物种，都可以从一个景观单元迁移到另一个景观单元，表现为物质、能量、信息、物种等的流动过程。流的方向不仅仅与景观组成有关，还容易受到景观边界和景观成熟度的影响。景观边界可以起到类似于半透膜的作用，即可以对进入和离开的流进行过滤，因此我们常常能观察到一些景观边界两侧的物种存在明显的差异。不同成熟度的景观彼此可以成为某些物质流的源或汇。如一片成熟的林地，可为未成熟的林地提供种源。

生态过程的具体表现是生态流，景观的生态过程一般是指景观要素之间的相互作用，即能量流、养分流和物种流从一种景观要素迁移到另一种景观要素，强调事件或现象发生、发展的动态特征，包括同一生态系统内部的动态变化(如种群动态和群落演替)、不同生态系统之间的流动(如物质循环和能量流动、繁殖体或生物体的传播、动物的迁移运动、干扰扩散)以及生物之间的相互作用(如天敌—害虫相互作用)等。生态过程的含义比生态流要广，一个生态过程往往会伴随有许多流的发生。例如，生态系统的演替过程；风、火、地质和人为因素的干扰过程；景观空间格局和生物多样性的变化过程，这些过程的发生都伴随或依赖着生态流。景观生态过程与景观功能关系密切，景观功能是指景观结构与生态学过程或景观结构单元之间的相互作用，由此可见景观生态过程决定了景观功能，同时也影响景观格局以及生态功能的动态变化。

4.1.1　景观中生态流类型

景观中生态流主要关注 3 个大类：物质流、能量流和物种流。物质流主要包括空气流、水流、土流、养分流；能量流包括热能、生物能、风能、地热能和水能等；物种流一般分为动物流和植物流两大类。

4.1.1.1　空气流

地表不同位置因太阳辐射受热不均而产生的气压差可导致空气流动，即气流，也就是主要在重力、气压梯度力、地转偏向力、惯性、离心力、摩擦力等各种力的作用下发生的。其中气压梯度力是推动气流的直接原因和动力。摩擦力对气流的影响以近地面最大，在大气边界层以外可忽略不计。

风的格局有两种：一种是层流，即运动着的风呈平行状态，一层在另一层之上，与地表最接近的一层称为边界层；另一种是湍流，气流运动不规整，或上或下地流动。在一定范围内，由于地貌形态与地面物质的不同，可形成局地环流，如山风、谷风、海岸带的海陆风和热岛环流等。在山地和平原交接地带的山谷中，白天山坡增温快，空气密度变小上升，于是谷底密度较大的空气向山坡流动，形成谷风。夜间山坡冷却快，空气密度变大，于是山坡上密度较大的空气向谷地流送，形成山风。这样，白天吹谷风，夜间吹山风，二者方向相反。

大尺度的空气环流还能输送水分和热量。带有大量水汽的巨大气体上升可形成降水，有利于植物的生长，致使地表出现热带雨林；反之，大规模的空气下沉运动又会造成干旱，使地表出现沙漠。景观尺度风的流动可传播花粉、孢子、小昆虫和种子。某些风播物种正是在风的作用下得以繁衍。

随风在空中传播的除空气的成分外，还有烟尘和各种污染物质，如 CO、CO_2、SO_2 和 NO_2 等。风能沿着一定方向把污染物质送到远方，流向污染源的下风向。风速越高，风对污染大气的稀释作用越强。湍流能增加空气的上下运动，所以稀释作用也随着湍流的增强而增强。逆温层(大气对流层中气温随高度增加的现象的层带)能阻止污染物垂直向上扩散(图 4-1)。如果这种天气持续时间较长，并且伴随着多雾及不利的地形条件，就可能产生严重后果。在低压控制区，空气上升运动强烈，云天多，大气常处于不稳定状态，有利于污染物的扩散稀释。

风往往决定地球表面人类居住的环境质量。飓风、台风和龙卷风等强风运动造成严重的自然灾害。海洋上形成的飓风对海岸带的建筑物及工农业生产和人们生活造成巨大的破坏作用；干热风则影响作物收成。

4.1.1.2　水流

水流是景观格局、过程、功能和动态变化的最主要和最活跃的物质流。水既可在陆地沿地表和地下流动，也可在海洋中运动，并存在陆地和海洋之间的水分循环。

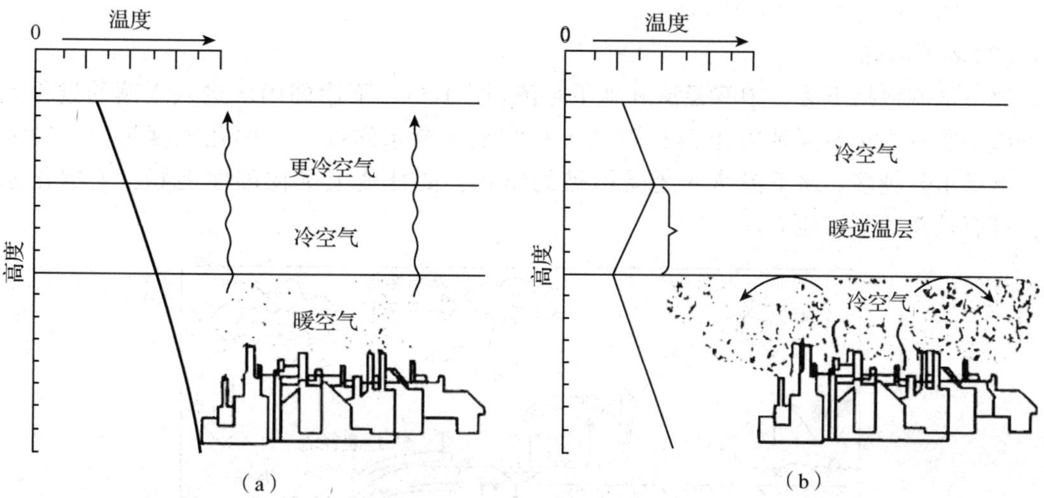

图 4-1　逆温现象

(a)暖空气上升，扩散污染物　(b)由于逆温现象，压在冷空气上面的暖空气层阻碍污染物上升和扩散

(1)地表水流

地表水的流动是景观内重要的能量和物质流。在倾斜地面上，当降水的强度超过下渗速度时，则发生顺坡流动的地表径流，最后进入河道。河流将不同的景观要素连接起来，加强了景观要素间的联系。地表水流在景观中本身是一种物质运动，又是一种地质营力(引起地壳物质组成、内部结构和地表形态运动和变化的自然动力)，有侵蚀、搬运和沉积功能，具有重要的生态功能。河流由上游山区流向下游平原，在运行过程中携带的物质沉积在河岸沿线，河水灌溉河谷平原或储存在地下含水层内，最后的水流注入海洋。一些内陆河水流注入湖泊，形成新的景观要素。河流在其运行过程中影响河谷内的生态过程，改变了其内部的地貌特征和植被类型及原有的自然景观(王成等，1999)。

河谷侵蚀和堆积形成了活跃河道(active channel)向两侧坡地逐渐过渡的梯度变化河岸，植被也与该环境变化相适应，表现出植物类型和年龄结构的梯度变化特征。河岸植被斑块的空间分布反映了河岸景观的异质性。沿河岸分布的物种多样性明显高于两侧坡地。这是由于河水携带的大小不等的土壤颗粒在不同位置的散布和沉积，增加了这些地方的土壤肥力。频繁的水流干扰事件导致河岸生境的不断更新，增多了复杂多样的小生境，这是河岸景观多样性和生物多样性得以维持的重要机制(Forman et al.，1986；Gregory，1991)。同时，河流水文过程还携带着物种生命节律的信息，流量的升降将引发生物的生活行为，

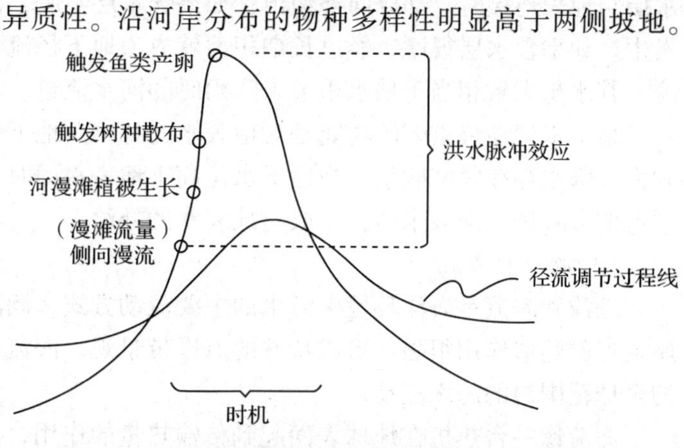

图 4-2　水文过程的生态效应(引自董哲仁等，2010)

如鱼类产卵、树种散布等(图 4-2)。

(2)地下水流

地下水流包括下渗、中间径流和地下径流(图 4-3)。下渗即雨水进入土壤的过程。水的下渗主要取决于不同地方土壤孔隙的大小和地表滞水深度。土壤孔隙度越大、滞水越深，下渗水分越多。水下渗速率还受植被的影响，如林地土壤物理性良好，土壤孔隙度大，具有较高的下渗能力。

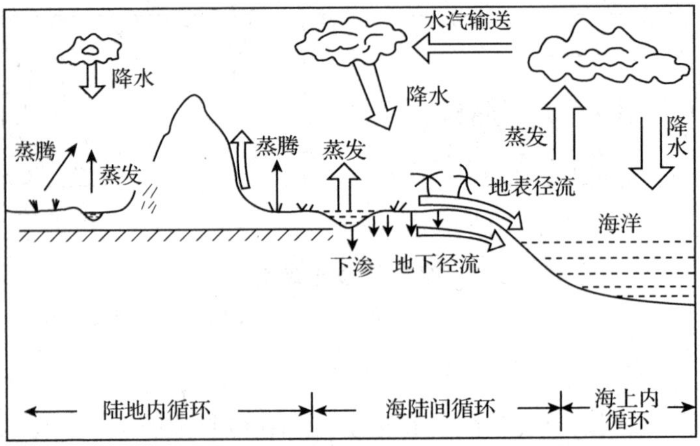

图 4-3 自然界的水循环示意

中间径流也称土中径流。当水分充分时，坡面土壤可划分为饱和带和不饱和带(图 4-4)。饱和带即地下水层，不饱和带可进一步分为根系层、中间层和毛细管水层。根系层从地表起到根系分布下限，是水分蒸腾消耗层，可能包括土壤发生层的多个层面。中间层在根系层之下，把上层多余水分供应到下层地下水。受毛细管作用水分上升，在地下水与中间层之间形成一个过渡层。中间径流主要沿水势梯度横向流动，在流动过程中如果被溪岸截断即进入河流，如果出现在表层则与地表径流汇合。

下渗水除以中间径流形式横向流走，还可以向下渗透到母岩或基岩上的含水层。当含水层与地表连接时，部分向外涌出，如果含水层不厚，涌出是暂时的，并且只在降雨时才发生。如果含水层很厚，经过长期积蓄就成为地下径流。中间径流和地下径流合称基底径流，其水量大致相当于枯水季节未降雨时的河水流量。

地下水运动最重要的功能是对地表水的补给。地下含水层是巨大的水源库，与地表水和大气降水存在紧密联系。当地下水位高于地表水面时，或以泉水的形式出露地表，或以涌流的方式进入地表水体，形成对地表水的补给。

(3)潮汐和海流

潮汐和海流是海洋环境中海水的主要流动方式。潮汐引起的水位变化和海浪运动对海岸地形的塑造作用很强，形成特殊的海岸带景观。海流是盛行风推动和海水密度差异引起的全球范围内的海水流动。

海流像一台热机在地球表面起到传输热量的作用，有着重要的生态意义。从低纬度流向极地，并与海岸平行的北大西洋暖流，提高了欧洲西部沿岸的温度，使得摩尔曼斯克成

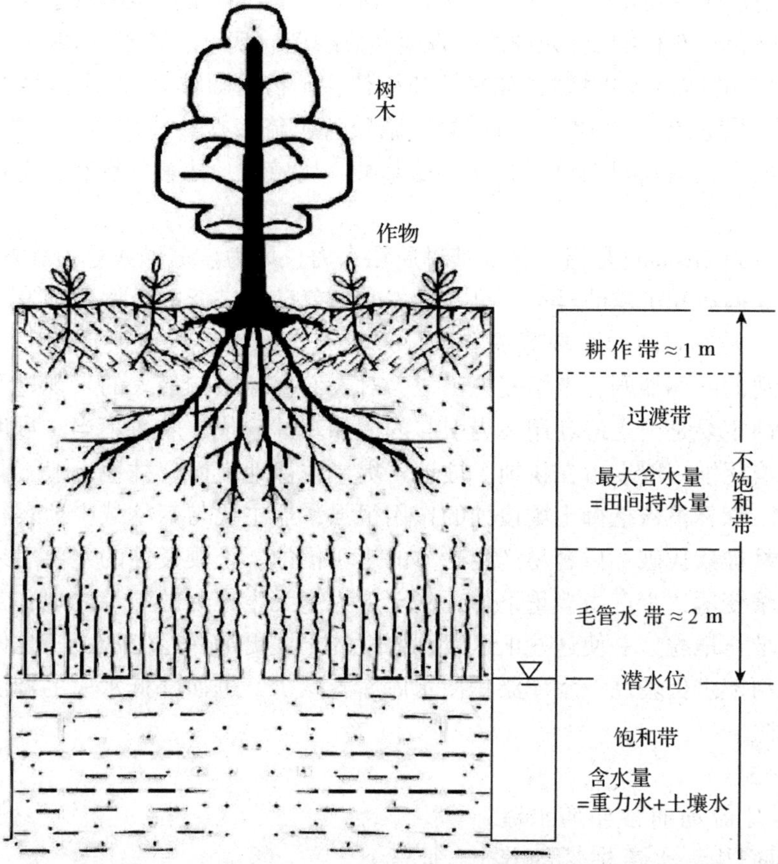

图 4-4　自然界的水循环示意

为俄罗斯北方唯一的不冻港(钱宗旗，2011)，而俄罗斯太平洋沿岸最大的港口符拉迪沃斯托克(海参崴)(43°N)，11 月至翌年 3 月通航需要靠破冰船破冰航行。

南太平洋的西风漂流(west-wind drift)携带南极冷水团，当遇到赤道的暖水体时，冷水下沉，迫使下层的暖水上升，形成上涌流，将营养物质带到海面，使浮游生物大量繁殖，形成鱼类和鸟类的高密度区，使秘鲁和厄瓜多尔海岸成为世界醍鱼和金枪鱼主产区。

4.1.1.3　土流

土流(包括养分流)是土壤中和土壤表面的物质在外界媒介物或传输动力的作用下原位剥离及沿地表迁移和沉积的过程。景观中土流包括土壤颗粒流动与土壤溶液中溶质的流动两个主要方面。景观中的土壤侵蚀、农田中营养物质的流失等，对景观的总体质量与生产力有缓慢但非常重要的影响。景观中，土流很大程度上取决于水流的方式和速度，一些情况下也借助风、动物、人、冰川、冻融滑坡、崩塌等过程进行。

如果没有植物附着，地表土壤会快速而大量地流失，这不仅会导致土壤肥力的下降，同时也是河流、湖水体富营养化的重要原因。而住宅区污染包括工厂的有机、无机废物以及有毒物质等污染物的运动，基本上都与土流的发生，以及与土壤中或地表的水流直接相关。

土流中的物质包括可溶性物质和非可溶性物质。非可溶性物质指可悬浮于水中但不溶于水的物质，既包括有机物质(如细菌、真菌、放线菌、病毒、孢子、种子、腐烂的叶片、动植物残体等)，也包括无机物质(如黏粒和粉粒、矿物质颗粒等)。可溶性物质指能在水中溶解的物质，既包括无机物质(如铵盐、硝酸盐、硫酸盐、磷酸盐、碳酸盐、钙、镁、钠、钾等各类离子)，也包括有机物质(如氨基酸、腐殖酸、尿素、糖类、有机—金属离子络合物等)。

土壤侵蚀(soil erosion)是指土壤及其母质在水力、风力、冻融或重力等外营力作用下，被破坏、剥蚀、搬运和沉积的过程。早在远古时代就已有广泛的土壤侵蚀发生，但由于生产力水平低下，人类活动的影响范围有限，未对人类的生存构成严重危害。随着人口膨胀，对自然景观的破坏加剧，土壤侵蚀已成为对人们生存影响最大的景观过程之一。现代的土壤加速侵蚀主要是由土地利用不当引起的，如森林砍伐、农耕不当、过度放牧、筑路和开矿等。土壤侵蚀一般发生在耕地、坡地、堤岸或裸地表面，林地一般不会出现土壤侵蚀或侵蚀很小。森林植被抵御土壤侵蚀的作用很强，这主要与森林减少地表径流的作用有关。因此，森林被砍伐破坏后容易产生严重的土壤侵蚀。土壤侵蚀的主要后果表现在3个方面：一是土壤变薄，生产力严重下降，甚至成为毫无生产力的不毛之地；二是在地势低洼的地方形成堆积地貌，并使这些汇区景观要素的土壤更加深厚肥沃；三是侵蚀沉积物导致河床淤积、河流水位增高，水库淤积使水库库容减少，进而降低水库的调洪机能，增加洪水的潜在危险。

4.1.1.4　养分流

景观中养分流动通常伴随水流和土壤侵蚀而产生。水流携带的养分物质可分为颗粒物和溶解物，水流中颗粒物和溶解物存在不同的运动规律(图4-5)。小雨时水流中颗粒很少，大雨时则迅速增加，一次大暴雨会产生惊人的颗粒流，水流中的颗粒物质含量呈指数级上升。溶解物在水流中的浓度与水流流量的关系不密切，多数情况下，溶解物浓度随水流流量的增加而略有减少。在一次较大的降水过程中，溶解物质浓度刚开始时较大，随着溶解物来源的减少，浓度越来越低。颗粒和溶解物的流动通路也不同。颗粒主要随地表径流运移，溶解物还可以随土壤中径流和地下径流运移。土壤养分可以随着地下潜水流移动，一部分进入河流，随地表径流进入海洋，使入海口附近海域富营养化或沉积于河口三角洲土壤内，一部分被土壤吸收形成肥力岛，还有一部分被植物吸收利用。

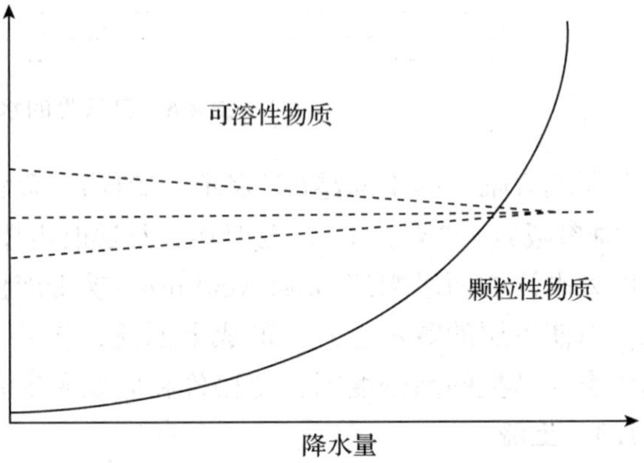

图4-5　水流中颗粒物和溶解物的浓度和水流流量的关系
(引自 Forman and Gordon，1986)

由于土壤养分自身性质不同，其随土流和水流的流失过程和结果也尽不同，如东北黑

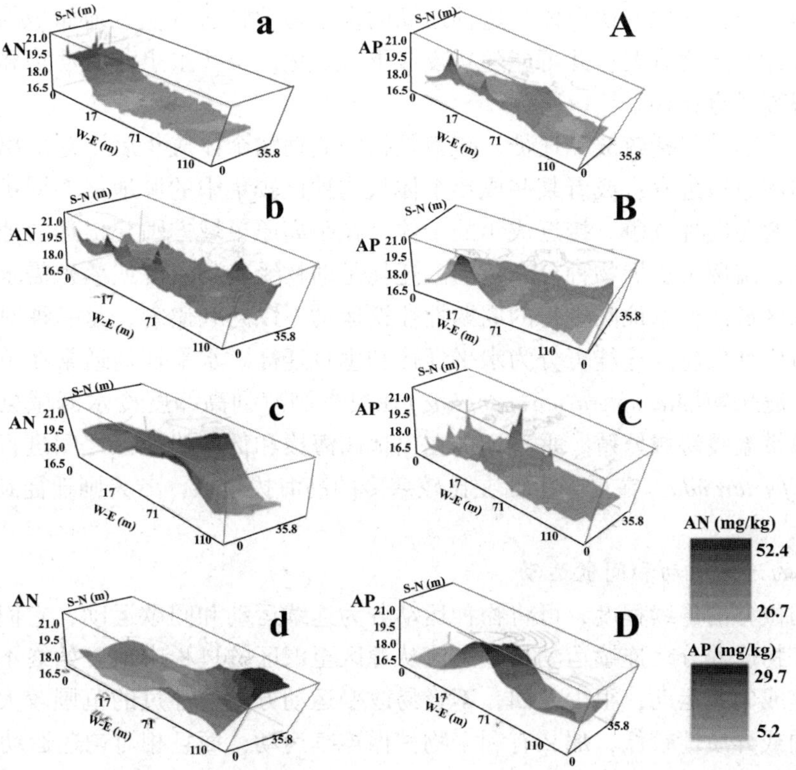

图 4-6　黑土坡耕地土壤水溶性氮(AN，a-d)和磷(AP，A-D)坡面动态随时间变化

(引自 Zhang et al.，2017)

注：a/A、b/B、c/C、d/D 分别是春季播种前(未施肥)、玉米拔节期(施肥后)、生殖生长期、秋收后

土区坡耕地坡面土壤氮、磷时空分布格局差异较大，坡耕地中水溶性氮峰值从春季播种前开始沿坡面逐渐向下迁移，而水溶性磷则变化不大(图 4-6)。

4.1.1.5　动物流

(1)*动物的主动运动和被动运动*

根据空间位移的主动性，可将动物运动分为主动运动和被动运动。主动运动的目的是适应环境的变化或寻找更合适于自己生存的环境。被动运动一般要借助外界的媒介物和驱动力来达到迁移的目的。在一定程度上，被动运动的物种无法选择适于自己的环境，在生态上具有较大风险，如外来物种入侵。由于外界环境的变化或动物种群本身的数量变化，食物资源分布不均或生存压力增大，动物往往需要离开原来的栖息地，寻找新的觅食地和繁殖地，从而发生扩散或迁移，动物在景观中的运动大多表现为主动运动。

(2)*动物的短距离运动和长距离运动*

由于进化地位的差异，不同动物在个体大小、食性和活动规律等诸多方面往往存在很大差异；不同动物种群在运动速率及能量消耗上也很不一样，从而导致不同动物在运动距离上的差别。依据运动距离，可将动物运动分为短距离运动和长距离运动。

动物的短距离运动主要是指巢域内的运动。大多数脊椎动物有一个巢域，在其中进行栖息、取食和其他日常活动。其中许多动物也有一个领地，位于巢穴周围较近处或较远处，主要是为了防御同种其他个体。这种运动的发生与动物适宜栖息地面积的变化、景观格局的变化及人类干扰有关，并可能随昼夜或季节变化。一些水生浮游动物和土壤无脊椎动物会发生昼夜垂直迁移。

动物长距离运动包括疏散和迁徙。疏散是指一些动物个体成年后永远地离开其出生地或发生地，向新巢域进发；或者某些成年个体从物种比较集中的源地向四周扩散，以占领更多领地，并避免同种竞争。接近成年的个体可在距离原巢域方圆几倍远的地方建立一个新巢域。因此，疏散可扩展物种分布范围。迁徙是动物受食物资源或繁殖需求的影响，不同季节在不同区域的栖息地间进行的周期性往返运动，以趋利避害，是一种对气候及相关环境条件的适应性反应。迁徙可分为水平迁徙和垂直迁徙。水平迁徙通常在不同纬度之间进行。例如，座头鲸(*Megaptera novaeangliae*)在夏季洄游到高纬度冷水海域觅食，冬季则到热带或亚热带温暖海域繁殖。垂直迁徙在山地高海拔和低海拔地区之间进行。例如，北美驯鹿(*Rangifer tarandus*)在夏天生活在比较寒冷的高海拔地区，冬天则迁徙到较温暖的低海拔地区。

(3)*动物的连续运动和间歇运动*

根据空间位移的连续程度，可将物种运动分为连续运动和间歇运动，它们同时适用于土壤颗粒或矿物质养分。连续运动指生态流从源区至汇区的过程中速度始终不为零，可以是加速、减速或匀速运动，很少返回，不轻易改变运动方向，穿过的范围较大。如果景观要素是均质的或异质性较低，那么有利于物种做连续运动，而且相对匀速运动较为普遍。

间歇运动指生态流从源区至汇区的过程中，在一些地方做短暂停留，之后再继续运动，也被称为“跳跃疏散”。动物在停留处休息、觅食、伏击猎物、生产、育雏等。停留增加了改变运动方向的可能性，以至于路线曲折，穿过范围很小。间歇运动一般发生在异质性很强的景观中。例如，在每年 10 月下旬，黑颈鹤(*Grus nigricollis*)从繁殖地迁移至云贵高原的 3 个越冬地；翌年 3 月中旬，又从各地越冬汇集到云南的大山包；4 月中旬，全部黑颈鹤离开大山包，迁移至繁殖地(表 4-1)。

表 4-1　卫星跟踪黑颈鹤的迁徙情况

释放时间	释放地点	迁离时间	始飞地点	停歇次数	到达时间	到达地点	总时间	距离(km)
2005-03-01	云南省昭通市大山包乡大海子	2005-04-04	云南省昭通市大山包乡大海子	4	2005-04-06	四川省若尔盖县嫩吐乡向东牧场	3	713
2005-03-01	云南省昭通市大山包乡大海子	2005-04-06	云南省昭通市大山包乡大海子	4	2005-04-09	四川省若尔盖县唐克乡军马场	4	674
		2006-03-28	云南省昭通市大山包乡大海子	3	2006-03-30	四川省若尔盖县唐克乡军马场	3	666
		2005-11-18	四川省若尔盖县唐克乡军马场	4	2005-11-25	云南省昭通市大山包乡大海子	8	686

注：引自高立波等，2007。

4.1.1.6　植物流

植物自身的移动能力十分有限，主要是靠其繁殖体或幼苗和植株等，在风、水、动物或人类等外界媒介物或自身弹力的作用下，迁移到新地点，并在新的环境中进行繁殖，由此再向其他地方扩散。

(1)植物传播的媒介

根据传播媒介可以将植物传播分为自体传播、风播、水播、动物和人类传播。自体传播是指植物依靠其自身，而非其他媒介物进行传播，是一种主动运动。一些植物的成熟果子或种子依靠重力作用直接掉落地面；还有一些植物果实成熟时裂开，将种子弹出。这样传播方式的植物有很多，酢浆草(*Oxalis corniculata*)、凤仙花(*Impatiens balsamina*)等。自体传播种子的散布距离有限，但有些植物的部分种子掉落地面后，会被一些动物利用而传播。风播植物的种子多具有疏松的组织结构，果实或种子多小而轻，具有翅或毛状物。水播植物的种子多具有疏松的组织结构，可漂浮，能经溪流、江河和洋流传播。因此，许多水生植物和沼泽植物的果实和种子能到达较远的岛屿或海岸。另外，大雨在冲刷地表的同时也常将许多果实和种子冲到别的地方，使植物可以抵达新的区域。动物传播的植物果实或种子具有刺、钩等可黏附结构，如鬼针草(*Bidens pilosa*)、苍耳(*Xanthium sibiricum*)，可随动物活动黏附于动物毛皮。人类对植物的传播起着越来越大作用。一种是有目的的移植或引种，在人类发展历史上发挥着非常重要的作用，如中国目前大量种植的玉米就来自秘鲁，土豆来自南美洲安第斯山区；另一种是在人类的迁移或运输过程中，一些植物的种子或花粉被无意地带到其他地方。

(2)植物的散布

植物在景观中只能依赖种子、果实或孢子等繁殖体，通过再繁殖进行散布。因此，植物的散布是植物繁殖体的运动过程。某种植物只有在一种新的生境中繁殖和定居后，才能确认为实现了散布。植物的散布按距离可分为长距离散布和短距离散布。长距离散布指植物繁殖体在媒介物作用下从一个景观传播到另一景观，如鸟的羽毛可以将某些植物的种子带到数千里以外，风可以将蒲公英种子吹过数千米外的高山。短距离传播通常只限于一个景观内的几米至几百米的范围。这种传播多是由于种子质量较大或由陆地爬行动物在短距离内，通过肠胃的排泄进行的传播。种子散布方式和散布距离与该树种在演替中的地位和生活史对策有关。先锋树种多能靠风力或水力散布到较远距离，以便占据裸露和受干扰的土地。演替后期的树种一般种子较重，散布距离近，多靠动物散布，使后代所处的立地条件与亲代类似，继续在林中占据优势地位。

(3)分布区的变化

植物的分布区随着环境和人为活动等外界环境变化而变化。其中，繁殖体的散布是植物分布区变化的基础。植物在景观内的基本散布形式有 3 种：

①植物分布区边界的变化　植物分布区的边界会由于环境的周期性变化而发生变动。如我国科尔沁沙地内分布的草场，由于近些年生态环境的恶化发生了收缩，草地面积大幅度减少。

②物种的灭绝、适应或散布　长期的环境变化可使植物种类趋向灭绝、适应或散布。在第四纪冰川时期曾发生植物群向南北半球大范围散布，以适应全球气候的变迁，俄罗斯

表 4-2　俄罗斯不同地区植物对气候变化的响应

气候变动	俄罗斯欧洲部分	俄罗斯亚洲部分	
		西西伯利亚	东西伯利亚
冰川	空白或少数草本植物	空白及少数孢粉	空白及少量孢粉
冰川接近	旱生草本的寒冷草原	寒冷草原荒漠	寒冷森林草原
间冰期	阔叶林、混交林和冻原	松林、泰加林和森林冻原混交林	含大量桤木混交林和森林冻原混交林
冰川后退	无森林景观	寒冷冻原	寒冷冻原
冰川	空白	空白	空白

注：引自夏正楷，1997。

欧洲部分的植被在冰期主要是少量草本植物，在间冰期出现了大面积阔叶林和针阔叶混交林，草本植物群向北收缩(表 4-2)。

③物种在新分布区的传播　植物到达一个新的有适宜生境的地区，如果缺少相应的限制因素，会发生广泛传播，并可能对当地物种的生存有极大影响，引起生态安全问题。在 1850 年以前，美国落基山脉与内华达/喀斯喀特山脉之间广阔区域内曾覆盖着以匍匐冰草(*Agropyron spicatum*)、羊毛草(*Festuca idahoensis*)和三齿蒿(*Artemisia tridentata*)等为优势种的自然植被。1880 年，旱雀(*Bromus tectorum*)被引进，生长在被开垦的土地和沙丘。1905—1914 年，旱雀麦的分布区扩大到华盛顿东部至犹他州的大盐湖地区；1915—1930 年间更蔓延至不列颠哥伦比亚到内华达州。由于没有任何竞争种、食草动物或寄生物的控制，到 20 世纪 80 年代，旱雀麦从欧亚大陆进入美洲并成为当地的优势种，现成为美国西部的主要杂草，原来的优势种匍匐冰草大部分消失(Forman，1986)。20 世纪 40 年代原产缅甸的菊科杂草紫茎泽兰(*Eupatorium coeletium*)传入我国，近十多年来，已从密集分布的云南南部沿横断山脉纵谷北上，向中亚热带地区迅速蔓延成为生态灾难(鲁萍等，2005)。

4.1.1.7　能量流

能量是生态系统的动力，是一切生命活动的基础。一切生命活动都伴随能量的变化，没有能量的转化，也就没有生命和生态系统。生态系统的重要功能之一就是能量流动。

(1)能量的垂直传输

①大气层对太阳辐射能的吸收、反射和散射　当太阳辐射自外层空间进入地球大气上界时，约 19%被大气吸收，几乎所有的最短波辐射、γ 射线和紫外线辐射被大气中和吸收，约 34%的太阳辐射被云层和其他大气成分反射和散射，其中一部分作为漫射辐射到达地面。因此，仅有约 47%的太阳辐射作为直接辐射到达地面(图 4-7)。下垫面地形对能量获取的影响很大，如北半球南坡(向阳坡)和北坡(背阴坡)的直接辐射几乎总是有很大的差异。

到达地面的总太阳辐射包括直接太阳辐射和散射太阳辐射，仅为大气上界太阳辐射的 45%；以波长小于 3 gm 的短波光(可见光和近红外光)为主，同时包括一部分低能量的长波红外光以及极少部分高能量的短波紫外光等。

②下垫面对太阳辐射能的反射　到达地面的短波辐射一部分被直接反射回大气和空中。同一个景观接收的总太阳辐射可近似为常数，但其中不同生态系统的能量流动过程不

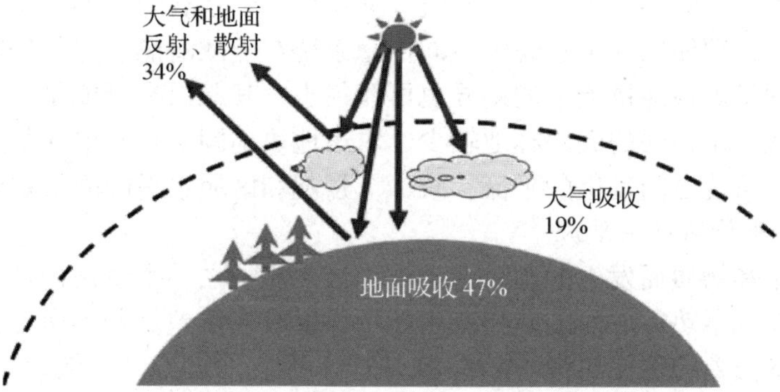

图 4-7　太阳辐射到达地球后经历反射、吸收

同。控制能量流的首要因子是反照度(或反射率)。不同下垫面的反照度会有很大差异，由此造成它们在能量吸收上的较大差异。一般地，平滑的浅色表面的反照度较高，而粗糙的暗色表面的反照度较低，如干燥的浅色砂质土的反照度为 25%~45%，而暗色泥炭土仅为 5%~15%。对于植物，完全成熟的作物和草地的反照度较高；而防风林、收割后的草地、发芽阶段的冬小麦的反照度较低，如大多数农作物的反照度为 20%~30%，落叶林为 15%~20%，针叶林为 10%~15%，雪可反射输入能量的 80%~95%，而仅吸收 5%~20%的能量；而湖泊的反照度通常最低。因此，以草地、作物和砂质土为主的景观可以反射大量的能量，而有许多防风林(特别是针叶林)和泥炭土的景观可以吸收大量的能量。

③下垫面对太阳辐射能的吸收和耗散　到达地面且未被反射的短波辐射和所有长波辐射可被土壤或植被吸收。吸收的能量主要用于蒸散潜热释放、空气增热和土壤增热，并进一步为生物的新陈代谢、生长、繁殖以及融雪等提供热量。其中，短波辐射大多被用于蒸散过程，这是一个降温过程。在沙漠中白天感觉很热，这并不是因为沙漠接收的太阳辐射更多，而是因为蒸散过程很弱。以潜热形式散失的能量因植被和土地利用方式而异。植被条件和土地利用方式不同，对降雨或降雪的截留作用及土壤湿度、根系长度和吸水能力、叶片气孔导度、冠层高度和粗糙度及其影响的湍流和局域风速也不同，这些都是造成蒸散作用差异的直接因素。

相比潜热，用于土壤增热的能量要少得多(仅约占总辐射的 5%)。地面白天吸收能量，地温升高，并高于气温，近地面热空气主要通过湍流交换，以感热的形式垂直传送至上层，地面也同时向外发射长波辐射，促使上层较冷的空气增热。不同类型土壤中植被的吸热能力不同，地温升高不同，粗糙度和湍流交换作用不同，感热通量不同，土壤和植被向外发射的长波辐射能不同，对空气的增热作用也不同。夜晚，地面因长波辐射而冷却，热量由空气传送给地面并使空气冷却。

地面发射的长波辐射无法很好地穿透大气层，大部分被大气中的水汽和二氧化碳吸收。吸收的结果是阻挡热量自地球向外逃逸，在地球与外层空间之间形成一个绝热层，使近地面热量得以保存，促使空气增热，这种现象被称为温室效应(greenhouse effect)。因此，温室气体(如水汽，CO_2、CH_4、N_2O 和 CFCs)的存在是全球变暖的主要原因。人类活动和土地利用格局的变化会影响温室气体的数量，从而影响空气的变暖过程和气候变化。

综上所述，为了比较不同景观的能量流，需获得每个景观中不同生态系统的面积比例或空间分布。然而，即使同一个景观中不同生态系统在蒸散潜热、空气增热和土壤增热方面差异巨大，不同景观在能量流上的差异也可能很小。其原因有可能是不同下垫面的反照度差异不大、蒸散作用很强的大块林地较少、农田地块周围防护林的比例很低等，也有可能是因为不同生态系统之间发生的平流，减少了景观和区域水平的能量差异。

(2)能量的水平传输——平流

空气驱动能量和物质而发生的水平运动被称为平流。在一个景观内部，相邻生态系统之间在反照度和空气增热等方面的差异产生能量梯度或能量差。若不考虑其他压力差，则由能量差所产生的温差将促使热量(感热)从热区水平流动至冷区。例如，在无风的夜晚，热量和空气会从较暖的林地水平流向较冷的附近采伐迹地。显然，这种平流通过空气混合消除了相邻系统之间的温差。然而，在一个景观内部，受相邻生态系统空间配置变化的影响，产生的能量梯度方向各异，气流方向也不定。

在更大尺度上，平流可使一个区域的不同景观之间以及不同区域之间发生联系。例如，海风可使夏日白天的滨海景观变得更为凉爽。获知跨景观或区域的主导风向可在很大程度上预测哪些源景观将影响哪些汇景观。热源景观是水平释放能量的系统。干燥而几近裸露的地表，尤其是吸热较多的暗色地表，倾向于是重要的热源，如停车场、种植农田、沙漠、城市、阳坡和新近燃烧的地面。热汇景观是水平接收能量的系统，如森林或潮湿的泥炭地。但热源和热汇可能发生季节或昼夜转换，如秋季的湿地和湖泊比周边生态系统的温度高，是热源，而在温暖的春季却是热汇；森林在白天是热汇，在夜晚则是热源。

与能量的垂直传输过程类似，传输热空气的平流也能增加土壤温度和气温，或增强蒸散作用，并进一步影响其他生态过程。土壤温度的增加有助于溶解永久冻土、促使种子发芽和根系生长等，尤其是在生长季的早期和末期；空气变暖有助于冰雪融解、刺激或限制动物运动、提高生产力、减少霜冻、延长生长季等。白天，来自绿洲周边的沙漠的干热风可加速绿洲植物的蒸散作用；类似地，来自灌丛区的平流也能使湿润林地的蒸散作用增强，由此造成的水分损失可增加5%。

对于气候变化，目前人们提及更多的是“全球气候变化”，但对其影响和对策的考虑必定更多地落实到景观和区域尺度上。人类通过改变景观和区域尺度上的土地利用类型和格局，改变下垫面对太阳辐射的反射量、蒸散过程的潜热耗散量、土壤和空气的增热过程、平流过程，从而使景观和区域的能量收支发生变化，并最终改变几年、几十年或几百年尺度上的气候。这种土地利用的变化可能包括农田退耕后变为林地景观，沙漠灌溉后变为农田景观，森林采伐和开垦后变为农田景观等。

4.1.2 景观中生态流的媒介和驱动力

景观中的能量、养分和多数物种，都可以从一种景观要素迁移到另一种景观要素，都是运动状态，其传播和迁移的主要媒介物或传输机制一般分为以下5种：风、水、飞行动物、地面动物和人。物质、能量、物种和信息等能够在景观组分之间进行流动，是驱动力作用和媒介物携带的结果。景观生态流的媒介物主要包括风、水、动物和人类(图4-10)。

4.1.2.1 风

地形条件是影响风力传播的重要因素，地面的粗糙度等因素对近地表风速影响也可能成为风媒生态流异质性形成的重要机制。景观中，风作为一种媒介物在区域或跨区域尺度上可输送空气、水分热量、尘埃、沙粒、气溶胶和污染物等；在景观尺度上可以促成花粉、孢子、种子和颗粒物等的传播和扩散，还可以促进昆虫及飞翔动物的运动。风促成了地球上陆地与海洋之间、陆地不同区域之间的能量传输和物质交换，尤其是促成了城市、森林、乡村等的局地碳氧平衡以及城市空气污染物和热量局地扩散。

4.1.2.2　水

水既是一种被传输的物质，也是一种传输其他物质(包括可溶性和非可溶性物质)能量和物种的媒介物。水流是景观格局、过程、功能和动态变化的最主要和最活跃的物质流。来自景观系统内部和外部的水流首先影响某个或多个景观要素(如气候、地质、地貌、岩石和土壤、水文、植被、动物、微生物)，进而通过这些要素的各自作用和综合作用影响景观格局及其稳定性。景观中，水的垂直运动主要变现为土壤中的水分被植物或农作物吸收，经过蒸腾作用发挥至大气中，又经过降水进入土壤，形成局部下水分小循环，一般养分利用该循环在景观中循环传播。由于不同的植被类型在水分吸收和蒸腾对养分的吸收、利用、挥发能力上差异较大，通过调节微景观结构改变水分养分的垂直运动。

4.1.2.3　动物

动物具有通过消耗自身能量而实现空间位移的能力(图 4-8)。飞行动物可以利用其翅膀羽毛、四肢喙和肠道等器官来传输植物及其繁殖体、其他动物、菌类和病毒等，以及它们所含的矿质养分和有机物质如蚊虫对疾病的传播。这种传播方式并不像风力和水力那样具有强烈的规律性和局部性，而是具有较大的随机性，在景观中的作用往往不可替代。例如，鸟类、蝙蝠、蜜蜂等飞行动物，它们在羽毛上和四肢可携带种子、孢子、昆虫，消化道也可以携带种子，并通过粪便传播。

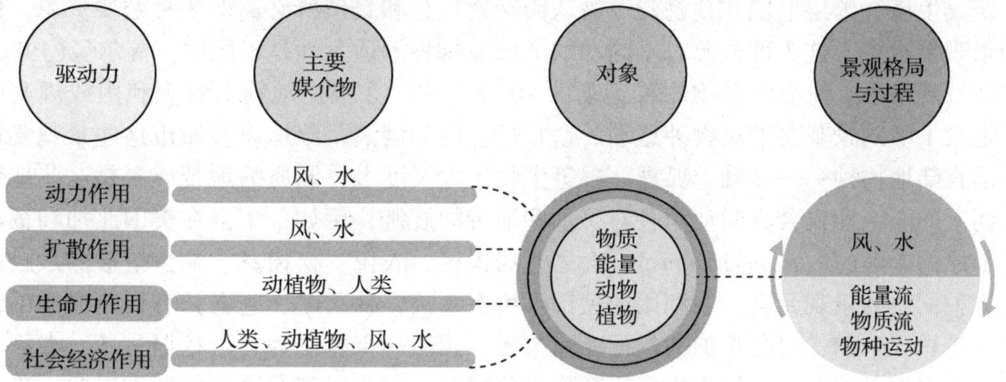

图 4-8　景观生态流的驱动力和主要媒介物

地面动物在采食、搬运、储藏植物果实和种子的过程中，也促成了植物生态流；同时，地面动物也可以利用其四肢皮毛和消化道帮助植物种子和孢子等的传播。

4.1.2.4　人

人类具有与动物类似的媒介作用。与动物相比，人类在景观中往往有很强的控制作用，人类活动可在多个方面延伸，这扩展了人类媒介作用的内容和强度。人类可通过制造和使用各种运载工具，使各种物质和物种发生大规模远距离的位移；并通过植物种植和动物饲养活动，使物种流得以在空间和时间上延续。其中，外来物种的有意或无意引进是其中最为典型的例子，造成的生态后果也最为严重。

上述 5 种能量、物质、物质流动的媒介物同时也是导致景观要素之间相互作用的机制。人则是景观中生态流主要媒介。其他一些机制还包括：果实破裂所引起的种子传播，土壤沿坡向下滑动，坡地冻土融化下移对局部地区的景观要素物质传输也可能是很重要的，但这类机制发生作用的范围较为狭小，在较大景观尺度上的作用也相当有限。

4.2 景观格局对生物的影响

运动是生物的本质，生物运动是一个基本的生态过程，它在生物趋利避害和领地定殖过程中起重要作用，生物运动的过程被称为生物流。即使是固着生物，如植物和珊瑚，也有一个活动的时间段或可以扩散的繁殖体，使它们能够在新的区域定居和探索新的资源。生物的可利用资源(如巢穴、食物和栖息地等)在镶嵌景观中非均匀分布。因此，这些可利用资源的景观格局特征能够影响景观中的生物运动或生物流。本节将重点介绍当前这一领域的 3 个热点话题，即景观格局对物种多样性、遗传多样性和外来物种入侵的影响。

4.2.1 景观格局对生物多样性的影响

景观格局对于生物多样性影响主要体现在景观组成的影响和景观配置的影响两个方面。

4.2.1.1 景观组成对生物多样性的影响

景观组成的不同意味着生境类型、数量和质量的不同。

筑巢生境、繁殖生境和食物资源被认为动物生存和繁殖所必需的 3 种重要资源，但不同的景观要素中，这 3 种资源对不同动物类群或物种的适宜性是不同的，福尔曼(1986)回顾了在景观水平上研究的动物物种运动的 10 种模式，并根据动物对景观利用或规避的情况，定义了不同景观要素对物种运动的适宜性。诸如湖泊、湿地以及城市这些景观要素通常不适宜陆地物种——臭鼬、狐狸、狼等生物。大尺度上，同质的地带或者是这些地带的在空间上的隔绝性也会驱使动物种对于这些地带的规避，例如，生活在美国北加利福尼亚沿海平原的黑熊(*Ursus americanus*)，会避开居民区、农田、松树林、缺少植被的沙丘以及湖泊五种同质的景观元素。它利用的关键生境有 3 种，秋季时，它在长有稀疏树木的山脊取食；冬季到来前，它会在加利福尼亚湾茂密且潮湿的森林中为自己挖洞过冬，春天苏醒后也可以在那里获取充足的食物；当有猎人狩猎时，它会躲到有潮水的地方以避开猎人及猎狗的追赶。一些小型的节肢动物也有其生境的偏好，如切叶蜂常在植物茎秆或木头中筑巢，而地下筑巢蜂需要裸露的地表作为其筑巢生境。结网型蜘蛛，如球蛛(Theridiidae)和园蛛(Araneidae)等，常在植被层活动；而游猎型蜘蛛则常在地表活动。

由于人类活动的干扰，景观中适宜生境通常以不同面积大小的斑块存在，单一斑块不能满足种群整个生活史中对各种资源的需求，促使其在景观不同斑块中间通过扩散获取足够的资源。因此，景观中不同景观要素的组成和空间配置共同影响动物在景观镶嵌体中的运动和分布格局。换言之，景观组成和景观配置共同影响动物在景观中的生物流和生物过程。

生境多样性是景观中生物多样性的基础。在农业景观中，景观中的自然、半自然生境维持的生物功能群可能显著不同于农田，农业景观中保持多种土地利用和生境类型，构建复杂的土地利用景观镶嵌体，有利于生物多样性的维持。例如，在北京、河北坝上的研究显示，不同的土地利用类型维持的物种组成和多样性不同，具有多样化生境类型的景观，维持的生物多样性更高(Liu et al.，2012；2015)。即使是农用地，也可以为生物提供重要的栖息地，由多种种植模式和土地利用构成的景观镶嵌体、有多年生植被覆盖的相对低集约化管理的果园均有利于促进农业景观生物多样性的维持(Liu et al.，2010；Wang et al.，2021)。

周围景观组成的复杂性(通常用周围景观中半自然生境/非农田生境的比例、农田生境比例或者景观多样性来衡量)对局部的生物多样性的影响在过去几十年间得到了研究者的关注(Gabriel et al.，2005；Concepción et al.，2008)。这是由于局部生态学过程会受到发生在更大尺度上的格局和现象的影响，一方面，一些物种在其生命周期中需要多种生境进行生存，当其中某种生境数量减少，或者景观的复杂性降低的时候，意味着生境的减少，从而导致生物多样性的降低，例如，吉布斯(Gibbs，1998)发现当周围景观的森林覆盖率降到50%以下时，一些森林缀块中的两栖类动物就会消失。另一方面，对于农田景观生物而言，半自然生境作为生物的源生境，可以保障物种从半自然生境溢出到作物生境，从而为农田生境的物种多样性提供了时空保险，使得具有高半自然生境的复杂景观中局部生境具有更高的生物多样性(Tscharntke et al.，2012)，例如，蝴蝶的多度与其生境周围 5 km^2 范围内景观异质性呈现正相关(Weibull et al.，2000)；取食杂草的步甲和食谷类的步甲的多样性与景观多样性以及取样的周围 1000 m 范围内临时草地的覆盖比例呈现正相关(Trichard et al.，2013)。在德国哥廷根附近的农业景观调查显示，野生独居蜂的物种数和多度均与周围 750 m 半径范围内半自然生境的比例呈现正相关(图 4-9)(Steffan-Dewenter et al.，2002)。

由此可见，局部生境多样性的保护，不仅要考虑局部生境的质量、面积，还需要同时考虑周围景观组成的多样性和复杂性，这也意味着在制定土地管理策略时，也应该考虑周围景观组成的影响，因为周围景观组成可能显著地影响局部的生物流和生物过程。

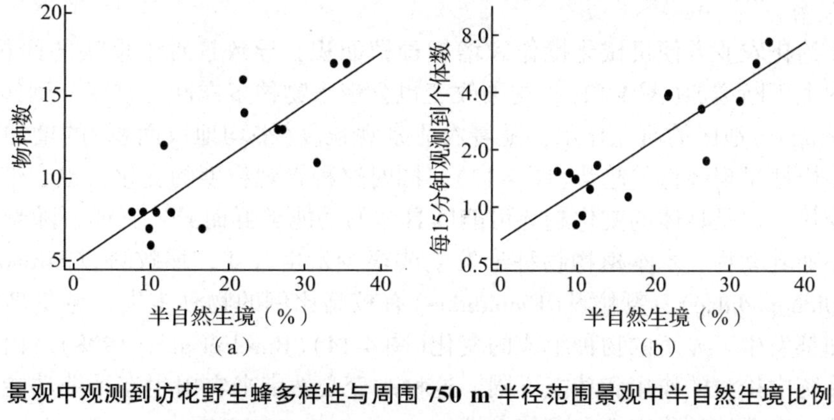

图 4-9　景观中观测到访花野生蜂多样性与周围 750 m 半径范围景观中半自然生境比例的关系

(引自 Steffan-Dewenter et al.，2002)

(a)物种数　(b)个体数

4.2.1.2 景观配置对物种多样性的影响

景观尺度上景观要素的空间配置，包括形状、破碎化程度、景观要素间的距离、连接度等情况也是影响景观生物多样性的重要因素。目前，关于景观配置对景观中生物多样性影响的研究，关注更多的是连接度和斑块间距离的影响。

对于同一物种而言，斑块间的距离决定了该物种是否能够跨越斑块扩散，景观连接度则决定该物种是否能在该景观中迁移以及局地生境斑块的个体数量。农业景观中农田与周围景观中自然/半自然生境的连接度对农田生境的生物多样性有重要的影响，较高的连接度，有利于生物在自然/半自然生境与农田之间的迁移运动。对具有与森林边界不同连接度的草带中陷阱捕获的黄蜂的物种数量分析显示，与森林边界连接的草带中捕获的黄蜂物种数显著高于轻度隔离和高度隔离的草带(图 4-10)。北京地区的研究也显示，随着距离山地自然林地距离的增加，苹果园中野生蜂的多样性呈现降低的趋势(图 4-11)。

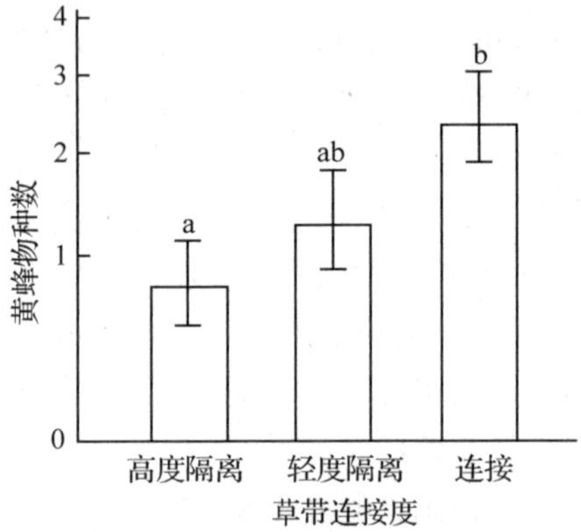

图 4-10 草带与森林边界的连接度对草带中黄蜂物种数的影响

(改自 Holzschuh et al., 2009)

注：距离森林边界>600 m，没有廊道；
轻度隔离，距离森林边界 200 m，没有廊道；
连接：200 m，通过草带廊道和森林边界连接

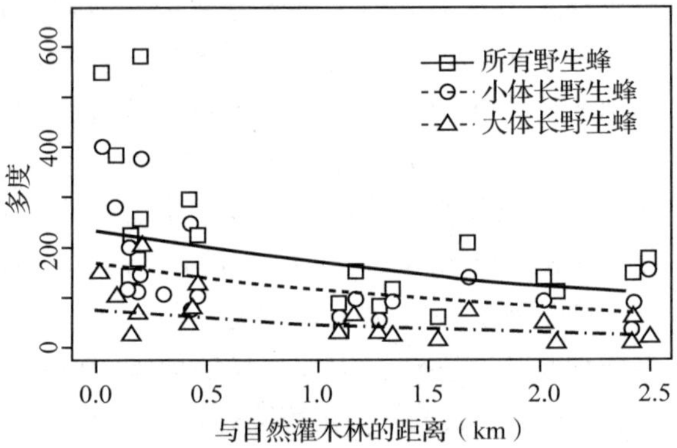

图 4-11 苹果园中不同类群野生蜂多度与距离自然灌木林的关系

(引自 Wu et al., 2019)

由于集约化农业方便机械化操作和增加种植面积，导致景观中地块的面积不断增加，景观的粒度也不断增加(图 4-12)，这种改变也会带来物种多样性的改变，例如，在法国布列坦尼(Bretagne)地区的研究显示，随着农业景观粒度(平均地块面积)的增加，景观中步甲和蜘蛛多样性呈现降低的趋势(图 4-13)。同时这种景观粒度的变化，也会带来景观中群落结构的变化，但是具体的变化趋势可能因具体的功能类群而异。例如，随着景观粒度的变化，小型哺乳动物、木本植物物种未发生或很少发生改变，摇蚊科(Chironomidae)、长足虻科(Dolichopodidae)、舞虻科(Empididae)有较高比例的物种丧失，越冬鸟类、步甲和草本植物却都发生了显著的物种组成的变化(图 4-14)(Burel et al., 1998)。由于不同的物种在生态系统中扮演的作用和功能不同，这种改变必然带来农田生态系统功能的变化，从而影响农业生态系统的稳定性和可持续性。

(a)　　　　　　(b)

图 4-12　集约化农业生产导致景观的粒度不断增大

(a)细粒景观　(b)粗粒景观

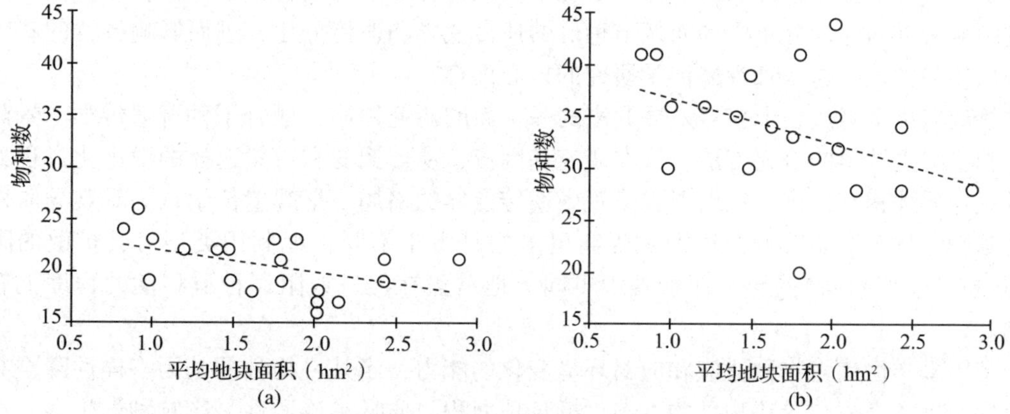

图 4-13　随景观粒度变化(平均地块大小)物种数的变化(引自 Bertrand et al.，2016)

(a)步甲群落　(b)蜘蛛群落

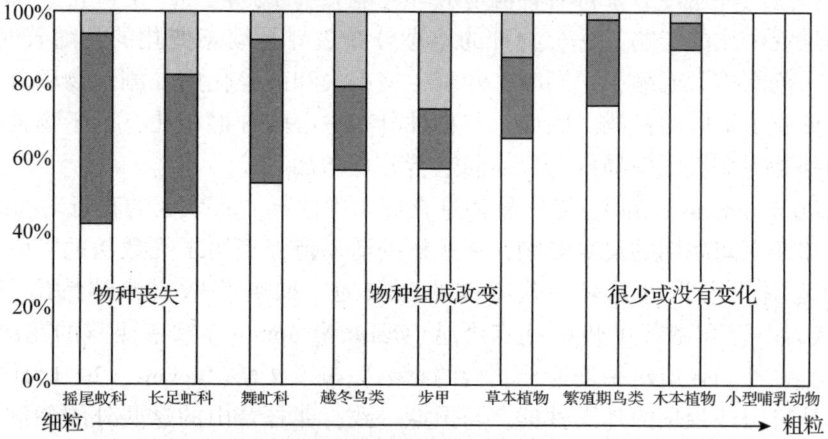

图 4-14　从细粒景观到粗粒景观不同生物群在群落中所占比例变化

(引自 Burel et al.，1998)

虽然扭转农业用地的栖息地丧失具有挑战性，但有学者提出增加农田配置异质性(如更高的农田边界密度)来抵消一些栖息地丧失带来的影响。农田边界与相邻农田相比，通常具有更复杂的植被组成、更少的人为干扰、更多样性的花粉和花蜜资源，因此，农田边界能为相邻农田中有益节肢动物(如传粉昆虫、害虫的天敌)提供栖息生境、食物资源和避难所，是农田中有益节肢动物扩散至农田中发挥传粉和害虫控制服务的源生境。相关研究通过在西欧4个主要农业区的229个景观中研究调查发现高密度的农田边界提高了农田边界在景观中的连通性，显著提高了野生蜂多样性及作物结籽率(Hass et al.，2018)。因此，未来农业管理政策应重视农业景观中非农生境景观组成与配置的重要性，应重视小规模农田种植对生物多样性保护和农业可持续发展的重要作用。

4.2.2 景观格局对遗传多样性的影响

4.2.2.1 景观遗传学

景观是多个生态系统的镶嵌体，景观不仅在物种水平影响物种多样性，还在基因水平通过影响种群的地理分布格局而调节种群的遗传变异和遗传分化，进而影响种群的基因流动和遗传多样性，这是景观遗传学研究的核心内容。

景观遗传学是过去十多年发展起来的一个新的研究领域，融合了种群遗传学、景观生态学和空间统计学的研究方法，旨在研究基因流、遗传漂变和自然选择的微进化过程如何与景观异质性相互作用，从而形成景观中遗传变异的格局。景观遗传学认为景观异质性对种群基因流具有重要影响，种群被隔离更多的是由于不同土地利用类型对其扩散的阻力(通过抗性隔离)存在差异，即景观中不同土地覆盖在促进或阻碍种群移动的程度上有所不同。

基因多样性代表物种适应和应对环境变化的能力，当某一物种的基因多样性降至某一阈值后，近亲交配会导致物种的灭绝。栖息地面积、质量和连通性是影响种群生存、迁移和扩散的重要因素，但目前陆地景观破碎化和生境丧失日益加剧，导致种群遗传结构①在个体数目小的种群中，遗传漂变加剧；②种群内近亲交配增加；③种群间隔离增大，种群间交流困难，这三种遗传后果将对种群适应环境能力和生存能力产生重要影响。

受周围景观变化的影响，一个物种的地理分布边界是动态变化的，随着时间的推移，物种地理分布范围扩大或缩小。同时，随着生境丧失和破碎化的加剧，物种分布地可能是斑块化的，形成了不同的种群。因此，与物种分布中心的种群相比，处于物种分布范围边缘的群体内部基因交流频率降低，群体间遗传分化增加。

环颈蜥(*Crotaphytus collaris*)是一种栖息在美国中西部岩石地区的爬行动物。在过去10万年中，受冰期—间冰期的反复影响，环颈蜥的活动范围经历了无数次的扩张和收缩。在它目前活动范围的东北边界有一些零散的分布地，如堪萨斯州弗林特山(Kansas Flint Hills)的石灰岩山脊和密苏里州奥扎克山脉(Ozark Mountains)林中裸露的花岗岩分布区。为了研究核心—外围效应对种群遗传结构的影响，布莱文斯(Blevins，2011)研究了堪萨斯州东北部弗林特山环颈蜥的外围种群。与预期一致，弗林特山的这些外围种群与物种范围的核心种群相比，基因变异水平降低了。尽管在弗林特山的种群间存在一定程度的遗传分化，但仍有证据表明最近在这些分散的种群间存在基因流动。尽管人们认为环颈蜥在7000

年前的最后一次冰川消退后，已经将活动范围扩大到这一地区，但种群分化并不像预期的那么严重，可能是因为弗林特山的开阔草原和石灰岩山脊促进了环颈蜥的分散。这与密苏里沼泽系统的外围种群形成了对比，后者的森林扩张和灭火有效地隔离了环颈蜥种群，导致种群间遗传多样性的丧失。因此，当评估导致种群遗传结构的基因流动的历史和当代模式时，景观历史和管理背景是重要的考虑因素。

4.2.2.2　景观遗传学的分子工具

分子遗传学的快速发展为研究景观遗传学提供了便捷的方法。景观遗传学现在使用的分子工具可以对遗传结构和当代基因流模式进行精细的分析，这不仅可以评估种群和景观的相关性，而且还可以确定种群传播和基因流的障碍，其中一些屏障可能是明显的(如山脉、主要河流或大坝)，而另一些则不那么明显的"隐蔽的屏障"(如气候或盐度梯度)。景观遗传学方法可以帮助识别有助于或阻碍传播和基因流的走廊或其他景观要素，能够评估景观连接度措施的效果，如廊道、鱼梯或天桥，还可以评估疾病或转基因生物在某一个地区的传播风险，进而作出相应的景观规划以趋利避害。

在量化种群的遗传结构前，首先需要从研究对象的个体或种群获得遗传信息。许多不同类型的遗传(分子)标记已被用于景观遗传学。这些分子标记均可以用于评估遗传变异，目前单核苷酸多态性最为常用。无论我们使用哪种类型的遗传标记，我们的数据集都将包含了所有取样个体中已被基因分型或测序的基因位点，通过比较等位基因序列评估种群内或种群间的基因变异和遗传分化。

4.2.2.3　景观遗传学主要研究内容

目前景观遗传学领域的研究问题主要集中在以下五个方面：

(1)揭示种群遗传结构的景观相关性

探索景观格局和遗传过程之间潜在关系的方法是检验特定景观特征指标与种群遗传结构之间的相关性程度。景观结构的不同要素，如海拔、坡度、地形起伏度、栖息地隔离程度或某些土地利用类型的百分比，可能与位点之间的遗传距离存在正相关或负相关关系。例如，林赛(Lindsay，2008)使用曼特尔测试单独评估了各种景观指标和采样点金颊莺(*Dendroica chrysoparia*)遗传距离之间的相关性。结果显示遗传距离与农用地的百分比相关性最大，说明金颊莺可能不愿意分散到开阔的栖息地去寻找繁殖生境，大片农田分隔会导致种群遗传差异。

(2)功能景观连接度评价

功能连接度包含了生物或生态过程与景观结构之间的相互作用。因此，我们可以通过将基因流模式与景观结构联系起来，利用遗传数据评估功能景观连接度，以确定景观促进生物运动的程度。景观遗传学对功能连接度的研究是一个很好的方法，特别是对那些运动或传播很少被观察到的物种，因为对这些物种的个体标记和跟踪实际上是困难的(如昆虫、植物花粉或种子传播)。因此，空间遗传结构数据通常被用作功能连接度的度量。

对移动具有高阻力的土地覆盖类型可能会阻碍物种的扩散和基因流动(低连通性)，而低阻力的土地覆盖类型可以促进扩散和基因流动(高连通性)。我们可以用基因数据间接推断景观阻力。阻力面建模的最大挑战是为不同的景观特征分配阻力值，阻力面视为景观结构与运动或基因流动之间的"假设关系"。在如何将遗传过程与景观格局联系起来并评估景观的功能连接度方面，已经应用于阻力面建模问题的各种方法提供了很好的例子，包括因果建模(causal model)、图论(gragh theory)、电路理论(circuit theory)和重力模型(gravity models)。

(3)基因流动通道和障碍的识别

景观对遗传结构影响的研究，特别是在评估种群间遗传连接度方面，需进行景观特征的识别，这些景观特征是基因流动的通道或障碍，是景观遗传学的一个研究重点。某些自然和人为障碍可能明显地破坏了种群之间的交流，尤其是人类交通和水管理基础设施的建设(如道路、水坝、运河)为种群扩散和基因流动设置了许多障碍。例如，道路通过对个体移动和扩散制造障碍而分裂种群，导致基因交流减少、遗传多样性下降；水坝阻挡和扰乱河网中鱼类种群的基因流动。其他类似的自然障碍包括河流、山峰或山脊线。基因流动的障碍可以通过多种方式检测或推断，如基于遗传距离测量、贝叶斯遗传聚类和分配测试，以及亲子关系分析等。

(4)源汇种群动态表征

鉴于基因流动的模式提供了种群扩散和繁殖的证据，越来越多的研究使用遗传技术来确定种群源汇动态，以制订科学的生物多样性保护计划。可用于分析种群源汇动态的模型包括重力模型(gravity models)、贝叶斯聚类(bayesian clustering)和分配检验(assignment tests)等。

(5)确定当前与过去景观结构对种群遗传结构的相对影响

遗传结构的空间变异是历史和当代进化过程的共同结果，种群遗传结构可能更多地与历史而不是当前的景观配置相关，但我们通常可以得到的景观数据通常比我们试图解释的基因模式要晚得多。目前的种群遗传结构可能兼有历史的和当代的景观特征，解开历史与当代景观对种群遗传结构的相对影响的一种方法是分析遗传距离与在不同时间点测定的景观结构的相关性。例如，在扩散能力较弱的物种中，当前栖息地丧失、破碎化或其他景观障碍对遗传结构的影响可能在许多代(>100)中并不明显，历史景观因素可能在决定这些物种的遗传变异模式方面发挥更大的作用。确定历史和当代景观效应对微进化过程(如基因流和遗传漂变)的相对影响是景观遗传学的一个主要挑战，研究者需要找出景观与遗传数据匹配的有效方法，辨别历史和现在景观所起的作用。

4.2.3 景观结构对外来物种入侵的影响

4.2.3.1 外来物种入侵

随着全球经济一体化和国际往来日益频繁，外来物种入侵已经成为当前全球生物多样性丧失的主要原因之一，对各国生态环境和农林牧渔业造成了严重的威胁，被认为21世纪世界五大全球性环境问题之一，引起了广泛关注。据估计，全球外来入侵物种造成的损失每年高达1.4万亿美元，接近全球国民生产总值的5%。

我国是全球遭受生物入侵威胁与损失最严重的国家之一，截至2018年，我国外来入侵物种约800种，已入侵农林生态系统的外来物种有638种，全国31个省(自治区、直辖市)、半数以上县域均被入侵并造成不同程度的危害，全国外来入侵物种发生面积超过 2500×10^4 hm^2，其中80%以上的入侵种出现在农田等人为干扰频繁的生境中(陈宝雄等，

2020)。例如，刺苍耳(*Xanthium spinosum*)、刺萼龙葵(*Solanum rostratum*)、少花蒺藜草(*Cenchrus pauciflorus*)、水花生(*Alternanthera philoxeroides*)、水葫芦(*Eichhornia crassipes*)、稻水象甲(*Echinocnemus squameus*)、香蕉穿孔线虫(*Radopholus similis*)、美洲斑潜蝇(*Liriomyza sativae*)等外来杂草和病虫害，对我国经济社会和生态环境造成了严重的危害。生物入侵每年对我国造成的直接经济损失超过 2000 亿元，其中农业损失尤其严重(占比 61.5%，马玉忠，2009)。

外来物种入侵正改变世界。与许多其他全球变化现象一样，如土地开垦和气候变化，外来物种的引入和扩散同样是由人类推动的。人类土地利用的集约化可能会增强景观的可侵入性。因此，了解景观结构如何影响物种入侵过程的各个阶段，有助于识别入侵物种以及最有可能发生入侵扩散的景观情景，有助于优化土地管理策略，以控制当前和未来的外来物种入侵。

4.2.3.2　景观结构影响外来物种的入侵过程

外来物种入侵过程分为 6 个阶段，分别为引入、定殖、建立、扩散到新的地点、多点分布的种群、入侵扩散。景观结构可能会影响外来物种的入侵的所有过程。

阶段 1：引入

引入一个非本地物种可能是有意的，如当一个农业害虫的天敌寄生蜂被人工释放；也可能是无意的，如海洋无脊椎动物通过国际油轮的船体或压载水进行远距离迁移。经济全球化、全球旅行和运输，促进了入境口岸引进非本地物种的速度。虽然我们的全球旅行方式促进了非本地物种的扩散，从而使这些物种克服了以前限制其分布的地理障碍和扩散限制，但景观结构仍然有可能影响远距离引种。

地理和地形在塑造人类土地利用格局方面发挥了重要作用，从而影响外来物种可能出现的区域。土地利用通常对非本地物种的分布有重要影响。然而，土地利用强度通常会随海拔的增加而降低，因为人类活动通常在低海拔地区更频繁。与高海拔地区相比，海拔较低的地区经常受到更严重的外来物种入侵。例如，国际航运港口往往发生在自然海湾或深河，这里通常具有频繁的国际邮轮和发达的通向内地的内陆运输，从而促进了外来物种向内陆的扩散。人类居民点也是外来物种入侵的热点地区，如人工种植的园林植物和观赏植物，人们豢养的牲畜、宠物。因此，大量有关入侵生物的研究证明外来物种(尤其是植物)的数量与人类开发、农业土地利用或交通运输等密切相关。

阶段 2 和 3：定殖和建立种群

外来物种被引入后，这里是否适宜外来物种定殖可能取决于引入地点的可利用性、适宜性、分布、干扰、栖息地或其他资源。入侵生态学的许多研究已经验证了资源和环境异质性对非本地植物物种定殖的影响。人类主导的景观可能会造成干扰生境，本土物种可能无法适应生境改变造成的更高的光照水平、更干燥或更暴露的生境条件，但这可能为外来物种提供了适宜的生存空间和条件。因此，栖息地碎片化及与此相关的边缘效应可能会通过提供适宜的栖息地和有利于非本土物种定居的环境条件而增强景观的入侵风险。

若引种地点适合定殖，通常需要重复引种才能成功定殖，这被称为引入力度，它与一定时间内释放的个体数量以及进入该地点的总数量有关。引入力度通常是一些引入物种能够在新地点能否立足的原因。大量且频繁地释放外来物种比一次性释放单一个体的物种更有可能建立新种群。例如，在北美西海岸旧金山湾的各个港口，由于国际邮轮的长途运输和携带，数百种非本土物种在这里存活下来，使其成为全球生物入侵最严重的港口之一。尽管航运口岸是许多外来物种的入境口岸，引入力度也可能受到周围景观组成和配置的影响。农业集约化和城市化通常具有较弱的抵抗外来物种的能力，外来物种在这些景观中不断繁殖，这些土地利用类型为入侵生物提供了持续的个体输入。

然而，定殖成功并不能保证外来物种种群的持续。新定殖的种群通常很小，很容易受到自身繁殖和周围环境因素的影响，进而威胁外来物种种群的持续性。即使外来物种种群已建立起来，入侵扩散仍不是必然的。例如，1870 年，在美国中部密苏里州的圣路易斯，二十几只欧亚树麻雀(*Passer montanus*)被释放，这导致其一小部分的种群的建立，但大部分仍然局限在这一地区。与此相反，欧洲家雀(*Passer domesticus*)于 1852 年在美国东部纽约的布鲁克林被放生，其后扩散到整个美洲。这两个物种都与人类有关，都属于同一属的类群，但二者出现了显著不同的定殖和种群建立现象。绝大多数已建立起来的非本土物种不具有侵入性，不会扩散到其他区域。但为什么某些外来物种能够迅速大范围扩散，这是入侵物种研究中最迫切的问题之一。

阶段 4 和 5：扩散到新地区和形成空间结构种群

外来物种定殖和建立种群后，就可能扩散到其他地点进行再定殖。在这个阶段，非本土物种已经扩散，但是否具有侵入性传播，取决于实际或带来的入侵物种取代本土物种或破坏生态系统功能的能力、社会影响、传播的速度、控制或根除的难度或成本。如果能在早期发现，控制侵入性传播就更容易，成本也更低。因此，可以进行成本效益分析，以评估入侵物种可能造成的风险，并评估潜在的监测、预防或控制措施的成本效益。

外来物种的扩散受景观结构的直接和间接影响。一方面，外来物种自身的扩散能力和生境需求影响其对周围景观的响应。扩散能力强的物种往往具有较高的传播速度，但其受周围景观格局的影响。如果周围景观属性(如适宜生境间的距离和连通性)有利于外来物种的扩散，会加剧外来物种的传播；反之，则具有限制传播的作用。如果适宜的栖息地零星地分布在景观中，且外来物种的扩散能力小于生境斑块间的距离，在这种情景下外来物种的传播扩散能力较小；反之，如果资源生境是聚集的或大范围分布的，这会促进外来物种的增殖和传播。另一方面，外来物种还可以通过寄生或附着于其他生物物种身体上进行传播，影响携带者的景观结构也同时调节外来物种的传播，如花粉通过传粉昆虫传播，寄生虫依靠寄主扩散等。

外来物种在引入点形成种群并扩散传播，在新的地点会继续形成新种群，定殖—灭绝过程持续动态进行，形成了外来物种的空间结构种群。此外，一些外来物种能通过建立卫星种群来传播，这解释了为什么一些入侵的特殊物种能够如此迅速地传播。随着这些卫星种群增长，面积不断扩大，最终聚集在一起。互花米草(*Spartina alterniflora*)最初以填海为目的被引入旧金山湾的盐沼，后来呈现出这种传播模式。

阶段 6：入侵的传播

如果一个非本土物种成功地克服了前面每个阶段的各种障碍，最终结果很可能造成侵入性传播。虽然并不是所有的入侵物种都能侵入性传播，但很难确定哪些物种可能会表现出入侵扩散，因为从外来物种被引入或发现至开始蔓延，通常有一个潜伏期。因此，即使外来物种具有指数式增长的潜力，但在指数增长前，外来物种个体数量将在相当长的一段时间内保持低水平。例如，引入新西兰的非本地植物的平均滞后期为 20~30 年，一些木本植物的滞后期近 100 年。然而，对于侵入性热带木本植物的平均滞后期为 14 年，草本植物只有 5 年。因此，检测外来物种的种群数量尤为重要，进而在其指数式增长之前控制甚至清除。

4.2.3.3　景观连接度影响物种入侵扩散的潜力

生境的丧失和破碎化增加了生物入侵的可能性，了解什么样的景观干扰可能会促进入侵的传播是重要的。然而，许多物种缺乏关于种群密度和扩散的信息，这使预测生物入侵种群空间扩散变得困难。

景观连接度可用于评估景观的入侵传播潜力，网络分析可以评估景观连接度。例如，迈纳(Minor，2009)使用网络分析评估美国东部破碎化森林景观中约 200 种植物的连接度，其中近三分之一是非本土物种。网络距离是斑块连接度的一个指标，用以评估采样点间是否可能通过种子传播(假设这些森林植物的种子传播距离为 50 m)相互连接，如果是，是否在同一或不同的森林斑块内。网络距离超越了取样点之间的直线距离，通过森林生境的空间配置信息，评估景观连接度和外来物种的扩散能力。这项网络分析表明，许多非本地植物物种可能面临着与本地植物相同的景观扩散限制。事实上，对于入侵植物的传播而言，栖息地连接度的重要性不如非入侵植物。许多入侵植物并不局限于森林，而且经常在农田等开放生境中被发现。因此，森林破碎化可能通过创建一个更异质性的景观，包括开放的栖息地和森林边缘，促进入侵植物扩散。相似的现象也在我国三峡库区消落带被发现，剧烈的水位变化引发周期性的水路交替，原生植物及其群落大幅退化和消失，生境开放，为外来植物提供了入侵机会(黄金夏等，2021)。

中性景观模型已被用于深入了解可能导致入侵物种在景观中扩散的干扰程度(即入侵阈值)。给定入侵物种(或其载体)的扩散能力，我们可以快速评估其在某一景观中的入侵传播潜力。具有高扩散能力的物种比扩散能力弱的物种对景观连接度的响应空间尺度更大。然而，扩散只是入侵过程的一部分，入侵物种还必须在其定殖区实现种群增长。因此，景观格局对入侵扩散和种群分布的影响不同，导致入侵扩散的影响差异较大。对于管理物种的入侵传播，并没有一致的最佳解决方案，而需根据当地实际情况采取不同的外来物种管控策略。

4.3　景观格局对水、土、养分的影响

景观格局对生态流的影响中，最容易观察到的是对水、土流的影响。正如前文所述，土流的空间运动与水流密切相关。因此，我们常常将两者一起讨论，如水土流失，而非水流失或土流失。生物需要的大部分养分都存在于水、土之中，养分循环的过程受到土壤特性、降雨径流、地形、植被、土地利用等多种因素的影响，这也意味着养分以水、土为载体，随着水土流的时空变化而不断地变化。相对地，养分的输入、输出情况反过来也会影响水、土壤生态系统的质量和发展。例如，径流中养分浓度高低直接影响河流的水生态系统，径流也是流域养分输出的重要形式和主要驱动力。多数的流域中都有大约 1/5 的总氮

来源于径流迁移，径流产生的过程和路径对于养分迁移有着至关重要的影响(Davidson et al.，2013)。从景观生态的角度来看，影响水、土、养分变化影响因素有景观组成、景观配置两类。

4.3.1 景观组成的影响

景观由不同类型的斑块镶嵌组成。具有不同植被或土壤类型的斑块，其截留降水、吸收水分、蒸散耗水、水分入渗、水分拦截和地表径流的过程不尽相同(图 4-15)，这些势必会最终影响整个景观的水流、土流及其携带的养分流的运动。景观组成对水、土、养分流的影响是体现在多方面的。不同的斑块下土壤质地、植被覆盖、土壤养分含量等方面均存在较大的差异，这些差异进而影响蒸发、降雨、地表径流、土壤养分淋出等一系列水文过程和养分输出机制。王欢欢(2011)等的研究发现，耕地对流域水体养分的贡献率占主导地位，其次为城镇用地，随后是未利用地、林地和草地。已经有很多研究证实，不合理的土地利用是造成河流水质污染、土壤退化的重要因素。景观的组成中如果存在大量的农业用地和建设用地，则会引起景观内及景观周围水、土条件快速恶化。农业用地由于翻耕和大量化肥施用等原因，土壤中未被作物吸收的养分随着农田灌溉、降雨径流等过程汇入河道，造成河流水体中富营养化。建设用地的增加为污染物提供了额外汇入途径，不透水路面、屋顶等加快了污染物汇流速度。而其他的土地利用类型如林地、草地、湿地等对水质、土壤有明显正效应，林草地可以有效地提高土壤养分涵养，也对河流水质净化具有重要作用(徐明珠，2021)。

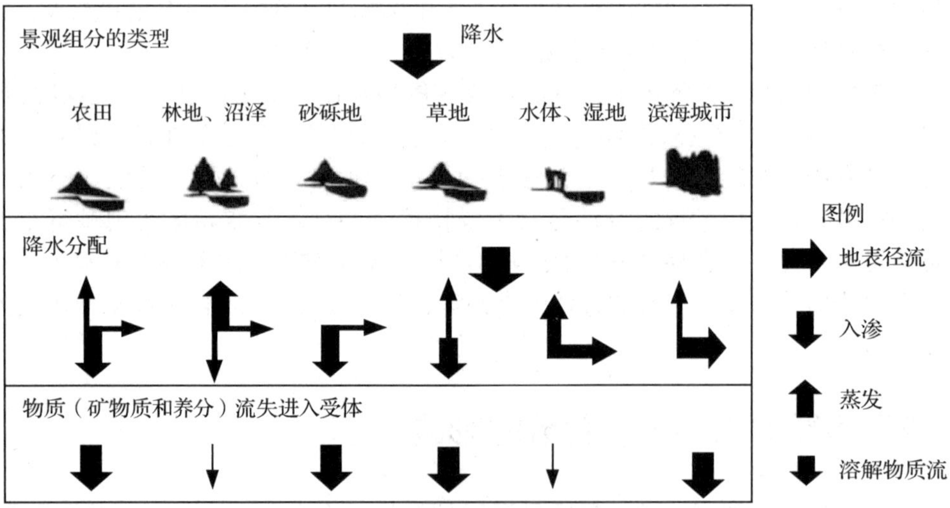

图 4-15 不同景观组分对降水和物质流的影响(引自 Ripl，1995)

注：箭头粗细表示相对影响程度

景观组成对水、土、养分循环在不同的尺度上均有影响，景观组成的变化可作用于较大尺度上，从而对较大范围、较长时间的径流、侵蚀和污染物的运移产生影响。例如，黄土丘陵地区退耕还林草措施的普遍实施使得整个地区的水土流失得到了有效的控制；城市中心和郊区绿地面积的增加，绿地斑块聚集度和连接度的整体提高，可降低整个区域的洪峰流量和面源污染程度。也可作用于较小的空间尺度，例如，乔木林的生物量大于灌木林，但灌木林下土壤养分贮量和生物循环量都要高于乔木林地，因此乔木林土壤养分年亏损率较大，周转期短，养分消耗快，较容易发生土壤性质的负向极化(陈凯，2011)。这种影响即使来源于小尺度，但最终也可能会扩散到更大范围，延续至更长时间。

景观组成与水、土、养分流的变化响应关系也同样存在尺度效应，尽管我们已经知道通过改变景观组成可以改变水流和土流，进而防止水土流失，但不同的防治措施发生在不同的尺度上，其调控功能和效果可能有很大差异。一些工程措施可以在较大尺度上起到调控水流和土流的作用，如坡面治理工程(梯田、坡面蓄水工程和截流防冲工程等)、沟道治理工程(沟头防护工程、谷坊、沟道蓄水工程和淤地坝等)、小型水利工程(蓄水池、转山渠、引洪漫地等)。在一个景观中，在不同组分的边界栽植的防护林可在中等尺度上起到调控水流和土流的作用。例如，不同地貌单元(如塬地与坡地)边界的护田林，农田坡地与沟谷之间的护坡林和沟谷防冲林，农田地块边缘的护田林，坡度转换地带的防护林，坡度较大处的防护林等。不同斑块类型之间的中等尺度上的结构，可以对地表水和浅层地下水的形成制造屏障，从而增加水力糙率、减缓水流速度，进而控制中等尺度上的地表径流，截留径流中的各种物质并可进一步改善大尺度上的河流水文(如减缓沉积作用、降低洪峰流量)和水质状况。在小尺度上，可通过改变土地利用方式来实现较小尺度上水流和土流的调控。土地利用方式的不同导致微地形、地表覆被和土壤性质等的差异，从而影响水流、土流和养分流。具体包括：

①以改变地表微地形、增加地面粗糙度为主的土地利用方式，如横坡耕作、沟垄、种植、水平犁沟、筑埂作垄、栽植植物篱笆等措施，其作用是拦截地表水，减少土壤冲刷。

②以增加地表覆被为主的土地利用方式，如草田轮作、草田带状间作、林粮间作、宽行密植、秸秆覆盖、免耕或少耕等措施，其作用是减少对地表的冲击，减缓径流，增强土壤抗蚀能力。

③以增加土壤入渗为主的土地利用方式，如增施有机肥、深耕改土、纳雨蓄墒、浅耕等，其作用是疏松土壤，改善土壤的理化性状，增强土壤抗蚀、渗透和蓄水能力。

4.3.2　景观配置的影响

相比于景观组成，景观配置对水、土、养分流的影响常常被忽略，直到 20 世纪末期，得益于景观生态学的快速的发展，人们才逐渐意识到其重要性。景观配置通常包括景观斑块的大小、形状、类型、数量和空间组合等，这些变化都会影响景观多样性的形成和分布，与土壤侵蚀关系密切，对水土流失有重要影响，合理的景观配置有利于水土和养分的循环(图 4-16)。我们可以通过如 ArcGIS、Fragstats 等软件来对景观配置信息进行量化。量化通常是基于土地利用数据计算景观指数。不同水平下的面积加权平均形状指数、最大斑块指数、景观形状指数、边界密度、多样性指数、丰富度指数、蔓延度指数等常被用来综合反映景观格局特征，这些指数通常也包含了景观配置的信息，从密度、形状、优势和分散性等方面量化了景观空间格局。

景观配置与生态过程耦合研究方法可分为两种：一种是基于直接观测数据与生态过程进行耦合；另一种是基于系统分析与模拟，继而与生态过程进行耦合。基于直接观测数据的耦合通常尺度较小，如小区尺度景观格局的径流输沙影响。基于观测数据的耦合结果无法作为大尺度耦合研究的结论，因此，需要利用模型模拟来分析景观格局与生态过程之间的相关关系(傅伯杰，2010)。

景观配置对生态过程的影响还可以分为单个景观组分的构型的影响(斑块的空间位置，河流的弯曲度，植被斑块的大小，廊道的宽度、连接度等)，以及多种景观组分的空间配置的影响。下面通过一些案例来具体说明其产生的影响。

(1)单个景观组分

某些斑块，特别是面积较大的斑块在空间的位置可以影响生态过程。例如，在湖泊、湿地和森林下风向的近处会有一股湿气流，其中富含水汽或水滴，甚至形成云雾。因此，位于上风向的某个斑块的水循环过程会影响位于下风向的另一个斑块水循环过程。在一片绿洲及周边的灌溉农田中，上风向植被的蒸散作用给下风向土地带来湿润的空气，这使下风向土地的蒸散耗水量降低。对于一个干旱区域来说，如果植被斑块位于下风向，这种空气温度、湿度的差异是十分显著的。

景观组成不变，仅仅是形状或连接度的改变就可以在很大程度上影响水文过程和养分过程。例如，河流上游以及河流两侧的斑块形状和密度可以影响水质，地表径流经过这些斑块时，其形状和连接方式可以影响径流的速度和分散程度，进而影响最终汇入水体时水的质量。一项研究发现，其研究区域内的流域，大约85%水质变化可由斑块形状和斑块密度指数解释(Resh，2005)。在我国青弋江流域的一项研究也表明，在景观范围内，斑块个数、平均最近邻体距离、聚集度指数对水质有显著的影响。

(2)多个景观组分

以黄土丘陵区为例，在我国大力实行生态保护和修复的措施下，乔灌林地和草地构成

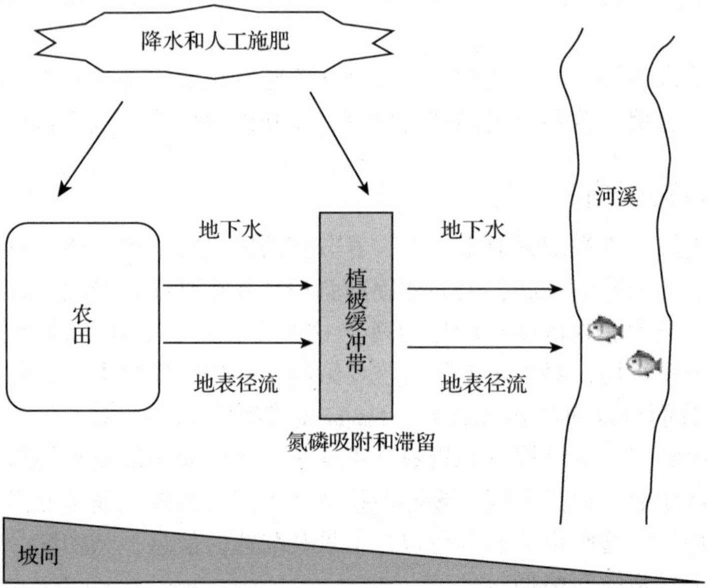

图 4-16　景观空间格局对生态系统养分循环以及河流水质的影响

(改自 Peterjohn and Correll，1984)

了流域内的生态防护网络，在流域水土流失治理中发挥着重要的作用。但不同的林草种类对不同立地条件的适应性并不相同，乔木树种往往由于较大的蒸腾和耗散量，干旱条件可能导致乔木林地生长状态不佳而形成低效林地甚至死亡，也会引起土壤水分亏缺。草地在流域治理中适应性最强，适合生长在不同坡向、坡度和立地条件下，但是草地生态恢复效益往往低于乔灌林地。在实际流域生态治理过程中，由于缺乏科学合理的规划，形成的林草分布格局具有一定的随意性。部分流域草地比例过大，或者乔木林地位于阳坡干旱的坡地，水分条件较差，林地生长状态不好。这时，我们可以通过景观配置模式优化，对系统内林草布局进行调整。调整过后的景观配置，促进微小型斑块向中、大型斑块转化，减少斑块数量，增加景观的整体连接度，进而有效地减少水土流失、保持土壤养分。

在城镇土地开发过程中，人工建筑和硬化地表等非渗透斑块面积增加，而绿地和湿地可渗透地面积减少，这种土地利用的变化减弱了水分的下渗能力，大大提高了地表径流系数，使洪峰量增大，汇流速度加快，峰现时间提前。土地利用方式也对可溶性氮和磷的产生及其地表、土壤、植被和水体之间的迁移、转换和传输产生极大影响。因此，可以通过渗透地表和非渗透地表的空间组合，有效阻止污染物的扩散，控制城市的面源污染。

4.4 景观格局对气流和能量流的影响

4.4.1 景观格局对气流的影响

景观中的气流除受到气象条件的影响之外，还会受到地形、地貌以及下垫面类型与布局等的可能影响。地形可造成局部空气环流，从而影响风速和风向。例如，以层流方式运动的大气，遇到地面障碍物时，会改变风速，甚至形成湍流。下垫面具有粗糙度，可对气流产生一定的摩擦作用，从而引起大气边界层内的湍流。在森林、灌丛、草地、荒漠等不同地表覆被类型中，森林对气流的摩擦作用最强，影响也最明显。建筑群作为一种地表覆盖物，除了可通过摩擦作用影响气流外，还可以通过产生热岛效应改变局地空气环流。城市风道建设和城市规划设计可以改变扩散条件，对减轻汽车尾气、道路交通扬尘和建筑工地扬尘等造成的城市内部地区的污染有很大作用。

气流的搬运、沉积、携带和扩散作用在改变景观、导致雾霾扩散和外来种入侵、引起景观变化的同时，也可能会对景观产生巨大的破坏作用，危及人类的生活生产，甚至出现灾害。具体表现在 4 个方面：① 强气流(如台风和龙卷风)对地面物体的巨大摧毁和搬运作用；② 气流搬运物质沉降后的填埋作用，如风沙填埋公路和铁路；③ 气流搬运或携带物质沉降后的次生灾害作用，如酸雨沉降污染水体，腐蚀植物和建筑物；④ 气流携带外来风媒植物，排挤本地物种，降低生物多样性和景观稳定性。因此，防控景观气流灾害十分必要和重要。

鉴于景观格局对气流的影响，通过景观规划或设计，优化景观组分的类型和布局，可望有效防控景观气流灾害。例如，中国北方平原区、沿海区广泛建造农田防护林带。防护林带的风场结构与其形态结构密切相关。不同剖面形状、走向、间距、高度、结构(紧密型、疏透型和通风型)、网格形状和网眼大小的防护林带对风速下降幅度和有效防风距离的影响不同。在重风沙区，为了达到最佳防风效果，主林带走向应尽量与主风向垂直(最大偏角不超过 30°)，而副林带尽量垂直于主林带。多采用较为规整的矩形和正方形网格，且以小网眼为主，结合中网眼。主副林带均应以乔木和灌木混交的疏透型为宜，既可大幅降低风速，又不会因过分紧密而形成较大的湍流，且防风距离较大，可达树高的 30 倍。

防护林的剖面形状有 3 种：①半圆面，即最高树木位于林带中央，两边的树木逐渐变矮，形如缓坡山丘；②缓面，即最矮树木在迎风面，最高树木在背风面；③陡面，即最高树木在迎风面，最矮树木在背风面。当层流流经半圆面防护林带后，风速下降的幅度比较小，但其保持层流的效果好，湍流最小，防风距离也比其他两种大，因此防风效果最佳(图 4-17)。

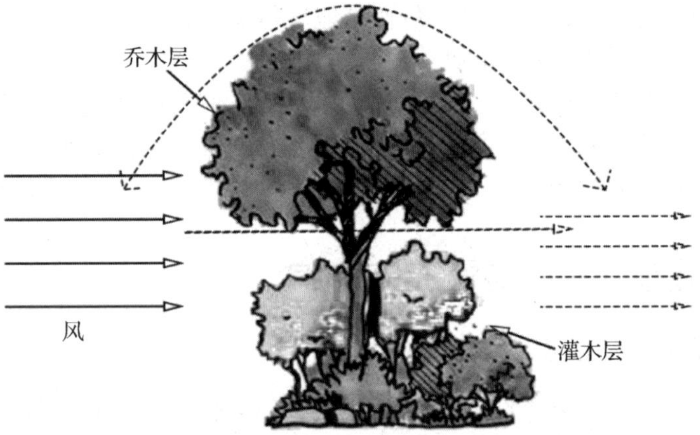

图 4-17　防风效果最佳的半圆面防护林带

又如，沙尘暴是近地面气流携带沙尘作长距离移动的天气现象，具有巨大的破坏力。在当前的科学技术条件下，人类尚缺乏控制强风和不稳定空气的能力，但可以控制沙源。而控制沙源的主要途径就是采取生态工程措施改变景观结构，包括增加地表植被覆盖以及不同覆被类型的异质性配置。

再如，声波在树林中传播时，经树叶和树枝等的反射、折射和吸收。可消耗掉部分能量，因此，植物具有一定的降噪作用。一般地，乔—灌—草结合的绿化街道比非绿化街道的噪声低 8～10 dB，20～40 m 宽的林带可降噪 10～20 dB；绿化植物中，枝低、树冠低的乔木比分枝高、树冠高的乔木的降噪能力强，树冠密、叶面大的植物的吸音效能更强。

4.4.2　景观格局对能量流的影响

空气驱动能量和物质而发生的水平运动被称为平流。在一个景观内部，相邻生态系统之间在反照度和空气增热等方面的差异产生能量梯度或能量差。若不考虑其他压力差，则由能量差所产生的温差将促使热量(感热)从热区水平流动至冷区。例如，在无风的夜晚，热量和空气会从较暖的林地水平流向较冷的附近采伐迹地。显然，这种平流通过空气混合消除了相邻系统之间的温差。然而，在一个景观内部，受相邻生态系统空间配置变化的影响，产生的能量梯度方向各异，气流方向也不定。

景观格局可以在区域尺度上影响能量流的方向，通过风流、水流、土流等生态流将能量由源景观带入到汇景观中。但这种方向并非是单向的，且可能随着时间变化发生昼夜或季节转换。例如，城市和城市周边的乡村之间的热量交换，白天城市作为热源，向城郊乡村林地和农田扩散，夜晚这些林地和农田则可能成为热源使热量向城市流动。在春季时，山顶积雪消融，河流温度低于周边生态系统成为热汇；冬季时，流动的溪水温度高于周边生态系统成为热源。景观格局也可以影响能量流动的强度，例如，松散破碎的绿地在缓解城市热岛效果方面不如连续集中的绿地，高度聚集的建设用地则会加剧城市热岛效应。

与能量的垂直传输过程类似，传输热空气的平流也能增加土壤温度和气温，或增强蒸散作用，并进一步影响其他生态过程。土壤温度的增加有助于溶解永久冻土、促使种子发芽和根系生长等，尤其是在生长季的早期和末期；空气变暖有助于冰雪融解、刺激或限制动物运动、提高生产力、减少霜冻、延长生长季等。白天，来自绿洲周边的沙漠的干热风可加速绿洲植物的蒸散作用；类似地，来自灌丛区的平流也能使湿润林地的蒸散作用增强，由此造成的水分损失可增加 5%。

城市开发建设通过改变绿地、水体、居民区、工业区、商业区、道路等不同土地利用和覆被的类型、数量及格局，影响从小尺度到区域尺度的气象条件，如增加地表热量吸收、增强温室效应、减少蒸散潜热损失，特别是引起城市热岛效应。该效应指城市因大量的人工发热、建筑物和道路等高蓄热体的增加以及绿地的减少等因素，造成城区的气温和地温明显高于外围郊区的现象。

城市硬化地表可产生很强的热岛效应。相对于硬化地表，较大比例的绿地可显著地降低地温。除土地利用类型及其面积比例之外，景观空间构型(如斑块密度、大小、形状和边缘密度)也显著影响地温的变异程度。在绿地面积或覆盖率相当的情况下，增加建筑用地斑块的密度将产生更高的地温(Li et al.，2012)；大斑块绿地的降温效应明显高于小斑块绿地；居民区的形状越复杂，地温的变化也越大(Weng et al.，2008)。而且，对不同的土地利用区域，地温与空间构型的相关性大小不尽相同。Connors(2013)在美国凤凰城的研究表明，在湿润的居民区，对地表温度影响最大的是草地和不透水地面的面积比例；而在工业区或商业区，对地表温度影响最大的是草地和不透水地面的空间构型，尤其是边缘密度。

建筑群除本身产生强热岛效应之外，还可改变局地空气环流。城市建筑群中的各种设备会释放出大量热量，建筑物和硬化地表在太阳照射下迅速增温，这些均会导致气温升高。当市区气温比附近郊区高 2~3℃时，市区空气密度小，空气上升，而郊区较冷的空气则沿地面流入市中心；从市区上升的热空气随着高度增加而冷却扩散，最后在郊区上空下沉到地面，这种局地空气环流被称为城市热岛环流(图 4-18)。这种热岛流使污染物集中到市区，导致市区污染物浓度比郊区高出数倍，甚至数十倍。

景观空间构型(如斑块密度、大小、形状和边缘密度)也显著影响地温的变异程度。在绿地面积或覆盖率相当的情况下，增加建筑用地斑块的密度将产生更高的地温；大斑块绿地的降温效应明显高于小斑块绿地；居民区的形状越复杂，地温的变化也越大。而且，对不同的土地利用区域，地温与空间构型的相关性大小不尽相同。据研究表明，在湿润的居民区，对地表温度影响最大的是草地和不透水地面的面积比例；而在工业区/商业区，对地表温度影响最大的是草地和不透水地面的空间构型，尤其是边缘密度。

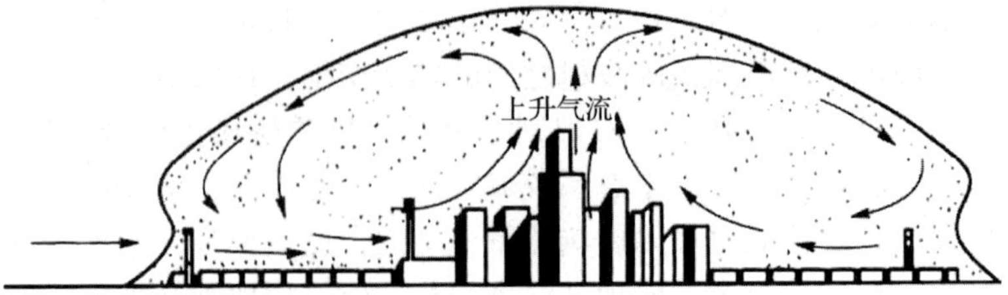

图 4-18　城市热岛环流模式

本章小结

景观的生态过程一般是指景观要素之间的相互作用，即能量流、养分流和物种流以一种景观要素迁移到另一种景观要素。物质流主要包括空气流、水流、土流、养分流。能量流主要包括：热能、生物能、风能、地热能和水能等。物种流一般分为动物流和植物流两大类。景观格局变化会导致景观中营养物质、能量、生物有机体的再分配，再分配也可以反过来影响景观格局。景观生态流的发生以及流的通量、时空特性，直接受景观结构的影响，景观生态流的流向和流速可能通过景观结构的调整加以改变。基于生态学、景观生态学的原理可以分析景观格局对各类生态流的调控作用，景观的组成和配置可以影响生物的筑巢生境、繁殖生境和食物资源，进而影响物种多样性；同样的，景观结构会在引入、定殖、扩散、入侵等多个阶段影响物种基因的流动。除此之外，我们可以通过改变景观格局(进行合理的规划)，来改变水流、土流、气流等生态流的行进方式，调节其流动速度，转变其流动方向等，进而对能量流也形成调控，最终达到维持生态系统稳定以及增加/维持生态系统功能的目的。

思考题

基于本章景观格局对生态流和生态过程影响的介绍，思考如何通过景观规划来调控土水、养分、生物等重要生态流和生态过程？

参考文献

曾辉，2017. 景观生态学[M]. 北京：高等教育出版社.

陈宝雄，孙玉芳，韩智华，等，2020. 我国外来入侵生物防控现状、问题和对策[J]. 生物安全学报，29(3)：157-163.

陈凯，2011. 黄土高原不同乔灌树种人工纯林生态系统的养分循环研究[D]. 咸阳：西北农林科技大学.

董哲仁，孙东亚，赵进勇，等，2010. 河流生态系统结构功能整体性概念模型[J]. 水科学进展，21(4)：550-559.

傅伯杰，徐延达，吕一河，2010. 景观格局与水土流失的尺度特征与耦合方法[J]. 地球科学进展，25(7)：673-681.

高立波，钱法文，杨晓君，等，2007. 云南大山包越冬黑颈鹤迁徙路线的卫星跟踪[J]. 动物学研究(4)：353-361.

郭晋平，2016. 景观生态学[M]. 2 版. 北京：中国林业出版社.

黄金夏，易雪梅，贾伟涛，等，2021. 三峡库区消落带外来植物入侵与景观基质组成结构的关联性[J]. 应用生态学报，33(2)：477-488.

鲁萍，桑卫国，马克平，2005. 外来入侵种紫茎泽兰研究进展与展望[J]. 植物生态学报(6)：163-171.

马玉忠，2009. 外来物种入侵中国每年损失 2000 亿[J]. 中国经济周刊(21)：43-45.

钱宗旗，2011. 俄罗斯北极开发国家政策剖析[J]. 世界经济与政治论坛(5)：78-91.

秦大河，陈振林，罗勇，等，2007. 气候变化科学的最新认知[J]. 气候变化研究进展(2)：63-73.

孟凡贵，2008. “制度性干旱”——论中国北方恶性水源危机的社会成因[EB/OL]. [2019-03-14]。http：//www. wyzxwk. com/article/sannong/2009/09/68665. html.

王成，徐化成，郑均宝，1999. 河谷土地利用格局与洪水干扰的关系[J]. 地理研究，18(3)：327-335.

王欢欢，陈世俭，2011. 土地利用结构变化对非点源污染的影响研究[J]. 环境科学与技术，34(S2)：25-28.

夏正楷，1997. 第四纪环境学[M]. 北京：北京大学出版社.

徐化成，1996. 景观生态学[M]. 北京：中国林业出版社.

徐明珠，2021. 丹汉江水源地流域径流特征与养分迁移机理[D]. 西安：西安理工大学.

杨强强，徐光来，杨先成，等，2020. 青弋江流域土地利用/景观格局对水质的影响[J]. 生态学报，40(24)：9048-9058.

张娜，2014. 景观生态学[M]. 北京：科学出版社.

BERTRAND C，BAUDRY J，BUREL F，2016. Seasonal variation in the effect of landscape structure on ground-dwelling arthropods and biological control potential[J]. Basic and Applied Ecology，17：678-687.

BLEVINS E，WISELY S M，WITH K A，2011. Historical processes and landscape context influence genetic structure in peripheral populations of the collared lizard (*Crotaphytus collaris*) [J]. Landscape Ecology，26(8)：1125-1136.

BUREL F，BAUDRY J，BUTET A，et al.，1998. Comparative biodiversity along a gradient of agricultural landscapes[J]. Acta Oecologica，19(1)：47-60.

CONCEPCIÓN E D，DÍAZ M，BAQUERO R A，2008. Effects of landscape complexity on the ecological effectiveness of agri-environment schemes[J]. Landscape Ecology，23：135-148.

CONNORS J，GALLETTI C S，CHOW W T L，2013. Landscape configuration and urban heat island effects：assessing the relationship between landscape characteristics and land surface temperature in Phoenix，Arizona[J]. Landscape Ecology，28(2)：271-283.

DAVIDSON E A，2013. The role of nitrogen in climate change and the impacts of nitrogen - climate interactions in the united states：foreword to thematic issue[J]. Biogeochemistry(1)：1-10.

FORMAN R T T，1995. Landscape mosaics：the ecology of landscape and region[M]. Cambridge：Cambridge University Press.

FORMAN R T T，2006. Land mosaics：the ecology of landscapes and regions[M]. 9th Edition. Cambridge：Cambridge University Press.

FORMAN R T T，GODRON M，1986. Landscape ecology[M]. New York：John Wiley and Sons.

GABRIEL D，THIES C，TSCHARNTKE T，2005. Local diversity of arable weeds increases with landscape complexity[J]. Perspectives in Plant Ecology，Evolution and Systematics，7(2)：85-93.

GIBBS J P，1998. Amphibian movements in response to forest edges，roads，and streambeds in southern New England[J]. Journal of Wildlife Management，62：584-589.

GONG C，LI L T，AXMARCHER J C，et al.，2021. Family graveyards form underappreciated local plant diversity hotspots in China's agricultural landscapes[J]. Scientific Reports，11(1)，1-9.

HANSEN A J，CASTRI F DI，1992. Landscape boundaries：consequences for biotic diversity and ecological flows [M]. New York：Springer-Verlag.

HASS A L，KORMANN U G，TSCHARNTKE T，et al.，2018. Landscape configurational heterogeneity by small-scale agriculture，not crop diversity，maintains pollinators and plant reproduction in western Europe[J].

Proceedings of the Royal Society B: Biological Sciences, 285(1872): 20172242.

HOLZSCHUH A, DUDENHöFFER J, TSCHARNTKE T, 2012. Landscapes with wild bee habitats enhance pollination, fruit set and yield of sweet cherry[J]. Biological Conservation, 153: 101-107.

HOLZSCHUH A, STEFFAN-DEWENTER I, TSCHARNTKE T, 2009. Grass strip corridors in agricultural landscapes enhance nest-site colonization by solitary wasps[J]. Ecological Applications, 19: 123-132.

KREMEN C, WILLIAMS N M, BUGG R L, et al., 2004. The area requirements of an ecosystem service: crop pollination by native bee communities in California[J]. Ecology Letters, 7(11): 1109-1119.

LI X M, ZHOU W Q, OUYANG Z Y, et al., 2012. Spatial pattern of greenspace affects land surface temperature: Evidence from the heavily urbanized Beijing metropolitan area, China[J]. Landscape Ecology, 27(6): 887-898.

LIKENS G E, BORMANN F H, PIERCE R S, et al., 1987. Recovery of a deforested ecosystem[J]. Science, 199(4328): 492.

LINDSAY D L, BARR K R, LANCE R F, et al., 2008. Habitat fragmentation and genetic diversity of an endangered, migratory songbird, the golden-cheeked warbler (*Dendroica chrysoparia*)[J]. Molecular Ecology, 17(9): 2122-2133.

LIU Y H, AXMACHER J C, WANG C L, et al., 2012. Ground beetle (Coleoptera: Carabidae) assemblages of restored semi-natural habitats and intensively cultivated fields in northern China[J]. Restoration Ecology, 2: 234-239

LIU Y H, AXMACHER J C, WANG C L, et al., 2010. Ground beetles (Coleoptera: Carabidae) in the intensively cultivated agricultural landscape of Northern China-implications for biodiversity conservation[J]. Insect Conservation and Diversity, 3: 34-43.

LIU Y H, DUAN M, ZHANG X, et al., 2015. Effects of plant diversity, habitat and agricultural landscape structure on the functional diversity of carabid assemblages in the north China plain[J]. Insect Conservation and Diversity, 8(2): 163-176.

MINOR E S, TESSEL S M, ENGELHARDT K A M, 2009. The role of landscape connectivity in assembling exotic plant communities: a network analysis[J]. Ecology, 90(7): 1802-1809.

MORAN J M, MORGAN M D, PAULEY P M, 1994. Meteorology: The atmosphere and the science of weather [M]. New York: Macmillan.

PETERJOHN W T, CORRELL D L, 1984. Nutrient dynamics in an agricultural watershed: Observations on the role of a riparian forest[J]. Ecology, 65: 1466-1475.

RESH V H, 2005. A method for the use of landscape metrics in freshwater research and management[J]. Landscape Ecology(1): 113-125.

RIPL W, 1995. Management Of water cycle and energy-flow for ecosystem control—the energy-transport-reaction (Etr) model[J]. Ecological Modelling, 78(1): 61-76.

ROSENBERG N J, BLAD B L, VERMA S B, 1983. Microclimate: The biological environment[M]. New York: John Wiley and Sons.

STEFFAN-DEWENTER I, MÜNZENBERG U, BUERGER C, et al., 2002. Scale-dependent effects of landscape context on three pollinator guilds[J]. Ecology, 83: 1421-1432.

TRICHARD A, ALIGNIER A, BIJU-DUVAL L, et al., 2013. The relative effects of local management and landscape context on weed seed predation and carabid functional groups[J]. Basic & Applied Ecology, 14(3): 235-245.

TSCHARNTKE T, TYLIANAKIS J M, RAND T A, et al., 2012. Landscape moderation of biodiversity patterns and processes-eight hypotheses[J]. Biological Reviews, 87(3): 661-685.

TURNER M G, GADNER R H, 1991. Quantitative methods in landscape ecology[M]. New York: Springer-Verlag.

WANG M N, AXMACHER J C, YU Z R, et al., 2021. Perennial crops can complement semi-natural habitats in enhancing ground beetle (Coleoptera: Carabidae) diversity in agricultural landscapes[J]. Ecological Indicators, 126: 107701.

WEIBULL A C, BENGTSSON J, NOHLGREN E, 2000. Diversity of butterflies in the agricultural landscape: the role of farming system and landscape heterogeneity[J]. Ecography, 23: 743-750.

WENG Q H, LIU H, LIANG B Q, et al., 2008. The spatial variations of urban land surface temperatures: Pertinent factors, zoning effect, and seasonal variability[J]. IEEE Journal of Selected Topics in Applied Earth Observations and Remote Sensing, 1(2): 154-166.

WU P L, AXMACHER J C, LI X D, et al., 2019. Contrasting effects of natural shrubland and plantation forests on bee assemblages at neighboring apple orchards in Beijing, China[J]. Biological Conservation, 237: 456-462.

ZHANG S, HUANG J, WANG Y, et al., 2017. Spatiotemporal heterogeneity of soil available nitrogen during crop growth stages on mollisol slopes of Northeast China[J], Land Degradation and Development, 28(3): 856-869.

第5章　干扰与景观动态

干扰在自然界中无处不在，它是生态系统的重要过程，也是景观异质性产生和维持的重要原因，更是景观动态变化的重要驱动力。早期对于干扰的研究仅仅关注其对生态系统、群落或种群的破坏作用，近期人类不断认识到干扰对维持一些群落结构和生态系统功能具有不可或缺作用、对生态系统或物种进化具有积极作用。这一认识推动了20世纪后半期对于自然的认知的平衡观点向非平衡的观点的转变。干扰产生的原因、干扰的特征、格局、动态和生态后果是景观生态学研究的重要内容；如何管理人类干扰，使其尽量模拟自然干扰的空间和时间格局、减少不利的、破坏性高的干扰、发挥干扰对于生态系统及人类的积极作用也是生态系统和资源管理需要深入思考的问题。本章中，我们将在介绍干扰、景观动态的概念的基础上，探讨干扰与景观动态、平衡的关系，并深入解析认识干扰和景观动态的观点对于资源管理的作用和意义。

5.1　干扰、干扰体系及其生态学意义

5.1.1　干扰及干扰体系

干扰(disturbance)是破坏生态系统、群落或种群的结构，并改变资源、基质(substrate)的适宜性，或者是物理环境的任何时间上发生的相对不连续事件(Turner，2001)。邬建国(2000)将生态学干扰定义为发生在一定地理位置上，对生态系统结构造成直接损伤的、非连续性的物理作用或事件。干扰是能够改变景观组分或生态系统结构、功能的重要因素，并且是促进种群、群落、生态系统乃至整个景观动态变化的驱动力。干扰不同于生态系统的扰动(perturbation)。扰动一般是指系统在正常范围内的波动，这种波动只会暂时改变景观的面貌，但不会从根本上改变景观的性质，往往具有一定的规律可循，具有可预测性；而干扰则是系统中发生的一些不可预知的突发事件，是不可预测的，对生态系统的影响可能是大范围的，也可能是局部的，但其影响超出了系统正常的波动范围，干扰过后系统自身无法恢复到原有的景观面貌，系统的性质也或多或少地发生变化(傅伯杰等，2001)。干扰也不同于生态胁迫(stress)。邬建国(2000)指出，生态学胁迫通常指生态系统在结构未受到直接损伤时，其功能受到影响的情形。干扰则直接改变生态学系统的结构，胁迫则直接改变生态学系统的功能。由于结构的改变可能会引起功能的改变，系统功能受到胁迫也可能影响到系统的结构，因此干扰和胁迫既有区别又有所联系。

干扰对生态系统的影响表现在多个方面。有些干扰会导致生态系统微小变化，而有些干扰会改变整个生态系统结构和功能；有的干扰持续时间长，有的持续时间短，如飓风或

暴风发生持续的时间从几小时到几天，火灾发生可能持续几小时到几个月，火山爆发可以持续几天到几个星期。干扰的分布、频率、尺度、强度和出现的周期等是干扰研究的重要内容。因此，生态学家将特定的干扰事件(如单次暴风雪和火灾)与反映景观特征的干扰体系(disturbance regime)进行区分。干扰体系指的是一个较长的时间段内干扰的时空动态，可以用一系列包含空间和时间维度的参数来描述(表 5-1)。虽然其中一些参数没有明确的空间或时间维度(如扰动频率)，但仍然必须明确所考虑的空间范围或时间周期。例如，每

表 5-1　景观中干扰体系的特征参数

特征参数	含义	示例
频率(frequency)	特定时间内区域内发生干扰的次数	某个景观中每年火灾发生的频率为 3.5 次
间隔(interval)	特定位置连续干扰事件之间的时间长度，是频率的倒数	平均火灾间隔为 40 年
概率(probability)	在特定时间内发生干扰的可能性。虽然有时基于干扰频率(发生频率/总时间周期)，但这也可以作为各种风险因素的多元评估	在每一给定年份发生灾难性森林火灾的概率是 0.005(1 次灾难性火灾/200 年)
干扰率(disturbance rate)	单位时间内，给定面积区域内发生的干扰的次数	当单株树木死亡时就会产生树倒隙，造成局部干扰率为 0.004(1 棵树/250 年)。然而，在景观尺度上，林隙形成的干扰率可能为 0.0001(10 株/10 000 株/km^2/年)。
大小(size)	受单个干扰事件影响的面积(干扰的空间粒度)；或是特定时间内受特定干扰影响的面积(空间范围)	在过去的一年里，火灾烧毁了 20%的土地，这是由于许多小火灾被闪电点燃，但很快就被扑灭了
轮回周期(rotation period)	某一区域受干扰状况达到某一事先确定的状况所需要的平均时间	某景观有一个约 500 年的火灾轮回周期
干扰的空间格局(spatial pattern of disturbance)	干扰的空间分布：空间自相关或聚集程度，它可能随尺度发生改变	雷击的模式是随机的，但火灾往往与特定的森林类型有关，导致整个景观的分布是非随机的
干扰的时间格局(temporal pattern of disturbance)	干扰随时间的分布；时间自相关程度或聚集程度，它可以是尺度的函数	虽然闪电是随机发生的，但当闪电经常发生时，火灾往往也发生，这将导致季节性的相关性。多年来看，干旱年份的火灾频率更高，呈现周期性，从而引起年代相关性
强度(intensity)	以物理力量表征的干扰大小(如风速、火灾时释放的能量、风暴潮高度)	火的强度可以通过测量遥感图像中燃烧区域的辐射能来测定
烈度(severity)	干扰对系统的影响(例如，有机物被清除或破坏的程度，树木或灌木被破坏的程度，或被水侵蚀的程度)	火灾按严重程度可分为地表火、地下火、树冠火
持续时间(duration)	干扰持续的时间长度；这种干扰可能是短暂或短期的事件(脉冲干扰)，也可能是持续时间较长的事件(压力干扰)	在危险系数低的条件下，闪电引起的火灾会自然熄灭，因此是短暂的火灾(它们会在几个小时内自行燃烧殆尽)。然而，在极端的火灾危险条件下，火灾可能会迅速蔓延并包围大片区域，以至于它们需要几个月才能自然熄灭

引自 With，2019。

年的火灾频率，平均每年发生火灾的数量。认识干扰体系是理解自然和管理生态系统的基础。但是，不能孤立地认识一个区域干扰体系，干扰体系的特征通常会随观测的时间段发生改变，还需要将与它关联的系统相联系，并最终与周围景观、区域和全球事件相联系。

干扰具有如下几个方面重要的特征：

(1)相对性

自然界中发生的同样事件，在某种条件下可能对生态系统形成干扰，在另外一种环境条件下可能是生态系统的正常波动。是否对生态系统形成干扰不仅仅取决于干扰的本身，同时还取决于干扰发生的客体。对干扰事件反应不敏感的自然体，或抗干扰能力较强的生态系统，往往在干扰发生时，不会受到较大影响，这种干扰行为只能成为系统演变的自然过程。

(2)尺度性

由于研究尺度的差异，对干扰的定义也有较大差异。例如，生态系统内部病虫害的发生，可能会影响到物种结构的变异，导致某些物种的消失或泛滥，对于种群来说，是一种严重的干扰行为，但由于对整个群落的生态特征没有产生影响，从生态系统的角度看，病虫害则不是干扰，而是一种正常的生态行为。同理，对于生态系统成为干扰的事件，在景观尺度上可能是一种正常的扰动。在自然界，干扰的规模、频率、强度和季节性与时空尺度高度相关。通常，规模较小、强度较低的干扰发生频率较高，而规模较大、强度较高的干扰发生的周期较长，前者对生态系统的影响较小，而后者所产生的生态环境影响较大。

(3)时空广泛性

干扰存在于自然界的各个尺度的各个空间。在景观尺度上，干扰往往是指能对景观格局产生影响的突发事件，而在生态系统尺度上，对种群或群落产生影响的突发事件就可以看作干扰；而从物种的角度，能引起物种变异和灭绝的事件就可以认为是较大的干扰行为。

5.1.2 干扰类型和常见干扰

5.1.2.1 干扰类型

根据分类原则，干扰可以分为不同类型，一般有以下几种分类方法：

(1)按干扰产生的来源分类

可以分为自然干扰和人为干扰。自然干扰指无人为活动介入的在自然环境条件下发生的干扰，如火、风暴、火山爆发、地壳运动、洪水泛滥、病虫害等；人为干扰是在人类有目的行为指导下，对自然进行的改造或生态建设，如烧荒种地、森林砍伐、放牧、农田施肥、修建大坝、筑路、土地利用结构改变等。从人类角度出发，人类活动是一种生产活动，一般不称为干扰，但对于自然生态系统来说，人类的所作所为均是一种干扰。

(2)依据干扰的起源分类

可以分为内生干扰和外生干扰。内生干扰起源于群落/生态系统内部，例如，由于树木自身衰老和死亡引起的树木倒落是内源干扰。外生干扰源于群落和生态系统外部，例如，由火灾和飓风引起的风倒是外源干扰。

(3)依据干扰源的类型分类

可以分为物理干扰、化学干扰和生物干扰。物理干扰，如森林退化引起的局部气候变化；土地覆被减少引起的土壤侵蚀、土地沙漠化等；化学干扰，如土地污染、水体污染以及大气污染引起的酸雨等。生物干扰主要为病虫害暴发、外来种入侵等引起的生态平衡失调和破坏。当然，很多时候干扰源的类型并不单一，可能是多种因素作用的结果，既有物理或化学的成分，也有生物的成分，例如，放牧干扰既有牛羊等生物的成分，也有牛羊啃食、踩踏对土壤物理结构的影响成分，也有牛羊粪便作为养分进入草地生态系统影响土壤养分的化学成分。

(4)根据干扰传播特征分类

可以将干扰分为局部干扰和跨边界干扰，前者指干扰仅在同一个斑块或生态系统内部扩散，从一个位置向另一个位置扩散，受限于斑块的边界；后者可以跨越斑块或生态系统边界扩散到其他类型的斑块或生态系统。

5.1.2.2　常见干扰

干扰在生态系统广泛存在，下文介绍几种常见的干扰。

(1)洪水

洪水是由于强降水或长时间降水引发的干扰，能够侵蚀和调动整个景观中大量物质的迁移和流动。从生态学角度，周期性或季节性洪水是河流系统的动态、复杂性、生产力和功能的组成部分，并且通过带动沉积物、木屑、营养物和生物体的重新分布，最终导致了河流中的大部分异质性，并反过来对包括营养循环、食物网动态以及河流景观要素之间的相互作用的一系列生态过程。但是从人类的角度，洪水带来环境和经济的破坏，也对人类健康、安全和财产带来威胁。当前全球变化预计会改变全球很多地区的降雨格局，导致一些地区的风暴减少但强度增加，同时由于气候变暖导致冰雪和冰川融化增加，未来几十年洪水发生的频率和强度可能增加，应对极端降雨事件导致的洪水干扰成为人类社会需要解决的重要课题，其中也包括对城市规划管理提出了新的要求。例如，2012 年 2 月，欧洲环境署发布了《欧洲城市对气候变化的适应——城市的挑战和机遇以及支持性的国家和欧洲政策》，其中就洪水对欧洲城市的潜在影响进行评估，提出相应的适应性规划(王宝强，2014)。

(2)风

根据风速和形成的情况，与风相关的各种干扰情况包括风暴、龙卷风和飓风(热带气旋或台风)。作为一种自然干扰，风在促进森林景观的动态和异质性方面发挥重要作用，长期的、低强度的风干扰，导致适应性或适应性生长，使得茎和根的增厚和加强，从而增加树木对风损害的抵抗力，但强烈的风暴会刮掉树叶，折断树枝，折断或掀翻树木形成风倒。不同强度的风可以引起不同水平的风倒。单株树的风倒会影响林分和土壤的生长轨迹，有助于翻转和暴露深层土壤，从而促进土壤发生和养分循环(Mitchell，2013)，树木连根拔起还会在树木曾经生长过的地方形成一个坑，并可能会在风倒事件后持续几个世纪，而相邻的土丘则会从倒立的根块上掉落下来，这形成了微观水平上的异质性(Mitchell，2013)。在林分水平上，风倒在林冠层中创造了空隙，从而促进次生演替的发生，导致干扰和恢复的变化，增加了整个景观的异质性(即林窗动态)。飓风(也被称为热带气旋或台风)，也是一种常见的风干扰，带来强风(118 km/h)、暴雨和风暴潮，在世界各地的沿海地区对人员、财产、基础设施等多方面造成威胁。但飓风的致命影响范围并不局限于沿海地区，一般可以向内陆移动 160 km 或更多。飓风对生态系统也有毁灭性的影响，风暴潮和海浪侵蚀海岸线和沙丘，淹没河口和沿海湿地，击毁珊瑚礁(Michener et al., 1997)，还会摧毁森林，随之而来的暴雨会导致内陆地区的洪水和山体滑坡。预计全球变暖也将在未来几十年产生强度更大的飓风，全球变暖导致的海平面上升也将增加风暴潮的危害风险。

(3)干旱

与洪水是极端过度降水相反，干旱是极端降水不足和长期干旱。干旱可以对人类和生态系统产生各种直接和间接的影响。干旱严重程度的评估取决于缺水的类型及其影响。干旱有几种主要的类型(With, 2019)。

①气象干旱　是指持续数月或数年的降水不足，主要是由大气环流模式的变化引起的降水异常引起的，而大气环流模式的变化通常是由海面温度异常(如厄尔尼诺现象和拉尼娜现象)触发的。气象干旱可以通过水循环传播，并引起其他类型的干旱。

②农业干旱　主要是由于低于正常降雨和高温引起的土壤水分不足，导致植被生长和作物产量下降。此外，干燥的土壤和高温促进湿度降低和提高土壤蒸发速率，这可能会在区域尺度上产生正反馈(即该地区逐渐变得干燥)，从而进一步加剧干旱。

③水文干旱　指地下水补给和径流减少。水文干旱尤其危险，因为尽管它也是由降水低于正常水平引起的，但它滞后于其他类型的干旱。在水文循环中，地下水通常是最后受到影响的，因此通常在“特大干旱”几个月到几年的滞后时间后导致严重的地下水短缺。而地下水可能需要数年、数百年甚至数千年的时间来补给，这意味着在降水模式恢复正常后，水文干旱的影响可能会持续很长时间。

④社会经济干旱　指干旱和干旱调节策略的社会和经济影响。干旱影响的人群数量巨大，尤其是在工业化的国家，在缺乏应对干旱基础设施的发展中国家，干旱的影响更为深远。与其他干扰一样，干旱可以通过其强度、空间范围和持续时间来表征(Dai, 2011)。干旱强度是由降水、土壤水分或蓄水不足的程度来评估的。除气象数据外，对干旱强度的评估还可能包括经济、环境或社会影响，特别是涉及农业损失、水资源耗竭和对人类健康的影响。

(4)火灾

火灾也是生态系统常见的干扰。火灾的发生受气候和天气条件、人类土地利用和管理“自上而下”的调节，同时受到地形和植被“自下而上”的调节，此外，火灾状态还受到景观因素(即地形和植被)的“自下而上”调节。草原火、森林火可以促进相应的生态系统保持较高的初级生产力，消除地表积聚的枯枝落叶层，改变区域小气候、土壤结构与养分，同时也在一定程度影响物种的结构和多样性。一些生态系统特别容易发生火灾，事实上它们的存在可能是由于火灾，例如，世界上大多数的中湿草原和稀疏草原可以看作依赖于火干扰的生态系统，这一点在火干扰被抑制时，这些草原转变为森林可以得以证实(Bond et al., 2005)。

(5)生物干扰

生物也可能是景观干扰的原动力，甚至可能促进地貌的发展(也可能侵蚀地貌)。例如，通常情况树木通过减少侵蚀和山体滑坡的可能性来稳定山坡，但是在夏威夷，侵入性的天鹅绒树的蔓延则破坏了山坡的稳定性，导致夏威夷群岛的山体滑坡增加；被风暴连根拔起的树木翻转了土壤，形成了影响养分循环和植物生长的微地形特征(土坑和土丘)；在科罗拉多河流域，入侵的柽柳降低了整个科罗拉多河流域的地下水位，增加了土壤盐渍化。此外，生物干扰可以与非生物干扰相互作用以复杂和不可预测的方式增强或改变这些干扰的程度、严重性或发生情况，例如，美洲野牛的放牧活动，与火灾一起，曾经形成了不断移动的干扰镶嵌体，增强了异质性，并控制了木本植物向高草草原景观的扩张。同时，生物干扰也可以达到或超过非生物干扰的规模。例如，在过去的10年里，北美西部有超过 47×10^4 km^2 的针叶林(面积比瑞典还大)受到了一种啃食树皮的甲虫的影响，其面积与森林火灾烧毁的平均面积相当，有学者认为啃食树皮甲虫暴发和火灾是相互关联的，因为近几十年火灾和甲虫的暴发都有所增加，可能是由于甲虫啃食致死的林分增加了森林发生大型严重火灾可能性(With，2019)。

(6)人类干扰

人类是景观变化的主要驱动力，在这里讨论的所有干扰中，人类对景观的改变是最普遍和最具有全球意义的。全球大约一半的土地用于农业生产(MEA，2005)。因此，人类目前占用了全球陆地生态系统净初级生产力的四分之一，其中大部分是通过景观改造和其他土地利用活动实现的，如计划火烧和集约化农业生产(Haberl et al.，2007)。因此，人类土地利用活动正在造成世界范围内生物多样性的下降。在全球范围内，局部物种丰富度在过去的500年平均减少了13.6%，由于土地的集约使用和相关的人类压力，世界上受影响最严重的地区物种平均减少了77%（Newbold et al.，2015)。到2100年，预计局部物种丰富度将平均下降20%，最大的损失集中在世界上最具生物多样性但经济贫穷的国家(Newbold et al.，2015)。伴随生物多样性的丧失，可能带来生态系统功能的破坏，并由此破坏所有人类社会所依赖的生态系统产品和服务，威胁到人类的可持续发展。针对人类统治地球的生态系统的现象(Vitousek et al.，1997)，科学家给当前的时代定为“人类世”(Anthropocene)作为一个新的地质时期，人类超越自然成为占主导地位的环境力量(Crutzen，2002)，在这一时期间，人类燃烧化石燃料，大气中 CO_2 含量快速上升，以及来自农业和工业来源的污染对环境造成了前所未有的影响，并且这种影响将在未来几个世纪，甚至几千年里都可以观察到。

除此之外，人类干扰除了直接影响地球生态系统，也对自然干扰体系产生深刻的影响，例如，由人类活动构建的生物地理屏障，如道路、运河等可以改变干扰的传播，并由此改变干扰的大小；伐木过程中的植被处理可能改变其他干扰过程频率，如改变山体滑坡的频率；放牧，加上灭火，可以充分改变燃料库，以减少随后火灾的频率和蔓延，促进丰富的木本植被的建立和生长，最终导致后续随后的火灾更加严重；将自然林转变为人工林最终改变生态系统组成和结构，并将从本质上改变自然干扰体系。

5.1.3　干扰与景观格局

5.1.3.1　景观格局对干扰的影响

(1)景观格局对干扰发生的影响

人们很早就注意到景观中一些特定的位置更容易受到某些干扰的影响，处于不同位置的景观，遭受干扰的概率或频率有所不同。朗克尔(Runkle，1985)对峡谷森林中的干扰体系进行了研究，发现干扰体系由区域和局部的地形位置共同决定。博泽等(Boose et al.，1994)的研究显示，飓风对植被危害的大小与植被所在位置的裸露程度有关。在美国阿帕拉契亚山脉南部，土地利用和土地覆盖变化主要发生在中低海拔和接近河流的避风位置(Turner et al.，2003；Wear and Bolstad，1998)。因此，位置会影响景观是否容易发生干扰，也就是影响干扰发生的空间异质性。但也有研究得到了不同的结论。特纳等(1994)的研究显示，景观位置是否影响干扰发生可能还是与其他多个因子综合作用的结果，例如，对黄石公园1988年间多次爆发的火灾研究显示，不同地形位置的景观对干扰的易感性差异不明显，仅仅表现为地形位置可以影响到火灾的传播。火苗在上坡向比在下坡向更易燃烧，因为热空气总是向上流动，因此下风的坡向通常受火灾影响的强度低于上风的坡向。另一方面，区域是否有燃料和可燃物同样决定火灾是否爆发。同样以黄石公园的研究为例，由于1988的极度干旱和多风的情况造就了极易燃烧的条件，坡度、燃料、火灾的自然阻拦体(小溪、河流等)都不能阻挡火灾的发生。因此，特纳等(2001)总结指出，某一景观位置是否易受干扰影响程度除受景观位置自身特性的影响外，还与干扰的方向性和干扰的强度有关。如果干扰本身具有方向性，一些景观位置较其他位置更加暴露给干扰时，或者遭受中等强度干扰时，景观格局能影响对干扰的易感性。反之，如果干扰本身不具有方向性，或者干扰强度特别大，以至于其蔓延不再受景观格局影响时，景观格局不能引起对干扰的易感性。

(2)景观格局影响干扰的传播

有研究显示景观异质性通常有利于提高干扰的传播的速度。如罗兰(Roland，1993)研究指出，在加拿大安大略湖北部的森林破碎化的程度有利于毛虫(*Malacosoma disstria*)虫害的暴发。在北方混交林中，由于森林砍伐和破碎化导致的高度景观异质性区域，虫害持续的时间长。采用遥感影像通过边界密度来度量景观异质性，并分析边界密度与虫害持续时间的关系的结果显示，每平方千米边界密度增加1 km，虫害持续的时间增加0.92年。罗兰对这一现象的解释是，大尺度上森林的破碎化可能会影响到自然天敌对于毛虫的捕食，一些可能导致毛虫死亡的病菌的传播会受到生境破碎化的限制，从而导致毛虫死亡的概率减少。此外，鳞翅目昆虫沿寄主植物形成斑块的边界比在斑块内产卵更多，且边界区域内温暖的微气候环境使得昆虫在边界处的生长发育迅速，这些因素都有利于毛虫的繁殖和发育，从而导致虫害持续时间增长。朱尔斯等(Jules et al.，2002)调查了异质性对传染性疾病(一种致命的根部细菌 *Phytophthora lateralis*)在质地不均的美国扁柏林(*Chamaecyparis lawsoniana*)中传播的影响，他们发现那些沿着小溪分布的美国扁柏，在有道路穿过的地方比没有道路穿过的地方更容易受到感染。

但是也有研究显示景观异质性延滞或者阻碍了干扰的传播。如斯韦特纳姆和林奇(Swetnam and Lynch，1993)发现，在美国西部地区，20世纪蚜虫活动性降低，暴发间隔时间是历史上最长的，但是在七八十年代间的蚜虫暴发却异常严重。同时，20世纪期间，不同地理位置蚜虫的暴发和流行看上去几乎是同时的。通过观察不同年代的异同，可以发现蚜虫虫害在森林景观树木密度高和连接度高的情况下形成。例如，1900—1920年暴发了大范围的蚜虫虫害，但这期间在Colorado Front Range和Sangre de Cristo山却没有发生。斯韦特纳姆和林奇(1993)把这种缺失归因于这期间南落基山混交针叶林的密度由于过度的采伐和早期的火灾急剧降低，异质性增加，从而使得森林疏松、连接度降低，延缓了蚜虫虫害的暴发。后来的防火工作和减少放牧强度以及适宜的气候条件，有利于主要的物种幼苗得以发育，使得森林的密度和连接度也得以恢复。由于成年树木占少数，新形成的森林对蚜虫虫害的易感性低。但是到 20 世纪 40 年代，这些树木的林冠开始郁闭，森林主要以成年树木为主，因而后面暴发的蚜虫虫害尤为严重。因此，这里由于人为干预引起的景观异质性的降低促进了蚜虫虫害的传播和暴发。再如，在我国黑龙江的大兴安岭、内蒙古的呼伦贝尔和新疆的阿尔泰地区，是雷击火源的多发区。当森林斑块在景观中被其他斑块或廊道隔离(高异质性)，则林火即使发生，也难以扩散形成大面积的森林火灾，但如果森林斑块为同一类型的树木且隔离度小(低异质性)，则林火很容易发生蔓延(邓湘文和文定元，2003)。

事实上，景观格局对于干扰传播的影响取决于干扰以及景观格局两方面的属性，也可能受外部客观条件的影响。以对林火的研究为例，在不同龄级树木组成的森林斑块中，当存在某些类型能阻碍林火蔓延，异质性能阻碍火蔓延；当没有能有效阻碍林火蔓延的类型时，异质性不能阻碍林火蔓延；当易形成树冠火的树木呈阶梯状交替时，异质性能增加林火蔓延；当火势猛烈，而气候条件又极易于火灾的传播时，景观格局不再是影响干扰传播速度的主要因素。特纳和鲁默(1994)的模型就很好地表现了景观格局与干扰传播的这一关系(图 5-1)。对此，陈利顶和傅伯杰(2000)总结指出景观的格局是否会促进或延缓干扰在空间的扩散取决于 4 个方面的因素，包括干扰的类型和尺度、景观中各种斑块的空间分布格局、各种景观元素的性质及其对干扰的传播能力、相邻斑块的相似程度。

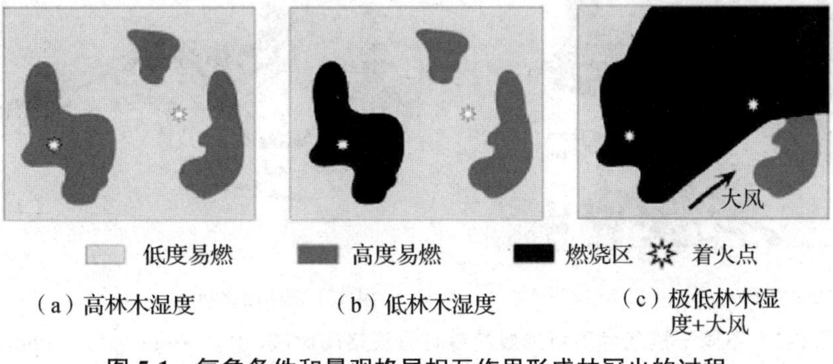

图 5-1　气象条件和景观格局相互作用形成林冠火的过程

(引自 Turner and Romme，1994)

(a)树木湿度高，着火点不易引发火灾，即使着火点出现在高度易燃的林区，此时景观格局不控制火势的传播　(b)树木湿度低，但是燃烧条件适中，此时林冠火主要在高度易燃的区域内蔓延(黑色区域)，火灾的传播主要取决于高度易燃树木的空间分布格局　(c)如果树木的湿度极低且风力强劲，林冠火可能在多种树木间传播，易燃树木的空间格局难以阻挡火势的蔓延

5.1.3.2　干扰对景观格局的影响

干扰是产生异质性的重要原因。当干扰发生时，干扰在空间上的影响并不是均一的，这样干扰可能影响某些区域，而不影响某些区域；也可能对某些区域影响程度高一些，对另一些区域影响程度低一些，也即是干扰强度在空间呈不均匀分布，这就造成了景观范围

内复杂的异质性格局。一般认为，低强度的干扰可以增加景观的异质性，而中高强度的干扰则会降低景观的异质性(Forman and Gordon，1986)，例如，山区的小规模森林火灾，可以形成一些新的小斑块，增加了山地景观的异质性，若森林火灾较大时，可能烧掉山区的森林、灌丛和草地，将大片山地变为均质的荒凉景观。这就意味并不是在所有的情况下干扰都能够增加景观的异质性。在极强的干扰下，将会导致更高或更低的景观异质性。

不同的干扰类型对于景观格局的影响形式也是不一样的。福斯特等(Foster et al.，1998)比较了几种不常发生但规模巨大的干扰类型对于森林景观格局的影响(图5-2)，可以看出不同的干扰类型在空间上留下的干扰痕迹以及干扰的影响范围是显著不同的。

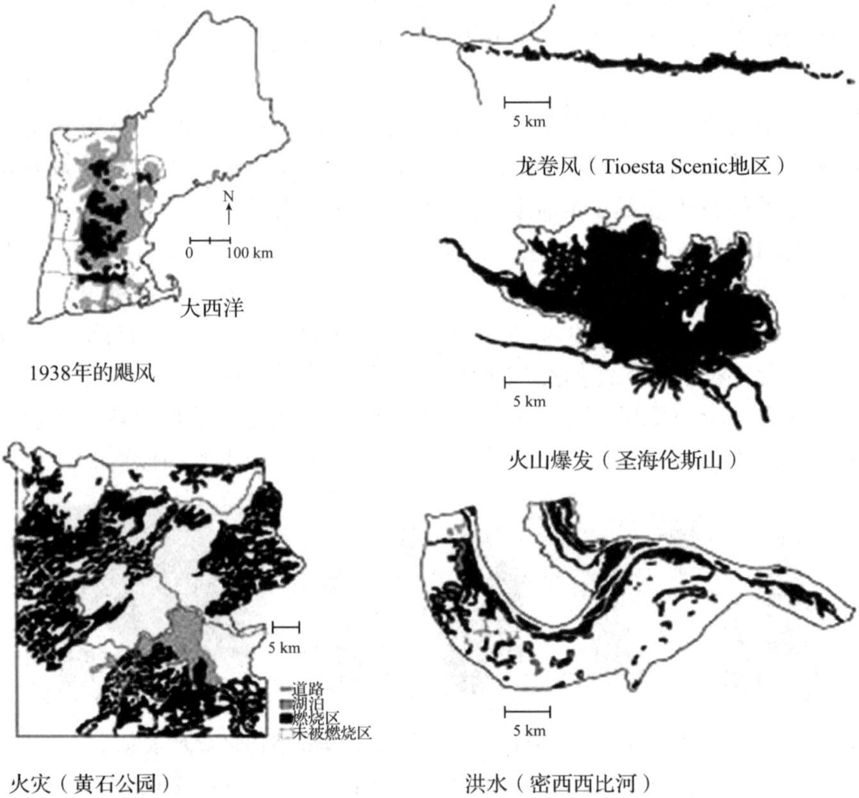

图5-2　不同干扰条件下所形成的森林景观格局比较(引自Foster et al，1998)

注：黑色：强烈干扰区域；灰色：轻度干扰区域

干扰对于景观格局的影响不仅仅表现在干扰强度的空间异质性以及干扰导致的景观格局的差异，还表现在干扰导致的物理环境的变化、干扰残留物质(种子库、干扰后存活个体等)的不同，这些因素均会对后来的景观演替和新形成景观的类型及格局产生影响。如林火的发生能够导致生态系统、群落或种群的破坏，使资源、基质的有效性或物理环境发生变化，也导致景观中局部地区光、水、能量、土壤养分等改变，进而导致微生物生态环境的变化，直接影响到植被对土壤养分的吸收和利用，从而进一步在一定时间内影响地表覆盖的变化。干扰属性对于干扰后景观演替的影响得到了研究者的重视，研究这种影响有利于了解和预测未来景观格局发展的方向(Turner et al.，2001)。特纳等(1998)指出了影响干扰后景观演替的因素，包括干扰体系的特征，如干扰强度、干扰频率、干扰面积、干扰的季节、干扰的空间相关性等；干扰前植被的特征，包括植物的生活史特征，如植物寿命、抗火性、种子传播方式、种子库的释放等；以及干扰后残留物及物理环境，如残存植物体、土壤条件、气温及湿度等。就此特纳发展了一个概念性的描述性图以说明在不同的面积、强度和频率干扰情况下演替的可预测性(图 5-3)。当干扰强度较低或干扰面积较小时，干扰斑块内部有较多残留物种或繁殖体，斑块演替不需依赖来自周边的物种迁入，或者物种迁入很容易发生，这时干扰斑块的空间特征对演替的影响很小，对演替结果的预测性较高(图 5-3 中的白色区域)。当干扰强度很高、干扰面积很大，但干扰频率很低时，干扰斑块内部有很少或稀疏的残留物种或繁殖体，斑块演替需依赖来自周边的物种迁入，这时对物种迁入起作用的干扰斑块的空间特征(如面积、形状或构型)将对斑块演替很重要，对初期演替结果的预测变得困难(图 5-3 中的灰色区域)。当干扰强度很高、干扰面积很大，且干扰频率很高时，干扰斑块内部同样有很少的残留物种或繁殖体，干扰的空间特征也将对斑块的初期演替产生重要影响，这时对初期演替结果的预测性也较低，随干扰事件的发生，演替的组成可能不断变化，演替的方向存在不确定性(图 5-3 中的深灰色区域)。

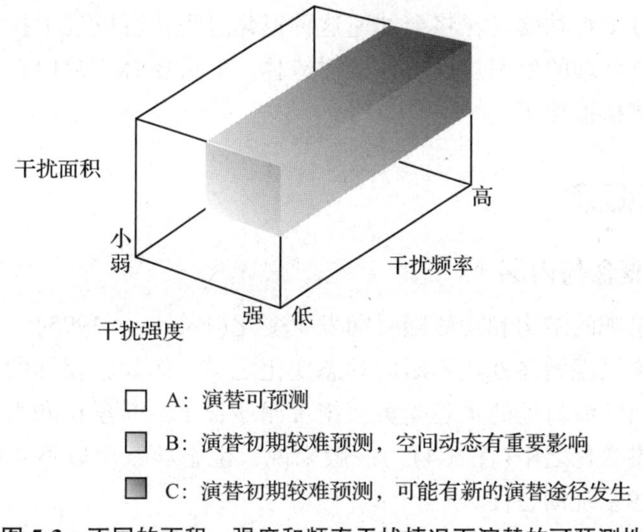

图 5-3　不同的面积、强度和频率干扰情况下演替的可预测性

(引自 Turner et al，1998)

5.1.4　干扰在生态系统和景观中的作用

早期的生态学研究主要关注的是生态系统的平衡和稳定，关注生态演替中顶极群落的发展和形成。随着研究深入，生态学家逐渐发现干扰在物种多样性形成和保护中起着重要作用，适度的干扰可以促进生态系统的演化和更新，有利于生态系统的持续发展。这推动生态学家将干扰可以看作生态演变过程中不可缺少的现象，开始重视干扰在生态系统中的作用。

就自然干扰而言，生态系统和景观的存在很大程度上依赖于“自然”干扰。自然干扰在维持生态系统/景观结构和过程中发挥着重要的作用。例如，许多森林物种得以存活是因为存在周期性的干扰，例如，全球有许多种类的森林是由周期性的火灾维持的。所有的生态系统都有一个“自然”的干扰机制，它们可以进化地适应这个机制，在某些情况下，即使发生大规模的干扰事件，也能保持完整。在许多景观中，大尺度扰动产生斑块镶嵌结构，构成植被分布的主导模式。这种受扰动影响的景观具有斑块镶嵌结构和斑块动态，从而决定了许多物种和群落的数量和分布。

干扰同时也是对生态演替过程的再调节。通常情况下，生态系统沿着自然的演替轨道发展。在干扰的作用下，生态系统的演替过程发生加速或倒退，干扰成为生态系统演替过程中不协调的一个环节，以森林火灾为例，若没有火灾的发生，各种森林从发育、生长、成熟一直到老化，经历不同的阶段，这个过程要经过几年或几十年的发展，一旦森林火灾发生，大片林地被毁灭，火灾过后，森林发育不得不从头开始，可以说火灾使森林的演替发生了倒退。但另一方面，火灾也促进了森林系统的演替，使一些本该淘汰的树种加速退化，促进新的树种发育。干扰的这种属性具有较大的主观性，主要取决于人类如何认识森林的发育过程。另一个例子是土地退化过程，在自然环境影响下，如全球变暖、地下水位下降、气候干旱化等，地球表面许多草地、林地将不可避免地发生退化，但在人为干扰下，如过度放牧、过度森林砍伐，将会加速这种退化过程，可以说干扰促进了生态演替的过程。但是如果通过合理的生态建设，如植树造林、退耕还林、封山育林等，可以减缓沙化的过程，甚至重建植被覆盖。

5.2 景观动态概念

5.2.1 景观动态概念与内涵

景观动态是指景观的结构和功能随时间发生变化(Forman，1995)，是自然界客观存在的一种现象。可以说景观始终处在不断的动态变化之中，例如，森林的组成始终处在不断的演替变化中，黄河入海口处的景观受黄河携带泥沙长年不断累积和人类河道改造等活动影响处于不断的动态变化之中(图 5-4)。一般来说，生态学家用以下 4 种相互联系但又不同含义的概念来描述系统动态性。

①稳定性(stability)　是指一个生态系统离开一个平衡状态的趋势。在一个具有高度动态性的生态系统中，稳定性的涵义不是恒定不变，而是一定范围内的变动，不稳定是因为系统超过了恢复到原来平衡状态的临界值或者恢复到原来的状态需花相当长的时间或需要相当多的物质和能量补充。

②持续性(persistence)　指生态系统在一定边界范围内保持恒定或维持某一特定状态的历时长度。

③抗性(resistance)　是一个生态系统吸收和消除扰动和阻止它们放大变成大的干扰的能力，即系统在环境变化潜在干扰下抗变化的能力。抗性描述了系统在受外界干扰后产生变化的大小，表征的是系统对干扰的敏感性。

④弹性(resilience)　指一个生态系统在经过干扰返回到干扰前状态的能力，即生态系统缓冲干扰并保持在一定阈界之内的能力。返回到干扰前状态不是指以前存在的那个状态

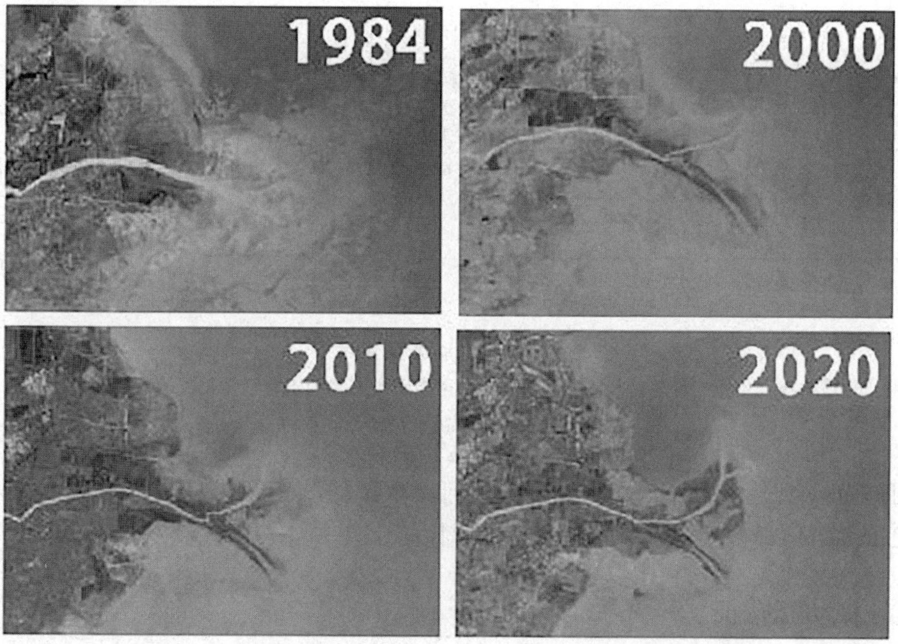

图 5-4　景观动态示例：不同年份黄河入海口景观动态变化

精确的复制品，而是指它们都包含了相同的基本要素和相同的关键过程，也就是系统能够保持完整。

⑤恢复性(recovery)　指生态系统经过干扰后返回到扰动前的状态的速度。

与景观动态相近的表述还有景观演变、景观发育、景观变化等。景观动态取决于景观内部的结构特征和外来的作用力。景观发育则表示了长时间序列上景观的形成、发展和演变过程。景观变化则是景观从一种状态到另一种状态的转变过程。景观动态表示了景观的本质特征，是客观存在的一种现象；景观变化是刻画景观动态的一种形式，通过描述景观动态某一时刻的状态来量化景观动态的时间特点。通常情况下，景观动态与景观变化很难区分，常把两者等同使用或者连起来使用，即景观动态变化。

景观动态变化与时间密切相关，常表示多个时间段之间的景观状态，如图 5-5(a)所示，以纵坐标描述景观在单个时间点上的结构或功能，如某种植被类型在景观中的百分比，平均斑块大小，总水量或净初级生产力。在“自然”干扰状态下，随干扰和演替过程，景观结构和功能的状态变量的轨迹可能随时间而波动，并在“自然变化范围”内变化，当然这种变化范围是相对于特定的空间和时间尺度的。很多时候人类干扰也导致景观的动态，认识人类干扰下的景观动态是否是在正常的范围，是否仍然维持了健康、可持续的景观[图 5-5(b)]，是景观生态学研究的重要内容，并在指导生态系统管理中具有广泛的应用。例如，针对物种多样性的动态变化，我们需要了解这种变化是否在自然变化的范围内，从而决定是否需要采取管理行动。而通过不同时间尺度上景观结构和功能的比较，可以揭示自然和人类干扰的影响，也为理解和解释景观管理的效应提供了依据。在景观规划和管理中，也必须采取动态的观点、充分考虑景观的动态变化才能制定合理的规划和管理策略，

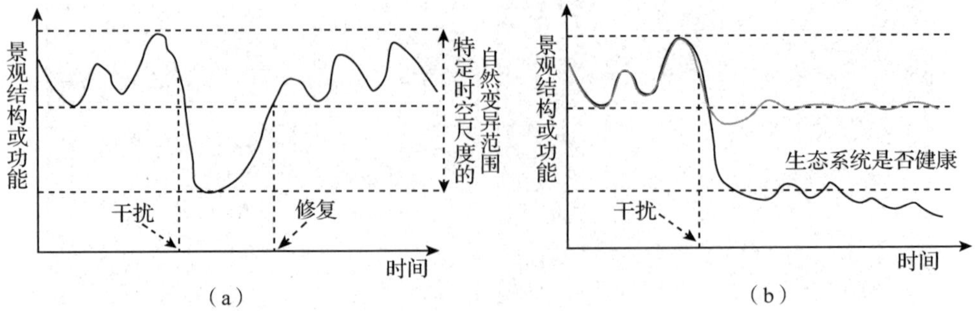

图 5-5　景观动态变化示意

注：景观结构或功能变量随时间推移发生变化并可能因为人类的干扰活动偏离原有自然变异范围，甚至原来的生态系统的健康受到损害

例如，河岸带的规划和设计，必须充分考虑河流水位的动态变化；城市雨洪防控设施的设计必须充分考虑区域多年的降雨动态变化范围。

5.2.2　景观动态特征

作为自然界客观存在的一种现象，景观动态变化主要有三个方面特点：

(1)普遍性

景观动态是自然界客观存在的现象，任何一种景观均在时刻发生着变化(肖等宁等，2010；傅伯杰等，2011)。这种变化包括两个方面：一种是视觉上可以直接感知的景观形态特征，如景观外貌、斑块大小、斑块形状和斑块空间邻接关系；另一种是视觉难以直接识别的景观信息特征，如隐含在景观内部的物质流、能量流和信息流，这种视觉无法识别的变化将决定着景观动态变化的特征。例如，农业景观一年四季因作物生长、收割、轮作等呈现不同的面貌；随森林的演替，景观中碳氮储量、涵养的水分等不断发生改变，并可能影响区域的气候和水文状况。

(2)尺度性

景观动态变化在自然界不仅表现出普遍性，而且具有尺度特征。景观动态变化的尺度特征表现在空间尺度特征和时间尺度特征两个方面。就空间尺度特征而言，景观动态变化许多时候在大尺度上并未体现出来，但在小尺度上景观动态变化的特征十分明显。就时间尺度特征而言，许多景观类型在很短时间表现是没有变化的，但经过长时间序列观测，则可以发现显著的动态变化特征。以森林景观为例，当在几年或十几年的时间尺度上，在大的空间尺度上很难观测显著的植被组成变化，但在局部尺度可以看到有鸟类携带种子带来的新的物种长成，有树种间光温竞争引起的物种组成的变化；但是当观测的时间尺度变为几十年或者上百年时，在大的空间尺度可能观测的森林植被类型的变化，甚至是土地利用类型的变化(如曾经的荒地可能变为森林，或者森林变为了荒地)。

(3)抽象性

景观动态变化具有抽象性。景观动态变化的抽象性体现在景观内部斑块之间的物质流动、能量循环和信息交换。景观单元或斑块之间的功能转换组成了一个动态变化的景观，其内在的物质、能量和信息变化往往是抽象的，因此景观动态变化具有抽象性特征。

5.2.3 景观动态和景观稳定性

景观无时无刻不处在变化之中，景观稳定性是相对于一定时段和空间的稳定性，是从另外一个方面对景观动态变化的特征的刻画。景观稳定性包括两个方面的含义：①系统保持现状的能力，即抗干扰能力；②系统受到干扰后回归原状态的能力，即受干扰后的恢复能力(傅伯杰等，2011)。因此，景观稳定性是系统抗干扰能力和恢复能力两个方面特征的产物。

同景观动态一样，景观的稳定性也具有时空尺度特征。景观稳定性的时间尺度是指人们衡量景观变化时所给定的一个变化速率的阈值，在一定时段内景观动态变化的速率低于某一特定阈值即可认为景观是稳定的(张娜，2014)；景观稳定性的空间尺度是指景观空间异质性的相对稳定性(傅伯杰等，2011)。不同尺度下，同一景观的稳定性不一定相同。因此，在说明一个景观的稳定性时，一定要指出该景观的时间和空间尺度特征(傅伯杰等，2011；张娜，2014)。

在生态系统中，稳定性本身可以通过几种不同的方式实现：①在相对容易改变的系统中(如低抗性的景观)，但会迅速回到初始状态(快速恢复和高弹性)，这种系统的特点通常就有低生物量。②对干扰具有高抗性的系统，从而在很长一段时间内保持稳定状态，这种系统的特点通常就有高生物量。③某些生态系统中可以实现物理系统的稳定性，这种系统的特点是缺少生物量。

5.2.4 景观动态变化驱动因素

景观形成、演变与动态变化受到多个方面的因子所驱动，包括自然驱动因素和人文驱动因素两个方面。自然驱动因素包括地质地貌、气候、土壤、生物、水文、自然干扰(含自然灾害、火干扰、水灾、地震、海啸、地面沉降等)，而人文驱动因素包括人口、社会经济发展、科学技术、政策、文化、人类干扰等。通常情况下，自然驱动因素常常在较大时空尺度上起作用，可以引起大范围的景观变化；而人文驱动因素常常在相对较小的时空尺度上起作用，会引起局部地区或小范围的景观变化。

(1)地质地貌

地质地貌决定着地表景观格局形成与发育，也是影响地表景观动态变化的主要驱动因素。地质地貌对景观动态变化的影响主要反映在两个方面：一是地质地貌为地表景观空间格局的形成奠定了基础，决定着大尺度上景观的空间分布特征；二是地质地貌的演变将会影响到景观动态变化的过程。

在地球上出现生命之前，地表景观主要是由地壳运动和火山爆发等形成的大量岩块和隆起的山脉。地表形态的差异和动态变化是这一时期景观差异的主要原因。这一时期的地表景观主要是地形差异及动态变化，其主要影响因素有：①地壳构造运动；②流水和风力侵蚀和搬运—堆积作用；③重力和冰川作用(傅伯杰等，2011)。图 5-6 展示了一个由于地形差异及流水和重力作用导致的景观动态演变过程。

地质地貌影响景观动态变化的特征有两个方面：①区域景观格局分布特征，地质地貌

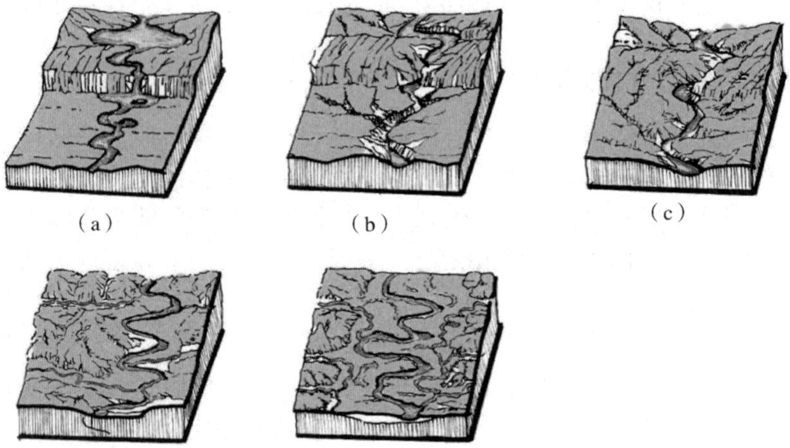

(a)　　(b)　　(c)

(d)　　(e)

图 5-6　景观演变(改自 With, 2019)

(a)早期的景观包括湖泊和瀑布　(b)由于水流长期的作用，景观发生坍塌并增加水作用力，水流切割导致更深的河道　(c)随着时间的推移，河道变宽并增加了排水面积，与周围支流一同形成河流水系　(d)泥沙负荷的增加导致了更大的沉积速率，最终形成了一个渐变的河道或冲积平原　(e)最后河道迁移导致形成了一个巨大的、复杂的冲击平原

对景观动态变化的影响主要表现在大的空间尺度上，决定了景观的宏观格局特征；②长时间尺度特征，地质地貌对景观动态变化的影响需要从长时间上判断，短时间尺度内地质地貌的影响很难体现出来。

(2)气候变化

气候变化直接影响着景观类型及其形成、发育和动态演变过程(肖笃宁等，2010；傅伯杰等，2011)。气候变化从四个方面影响景观的动态：①气候的地带性变化决定了景观的空间分布的地带性差异。在气候带影响下，地球表层沿赤道向两极分布着不同类型的景观，如赤道常绿森林景观、热带雨林景观、温带针阔混交林带行叶林景观，以及分布在高寒山区和极地圈的苔原冻土景观。②气候的季节性直接导致景观的季节动态。例如，农田景观随季节的变化种植作物、地表覆盖发生显著的变化。③气候变化也可以带来景观的地带性迁移。例如，气候变暖、降水强度和降水量变化，可能导致景观类型沿着纬度方向迁移，例如随着全球气温升高，原来分布在暖温带地区的景观类型将会逐渐向寒温带迁移，影响到景观的动态变化。④极端气候事件的发生也会影响到景观的动态变化，这种影响与极端气候事件发生的频率和强度密切相关。

(3)土壤

土壤也是影响景观动态的重要驱动因子。土壤的影响主要表现在两个方面(肖笃宁等，2010；傅伯杰等，2011)：一是土壤的形成直接影响地表植被景观的空间分布特征。气候是决定植被的主要地带性因子，植被又可以影响土壤的发育与形成，而土壤反过来又可以改变植被的动态演替，形成一个反馈环，由此作用于地表景观，间接驱动着地表景观的演变和动态变化。二是土壤的质量变化，如土壤培肥或土壤退化，均会影响到地表植被的演替，由此影响到地表景观格局的动态变化。例如，土壤肥力提高将会促进植物的生长，增加植被盖度和生物量。但是过度垦殖导致土壤质量下降，将会导致植被退化乃至于景观退化，如我国北方黑土地的过度开垦利用，导致土壤流失、土壤肥力下降、沙化等问题，可能导致以前作物生长茂盛的农田景观转变为沙化或贫瘠难以种植的退化地景观，而我国在 20 世纪 70 年代开展盐碱地改造工程则使得当初白茫茫的盐碱地景观变成如今作物茂盛生长的“米粮川”景观(图 5-7)。

（a）盐渍化改造前　　（b）盐渍化改造后

图 5-7　河北曲周土壤盐渍化改造前后景观面貌

（图片来源：张国财）

(4) 生物

生物对景观动态变化的驱动一般表现在两个方面：一是植物群落演替和变化对景观动态变化的直接驱动；二是动物的觅食、迁徙对景观动态变化的间接驱动。其中植被生长与演变在景观动态变化中起着主导作用。植物群落演替不断改变着景观外貌动态变化分布格局。植物对景观动态变化的影响是直接的，但动物定居的影响许多时候是通过改变植被的动态而产生的。动物可以通过食草、授粉和传播种子来改变植被和土壤特征，由此带来景观动态变化。

(5) 水文

地表水文过程是影响景观动态变化的重要驱动因子。水对景观的驱动作用主要表现在两个方面(肖笃宁等，2010；傅伯杰等，2011)：①水对景观格局的塑造作用，主要包括侵蚀作用、搬运作用与沉积作用。通过地表侵蚀、搬运、沉积作用，形成各种各样的地貌(景观)形态和空间格局。反之，水文过程的改变可使河流和湖泊干涸，影响景观的动态变化。例如，由于河流改道，新疆的罗布泊现在呈现在人们面前的是湖泊干涸、盐分集聚于地表的盐漠景观。②水对景观演变的支持作用。水是地球表层万物生长的基础，由此可以影响植物的生长和植被格局演替，从而影响到景观的动态变化特征。例如，我国从南到北，由于降水量差异，分布着各种各样的植被类型，由此形成了不同景观外貌和格局。此外，从我国东南到西北地区，随着降水量减少，景观也从东部森林景观田景观，过渡到森林草原景观、草原景观、荒漠草原景观、戈壁荒漠景观。这种景观动态变化的根本原因就是降水减少。

(6) 自然干扰

景观动态变化还受到自然环境中一些干扰的驱动，其结果可能是正面的，也可能是负面的，主要取决于干扰的类型和强度。适度的干扰可以促进景观的演变过程和景观多样性的提高，但是极强度的干扰会对景观产生毁灭性的结果，导致景观异质性和多样性降低。常见的自然干扰有森林火灾。火灾的直接结果是改变了景观中斑块的分布格局，影响景观的多样性；火灾也常被用作管理自然生态系统的一种方式，有助于提高土壤的肥力，清除枯枝落叶层，甚至有时可以增加物种多样性。洪水、飓风、龙卷风、地震、极端天气事件、病虫害等自然灾害常常会导致大面积景观发生变化。例如，洪水泛滥造成大面积土地淹没；飓风、龙卷风可连根清除大树和席卷农庄、城镇，改变地表景观。

(7)人文驱动因素

人口变化、社会与经济发展、科学技术进步、政策、文化观念等也可以驱动景观的动态变化(肖笃宁等，2010；傅伯杰等，2011)。

人口变化通常情况下指的是人口增长。人口增长对景观动态变化的驱动方式有多种：①直接改变区域景观类型和格局。例如，人口增加导致农业(耕地)景观和城市景观的增加，相应的草地、林地、湿地等自然景观面积将会减少，由此改变了区域的景观格局特征。②改变景观利用强度。人口增长导致对粮食需求的增加，农业不得不采取更加集约化的生产模式，牧草地的放牧强度可能增加，城市的建筑物密度也不断增加等。③可以通过人口流动间接影响景观动态变化。人口增长必然带来人口在不同地区之间的流动，从而带来人力资源、土地资源和社会资源的再分配，在一定程度上会带来景观动态变化。例如，近些年我国城市化发展过程中，农村人口不断涌入城市，导致城市不断扩张，乡村则出现耕地弃耕、空心化等问题，但同时也使得乡村地区人类活动干扰减少，一些地方生态得以修复。

社会经济和科学技术进步也会驱动区域和全球景观的动态变化，纵观人类发展历程，早期社会经济和技术的发展，加强了人类对自然的开发利用能力，促进了人类社会的进步，但是也不断加深了对自然的破坏，导致了一系列的生态环境问题。但是随着社会经济和科学技术的发展，加深了人类对人与自然关系的认识，增加了人类合理开发和利用自然的能力，推动了新技术的利用和环境保护，从而减缓人为景观的盲目扩张对景观破坏性的影响，在一定程度上降低景观动态变化，并推动景观向可持续的方向发展。

政策会影响一定区域、国家和国际的人口状况和技术发展，从而影响土地利用和景观的动态变化。国家的政治、经济体制和决策因素可以直接影响土地利用变化，还可以通过市场、人口、技术等因素影响土地利用状况。例如，在欧洲，农业环境政策的推行，推动了欧洲农业景观半自然生境的保护重建；在我国，退耕还林政策的实施，促进了黄土高原、北方农牧交错带植被的修复，极大地改变了当地的生态环境状况。

此外，文化观念的变迁也会影响到景观的动态与变化，随知识的进步、审美的变化、外来文化的影响，都会在一定程度上影响人类对于景观的管理和利用，驱动景观的动态与变化。

5.3 干扰与景观动态及平衡

5.3.1 平衡范式、多平衡和非平衡范式

范式(paradigm)一词由美国著名的科学哲学家库恩（T. S. Kuhn)在其《科学革命的结

构》提出，是现代科学哲学的一个极为重要的概念，指被科学共同体所普遍共识的并在一个相对稳定的时期内所广泛运用的，由世界观、方法论以及一系列概念、方法、规则和原理所构成的体系(李笑春，2000；邬建国，2001)。在该体系当中，科学家们就会自觉地或不自觉地遵循着这一范式来看待问题、研究问题并不断地去解难题。因此，范式不仅为科学家们提供研究方案和研究路线，而且还对科学家们如何制定可行的研究方案和研究路线起到重要的指导作用。范式是科学理论产生的媒体，且随着科学家们对范式认识的不断深化和众多的难题的解开，新的概念、理论和研究方法可能不断地涌现，推动新的范式取代旧的范式，这也即是所谓的范式变迁(paradigm shift)。范式的变迁是科学进步的动力，也是科学进步的必然产物。在生态学研究领域，就经历过平衡范式(equilibrium paradigm)向非平衡范式(non-equilibrium paradigm)、多平衡范式(multiple equilibrium paradigm)变迁的过程。

5.3.1.1　平衡范式

平衡范式源于自然平衡观。自然均衡观(balance of nature)是西方文化传统的一部分，在我国古代哲学中也有体现(如"阴阳"和"五行"说)。把自然均衡的思想引入生态学经典范式当中的最具有代表性的是美国人克莱门茨(F. E. Clements)的植物群落的演替单元顶极理论(mono-climax hypothesis)；克莱门茨的关于植物群落演替的单元顶极理论经过英国人坦斯利(A. G. Tansley)的多元顶极理论(poly-climaxtheory)和美国人惠特克(Whittaker)的顶极—格局假说(climax-pattern hypothesis)得到充实和完善；美国当代最著名的生态学家奥杜姆(E. P. Odum)将这一观点进一步发展并使之成了生态系统生态学的理论核心和基本的生态学范式(李笑春，2000)。在种群生态学中密度相关(density-dependent)理论、群落生态学中强调竞争、捕食和其他过程的致稳作用、生物地理学说中岛屿生物地理平衡理论等都是平衡范式思想在不同领域的体现。

皮克特(Pickett et al.，1994)总结了平衡体系的 5 个特征：①系统基本上封闭的；②系统可以实现自我调节；③系统具有稳定点或稳定的平衡态；④系统具有确定的变化方向；⑤系统不受外界的干扰。平衡范式认为生态系统(乃至整个生物圈)是一个封闭系统，其最重要的特征是可以趋向于达到一种稳定或平衡状态，从而使系统内的所有构成要素之间彼此相互协调，这种平衡状态产生和维持是靠着生态系统本身所具有的一种负反馈自我调节机制及其正常发挥而实现的。具体来说，平衡范式在生态学中可以理解为：生活在某一特定生态系统中的不同的种群以及群落，通过它们之间的相互选择作用、系统内的自组织起来的反馈调节作用以及生态系统内的各组成部分和要素之间的协同作用，不仅使在生态系统内的种群和种群之间、群落和群落之间甚至种群和群落之间形成一种相互协调、共同进化的发展模式，而且使得生活在生态系统中的生物部分与非生物部分之间通过选择性的适应作用，达到二者之间的彼此协调一致、共同进化的发展模式。

很长的一段时间里，生态学中生态平衡理论占有重要地位，也即是平衡范式。但近几十年来生态学的研究表明，自然界并非处于均衡状态，经典的平衡模式往往难以解释实际的生态学现象。例如，霍尔(Hall，1988)曾采用一批据称是支持平衡模型的实际数据，对几个最有影响的生态学平衡模型(包括 Logistic 和 Lotka-Volterra 的不同类型)进行了仔细地分析，在分析中他发现，所有的实际数据均与模型的预测值相距甚远。面对自然界所不断涌现出来的、大量的反常事实，驱动了生态学中的平衡范式向非平衡范式以及其他范式的变迁和发展。

5.3.1.2 非平衡和多平衡范式

随着生态学研究的深入，许多生态学现象难以用经典的平衡范式来解释，这就成为平衡范式向非平衡范式以及其他范式的变迁和发展的动力。非平衡范式强调的是生态系统的瞬时变化的一种状态、系统的开放程度，以及外部环境与系统之间的相互作用的方式和内容。具体地说，组成生物群落的物种始终都处在不断变化之中，自然界中的群落不存在全局的稳定性，有的只是群落的抵抗性(群落抵抗外界干扰的能力)和恢复性(群落在受到干扰后恢复到原来状态的能力)。因此，非平衡范式认为生态系统是一种开放系统，既受外来干扰的影响，也受其内在因素的影响。非平衡的体系没有稳定的平衡点，生态系统的变化方向也是不确定的，干扰等事件是系统本身的一部分。如果在这种系统中平衡态存在，则其仅是一定时空尺度下的一种状态。同时非平衡范式也强调在开放的系统内，与生态系统相关的物理环境的随机作用、环境变化的长期性和群落的历史因素，也强调时间和变异性在整个生态系统中的作用。

景观生态学可以说是倡导非平衡范式的典型代表。景观理论强调了系统的等级结构、空间异质性、时空尺度效应、干扰作用、人类对景观的影响以及景观管理。尽管景观生态学理论还处于发展的初始阶段，却给生态学的研究注入了新的活力并提供了新的范式。

随着现代科学的飞速发展和学科间的彼此融合与协作，有关系统非平衡态的一些理论和概念，如耗散结构理论(dissipative structure theory)、非线性数学(nonlinear mathematics)、混沌理论(chaos theory)等被逐渐引入了生态学研究之中，从而也导致了多平衡生态学理论和多平衡生态学范式的建立和发展。邬建国在将耗散结构理论与混沌理论运用于生态学研究的过程中发现，非线性反馈作用可使生态系统对某些微小扰动特别敏感，进而发生涨落歧变(Wu & Vankat, 1991)。混沌理论也表明，对于一个系统而言，影响系统状态的非随机性因子的作用并不一定意味着系统稳定性的增加，相反它也有可能会成为系统混沌产生的条件之一。

多平衡的生态学范式作为对经典的生态学平衡范式的一种扩展或取代，为自然界中的许多生态现象(尤其是在生态系统中为什么会出现多物种共存及其相对的持续稳定性的现象)提供了比较满意的解释。如霍林(Holling, 1973)利用来自水生和陆地生态系统的许多实例说明了多平衡状态的存在；草地生态学自 1989 年以来对传统的以克莱门茨理论为依据的草地生态系统有一稳定平衡状态，即顶极群落的观点进行了根本性的否定，取而代之的是“状态和过渡模式”(the state and transition model)。这一模式的要点是，草地生态系统有多种相对稳定状态，而气候变化和管理方式(如放牧、停牧、火烧等)都可以使其从一种状态变化到另一种状态(邬建国，2000)。

5.3.2 干扰和景观平衡

自然界的平衡是相对的，变化是绝对的。不同的干扰变化在自然的整体上和系统的管理上有不同的功能，有些变化是保持系统物种和过程的稳定，有些变化则对系统起负面效应，如过度的污染造成的森林破坏、世界范围的贫瘠草原的荒漠化、过度放牧和干旱综合引起的土壤流失的现象。

特纳等(1993)通过一个简单空间模型来模拟干扰和平衡的关系。在她的模型中考虑了干扰的时空尺度以及由干扰引起的景观动态，并且不受尺度的限制，可以在任何尺度上应用。在模型中，特纳认为影响景观动态和稳定性的因素主要有干扰周期(t_d)，干扰后的恢复时间(t_r)，平均干扰面积(s_d)和研究区域面积(s_r)四个因子。她对这几个因素作进一步概括，合并为分别代表时间和空间的两个参数。分别表述如下：

时间参数：　$T = t\_d / t\_r$

当 $T>1$：表示干扰的间隔期大于系统恢复时间，下次干扰来临前，系统有足够长的时间恢复。$T<1$：系统在充分恢复之前，会再次受到干扰。$T=1$：系统恢复时间等于干扰周期。

空间参数：　$S = s\_d / s\_r$

S 介于 0，1 间，当 S 趋近于 0，表示平均干扰面积远远小于研究区的景观面积；当 S 接近于 1，表示平均干扰面积接近于研究区的景观面积。

通过进行一系列的干扰和恢复的模拟，分析模拟景观所占比例随时间的变化，可以分析不同干扰条件下景观的平衡状况，清楚地表现了景观稳定性在时间参数(T)和空间参数(S)组成的状态空间上的分布(图 5-8)，很好地揭示了干扰、尺度、平衡之间的关系。

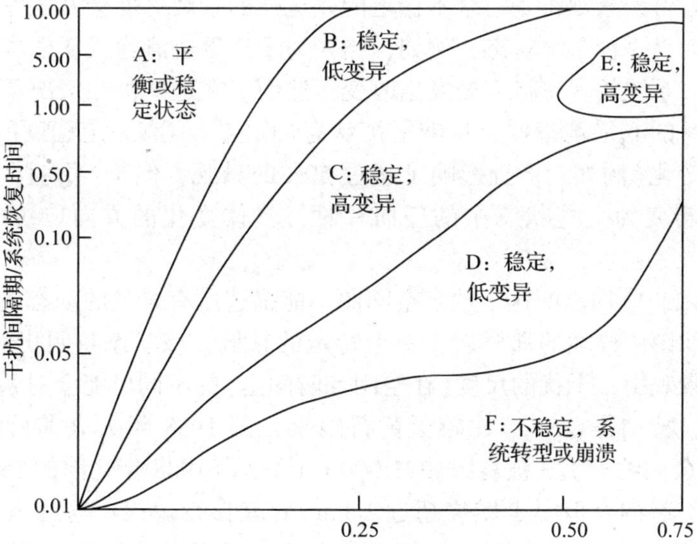

图 5-8　不同时空参数情况下系统状态说明

（改自 Turner et al.，2001）

在图形的 A 区，干扰间隔期远远大于干扰后恢复时间，并且干扰面积远远小于研究区域景观面积，大部分景观处于顶极演替阶段。演替序列的面积组成变化不大，景观处于平衡或者稳定的状态。在图形的 C 区，时间参数值与空间参数值处于基本相当的水平时，景观比例变化很大，对许多生态系统来讲，当研究范围取值在某一特定范围时，顶极群落面积和各演替序列面积相当，不同演替阶段的景观比例的变异性很高。此时，景观处于稳定但高变异的状态。在图形的E区，表示某些特定的生态系统，平均干扰间隔期与系统恢复周期相当，而当研究范围与平均干扰面积相当时，不同演替阶段的景观比例变异性极高。景观处于稳定但高度变异的阶段。在图形的B区和D区，此时时间参数与空间参数之比大于或小于C区时，不同演替阶段的比例变异相对较小，B区的景观以顶极群落为主，而D区以演替初级阶段为主。此时，景观处于稳定但变异较小的状态。图形的F区时间参数远小于1，干扰频率很高。这表明系统在上次干扰后刚刚开始恢复时，下一次干扰又会来临，因此系统总处于演替初级阶段。因此，演替阶段的景观比例变化很小，看起来很像能满足平衡。但是，该模型是在"景观中总是存在足够的繁殖体"假设的情况下进行的，如果景观总是处于演替早期，物种很难达到性成熟阶段，景观中一定会存在繁殖体短缺的问题，这时系统不仅不能平衡，而且很难维持原来的演替轨道，使整个系统向其他类型转变。此时系统处于不稳定的状态，极可能发生系统的转型或系统崩溃。图中A、B、C、D、E区都可以满足景观水平的持续性，可被认为是一种平衡，F区将完全改变其景观类型构成，属于非平衡区。由此可见，不同干扰体系下，景观会呈现不同变化模式。

传统上认为平衡的景观通常具有较低的干扰频率，较快的恢复能力。根据特纳及其同事模拟的结果，只有当扰动相对较小和不频繁(低 S 和高 T)时，也即是当景观很少受到干扰时，才会出现平衡或稳定的景观。当景观经历频繁、大规模的干扰时，景观永远没有机会恢复(高 S 和低 T)，景观将是完全不稳定的。这样的景观可能会发生完全的转变，从一种系统状态转变为另一种系统状态，例如，当人为干扰迅速清除或从根本上改变整个景观的原生栖息地时，系统的状态将完全发生改变。然而，在这些极端情况下，存在着可以产生复杂动态的广泛的非平衡条件，从准平衡状态(稳定，但有一定程度的变化)到高度变异、但可预测的变化(例如，干扰影响了超过50%的景观，但很少发生)。因此，一个给定的景观可能被转变为上述状态中的任何一种，具体变化的方向取决于其干扰动态的性质。

虽然特纳等(2001)提出的这个状态空间图不能描述所有景观的动态，也不是每个景观的动态都一定会像图中描述的那样属于一个特定的领域，该状态空间仍然很好地说明了，即使是在相同的景观中，干扰的尺度(在空间和时间上)的不同可能会对系统动态产生质的不同影响。例如，特纳等(1993)比较了黄石国家公园1988年大火前后的火灾情况，在1988年大火中，公园约有1/3被烧毁(321 000 hm^2)。而1988年之前的15年里，有200多起火灾是由闪电引起的，但很少燃烧超过1 hm^2 后就自行熄灭；这约占整个公园面积的1%(8300 hm^2)。因此，仅1988年一年的燃烧面积就远远超过此前15年的总和。为了评估这一变化的大小，他们计算了1988年之前火灾情况的时空维度分别是：$S=0.01$，因为在这15年期间有1%的公园被烧毁；$T=0.05$，因为在这一景观中，小规模闪电引起的火灾的恢复间隔约为15年，而这一森林类型的恢复时间约为300年(15/300=0.05)。因此，黄石公园景观在这段时间内至少就火灾状态而言似乎呈现出平衡状态(图5-8中的A)。幸运的是，与1988年类似的大型火灾罕见；上一次这样规模的火灾发生在1700年左右(大约288年之前)，这样的火灾的复燃间隔估计在300年左右，所以可能黄石公园又将发生一场非常大的火灾。如果 $t=1$ 和 $S=0.36$(因为公园的36%在这场火灾中被烧毁)，当从更长的时间尺度进行评估时，景观属于高度变化但稳定的状态(即高度动态的景观)。因此，景观动态特征在很大程度上受到我们分析的时间范围的影响。由于改变了我们评估火灾强度的时间周期，景观似乎从平衡状态转变为高度动态状态。如果我们改变评估干扰的空间范围，我们可以预期类似的变化将会发生(例如，如果我们评估的是几千公顷范围内的火灾，而不是整个公园)。此外，干扰对景观动态的影响是依赖于尺度的，这意味着景观是稳定的或不稳定的可能取决于其观测到的空间和时间尺度，是在该观测尺度下的一种动态状态。

5.4　干扰和景观动态观点应用

5.4.1　中度干扰假说及其指导意义

美国群落生态学家约瑟夫·H. 康奈尔(Joseph H. Connell，1978)提出了中度干扰假说(intermediate disturbance hypothesie，IDH)，该假说认为多样性(或异质性)在中间尺度或干扰程度上达到最大化(图 5-9)。根据中度干扰假说，如果干扰太频繁，在许多物种能够定居之前，群落已经被少数能够快速生长和扩散的物种所主宰(这些物种通常是先锋物种或杂草种)；如果干扰极少发生，则少数具有优势竞争能力的物种将会成为顶极物种或晚演替物种；而中等程度的干扰创造了支持物种多样性的条件，中等频率或中等大小的干扰可以允许最大限度的物种混合共存，生物多样性将是最大的。中度干扰假说的提出对当时流行的群落随时间达到平衡的观点形成了挑战，对保护规划具有明显的指导意义，由于受到中等程度干扰的地区很可能包含最大的物种多样性，自然资源保护主义者不仅将这一概念作为优先考虑自然资源保护地点的基础，而且还将其作为通过积极管理来实现自然资源保护和合理开发利用协同的理论基础，即适度资源开采利用，不仅仅不会破坏生态系统的生物多样性和生态系统服务，还可以保障系统的生物多样性较高水平和生态系统的安全和稳定，具体可以是森林的适度采伐、草原的适度放牧等。

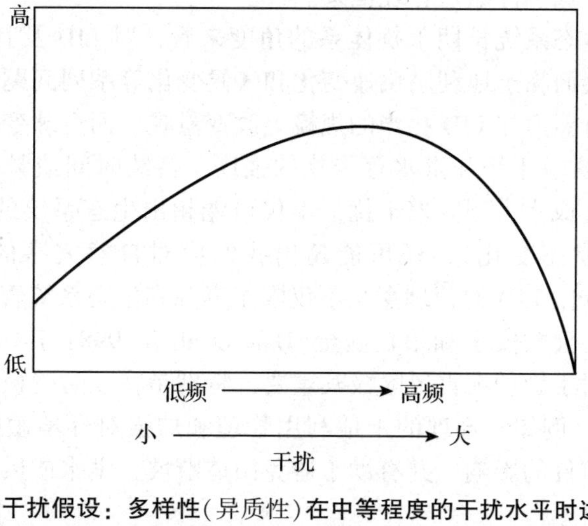

图 5-9　中度干扰假设：多样性(异质性)在中等程度的干扰水平时达到最大
(改自 Connell，1978)

5.4.2 罕见大规模干扰的管理应用

生态系统存在一些罕见大规模干扰(large infrequent disturbances，LID)对大范围的区域产生深刻的影响，甚至有可能影响生态系统的彻底重组，可能持续几个世纪或甚至几千年。虽然从人类的角度，这些罕见大规模干扰是灾难性的，但它也是许多生态系统正常的、长期动态的一部分，因此需要了解其对系统的影响，特别是如果人类希望管理它们。与中度干扰一样，罕见大规模干扰(LID)是特定于系统的，但也可以根据事件与给定系统中这种干扰类型的平均大小、持续时间或强度进行定义，例如，极端洪水事件可以定义为水深或流量(流量，m^3/s)超过了几十年来评估的平均深度或流量的两倍标准偏差(Resh et al.，1988 年)，或者可以依据系统扰动大小的频率分布情况进行评估，将分布的最末端(前 1%~10%)的事件分类为罕见大规模干扰(LID)。一般而言，人们倾向于依据人类的寿命来评估干扰对该地区的影响，如用"百年一遇的洪水"事件来表达这样规模洪水的罕见性。一般 LID 的重现时间通常以世纪为单位(100~1000 年)，从人类的角度来看，这种情况并不常见。也正是因为 LID 的偶见性和不可预测性，也导致人类对它们知之甚少，因此亟须开展研究，需要了解单个大规模干扰的影响是否等同于几个小扰动的影响，包括影响程度(面积或数量)以及对景观和生态系统的影响在质量上存在差异？如果认识到它们仅是在程度上有所不同，那么管理者可以从所了解的小扰动的影响中推断出预测或管理大规模扰动的影响。从管理或缓解的角度来看，则可以选择实施一系列较小的、容易控制的干扰来模仿或延缓更大干扰的影响。例如，可以通过大坝控制临时提高河流的流量，以模拟季节性的洪水流，然后泄洪淹没漫滩(人为造就一个可控的洪水)，以恢复湿地栖息地。或者可以人为实施一系列小规模的可控燃烧，以减少燃料负载，从而将发生严重森林火灾的风险降至最低。如果 LID 不仅在程度上不同于小干扰，而且在它们对景观和生态系统的影响方面也不同，管理者则需要了解这些差异可能是什么，并尝试制定针对这些意外事件的管理计划，将大规模干扰事件纳入管理框架。

从理解景观和生态系统长期干扰体系的角度来看，对 LID 及其影响的研究非常重要，尤其是当前人类社会面临土地利用快速变化和气候变化等系列问题时，这一领域的研究变得更加紧迫。人类有能力在 LID 相当的规模上改变景观，而全球变暖和其他气候变化将导致 21 世纪飓风、火灾、干旱和洪水等干扰的强度、持续时间或频率增加。因此，其中一些 LID 可能很快就会成为大型频繁干扰，不仅可能超出生态系统的响应和恢复能力(即超过阈值，导致系统状态变化)，还可能超出我们应对自然灾害的社会经济系统的能力(IPCC，2012)。因此，LID 的管理意义不仅限于资源和生态系统管理，还包括灾害风险管理、社会经济发展、公共安全和粮食安全(Dale et al.，1998；IPCC，2012)。土地利用规划和生态系统保护对于管理灾害风险极其重要，特别是在预防受极端气候影响而减轻灾害方面(IPCC，2012)。例如，合理的土地利用管理和加强对环境敏感地区的保护可以帮助减少各种极端干扰事件的影响，并有助于避免山体滑坡、洪水或风暴潮造成的自然灾害。

5.4.3 生态保育规划和资源管理应用

干扰体系对于景观格局的影响和作用的认识对于指导资源开发利用和景观管理具有重

要的指导意义。干扰除了破坏生态系统、群落或种群的结构，改变资源、基质的适宜性，或者是改变物理环境，也在维持生态系统/景观结构和过程中扮演重要作用，是生态演变过程中不缺少驱动因子。根据不同的资源管理目标、干扰的特性和影响，可以规划不同干扰管理策略：

①阻止、减缓、减少干扰的策略　即采取措施防控和阻止干扰，或者改变引发干扰的条件(如减少森林的燃料库数量)，减少干扰发生的频率及强度，具体的策略可能是减少燃料库，规划不利于病虫害暴发的景观等。这种管理策略的目标是避免或最小化干扰对生态系统带来的破坏和对人类资源财产带来的损失，但是也可能牺牲了干扰对自然生态系统带来的益处，并可能由于暂缓了干扰的影响，从而导致未来大规模干扰发生的可能性增加，如长期对草原小规模火灾的扑灭活动，使得草原燃料库累积，为大规模草原火灾的发生埋下隐患。

②接纳干扰，与干扰共存　此策略通常认为干扰在自然变异范围内能够增强生物多样性，规划和管理将干扰作为生态系统的自然过程，不加以人为的阻止和干预，或者主动地利用干扰来创造能最好吸收自然干扰的生态系统条件，从而可以利用干扰给生态系统带来的益处，但是这种管理战略可能伴随与系统其他部分发生意外交互作用的成本，并带来产品的减少，对人类和财产带来风险。

③模拟干扰体系　这一规划和管理策略主要基于对物种和群落适应于自然的干扰机制以及生态系统倾向于对自然扰动机制有抵抗力的认识。在这一战略下，管理者通过植被移除或者保留植被的数量、类型，在数量、类型和格局上模拟自然的干扰。然而，这一策略可能存在人为干扰管理与自然干扰不可预知差异的问题。

本章小结

干扰普遍存在于生态系统之中，是景观异质性产生和维持的重要原因，也是景观动态变化的重要驱动力，干扰驱动景观的动态变化，并可能改变景观的平衡。认识干扰体系的特征是理解自然和管理生态系统的基础。通常平衡的景观中以低频、小规模的干扰为特征，频繁、大规模的干扰可能导致景观状态的改变。资源管理过程中，可以通过模拟自然状态下干扰的频率和规模、控制人类干扰的频率和规模来实现资源的可持续利用。

思考题

1. 哪些常见的干扰可以通过景观格局的管理和优化得以调控，从而推动景观的可持续管理？
2. 试论如何通过管理干扰调控景观的动态以保障景观稳定性和可持续性。

参考文献

陈岱，舒立福，李朔南，2020. 美国森林火灾管理与策略[J]. 温带林业研究，3(2)：12-17.
傅伯杰，陈利顶，马克明，等，2011. 景观生态学原理及其应用[M]. 2 版 . 北京：科学出版社 .
郭诗宇，周新玲，石林曌，2021. 德国巴伐利亚州近自然森林经营成效研究[J]. 林业调查规划，46(1)：129-134.
李笑春，2000. 生态学范式的变迁[J]. 内蒙古大学学报(人文社会科学版)，32(4)：80-85.
王宝强，2014.《欧洲城市对气候变化的适应》报告解读[J]. 城市规划学刊(4)：64-70.

邬建国，2000. 景观生态学——格局、过程、尺度与等级[M]. 北京：高等教育出版社.
唐嘉锴，陶胜，张攀，2021. 近自然森林经营理论在岐山国有林场示范基地中的应用[J]. 农业与技术，41(12)：64-67.
BOND W J，WOODWARD F I，MIDGLEY G F，2005. The global distribution of ecosystems in a world without fire[J]. New Phytologist，165：525-538.
BOOSE E R，FOSTER D R，FLUET M，1994. Hurricane impacts tropical and temperate forest landscapes[J]. Ecol. Monogr，64：369-400.
CONNELL J H，1978. Diversity in tropical rain forests and coral reefs[J]. Science，199：1302-1310.
CRUTZEN P J，2002. Geology of mankind. Nature，415：23.
DAI A，2011. Drought under global warming：A review[J]. Wiley Interdisciplinary Reviews (WIREs) Climate Change，2：45-65.
DALE V H，LUGO A E，MACMAHON J A，et al.，1998. Ecosystem management in the context of large，infrequent disturbances[J]. Ecosystems，1：546-557.
HABERL H，ERB K H，KRAUSMANN F，et al.，2007. Quantifying and mapping the human appropriation of net primary production in earth's terrestrial ecosystems[J]. Proceedings ofthe National Academy of Sciences of the United States of America，104：12942-12947.
IPCC (Intergovernmental Panel on Climate Change)，2012. Managing the risks of extreme events and disasters to advance climate change adaptation：a special report of working groups I and II of the intergovernmental panel on climate change[M]. Cambridge，UK，and New York，USA：Cambridge University Press，
MEA (Millennium Ecosystem Assessment)，2005. Ecosystems and human well-being：desertification synthesis [M]. Washington，D. C.：World Resources Institute. Available online：http://www. millenniu-massessment. org/documents/document. 355.
MICHENER W K，BLOOD E R，BILDSTEIN K L，et al.，1997. Climate change，hurricanes and tropical storms，and rising sea level in coastal wetlands[J]. Ecological Applications，7：770-801.
MITCHELL S J，2013. Wind as a natural disturbance agent in forests：a synthesis[J]. Forestry，86：147-157.
NEWBOLD J D，et al.，2015. Global effects of land use on local terrestrial biodiversity[J]. Nature，520：45-50.
PICKETT S T A，1994. Ecological understanding. The nature theory and the theory of nature[M]. New York：Academic Press.
RESH V H，BROWN A V，COVICH A P，et al.，1988. The role of disturbance in stream ecology[J]. Journal of the American Benthological Society，7：433-455.
RUNKLE J R，1985. Disturbance regimes in temperate forests[A]. In：PICKETT S T A AND WHITE P S. The ecology of natural disturbance and path dynamics[C]. New York：Academic Press，pp. 17-34.
TURNER M G，GARDNER R H，O'NEILL R V，2001. Landscape ecology in theory and practice：pattern and process[M]. New York：Springer-Verlag.
TURNER M G，BAKER W L，PETERSON C，et al.，1998. Factoors influencing succession：lessons from large，infrequent natural disturbances[J]. Ecosystems，1：511-523.
TURNER M G，PEARSON S M，BOLSTAD P，et al.，2003. Effects o f land-cover changeon spatial pattern of forest communities in the southern Appalachian Mountains(USA)[J]. Landscape Ecology，18：449-464.
TURNER M G，ROMME W H，GARDNER R H，et al.，1993. A revised concept of landscape equilibrium：disturbance and stability on scaled landscapes[J]. Landscape Ecology，9：213-227.
VITOUSEK P M，MOONEY H A，LUBCHENCO J，et al.，1997. Human domination of earth's ecosystems[J].

Science, 277: 494-499.

WEAR D N, BOLSTAD P, 1998. Land-use changes in southern Appalachian landscapes: spatial analysis and forecast evaluation[J]. Ecosystems, 1: 575-594.

WITH K A, 2019. Essentials of landscape ecology[M]. Oxford: Oxford University Press.

WU J G, VANKAT J L, 1991. A system dynamics model of island biogeography [J]. Bulletin of Mathematical Biology, 53(6): 911-940.

第6章　景观调查与分类

景观调查是获取景观生态学数据的重要手段，尽可能地了解并收集研究地区已有的调查和分析资料是提高景观生态研究工作效率、获得预期研究成果的基础。而按照一定的标准和分类系统对景观生态系统进行分类，则是探讨周围景观格局、景观动态与生态过程之间的相关关系、开展景观评价和景观生态规划、制定区域景观格局优化和可持续管理策略的前提。本章中我们将对景观调查的内容及方法、景观分类的发展及景观分类的方法展开介绍，帮助读者了解掌握如何开展景观调查及进行景观分类，为后续景观问题的研究和景观生态规划的学习奠定方法基础。

6.1　景观调查内容与方法

6.1.1　景观调查基本概念、主要内容

景观调查是景观生态学主要研究方法之一，其主要目的是获取景观生态学数据。景观调查过程通常借鉴传统的地理学和生态学方法，并在更大尺度上与地理信息系统(geography information system，GIS)和遥感(remote sensing，RS)的原理与方法紧密结合。

生态学景观的内涵区别于环境艺术领域中的景观环境、景观设计。景观生态调查的目的是了解区域生态环境乃至生物圈内动、植物(或包括其他微生物族群)的现况与分布，通常包括：生物的物理环境调查、生态系统特征调查以及社会产业调查。景观生态学中，景观调查主要关注与生物相关的物理环境和生态系统两方面特征的调查。在实际研究过程当中，研究者也根据具体的研究需要将社会产业方面的内容列入调查范围。例如，当我们更加关注间接人为干扰对生物群落分布、景观格局变化的影响时，可以将社会管理与政策调查、环境污染源调查、交通状况、耕作管理、社会经济、文化、宗教信仰等社会产业方面的因素列入调查范围。这些资料对了解和掌握研究地区景观现状和历史发展都有很大帮助，对提高遥感数据和图像解译质量也起到重要作用。

6.1.1.1　生物的物理环境调查

生物的物理环境包括与各级生物组织相关的物理环境，如地质环境、地形地貌、水文特征、气候特征、土壤与土地资源、自然灾害等(王云才，2013)。

地质环境(geologic environment)与地质条件(geological conditions)是大地景观形成的基本动力，为人类提供矿产和能源，同时也是引发不同区域地质灾害的根本原因。因此，地质环境的承载力评价是国土空间规划的重要依据。狭义的地质环境是指地表面下的坚硬壳层，也就是所谓的岩石圈(lithosphere)。而广义的地质环境则是一个动态的系统，与水环

境、大气环境、生态环境等系统共同构成影响人类生存与发展的自然体系。此外，为生态建设与保护服务，生态环境地质(ecological environmental geology)专门研究地质环境与生物界生存、演化之间的相互影响，并着重研究环境对生物的不良影响。

地形地貌调查包括区域地貌综合调查、地貌发育史调查、地貌条件调查以及地貌之间的相互关系调查。涉及内容主要有：研究区地貌类型调查，代表性地貌类型的发育过程、成因、特征、分布与组合、资源与环境特征调查、人类活动和人类需要对自然地貌的改造和地貌资源利用，由此产生的地貌的发育、新地貌的形成以及新地貌对国民经济建设的影响。

水文调查主要包括河流水情要素调查、湖泊和沼泽调查以及地下水调查。河流水情调查具体指影响河流的各种自然与非自然因素调查、河水径流量调查、河水成分及性质调查等；湖泊和沼泽调查具体包括湖泊和沼泽的成因、湖水温度和化学成分、湖水运动和水量、沼泽所属类型以及利用改造情况等的调查；地下水调查则包括地下蓄水构造与岩石的水理性质、地下水来源、地下水的理化性质、地下水的类型以及特殊地下水的调查。

气候调查是景观生态调查的重点内容，主要包括降水调查、风情调查和气温调查，以及其他气象资料调查。降水调查具体包括研究区降水日数、降水强度、降水量以及降水量的空间分布和季节变化；风情调查包括年平均风速、最大风速、各级风速的出现频率、类型、风向和风压；气温调查包括研究区平均气温的调查、极端气温的调查、初冬霜日期和无霜期长短等。

土壤与土地资源的调查主要包括土壤类型的调查、土地资源特点、土地资源价值、土地资源与人类文明关系、土地资源丧失与退化、土地荒漠化、土地沙化、土地污染、土地的改良与资源保护等情况。

自然灾害的调查主要指灾情信息的调查，具体包括灾害发生的时间、地点、位置、规模、成因，灾害的损失情况，如受灾人口、伤亡人数、已经造成的直接经济损失、可能的间接经济损失等。

6.1.1.2　生态系统特征调查

生态系统(ecosystem)是指在一定空间中共同栖居着的所有生物与周围环境之间由于不断地进行物质循环和能量流动过程而形成的统一整体。地球上的森林、草原、荒漠、湿地、海洋、湖泊、河流等生态系统，虽然在外貌、生物组成方面有所区别，但总体上都可分为生物群落与其周围无机环境两大组分。其中，上文中所提到的地质、地貌、水文、气候、土壤等，都属于生态系统中无机环境组分范畴。而生物则占据生态系统的核心位置，生物的生存繁衍既依赖于周围的生态系统，又是生态系统发展和改变的重要动力。

生态系统生态学将生物按照营养结构划分为生产者、消费者和分解者三种组分。在一个完整的生态系统中，三种组分各司其职，对生态系统的发展发挥着不同的作用，然而，这三种生态组分在生物群落演替过程中又存在一定的共通点。因此，在生态系统调查过程中，我们通常按照“由小到大”的尺度，依次性对其中生物的“物种”“种群”和“群落”特征进行调查，最后，对整个生态系统的“能流关系”进行调查。景观生态学更加关注大尺度上生物与环境之间的关系，并通过对“基因多样性”“物种多样性”和“景观多样性”三个不同尺度上生物多样性的调查和关系研究，探讨维持生态系统平衡和可持续发展的机制。

6.1.2 景观野外调查与观测

野外调查和观测是生态学和景观生态学研究中不可或缺的方法。当前景观生态学研究中，多采用以景观生态学理论为指导，同时与遥感(remote sensing，RS)、地理信息系统(geographic information system，GIS)和全球定位系统(global position system，GPS)技术相结合的野外调查方法。在实际野外调查中，自然地理环境十分复杂，对相关地理信息的掌握程度、调查路线的设计质量和导航的准确性，直接影响调查工作的成效，甚至调查人员的人身安全(陈彬，2016)。传统形式的调查，调查人员往往对调查区域地理信息掌握不足，主要依靠个人经验和咨询他人确定调查路线，难以准确表达、记录、存档和共享路线信息；调查路线随意性较大，往往难以到达最理想的调查位置。随着“3S”技术的发展与应用，地理信息的获得变得简单易行。调查人员需提前收集整理详细的野外地理信息，优化设计精细的野外调查路线，有效地存档、备份和分享路线信息，进而实现调查时的精确导航，提高野外工作的效率和安全性。

6.1.2.1 景观的选取

现代景观生态学家通常采用通过遥感图像解译景观分布图或土地利用图的方法研究大尺度景观的空间格局，遥感图像分辨率越高，就越能反映景观空间布局的真实情况。然而，高分辨率遥感图像巨大的数据量会大大增加数据处理的难度，且价格昂贵，通常只能应用于小尺度景观的研究。利用地图数据时也有同样的问题，比例尺越大，工作量越大。实际工作中，常采用低分辨率遥感图像或小比例尺地图来突破人力、财力和技术的限制对大尺度景观进行研究。然而，这样做是以牺牲数据精度和分析结果的可靠程度为代价的。因此，实际研究往往通过小尺度或局部尺度景观的研究结果推演到大尺度景观。为了避免推演过程中由于实际景观的异质性所造成的生态系统非线性复杂性，小尺度景观应通过抽样选取，应当依据研究目的遵循一定的方法。如果总体在所研究景观的主要标志值上同质性和齐性较好，可以采用等概率的简单随机抽样方法对景观总体进行抽样。此外，景观典型调查是一种完全依靠先验知识和经验的抽样调查，是研究者在对景观总体已有一定了解和分析的基础上，根据自己的调查目的，有计划地从景观总体中抽取个别典型景观抽样单位。所抽取的景观样本是根据研究人员掌握的先验信息，认为能很好地反映景观总体特征指标的一些个体 。

6.1.2.2 与“3S”技术相结合的景观调查方法

传统的野外调查，为了进行统计处理，一般采用随机采样方法来收集数据。但是，一般的景观调查不可能进行彻底的随机采样，否则样品的总量会太大；然而，采样的数量减少会导致小面积景观的采样量不足，但这些又往往是最重要的景观。近些年来，随着遥感(RS)、地理信息系统(GIS)和全球定位系统(GPS)的迅速发展和广泛应用，野外调查变得简单易行，“3S”技术成为景观生态学研究中的重要技术工具。在大的空间尺度上，景观生态学研究所需要的许多数据往往是通过遥感手段来获取的，遥感技术的应用能有效地研究大尺度和跨尺度上的景观格局与动态；而地理信息系统作为一个极为有效的计算机工具，能够收集、贮存、提取、转换、显示和分析这些容量庞大的空间数据。此外，全球卫星导航系统使得野外调查作业变得更加安全有效。

与“3S”技术相结合的野外调查，通常以航片图像解译结果为基础，进行分层采样(stratified sampling)。这在统计学上是一个可靠的过程，因为分类中要用到的植被和土壤属性不能在影像上直接看到。因此，就可以在分区内(航片解译单元)进行随机采样。景观调查主要包括以下步骤：

(1)调查定位和对参考资料的研究

在进行野外调查之前，需要进行两方面的工作：

一是总体的调查定位。收集地形图和专题地图，对调查区及其周围环境的各种地理学和生态学文献进一步加以研究。航空影像和卫星遥感技术是生态学家目前获取大尺度上(尤其是区域或全球范围)各种生态和物理信息的主要手段。相较于遥感卫片，航空影像(包括传统航片和数字航片)具有拍摄范围灵活、分辨率高、能够反映地物细节、时效性强等特点。相应地，获得即时航片需要花费大量人力和物力，且航片质量受人为操作因素影响较大。而遥感影像则具有坐标精确、空间范围广、数据可被重复利用、可系统收集不同时段影像等优点。但在特定应用时，传统遥感影像也面临着分辨率不够高，拍摄影像受天气因素(大气和天气状况等)影响较大、实时性不够、访重周期通常较长等缺点。随着无人机技术的发展与遥感卫星的更新换代，现在景观生态学研究中，常采用将小型无人机航拍与高分遥感影像相结合的方式对景观进行分类研究。

遥感技术是大尺度景观格局动态的唯一监测手段。遥感影像本身可以为景观生态提供多种信息，包括生态学最常用的植被类型及其分布，土地利用类型及其面积，生物量分布，土壤类型及其水分特征，群落蒸腾量，叶面积指数以及叶绿素含量等。表 6-1、6-2 列出了通过卫星遥感系统可以观测到的生态学、生物物理学特征，以及在 Landsat 7 与 Landsat 8 中能够反映这些特征的波段。

表 6-1　通过卫星遥感系统观测的生态学和生物物理学特征

生态学特征	生物物理学特征
土地覆盖类型及其面积	植被冠层纤维素浓度
植被与土壤覆盖面积比例	植被冠层木质素浓度
植被冠层空隙及其动态	植物叶含水量
植被冠层高度	植被冠层水势
活生物量	土壤湿度
死生物量	植被吸收的光合有效辐射
植被指数	非植被吸收的光合有效辐射
物候期/季节性生长量	植被蒸腾
植被总叶绿素浓度	

注：根据 Ustin 等，1991。

表 6-2　Landsat 卫星波段及其能够测量的生态学特征

Landsat 7				Landsat 8				适用范围及主要生态学应用
波段	波段名	波长（μm）	分辨率（m）	波段	波段名	波长（μm）	分辨率（m）	
				1	海蓝波段	0.43~0.45	30	海岸带观测
1	蓝光波段	0.45~0.52	30	2	蓝光波段	0.45~0.51	30	识别水体、土壤及植被 识别针叶与阔叶林植被 识别人为的（非自然）地表特征
2	绿光波段	0.52~0.60	30	3	绿光波段	0.52~0.59	30	测量植被绿光反射峰值；识别人为的（非自然）地表特征
3	红光波段	0.63~0.69	30	4	红光波段	0.64~0.67	30	检查叶绿素吸收 识别植被类型 识别人为的（非自然）地表特征
4	近红外反射区	0.77~0.90	30	5	近红外反射区	0.85~0.88	30	可被水体吸收，识别植被类型及生物量 识别水体和土壤湿度
5	中红外反射区 1	1.55~1.75	30	6	中红外反射区 1	1.57~1.65	30	识别土壤湿度及植物含水量 识别雪和云
6	远红外反射区	10.40~12.50	60*（30）	10	远红外反射 1	10.60~11.19	100*（30）	用于绘制水流中的热差异、监测火灾和估计土壤湿度
				11	远红外反射 2	11.50~12.51	100*（30）	
7	中红外反射区 2	2.09~2.35	30	7	中红外反射区 2	2.11~2.29	30	区别矿物及岩石类型 识别植被含水量
8	全色波段	0.52~0.90	15	8	全色波段	0.50~0.68	30	用于锐化多光谱图像，区分植被与非植被
				9	卷云波段	1.36~1.38	30	包含水汽强吸收特征，可用于云检测

注：国内中国科学院计算机网络信息中心提供的“地理空间数据云”平台，可免费获取 Landsat 系列卫星数据、高分系列卫星数据、资源系列卫星等数据，可依据具体需求，登录“地理空间数据云”平台 http：//www.gscloud.cn/home 进行下载。

在使用遥感数据时，使用人根据实际需求对遥感数据进行融合使用，表 6-3 给出了不同 Landsat TM 影像不同波段数据融合的适用范围。

表 6-3 Landsat TM 波段合成总结说明

R、G、B	特 点
3、2、1	用于各种地类识别。图像平淡、色调灰暗、彩色不饱和、信息量相对减少
4、3、2	它的地物图像丰富，鲜明、层次好，用于植被分类、水体识别，植被显示红色
7、4、3	用于居民地、水体识别
7、5、4	画面偏蓝色，用于特殊的地质构造调查
5、4、1	植物类型较丰富，用于研究植物分类
4、5、3	(1)利用了一个红波段、两个红外波段，因此凡是与水有关的地物在图像中都会比较清楚 (2)强调显示水体，特别是水体边界很清晰，易于区分河渠与道路 (3)由于采用的都是红波段或红外波段，对其他地物的清晰显示不够，但对海岸及其滩涂的调查比较适合 (4)具备标准假彩色图像的某些点，但色彩不会很饱和，图像看上去不够明亮 (5)容易区分水浇地与旱地。居民地的外围边界虽不十分清晰，但内部的街区结构特征清楚 (6)植物会有较好的显示，但是植物类型的细分会有困难
3、4、5	对水系、居民点及其市容街道和公园水体、林地的图像判读是比较有利的

二是总体、合理地计划。此阶段需要进行的工作同小尺度传统景观调查一致，需要考虑地形的通达性及植被状况，确定野外调查的时间，制定调查所需的“调研表格”等。

(2)遥感图像浏览、分析与初步解译

航片或其他遥感图像的首要作用在于为调查区分区，提高调查的精度和有效性。航片的分析可以使调查员熟悉遥感图像上的一些主要的地物类型，通过快速浏览航片景观全貌，基于图像镶嵌体，考虑区域的地貌、植被、土地覆盖/利用、土壤等方面因素，首先将研究区粗略地分成几个主要的景观类型；而在影像的初步解译过程中，调查人员需结合图像的生态学意义，如地形、植被结构和人类文化建筑等方面的知识。对航片或遥感图片的初步解译不必太具“整体性”，但应用不同颜色、线型(点线、断线)等区分出不同类型的线条和边界，并在合适的比例尺下进行。比例尺过大会模糊景观中许多细节，降低景观调查的质量，而比例尺过小又会导致景观调查化过程花费过多的时间和经费。同时，进行初步的图例设计，为下一阶段的图像解译设计概况性的图例。之后是对影像的解译和分类，需进一步结合地形、植被结构和人类文化建筑方面的知识，特别考虑图像的景观生态学意义。

(3)野外调查与采样

野外调查与采样过程与传统的野外调查相似，通过对野外采样点进行描述，包括土壤、植被、地貌、土地利用类型以及地质、水文、动物以及其他相关属性信息。在此阶段，描述性采样是主要工作，而“野外核实”是次要工作。但大尺度上景观调查，多以景观航片的分区为前提，以获得精确而可靠的资料来描述图像解译单元，进而将它们转化成景观类型，野外调查过程中，对边界进行勘测和小尺度“核实”，以便修正解译阶段产生的错误。在此过程中，一般通过随机采样的方法来进行。其做法是：首先基于图像初步解译结果进行分区采样，然后在分区内(航片解译单元)进行随机采样。而对于小面积区域(只有几百平方千米，甚至更小)的详细调查，特别是与自然保护等有关的调查，详细植被情况非常重要，可能有必要逐个检查制图单元。此外，除应考虑比例尺之外，对于采样点的总数没有严格的规定。根据每次调查所涉及的区域特征判断，如果研究区在景观类型上已经有了合理的分类(如自然景观、农业景观、城市景观等)，对于景观属性的采样时间就可以大大缩短。除了对景观进行正确描述的数据之外，还需要针对具体调查点，收集如人类活动干扰、管理方式、历史土地利用等补充数据。

(4)景观图的绘制

景观图需要根据主题，对现实景观进行客观的图形表达。在此过程中，需要调查人员确定地图的类型以及色彩的配置等，以确保地图所显示的内容是调查人员想要表达的东西。例如，不同地物特征的各种过渡情况(水分、肥力和高程等)可用色彩的三要素"色相""饱和度"和"亮度"来表示。通过对特定地区不同时期景观类型的制图分析，可以获取景观类型及其格局在不同时期的差异，由此识别出景观的变化特征。

(5)景观制图的精度评价

对景观类型图的评价包括对遥感图像解译精度和制图单元描述的准确性的评价。前者通过对景观类型图上随机选取若干个样点，然后到野外核对是否与解译结果相一致来进行。各种景观类型都是在一定的地形和地貌部位上发育起来的，因此，属于同一类型的斑块就具有相同的特征。

6.1.3 景观调查案例

为方便使用者使用本书，下面将以北京市密云县农业景观格局对生物多样性的影响研究为例(常虹等，2012；张旭珠等，2012；Liu et al.，2015)，简单介绍景观调查在农业景观生物多样性研究中的具体应用。

(1)调查定位和对参考资料的研究

以探讨农业景观镶嵌格局对天敌昆虫生物多样性分布格局的影响为例，研究以农田中重要的天敌昆虫步甲(Coleoptera：Carabidae)为研究对象，结合早期研究资料，步甲可利用农田边界作为其越冬场所、临时避难所等(Bianchi et al.，2006；Gallé et al.，2018)，其在农田中的扩散距离一般不超过 60 m(Saska et al.，2007；赵紫华等，2012)，而步甲的分布格局受农田周围半径 500 m 范围的景观格局影响显著(Aviron et al.，2005；Batáry et al.，2007)，因此，在进行景观调查时需要使用高分辨率遥感影像(精度应不低于 1 m，以免遗漏重要的农田边界调查)，调查范围至少应覆盖研究样地周围 500 m 半径。在获取遥感影像时，首先应注意影像质量是否满足需求，然后打印出图(图 6-1)。出图时依据研究区特征及研究需要，将研究区做网格状划分，每个网格边长 1 km，并按照网格出图。将所出图片进行打印，控制打印网格边长为 50 cm，获得 1：2 000 的调查地图。

(2)遥感图像浏览、分析与初步解译

结合调查者的经验，通过对航片的分析解译，初步确定研究区密云地区以农业景观为主体并镶嵌存在部分半自然景观，结合研究目的与研究前期实际，本研究需具体调查不同景观的土地利用类型分布，设计调查表格(表 6-3)。

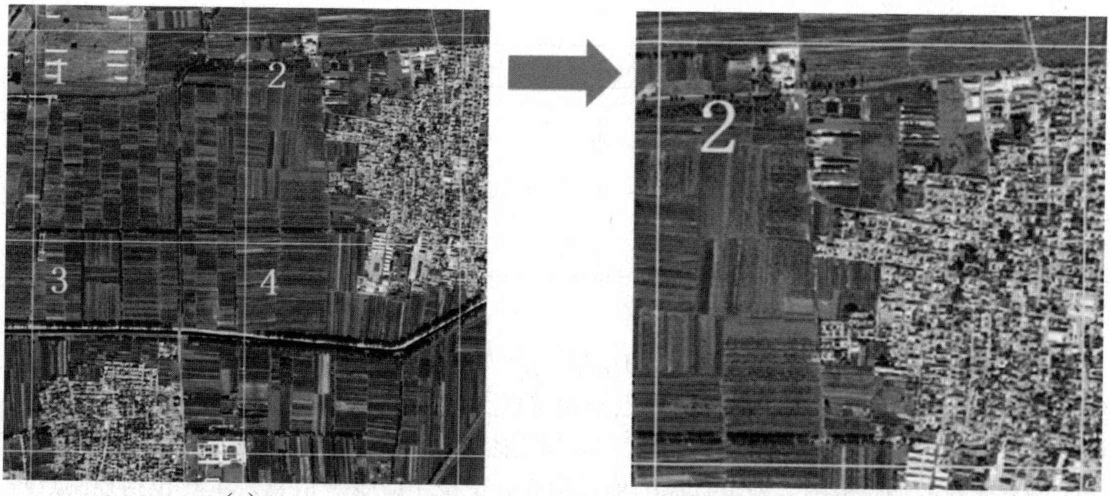

（a）　　　　（b）

图 6-1　北京密云西田各庄精度为 0.5 m 的 Quickbird 遥感影像

表 6-3　面状景观分类调查表

一级代码	一级地类	二级地类
1	农用地	小麦玉米轮作 春玉米 温室大棚 套作果园 单作果园 花生地 蔬菜 大豆 其他
2	建筑用地	居民用地 生产用地 工矿用地
3	道路	硬化道路 沙土道路 田埂
4	半自然植被	有林地 疏林地 灌木林 单行防护林 多行防护林 人工草地 荒草地 苗圃

（续）

一级代码	一级地类	二级地类
5	河流沟渠	河流 池塘 水泥沟渠 自然沟渠
6	未利用地	棕地类

(3)野外调查与采样

在调查开始前，首先应根据人员的组成，合理划分调查任务，同时合理规划调查路线，以“S”形路线为佳，以相对海拔高点作为观察点为佳，可以避免重复调查和调查缺失。调查过程中，以遥感底图为基础与参考，以实际地物为依据，将调查地图与实际地物相对应，明确实地的调查范围，划定具体的地物边界并记录相应景观信息。主要包括控制点辨认与关键地物辨认两部分，在难以进行有效辨认的情形下，可以借助 GPS 辅助定位，明确准确的实际调查边界。此外，在实际调查中，会出现模糊而无法准确划分类型的地物，在到达调查区后，应在有经验的调查人员或当地人员的带领下，选取典型区域进行简短的统一调查，统一地类辨识标准，降低调查的系统误差。

调查测绘分为两部分：上图与属性记录。上图是在调查地图上标注景观地物的各个边界，包括面状景观与线状景观，并标注每个景观的分类编号。属性记录是在调查属性表上，依据分类系统的要求，填写对应的编号、景观形态与属性信息。每天总结调查进展，注意查漏补缺、完成景观类型与景观质量的实地调绘。灵活掌握调查进度，注重各组工作与配合。

(4)景观图的绘制(景观数字化)

景观数字化是以遥感地图为基础，调查材料为模板，通过数字化工作将调绘所得信息转化为 ArcGIS 数据格式。

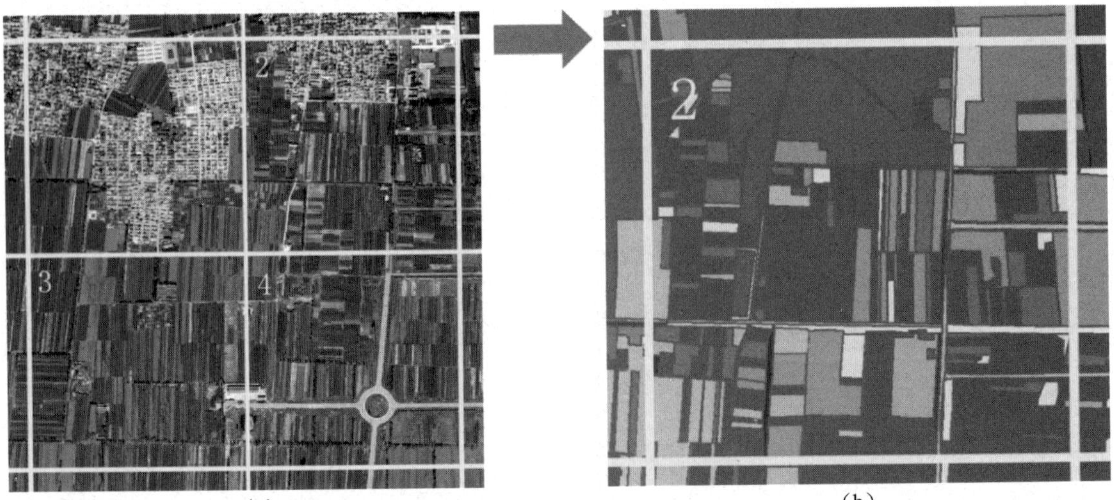

(a) (b)

图 6-2 结合实地走访调研通过 ArcGIS 对在遥感底图上进行数字化

坐标系是图层空间信息与参数的重要内容，在确定图层所选择坐标系时，最好与已有数据相统一。在完成坐标系匹配之后，还需要对空间位置不匹配的数据做几何精准矫正，以获得准确的空间关系。几何精准矫正可选用 1∶10 000 的土地利用图作为参考图层。若数字化工作是分组分块进行，在统一数据库建立过程中首先要进行图形拼接，以形成一张完整的数据图。图形拼接可以用到两个工具：一是“Overlay(叠加工具)”中的“Union(联合)”，二是“General(通用)”中的“Append(追加)”。前者在合并图层时将属性表做并列合并处理，后者将相同属性字段做归并处理。在进行图层拼接时，拼接处的图层需特别注意与修改，使属性表所记录信息统一，同时应对属性表进行检查，修改错误的属性录入。最后，应对整个图层进行拓扑检查，确保图层数据空间关系，并使之具有正确的拓扑结构。应该按照不重叠、无缝隙的原则进行拓扑检查。

6.2　景观分类概念与发展

6.2.1　景观分类概念与目标

景观生态学是以人类与地表景观的相互作用为基本出发点，研究景观生态系统的结构、功能及变化规律，并进行有关评价、规划及管理应用的学科。景观生态分类是景观生态学的重要研究内容之一，它既是景观结构、过程和功能研究的基础，又是开展景观评价、规划、保护和管理的前提条件，直接影响景观研究结果的精度和实用性(梁发超等，2011)，因此，制定适宜的景观分类体系，能够有效辨识景观类型与特征，支持景观建设与管理工作。

景观是由不同土地单元镶嵌组成，具有明显视觉特征的地理实体，它属于生态系统之上、大地理区域之下的中间尺度，兼具经济、生态和美学价值(肖笃宁等，1997；2003)。为了正确地认识自然环境，景观生态分类主要从生态学角度，根据景观生态系统内部水热状况的分异、物质与能量交换形式的差异以及自然要素和人类活动的差异，按照一定的原则、依据和指标，把一系列相互区别、各具特色的景观生态类型进行归并，将复杂的自然要素综合体划分为具有等级体系的景观类型，揭示景观生态系统的内在规律及特征，界定具有模糊和过渡特点的景观单元空间范围及边界，为开展景观格局、功能与过程的研究，乃至景观生态评价、规划与管理提供了科学的研究平台，是景观生态学成为具有独立体系的学科的重要标志。迄今为止，较为完善的景观生态分类系统多为大尺度景观分类系统，在解决实际应用问题时，通常可以按照研究目的灵活地对景观分类系统进行调整，尤其是在处理小尺度景观分类问题时，特别有必要根据当地实际情况进行独立的景观分类。

6.2.2　景观分类的发展

国内外关于景观分类有两种常用思路：①按照形态进行分类，即从传统的土地分类角度出发，融入生态学属性，加拿大的生态土地分类是这种分类方法的代表，目前较为流行的大尺度欧洲景观生态分类系统的思路也与之类似；②基于北美的景观生态学思想，按照功能进行分类，即景观是由相互作用的生态系统组成的镶嵌体，发挥相同功能特征的区域属于一个类型，进而基于生态系统类型进行分类，如农业生产景观、休闲游憩景观等(肖禾，2014）。两种思路的共同特点是均认为景观是具有等级体系的，而不同点则在于前者更强调景观的整体性，易于进行土地管理，通常有严格的分类体系和专门术语；后者更强调景观空间上的一致性和景观要素之间的相互作用，易于支持规划设计，没有严格、固定的分类系统及专门术语，进行类型划分时多从研究对象的特点和实际需要出发，分类随意性大。

6.2.2.1 国际景观分类发展

国际景观生态分类研究受到景观生态学研究的学派影响，欧洲学派注重景观规划和管理的实践，而北美学派注重景观的格局、功能和过程研究，二者在研究目的上的差别，导致景观生态分类思想有显著差异，从而形成了不同的景观生态分类体系。

北美景观生态学研究注重景观格局与生态功能，强调景观空间异质性和景观镶嵌体，通常将土地利用分类体系转化为景观类型并制图。以安德森等（1976）遥感影像分类建立的土地利用/土地覆被分类体系，既是目前应用最为广泛的土地利用/土地覆被分类体系，也是北美景观生态研究中常用的景观分类体系的依据。该分类将土地分为城市或建成区、农用地、牧用地、林地、水域、湿地、裸露地、冻土、多年积雪及冰川 9 个一级地类以及 37 个二级地类。在此基础上，福尔曼（1995）直接把土地利用/土地覆被类型等同于景观类型，并划分了城郊、水田、草地、森林、湖沼及工业景观 6 种景观类型。在 1986 年，福尔曼和戈登（1986）进一步根据人类对自然景观的干扰程度，把景观分为 5 类：自然景观（如森林景观、荒漠—绿洲景观和湿地景观）、经营景观（人工林和草地类型景观）、农业耕作景观、城郊景观和城市景观，该分类系统已被广泛应用（邬建国，2007）。

欧洲是景观生态分类的发源地之一，早期的土地利用规划及景观规划设计是景观生态制图的主要驱动因素，注重严谨的景观生态分类与分级结合的景观分类体系。1983 年，荷兰为进行土地利用规划，对全国进行景观生态制图。韦斯特霍夫（Westhoff，1970）根据景观的性质对景观进行了分类，把景观分为 4 个主要类型，即自然景观、亚自然景观、半自然景观、农业景观，但未包括人类活动最为强烈的城市景观；马雷尔（Marrel）对该景观分类进行了补充，分为自然景观、近自然景观、半自然景观、农业景观、近农业景观、文化景观 6 类；纳维和利伯曼则根据能量、物质和信息对景观进行了分类，将景观分为自然景观、半自然景观、半农业景观、农业景观、乡村景观、城郊景观和城市农业景观（Naveh et al.，1994）。

此外，德国的景观分类研究具有悠久的历史，从 20 世纪五六十年代起，自然景观规划与管理开始有了关于景观类型的划分，主要从自然和人文地理角度提出了最小景观单元的分类。例如，巴斯琴（Bastian，2000）以德国萨克森为例，研究该地区的景观分类，运用土壤图、水文图、土地利用图、生物群落图（即已有的景观图），综合运用自上而下和自下而上两种制图方式，将景观分为包含了农业产量的持续性、降低土壤侵蚀、改善径流调节、避免废物影响、维持高地下水循环 5 种景观功能类型的 14 种具体类型，从而使景观分类成了区域规划管理的一个有效工具。

6.2.2.2 国内景观分类发展

我国景观生态研究始于 20 世纪 80 年代，但早期主要为引进国外关于景观生态学的思想，90 年代景观生态分类开始受到研究者的重视，许多学者从理论和实践两个方面进行了有益的探讨和尝试。王仰麟(1996)首先提出了景观生态分类的理论方法，认为景观生态分类宜采用结构性与功能性双系列体系的分类方法，将景观系统划分为生产型、保护型、消费型及调和型 4 种类型。肖笃宁和钟林生(1998)从景观定义出发，认为由于对景观定义的理解不同，形成不同的景观生态分类体系，从而概述了景观生态分类的生态原则，提出了以自然、经营和人工等不同景观类型的特性作为分类的原则和依据。程维明(2002)则认为景观分类需结合实际区域状况，采用逐级分类的方法，提出了人类生态系统分类、区域生态分类、土地类型分类、其他土地分类 4 种景观分类系统。

景观生态分类实践应用是目前国内探讨最多的内容，诸多学者在解决区域实际生态环境问题，制定区域生态建设方略时，注重对景观生态分类体系的探索。典型区域的景观分类则是当前国内景观分类研究的主要内容，如梁发超等(2017)通过收集的土地利用现状图和行政区划图等相关图件，采用归纳分析的方法把农业服务设施景观和农村聚落景观提取出来，将北京市峪口镇农业景观划分为生产景观、农业服务设施景观、农村聚落景观、农村生态景观和非农景观，并进一步细化为峪口镇旱地景观、水浇地景观、果园景观、农村聚落景观、乡村道路景观、荒草地景观、天然水域景观、未利用空地景观等 15 类农业景观亚类。王志茹等(2021)结合世界遗产委员会提出的“世界遗产突出普遍价值，OUV”的概念，将有机演进类景观与关联性景观进行子类别的划分，重点考虑区域特有的文化景观价值特征，尝试构建了东北三省国家级风景名胜区文化景观分类体系框架(表 6-4)。此外，单一类型景观内部的体系细分也在不断深化，如孙拥康等(2016)在遵循植被分布规律和分类结果不至于过分破碎原则基础上，兼顾森林景观外部及内部结构差异，选择土地类型(地类因子)、优势树种(植被因子)以及海拔、坡度、坡向(地形因子)共 5 个变量对湖北长岭岗林场森林景观进行了分类，将全场森林景观空间划分为松类、杉类、速阔类、针针混交林、阔叶混交林、针阔混交林及无林地 7 类具有独立经营意义的景观要素类型。张舒昱等(2020)集合多时相无人机遥感影像，采用监督分类的方法对天目湖上游平桥河河口湿地景观进行了自动分类，将其一类景观划分为湿地、林地、农用地、草地和建设用地 5 个地类，并结合植被，进一步细化，最终划分为 12 个三级地类。

表 6-4　东北三省国家级风景名胜区文化景观分类体系初步构建框架

文化景观类型	类　别	子类别
有意设计类景观		历史建筑景观
		军事攻防系统及重大工程设施
有机演进类景观	遗址景观	城镇聚落遗址
		军事防卫遗址
		线路遗址
	活化态景观	聚落景观
		种植培育系统
		渔业景观
关联性景观	与信仰体系相关	儒、释、道三家信仰相关
		多元融糅的信仰传统

（续）

文化景观类型	类　别	子类别
	与观念意识相关	天人相生、物我一体的世界观 山水朝拜祭祀传统凸显的四海统一、君权神授的政治意蕴
	与文学艺术关联	
	与传统文化习俗相关	
	与历史经历相关	
	与革命纪念相关	

注：引自王志茹等，2021。

梁发超和刘黎明(2011)认为景观分类的最终目的是服务于景观评价与规划等，应用目的不同，景观分类方法也存在差异，因此，景观分类系统在实际应用过程中可根据具体研究目的进行灵活调整。随着景观生态分类理论及其分类原则的探讨，诸多学者尝试将景观生态分类理论应用于实际的景观生态分类、制图与景观评价。崔默楠等(2019)以国标分类系统《土地利用现状分类》(GB/T 21010—2017)为参考依据，以遥感影像图为调研底图经实地走访调查，在不违背土地利用分类原则的前提下，增减发生变更的土地利用类型，对河北太行山前乡村进行景观分类与制图研究，最终以邯郸市三陵乡三村为例，对其进行了三级地类划分，并进行了景观制图。Huang et al. (2020)基于资源三号卫星对中国 42 个主要城市进行了分辨率为 2 m 的城市土地覆盖制图，并对这 42 个城市的景观格局进行了分析，结果发现城市地区土地覆盖组成的差异与气候特征和城市化水平有关。以上这些研究都是当前景观生态分类方面富有成效的探索。

6.3　景观分类方法和景观分类系统

6.3.1　景观分类方法

6.3.1.1　景观分类的原则

景观分类包括单元确定和类型归并，前者以功能关系为基础，后者以空间形态为指标。景观生态分类应该按照一定的原则进行。景观分类过程中，首先，通常必须明确景观单元的等级，根据不同的空间尺度或图形比例尺要求来确定分类的基础单元。其次，景观分类应该体现出景观的空间分异与组合，也就是不同景观之间既相互独立又相互联系；景观分类要反映出控制景观形成的主要过程因子。

一般而言，景观分类遵循的主要原则如下：

(1)综合性原则

生态系统是由多种要素相互关联、相互制约构成的，具有有序内部结构的复杂四维地域综合体，因而对其分类应该体现出综合体的特征。

(2)结构与功能相结合原则

结构是功能的基础，功能是结构的反映。不同的景观生态系统类型，具有相异的内部结构，功能自然就不同。景观生态分类实际就是从功能着眼，从结构着手，对景观生态系统类型的划分。通过分类系统的建立，全面反映一定区域景观的空间分异和组织关系，揭示其空间结构与生态功能特征。景观生态分类的目的和特点，就在于综合反映景观的形态和发生两个方面的特征。

(3)人类主导与自然表征相结合的原则

景观的形成是多种因子综合作用的结果，但各种因子在景观形成中的作用是不同的，景观分类要反映出控制景观形成过程中的主要因子，如地貌与植被。值得注意的一点是，由于人类的干扰无处不在，是当前景观变化的主要主导因素，人类对自然景观的作用对象可以小至物种，大到全球生物圈，地球上的任何一种景观类型都或多或少地提供一种或多种功能以满足人类的需求。因此，景观生态系统的类型划分应特别注意人类对景观的主导因素，即以人与景观的相互关联为着眼点，特别注重景观生态系统的功能特征，通过人类利用视角，把人文因素切实纳入分类中，这是景观生态分类人文化的基本思想。景观是区域自然环境与人文社会相互耦合的地域综合体。从本质上看，自然表征原则关注景观的要素结构，主要体现在景观的结构性分类；人类主导原则注重人类对景观的功能需求以及人类活动对景观结构、功能与过程的影响，主要体现在景观的功能性分类。因此，人类主导与自然表征相结合的原则虽然是以景观主导因子为原则，但也是结构与功能相结合原则的外延。

(4)等级层次性原则

景观生态系统与其他系统一样都存在等级，景观生态分类同样存在尺度问题，其表现在景观生态分类系统中就是景观生态分类等级体系的确定。高层级等级的分类标准应该具有广泛综合而概况的特性，以稳定因素为主；低层级的分类标准则是确定小尺度景观单元的差异，可以考虑多变的因素。福尔曼和戈登(1986)等曾将景观系统分为五级，并类似生物分类中的纲、目、科、属、种来命名。他们将景观(景观种)定义为一个具有可鉴别和可重复空间结构及特定功能的异质性单元，其大小通常为几千米；景观属(type)则是一组结构相同，由同样要素以类似比例结构组成的景观，其功能主要受人类活动的直接影响；景观科(family)由具有与地貌相关的功能特征的景观属组成；景观目(order)由具有与区域气候和地带性土壤相关的共同特征的景观科组成；景观纲(class)是最高级别，通常与区域性的生物地理特征相联系。

(5)实用性原则

对景观类型的划分，应因其实用目的而定，对同一景观而言，不同的研究者，其目的不同、研究的侧重点不同，因而对景观的分类也就有所不同。考虑到人类活动对景观演化的主控性，因而当前流行的景观分类多在其高级单元中，体现出人类活动对景观形成的影响，区分出自然景观和人类主导景观。

6.3.1.2　景观分类的基本途径

地球表层或其特定区域都是由各级各类景观单元组成的空间镶嵌体。景观的生态过程一般是连续的，景观的生态要素往往是渐变的，因而，景观个体单元的边界通常具有模糊和过渡性的特点。对单元空间范围的界定和等级水平的确定，是景观生态分类研究的主要内容之一，并以此区别于单元既定的植物等分类研究。实际上，景观生态分类包括单元确定和类型归并两个方面的内容。

分类工作，一般可以从两个方向入手，即自上而下的划分和自下而上的归并。在单元既定的分类中，如果所采用的指标相同，无论是划分还是组合，结构应是一致的，两种方式可以分别或结合使用。景观生态分类所面对的客体，在地表往往是连续过渡的，边界通常是模糊渐变的，清晰明确的个体界限比较少见，多数单元只是相对独立的存在。

对景观生态系统个体单元的确定，特别强调结构的完整和功能的统一性，可以通过划分的途径来实现。景观生态系统自身的多层次性，要求划分出的单元必须隶属于相应的某一层次等级。应用研究中，目的不同，涉及的地域范围大小不同，所研究单元的层次等级通常就不同。个体单元确定的基础上，依据一定的属性特征及其指标，对所涉及层次单元进行类群归并，是景观生态分类的另一重要内容。

因此，景观生态分类的基本途径主要包括以下两类。

①自上而下的划分途径　又称为分解式分类。根据景观生态系统各个部分之间的区别，从最高等级层次开始逐级划分。首先，在能够进行整体观察的尺度上对景观生态系统进行描述；其次，根据主导标志，确定景观生态单元的个体单位范围、类型和界线；最后，在景观生态单元内，综合景观的结构与功能类型，确定景观生态立地。

②自下而上的归并途径　又称为聚集式分类。在组合途径方面，以高级的景观生态类型为基础，结合所选择的指导原则，进行逐级类群归并。首先，根据各景观生态立地的个体单位类型及界线，确定景观生态单元的类型；其次，应用地域组合规律，根据景观生态单元的相似性及差异性，综合运用聚类分析、多因子综合分析、模糊综合分析等方法将其归并为景观生态系统。

无论是自上而下的划分途径，还是自下而上的归并途径，针对具体区域的景观生态分类，一般包括以下三个步骤：第一步，根据遥感影像(航空相片、卫星图片)解译，结合地形图和其他图形文字资料，加上野外调查成果，选取并确定区域景观生态分类的主导要素和依据，初步确定个体单元的范围及类型，构建初步的分类体系。第二步，详细分析各类单元的定性和定量指标，表列各种特征。通过聚类分析确定分类结果，逻辑序化分类体系。第三步，依据类型单元指标，经由判别分析，确定不同单元的功能归属，作为功能性分类结果。实际上，前两步是结构性分类，第三步则属于功能性分类。

6.3.2　景观分类系统

国际景观生态分类研究受到景观生态学研究的学派影响，欧洲学派注重景观规划和管理的实践，而北美学派注重景观的格局、功能和过程研究，二者在研究目的上的差别，导致景观生态分类思想有显著差异，形成了不同的景观生态分类体系。

6.3.2.1　按照景观性质分类

按照植被和土壤特征所反映的景观自然度，可以将景观类型划分为自然景观、亚自然景观、半自然景观、农业景观(表6-5)。若依照栽培植物的级别差异，则可将景观分为自然景观、近自然景观、半(农业)自然景观、农业景观、近农业景观和文化景观(表6-6)。

表 6-5 按照植被和土壤形式划分的景观类型

景观类型	植物与动物	植物与土壤发育
自然景观	天然的	人类无影响
亚自然景观	完全或大部分是天然的	人类在某种程度上有影响
半自然景观	大部分是天然的	人类有强烈的影响(其他群系，而并非潜在自然植被)
农业景观	主要是人类管理	人类影响极为强烈(经常给土壤施肥并排水；杂草、新来杂草和园艺退化植物)

表 6-6 按照栽培植物级别差异划分的景观类型

景观类型	栽培植物情况	植被结构变化	植被成分变化	失去的乡土植物	得到的新来杂草
自然景观	无栽培植物	无	无	0	0
近自然景观	少	无	多数种类是自然的	<1%	5%
半(农业)自然景观	中	其他生活型占优势	多数种类是自然的	1%~5%	5%~12%
农业景观	良好	作物占优势	自然种类很少	6%	13%~20%
近农业景观	多	稀疏短命植物	种类很少到没有	—	21%~28%
文化景观	超栽培植物	—	—	—	—

6.3.2.2 按照生态流的景观分类

纳维和利伯曼(1993)根据能量、物质和信息把景观分为自然景观、半自然景观、半农业景观、农业景观、乡村景观、郊区景观和城市工业景观。他们所提出的整体人类生态系统(total human ecosystem)的概念集中了生物和技术生态系统，将最小景观单元定名为生态小区(ecotope)，最大的全球景观叫做生态圈(ecosphere)，从视觉上和空间上贯穿地理圈、生物圈和技术圈。他们所建立的景观分类系统分为开放景观、建筑景观和文化景观，分别有着不同的能量、物质和信息输入，构成了不同性质和强度的景观驱动力。

6.3.2.3 根据人类影响强度的景观分类

福尔曼和戈登(1986)根据人类对自然景观的干扰程度，把景观分为5类。

(1)自然景观

没有明显的人类影响，如赤道地区的原始热带雨林景观。这种自然景观只有相对的意义，因为完全不受人类影响的景观寥寥无几，这里所说的没有明显的人类影响指的是人类的干扰没有改变自然的性质[图 6-3(a)]。

(2)经营景观

人类可以收获的林地、草地、养殖塘等[图 6-3(b)]。

(3)耕作景观

种植的农田以及与之相伴的村庄、树篱、道路、水塘等[图 6-3(c)]。

(4)城郊景观

城镇和乡村地区，并交错分布有住宅区、商业中心、农田、人工植被和自然地段[图 6-3(d)]。

(5)城市景观

密集的建筑群，零星分布有人工管理的公园[图 6-3(e)]。

图 6-5　依据人类对景观干扰程度分类

(a)自然景观　(b)经营景观　(c)耕作景观　(d)城郊景观　(e)城市景观

6.3.2.4　中小尺度景观分类

我国现有的景观分类系统多局限于大、中尺度景观的宏观分类，而小尺度景观分类研究，对于大尺度景观变化研究结果起到了重要的补充作用，如小尺度现状植被种植是区域尺度植被覆盖增加的重要原因(Lopez et al.，2001)。虽然已经有学者开始关注小尺度景观变化的研究，但针对性研究仍然很少(Ellis et al.，2009)。肖禾等(2013，2014)在研究乡村景观评价时发现，中、大尺度的景观分类体系的数据特征，难以应对各种小尺度上的实践与研究工作需求，如田埂、防护林、树篱等线性景观要素对于农田生物多样性具有重要的保护作用(Silva et al.，2017；Zhang et al.，2020)；植被类型、配置结构与组成物种是植被发挥多种生态功能的重要参数(李良涛等，2012)。因此，建立小尺度景观分类体系，对于生态学研究显得越来越重要。在实际应用中，肖禾等(2013；2014)通过对北京大兴、邯郸市曲周县、江苏省常熟市辛庄镇等地的景观进行调查，将乡村景观类型与土地覆盖特征相结合，总结出 7 种土地覆盖类型(表 6-7)。

表 6-7　农业景观分类系统

<table>
<tr><th>土地覆盖</th><th>景观类型</th><th>补充说明</th></tr>
<tr><td>完全硬化地表</td><td>居住用地
商业用地
工矿用地
田间路
其他水域</td><td>完全硬化是指水泥、沥青等不透水材料铺装的地表</td></tr>
<tr><td>半硬化地表</td><td>田间路
其他水域</td><td>半硬化是指砂石、砾石等具备一定透水性的地表</td></tr>
<tr><td>水域</td><td>养殖坑塘
其他水域</td><td rowspan="6">其他水域包括沟渠、河流、池塘，完全硬化、半硬化与裸露地表的其他水域是指沟渠与河流的不同地表硬化状态</td></tr>
<tr><td>农作物植被</td><td>农田</td></tr>
<tr><td>自然草地植被</td><td>其他用地</td></tr>
<tr><td>乔木</td><td>果园
苗圃
人工林地</td></tr>
<tr><td>裸露地表</td><td>田间路
其他水域</td></tr>
</table>

本章小结

通过对野外样地进行景观调查，获得研究区的相关属性数据，如土壤、地貌、土地利用类型、地质、水文、生物(植物、动物、微生物等)、气候等是景观研究的基础。“3S”技术，尤其是遥感技术的发展为景观属性的调查提供了有力的工具，选择合适的遥感数据不仅有助于景观调查的开展，也是快速、便捷地获取景观数据的重要途径。景观分类是景观结构、过程和功能研究的基础，又是开展景观评价、规划、保护和管理的前提条件，直接影响景观研究结果的精度和实用性。尽管国内外学者已经发展了一些景观分类的方法和系统，但是依据研究问题的不同、研究尺度的变化以及现代景观生态学研究的不断发展，景观分类的方法也在不断地发展和演进，其最终目的是服务于景观评价、景观规划及景观管理等在实际应用的需要。

思考题

1. 生态学景观调查包含哪些内容？如何调查？
2. 景观生态分类的基本原则是什么？主要的景观生态分类方法有哪些？

参考文献

程维明，2002. 景观生态分类与制图浅议[J]. 地球信息科学(2)：61-65.

王仰麟，1996. 景观生态分类的理论方法[J]. 应用生态学报，7(sup.)：121-126.

王云才，2013. 景观生态规划原理[M]. 北京：中国建筑工业出版社.

邬建国，2007. 景观生态学——格局、过程、尺度与等级[M]. 2 版. 北京：高等教育出版社.

肖笃宁，钟林生. 1998. 景观分类与评价的生态原则[J]. 应用生态学报(2)：176-180.
陈彬，2016. 生物多样性野外调查地理信息管理、路线精细设计和精确导航方法[J]. 生物多样性，24(6)：701-708.
赵紫华，欧阳芳，贺达汉，2012. 农业景观中不同生境界面麦蚜天敌的边缘效应与溢出效应[J]. 中国科学：生命科学，42(10)：825-840.
肖禾，张茜，李良涛，等，2013. 不同地区小尺度乡村景观变化的对比分析[J]. 资源科学，35（8）：1685-1692.
肖禾，李良涛，张茜，等，2013. 小尺度乡村景观生态评价及重构研究[J]. 中国生态农业学报，21(12)：1554-1564.
常虹，张旭珠，段美春，等，2012. 北京密云农业景观步甲群落空间分布格局[J]. 应用生态学报，23(6)：113-118.
张旭珠，常虹，张鑫，等，2012. 农业景观步甲多样性时间格局及其与景观结构的关系[J]. 生态学杂志，31(12)：3127-3132.
梁发超，刘黎明，2011. 景观分类的研究进展与发展趋势[J]. 应用生态学报，22(6)：1632-1638.
肖笃宁，李团胜，1997. 试论景观与文化[J]. 大自然探索，16(2)：68-71.
肖笃宁，李秀珍，高峻，等，2003. 景观生态学[M]. 北京：科学出版社.
李良涛，Lorraine Weller，陶渊渊，等，2012. 美国市民农园生态植被景观营建及其启示[J]. 中国生态农业学报，20(7)：832-837.
孙拥康，汤景明，全永寿，等，2016. 湖北省建始县国有长岭岗林场森林景观分类研究[J]. 安徽农业科学，44(23)：137-140.
王志茹，张敏，2021. 东北三省国家级风景名胜区文化景观分类体系及价值特征[J]. 中国城市林业，19(5)：130-135.
梁发超，2017. 农业景观分类探讨及其应用——以北京市峪口镇为例[J]. 土壤，49(2)：408-413.
崔默楠，肖禾，张茜，等，2019. 河北省太行山前乡村景观分类与制图研究——以邯郸市三陵乡三村为例[J]. 天津农业科学，25(3)：68-74.
张舒昱，李兆富，徐锋，等，2020. 基于多时相无人机遥感影像优化河口湿地景观分类[J]. 生态学杂志，39(9)：3174-3184.
ANDERSON J R，HARDY E E，ROACH J T，et al.，1976. A land use and land cover classification system for use with with remote sensor data [DB]. Geological Survey Professional Paper 964. Washington：United States Government Printing Office.
AVIRON S，BUREL F，BAUDRY J，et al.，2005. Carabid assemblages in agricultural landscapes：impacts of habitat features，landscape context at different spatial scales and farming intensity[J]. Agriculture，Ecosystems & Environment，108(3)：205-217.
BATÁRY P，BÁLDI A，SZÉL G，et al.，2007. Responses of grassland specialist and generalist beetles to management and landscape complexity[J]. Diversity and Distributions，13(2)：196-202.
BIANCHI F J，BOOIJ C J，TSCHARNTKE T，2006. Sustainable pest regulation in agricultural landscapes：a review on landscape composition，biodiversity and natural pest control[J]. Proceedings of the Royal Society B：Biological Sciences，273(1595)：1715-1727.
BASTIAN O，2000. Landscape classification in Saxony (Germany)—a tool for holistic regional planning[J]. Landscape and Urban Planning，50(1-3)，145-155.
FORMAN R T T，1995. Land mosaics：the ecology of landscapes and regions[M]. Cambridge：Cambridge University Press.

FORMAN R T T, Godron M, 1986. Landscape ecology[M]. New York: Wiley.

GALLÉ R, CSÁSZÁR P, MAKRA T, et al., 2018. Small-scale agricultural landscapes promote spider and ground beetle densities by offering suitable overwintering sites[J]. Landscape Ecology, 33(8): 1435-1446.

HUANG X, WANG Y, LI J, et al., 2020. High-resolution urbanland-cover mapping and landscape analysis of the 42 major cities in China using ZY-3 satellite images[J], Science Bulletin, doi: https://doi.org/10.1016/j.scib.2020.03.003.

IVERSON L R, 2004. Adequate data of known accuracy are critical to advancing the field of landscape ecology [M/OL]. Cambridge: Cambridge University Press.

NAVEH Z, LIEBERMAN A S, 1994. Landscape ecology: theory and application, 2nd edition. New York: Springer.

SILVA P M D, OLIVEIRA J, FERREIRA A, et al., 2017. Habitat structure and neighbor linear features influence more carabid functional diversity in olive groves than the farming system[J]. Ecological Indicators, 79: 128-138.

USTIN, S L, WESSMANC A, CURTISS B, et al., 1991. Opportunities for using the EOS imaging spectrometers and synthetic aperture radar in ecological models[J]. Ecology, 72: 1934-1945.

WESTHOFF V, 1970. New criteria for nature reserves[M]. New Scientist. pp. 108-113.

ELLIS E C, NEERCHAL N, PENG K, et al., 2009. Estimating Long-Term Changes in China's Village Landscapes[J]. Ecosystems, 12(2): 279-297.

GALLÉ R, CSÁSZÁR P, MAKRA T, et al., 2018. Small-scale agricultural landscapes promote spider and ground beetle densities by offering suitable overwintering sites[J]. Landscape Ecology, 33(8): 1435-1446.

LIU Y, DUAN M, ZHANG X, et al., 2014. Effects of plant diversity, habitat and agricultural landscape structure on the functional diversity of carabid assemblages in the North China Plain[J]. Insect Conservation & Diversity, 8(2): 163-176.

LOPEZ E, BOCCO G, MENDOZA M, et al., 2001. Predicting land cover and land use change in the urban fringe a case in Morelia City, Mexico[J]. Landscape and Urban Planning, 55(4): 271-285.

PMD SILVA, OLIVEIRA J, FERREIRA A, et al., 2017. Habitat structure and neighbor linear features influence more carabid functional diversity in olive groves than the farming system[J]. Ecological Indicators, 79: 128-138.

SASKA P, VODDE M, HEIJERMAN T, et al., 2007. The significance of a grassy field boundary for the spatial distribution of carabids within two cereal fields[J]. Agriculture Ecosystems & Environment, 122(4): 427-434.

XIN H, YING W A, JL A, et al., 2020. High-resolution urban land-cover mapping and landscape analysis of the 42 major cities in China using zy-3 satellite images-science direct[J]. Science Bulletin, 65(12): 1039-1048.

ZHANG X, AXMACHER J C, WU P, et al., 2020. The taxon-and functional trait-dependent effects of field margin and landscape composition on predatory arthropods in wheat fields of the North China Plain[J]. Insect Conservation and Diversity, 13(4): 328-339.

第 7 章　景观格局分析

景观格局分析的目的是从看似无序的景观斑块镶嵌中，发现潜在的有意义的规律性。通过格局分析，确定形成和控制空间格局的因子和机制，比较不同景观的空间格局及其效应，探讨空间格局的尺度性质。景观格局有以下几个方面需要定量：①景观的组成（非空间结构）；②景观的空间构型；③景观组分或变量的自相似特征（分形特征）；④景观组分或变量的空间自相关性；⑤景观组分或变量的空间分布特征（如随机、聚集、分散或规则）或梯度，反映景观格局的趋向性；⑥景观格局的等级结构和特征尺度（多尺度格局特征）。因此，本章从景观格局定量化分析、景观指数方法、景观格局分析应用及存在问题三方面进行介绍。

7.1　景观格局定量化分析

7.1.1　景观格局定量分析概述

7.1.1.1　景观格局定量化方法

科学发展的一个重要方向是由定性化向定量化发展，定量化研究不仅可以完善已有的研究成果，而且能够促进新概念、新理论的发展，并进一步拓宽和深化研究领域。对于景观生态学来说，定量描述景观格局及其在时间上的变化是理解异质性景观格局动态与生态学过程及其相互作用的前提（图 7-1）。景观生态学是一门横跨自然和社会科学的综合性学科，其研究领域涉及生态学、土壤学、地理学、水文学、气象学，以及一系列社会和经济学科，因此，景观生态学的研究方法体现了多学科的特点。早期的景观生态学方法主要来自地植物学、土地评价学和生态学，利用航片、野外调查来研究景观的结构和功能；随着计算机科学技术的发展，特别是遥感、地理信息系统和全球定位系统为标志的“3S”技术以及模型和模拟技术的发展，景观生态学的定量化研究得到了迅速发展，这也是 20 世纪 80 年代以来，北美景观生态学迅速发展的原因。景观生态学强调空间异质性、生态学过程和尺度的关系。景观格局的定量化，特别是尺度和生态过程相互关系的定量化是景观生态学未来研究的重要领域。

景观生态学中的空间分析方法可分为两大类：格局指数方法和空间统计学方法。前者主要是分析空间上的非连续数据，如类型数据（categorical data）；后者主要分析空间上的连续数据，如数值数据（quantitative data）。计算景观格局指数的意义在于：第一，比较不同景观或研究区之间的异同；第二，表达格局结构的内在含义，这是景观生态学最基本的目的。然而，利用可观测的外部格局来表征其内部隐藏着的生态过程和机制，比人们预想的要困难得多。

格局指数已在景观生态学中得到广泛应用，但其生态学意义及对不同景观特征和分析尺度的反应尚不是很清楚。邬建国(2004)认为“如何把景观指数与生态学过程联系在一起”这一基本问题在很大程度上尚未得到解答。尺度(幅度和粒度)变化对景观指数的影响往往很显著，最近的一些研究表明，大多数景观指数随尺度变化而变化，而有些景观指数则表现出不随景观类型变化的普遍性尺度推绎规律。如何确定景观指数变化在统计学或生态学上是否显著及其显著性，是否应该或如何制定一系列标准来规范化景观指数的选择及其在环境变化监测中的应用，如何发展一些能反映社会、文化、生态多样性及异质性的整合型指数，对这些问题的回答需要理论与经验相结合。要使景观指数成为真正反映景观格局与过程相互关系的指数，必须透过指数的数字外表理解其生态学内涵，这就需要对格局与过程间的内在关系及机理做更多更深入的研究。

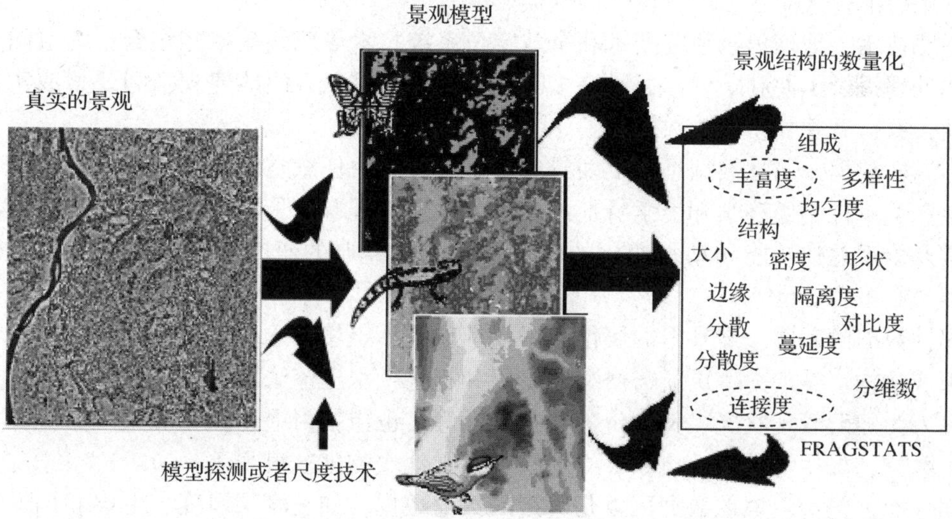

图 7-1　景观格局定量化示意(引自 McGarigal et al.，2004)

7.1.1.2　景观格局研究数据

数据是一切研究和规划工作的基础，由于景观生态研究具有自身的特点，其数据类型和来源也有自己的特点。

(1)景观生态研究的数据类型

景观生态研究数据一般包括两类，即空间数据和属性数据。

①空间数据　空间数据是反映景观要素空间位置、空间大小或规模、空间形状、空间关系的数据。由于景观生态学将景观结构、功能、变化及景观管理作为主要研究内容，特别重视景观空间结构对景观功能及其变化过程的影响和控制作用，因此就离不开空间数据。

空间位置：空间位置包括景观要素的地理位置和景观要素在所研究景观中的相对位置。在大尺度景观乃至区域生态研究中，景观要素或景观总体所在的地理位置对景观结构、功能及其动态变化特征都有重大影响，决定着景观生物生产潜力和景观承载力的基本格局，也决定着景观在气候、土壤、植被、水文等方面的本底或背景。

空间大小：空间大小或称空间范围，是指景观总体的空间范围大小，景观要素或景观结构成分的平均规模、变异程度以及大小结构(谱)等，一般用面积表示。景观和景观要素斑块的大小对景观异质性、景观生态过程、景观生境质量、景观生态功能都有显著影响，是景观生态研究中反映景观结构特征的重要指标。

空间形状：空间形状包括景观要素的斑块形状特征、边界特征和分形特征等。斑块形状对经过景观斑块间物质、能量和信息流动方向、速率和途径等都有重要意义，对生境质量、景观稳定性和斑块演替等具有决定性意义。

空间关系：空间关系是指欲研究的景观中一定类型的景观要素斑块或景观结构成分相互之间及其与其他景观要素或结构成分之间的空间位置关系。景观要素斑块之间空间关系的差异会对景观要素斑块之间生态功能关系产生不同的影响。例如，森林斑块对迹地斑块的种源作用、生境斑块之间的源—汇关系、植被斑块对河流廊道水量和水质的影响等；城市景观中绿地斑块对建成区斑块的微气候影响等。

遥感技术、地理信息系统技术和全球定位系统技术等现代技术相结合，为空间数据的收集和处理提供了便利条件，通过许多图形处理系统可以方便地建立空间要素或实体之间的空间关系，并建立相应的数据库。

②属性数据　属性数据是指反映景观要素或景观中任意空间点上的自然地理学、生物学、生态学、社会经济学和美学特征或属性的数据，既有定量数据，也有定性数据。对景观要素及景观总体功能和动态变化的研究，无论从经典的研究角度还是宏观生态研究角度，都是必不可少的。

属性数据的范围：最基本的属性数据包括地质、土壤、水文、地貌、小气候、植被类型、组成结构、生产力、更新与演替的阶段和趋势、水土流失状况、干扰的类型、强度和频度、人为经营管理状况、美学价值和宜人性等，也包括由上述数据和空间数据分析产生的派生数据，如生境适宜性指数、立地指数、立地生物生产潜力等。

属性数据类型：属性数据可以是直接的数值数据，如土壤层厚度、土壤 pH 值、温度、降水、流域径流量、侵蚀模数等；也可以是等级评价量化数据，如地位级、美感度等；可以是二值化数据，如某种植物的出现与否、某种干扰的有无等。都可根据研究内容和对象的特点进行设计。

(2)景观生态研究数据的收集

重视空间数据的收集是景观生态学的基本特征之一。根据研究对象的规模，确定合适的空间尺度或分辨率非常必要。不同的研究尺度，其数据收集方法和来源也不相同。

现有资料的收集是指尽可能地了解并收集研究地区已有的调查和分析资料，是提高景观生态研究工作效率、降低研究成本、获得预期研究成果的基础。

①专业调查资料　有许多资料可以直接利用，如研究地区的生产单位、教学科研单位开展的各种专项调查研究获得的标准地和样地调查资料，各种资源调查(植被、森林、土壤、地质、动物、植物、生境等)样地和标准地调查资料，特别是森林经理调查获得的小班调查资料和各类作业设计调查获得的标准地资料，都有比较详细的调查记录。其他相关的专业调查和研究项目所获得的资料也常有重要的利用价值，如地质调查、土壤普查、植被调查、森林立地条件调查、火灾调查或火险等级评价、水文调查观测资料、气候资料，

以及其他专业调查形成的调查资料和分析成果。这些资料对了解和掌握研究地区景观现状和历史发展都有很大帮助，对提高遥感数据和图像解译质量也起到重要作用。

②图面历史资料　收集有关研究地区的地质、土壤、气候、植被、立地条件、生境质量、火险等级、水土流失等方面的图面资料具有更重要的应用价值，许多资料可以直接作为空间数据和属性数据的数据源，有些资料可以作为辅助资料充实当前的调查资料，或者作为提高遥感图像判读精度的参考资料。特别是土壤图、植被图、立地类型图、林相图等，对于建立景观分析的图形数据库具有重要意义。

③遥感技术的应用　遥感是指通过任何不接触被观测物体的手段来获取相关信息的过程和方法。遥感技术的迅速发展和广泛应用，在很大程度上已经成为景观生态学迅速发展的基本技术条件，没有遥感技术的发展，很难设想景观生态学如何有效地对大尺度和跨尺度的景观结构、功能和过程开展研究。遥感技术不仅能够为景观生态学研究提供地理空间实体的空间位置、形态和关系，而且可以提供景观实体表面甚至深层特征，包括植被类型及其分布、植被的斑块镶嵌特征、土地利用状况及其分布、生物生产力及其分布、土壤类型及其分布、水文特征、植被叶面积指数、蒸腾及蒸发强度等各种生态学特征，它们都是景观生态研究中经常应用的基础数据资料。广义遥感包括多种获取信息的技术平台，目前常用的遥感数据获取方式有航空摄影相片和卫星影像数据(或相片)两种方式，其他形式的遥感由于应用范围和实用性小，在此不作介绍。

航空遥感：航空摄影相片的优点是空间分辨率高、历史资料多、小范围成本低，而且不同比例尺的航空相片可以提供不同分辨率的景观信息，对于景观生态研究中涉及跨尺度耦合的研究具有更重要的作用。较大比例尺的航片甚至可以清楚地判读出森林群落的林分斑块、林中空地、树种组成，明确分辨各种森林类型的边界，有效地研究群落边界的移动、形态的变化，结合林学知识甚至可以判读森林的年龄、高度，并测定森林蓄积量等林分测树因子，特别是红外假彩色航片的判读性能更好。航空相片的另一个现实优点是，资料积累时间长，便于进行景观动态研究并作为建立预测模型的依据。在美国有20世纪30年代拍摄的航片。我国也在20世纪50年代后陆续对全国大部分地区进行了大规模的航测，这些珍贵的资料为研究景观的动态变化提供了便利。

航片的使用主要是通过人工判读解译和各种转绘方法，编绘成景观底图，再经过数字化仪、扫描仪等进行数字化处理，建立景观空间数据库。因此，判读转绘程序费工费时，费用大，成本高，工作量大，开展较大范围的研究工作困难较大；同时，由于其成本较高而效率较低，拍摄周期较长，不便于提供短期的变化信息。

卫星遥感：卫星影像数据的优点是数据获取周期短、单位成本低、覆盖范围大，能在较短的时间内重复提供同一地区的地面乃至地质信息，因而成为较大尺度景观生态研究的主要数据来源，特别适合于对短期迅速变化的景观结构和生态过程进行的研究，以及对景观生态安全进行的实时监测。但与航空遥感相比，由于其分辨率较低，许多研究不能满足要求，在较小尺度景观生态研究中的应用受到一定限制。

卫星遥感数据的处理一般是通过计算机图像处理系统进行的，使用较多和比较著名的软件有ERMAP、ERDAS、PCI等，这些计算机卫星图像处理系统的普遍应用，大大提高了图像处理效率，使卫星图像数字信息成为景观结构与动态分析的重要数据源。

上述两种遥感技术都可以提供研究地区景观的空间数据和多种属性数据，满足不同尺度上景观生态研究的要求，成为相互补充而又互不替代的两种有效的数据收集手段。

④社会经济数据资料　社会经济状况数据景观结构及其变化与人类活动的关系极为密切。随着人口的增长，人类活动强度不断提高，范围迅速扩大，影响无处不在。景观生态学将人类活动方式及其影响作为重要的研究内容，因而与景观结构、功能及其变化相关的人类活动的内容、方式、强度、频度等数据必不可少。通过对研究地区的社会经济状况进行调查，可以从总体和细节上为评价和预估人类生产和生活对景观的现实和潜在压力提供依据。例如，森林产品产量、道路状况、人口密度、经济来源、农业耕作方式、畜牧业发展状况以及与森林资源利用相关产业的发展状况等。

(3)景观格局定量化方法分类

景观格局是许多景观过程长期作用的产物，同时景观格局也直接影响景观过程。不同的景观格局对景观上的个体、种群或生态系统的作用差别很大。由于景观是等级结构系统，而且有森林景观、湿地景观、城市景观和农业景观等多种类型，通过长期的多个尺度上不同的角度进行综合分析，因而逐步形成和发展了多种数量化研究方法。为了使研究方法不断完善，许多人对现有的研究方法加以总结归类。

李哈滨在介绍景观格局数量研究方法时将它们分为景观异质性指数、景观格局分析方法、景观模型和模拟3大类。傅伯杰等(2011)也按类似的3类进行介绍的。陈文波等分析了多种指标的表征作用以及指标之间的相互独立性。郭晋平等在对代县赵杲观森林公园景观生态评价研究时通过对赵杲观森林公园景观影响因素的分析，选取景观原生度、景观视觉敏感度、景观适宜度、景观健康度作为评价指标因子构建森林公园景观生态格局评价指标体系(吕志宏等，2018)。

景观生态学作为一门新兴学科，相应的数量化研究方法也在不断发展和完善过程中，许多其他相关学科中发展起来的方法被介绍到景观生态学研究中来，特别是基于地理信息系统的Fragstats景观格局数量化分析软件的出现，极大方便了景观生态数量化研究工作的开展。但应当指出，一是Fragstats软件包所提供的分析指标还不够完整，许多新的方法还没有反映出来；二是Fragstats软件虽然解决了指标计算问题，但并不能做出分析结论，还存在许多信息重复、交叉，甚至矛盾的指标，需要研究者进行具体分析，如果对各指标的数学意义和生态学意义缺乏了解，很难对这些指标的计算结果做出科学的分析并得出可靠的结论。因此，景观生态研究和规划人员在进行景观格局分析时，应当对方法论特点及其意义有基本的了解。

近年来，景观生态学的数量方法不断涌现。一些以往的空间数据分析方法重新受到重视(Pielou，2011；Greig-smith，1983)。这些指数定量地描述景观异质性，可用于比较不同景观，从而有助于研究异质性如何影响景观的结构、功能和过程。

7.1.2　景观格局定量分析的重要性

景观生态学的发展依赖于数量化研究方法的发展，有效的数量化研究方法将对能够研究哪些景观生态学问题起决定性作用，景观水平的研究需要建立和发展一些新的数量化研究方法来定量地描述空间格局，比较不同景观，分辨具有特殊意义的景观结构差异，以及确定景观格局和功能过程的相互关系等(Turner and Gardner，1991)。

学科的发展在很大程度上取决于其研究方法的完善和发展。景观生态学作为生态学的一个新的学科分支，不仅给生态学带来了许多新思想和新概念，在研究方法上也为生态学家提供了新的发展方向，体现出许多特点和新的要求(Turner and Gardner，1991；伍业钢，2010)。具体表现在：

①由于景观是一个宏观系统，景观生态学研究是一种在较大时间和空间尺度上的研究，是以往经典生态学不够重视的大时空尺度特征，其观测和研究的时间和空间尺度都要比生态学其他分支(如生态系统生态学)大得多，常常要涉及大量的空间数据，传统的数量化模型不能完全适应新的要求。

②过去生态学中许多常用的方法都是为研究同质性(homogeneous)系统而提出并发展起来的，而景观是一个异质性等级系统(heterogeneous hierarchical system)，需要研究的是多变量复杂过程，一般的数量化方法无法满足需要，而不同等级水平上系统的异质性和同质性交错，给景观生态学研究带来了新的困难和要求。

③与过去经典生态学研究相比，景观生态学的大尺度实验研究更加困难，特别是跟踪调查需要的时间长、花费大，某些植被景观的演替周期要远远长于人的生命周期，需要更多地采用模型化方法进行模拟和预测研究。

④景观的空间结构是景观的重要属性，景观生态学研究就是对一组异质性生态系统的空间属性及其相互关系的研究，空间数据的获取和分析是景观生态学研究的重要特征。对景观格局进行定量描述和分析，是揭示景观结构与功能之间的关系，刻画景观动态的基本途径。景观生态研究重视空间数据的分析，以及空间数据与属性数据的结合，广泛而深入地应用地理信息系统技术是景观生态研究的特点之一，也是区别于其他生态学分支的重要标志。

因此，景观生态研究离不开遥感、地理信息系统、计算机和数学模型等技术的发展。随着计算机技术的发展，数据处理和分析能力的提高，使景观生态学家可以通过景观数量化方法对景观格局和过程进行分析，描述和度量景观异质性、确定景观的时间和空间格局、模拟景观过程，以解决生态学理论问题和景观规划、建设、管理和保护中的实际问题。

7.2 景观指数方法

7.2.1 景观指数概述

7.2.1.1 景观指数及其作用

景观指数是指能够高度浓缩景观格局信息，反映其结构组成和空间配置某些方面特征的简单定量指标。景观格局分析3个层次是：单个斑块(individual patch)；由若干单个斑块组成的斑块类型(patch type 或 class)；包括若干斑块类型的整个景观镶嵌体(landscape mosaic)。因此，景观格局指数也可相应地分为斑块水平指数(patch-level index)、斑块类型水平指数(class-level index)和整体景观水平指数(landscape-level index)。斑块水平指数往往作为计算其他景观指数的基础，对了解整个景观的结构不具有很大的解释价值。

斑块水平上的指数包括单个斑块面积、形状、边界特征以及距其他斑块远近有关的一系列简单指数。在斑块类型水平上，因为同一类型常包括许多斑块，所以可相应地计算一些统计学指标(如斑块的平均面积、平均形状指数和形状指数标准差等)。此外，与斑块密度和空间相对位置有关的指数对描述和理解景观中不同类型斑块的格局特征很重要，如斑块密度(单位面积的斑块数目)、边界密度(单位面积的斑块边界数量)、斑块镶嵌体形状指数和平均最近邻近体指数等。在景观水平上，除了以上各种镶嵌体形状指数外，还可以计算各种多样性指数(如 Shannon-Weaver 多样性指数、Simpson 多样性指数、均匀度指数等)和聚集度指数。

景观指数在景观规划、不同景观之间的对比、景观结构随时间的变化、土地利用评价、环境规划和城市绿地系统布局等方面有重要的作用。

7.2.1.2 景观指数方法

与空间统计学方法不同，景观指数法仅适用于分析基于斑块镶嵌体的类型数据(如植被类型、土地利用类型或土壤类型)的种类组成和空间构型，而不能用于直接分析连续的数值型数据(如碳—水循环变量)的变化趋势。景观组成(landscape composition)指景观中的斑块种类(variety)及其多度(abundance)，仅用于反映景观水平的非空间结构特征，具体包括斑块类型及其数量、每一个斑块类型的面积比例，以及整个景观的丰富度(richness)、均匀度(evenness)、优势度(dominant)和多样性(diversity)等。景观空间构型(landscape spatial configuration)指斑块、斑块类型或景观水平的空间特征和排列、位置、走向(或各向异性)等，包括 3 个方面：①单个斑块的空间特征(spatial characters)(如面积、周长、边缘、形状、核心区面积)；②单个斑块特征在斑块类型和景观水平上的汇总和统计分布(如斑块数量、斑块密度、边缘密度，以及斑块面积、形状和核心区面积等的平均值、面积加权平均值、最大值、最小值、极差、中数、方差、标准差和变异系数等)；③斑块类型和景观水平上的斑块或斑块类型的空间关系(spatial relationship)(如邻近度 proximity、隔离度 isolation、对比度 contrast、蔓延度 contagion、分散度 interspersion、连通性/连接度 connectedness/connectivity)，以及它们的统计分布。

通常可在 3 个水平上计算景观指数：斑块水平、斑块类型水平和景观水平(表 7-1)。斑块(水平)指数是基于单个斑块的指数；斑块类型(水平)指数是针对某类斑块中所有斑块的指数；景观(水平)指数是针对整个景观中所有类型斑块的指数(图 7-2)。其中，斑块类型水平的许多指数与生境的破碎化密切相关，因此也常被称为破碎化指数(fragmentation metrics)。

表 7-1 3 个不同水平上的景观指数

水 平	主要识别的格局特征	例 子
斑块	单个斑块的空间特征及其所处的背景	(1)斑块的大小：许多脊椎动物需要一定大小的适宜生境斑块 (2)斑块的核心区的大小：一些物种的存在和分布与斑块边缘的比例呈反比，而与斑块内部的比例呈密切的正相关关系
斑块类型	单个斑块类型的数量和空间构型	某个斑块与同类其他斑块之间的邻近度/隔离度和对比度可决定该斑块是否可被某个生物体占据和利用
景观	整个景观镶嵌体的空间格局(组成和构型)	景观斑块的多样性：对研究野生生物的多样性十分有用

景观指数分析主要有以下步骤：以研究目的和方案为指导，选择合适的尺度，收集和处理景观数据，将真实的景观转换为栅格数据和矢量数据，选用适当的格局研究方法进行分析，最后对分析结果加以解释和综合。目前，有些景观指数已经开始逐步耦合特定的生态过程，也有些指数，如考虑物种迁移能力的景观连接度指数，耦合格局与土壤侵蚀的渗透指数等。

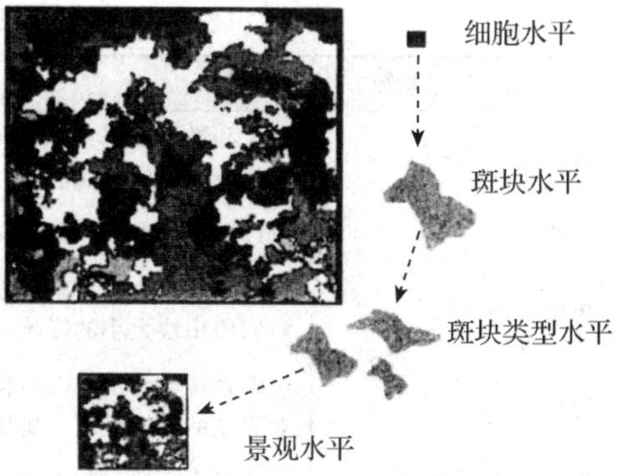

图 7-2　不同水平上的景观指数

7.2.2　常用景观指数及生态意义

7.2.2.1　面积和边缘指数

面积和边缘指数(area and edge metrics)主要指对象的面积周长的大小、数目、密度等指数。主要包括如下指标：

- 斑块面积(patch area)：实际景观的大小，可以从地图上直接量算。、
- 斑块数(number of patches，NP)：某一景观或斑块类型中所有相关斑块的数目，包括整个景观的斑块数量(NPI)和单一类型的斑块数量(NPC)。
- 斑块平均面积(average patch area)：整个景观的斑块平均面积=斑块总面积/斑块总数；单一景观类型的斑块平均面积=类型的斑块总面积/类型的斑块总数量。
- 斑块密度(patch density，PD)：单位面积内的斑块总数。
- 最大斑块指数(largest patch index，LPI)：最大斑块所占的比例。
- 边界密度(edge density，ED)或边缘密度：单位面积的斑块或者类型的长度。

面积、密度与边缘相关的指数是景观属性的基本特征，一般用于描述景观的状态。最大斑块指数和边界密度在一定程度上可以代表景观的破碎化水平。图 7-3 是具有相同斑块面积的边界密度对比，可以看出，面积与边界密度需要结合分析。FRAGSTATS 软件也可以计算出斑块面积的统计分布，研究斑块的面积大小符合哪种数理统计分布规律，不同的统计分布规律揭示出不同的生态特征。另外，也可以计算斑块面积分布的方差指数，通过方差分析，揭示斑块面积分布的均匀程度。主要的面积和边缘指数的生态学应用意义见表 7-2。

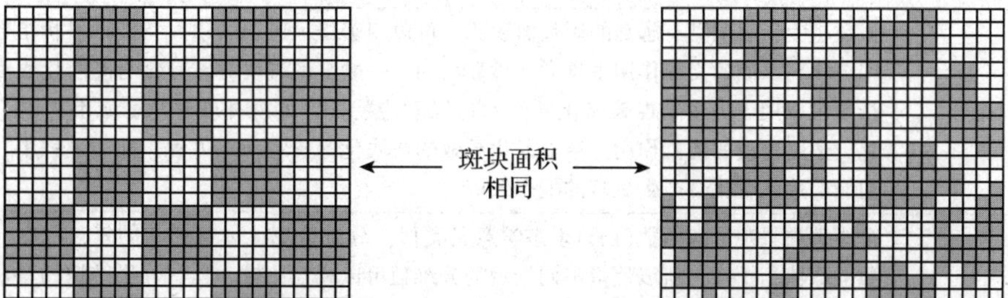

图 7-3　具有相同斑块面积的边界密度对比

表 7-2 主要面积和边缘指数的生态学应用意义

面积和边缘指数	生态学意义
斑块面积	最大和最小面积具有不同的生态意义，间接揭示景观斑块完整性。例如，大型自然斑块往往具有栖息地的功能
斑块数	可以用于测度某一景观类型范围内景观分离度与破碎性最简单的指标
斑块平均面积	在一定意义上解释景观破碎化的程度，也可以比较不同景观的粒度特征。例如，耕作管理对农田田块大小的影响
斑块密度	反映景观被分割的破碎化程度，同时也反映景观空间异质性程度，在一定程度上反映人为对景观的干扰程度。斑块密度越大，破碎化程度越高，空间异质性程度也越高
最大斑块指数	反映最大斑块对整个类型和景观的影响程度。最大斑块指数越大，表明影响作用力度越大
边界密度	用于揭示景观或类型被边界分割的程度，是景观破碎化程度的直接反映，边界密度越高，反映景观破碎度越高。同时，边界密度越大，表明景观(类型)的边缘效应显著，开放性强，易于同周围斑块的物质、能量流流通

7.2.2.2 形状指数

形状指数(shape metrics)主要是刻画景观要素边界特征的指数，常用的景观指数包括周长面积比、形状指数与分维数等。景观形状指数(landscape shape index，LSI)有两种形式：一种是以圆为参照几何形状；另一种是以正方形为参照几何形状。当斑块形状为圆形或者正方形时，其数值最小为 1，斑块的形状越复杂或越扁长，LSI 值就越大。

分维数可以直观地理解为不规则几何形状的非整数维数，应用较为广泛。对单个斑块而言，其形状的复杂程度可以用它的分维数来量度。斑块分维数由公式求得：

$$F_d = \frac{2\ln(P/k)}{\ln A} \tag{7-1}$$

式中，P 是斑块的周长；A 是斑块的面积；F_d 是分维数；k 是常数。

对于栅格景观而言，$k=4$。一般来说，欧几里得几何形状的分维数为 1；具有复杂边界斑块的分维则大于 1，但小于 2。在用分维数来描述景观斑块镶嵌体的几何形状复杂性时，通常采用线性回归的方法。分形结构最重要的特征之一是自相似性(self-similarity)，即整体结构可由其结构单元的反复叠加而形成。景观形状指数的生态学应用意义见表 7-3。

表 7-3 主要形状指数的生态学应用意义

形状指数	生态学意义
景观形状指数	指数越大，表明具有越高的周长面积比，可以用于指示斑块的边界特征。形状指数越大，表明斑块与基质的交互作用也越大，指数增加，一般来说斑块的破碎化与离散化程度增加。该指数可以用于描述景观破碎化导致的边缘效应特征，如森林破碎化、城市扩展、海岸线变化、道路建设的切割作用、草地退化导致的斑块化等景观动态过程。此类过程中，往往斑块边缘的形状变化会产生更多的生态效应
分维数	分维数与景观形状指数(LSI)生态学意义类似，分维数更能体现形状的复杂程度。由于分维数的取值为 1~2，所以使得不同景观的分维数可以相互比较。具有分形结构的景观，其斑块性在不同尺度上应该表现出很大的相似性。如果分维数在某一尺度域上保持不变，那么该景观在这一尺度范围可能具有结构的自相似性。如果分维数随着尺度域改变，那么这些变化的转折点有可能指示景观具有等级结构

7.2.2.3　核心面积指数

核心面积指数(core area metrics)是核心面积占斑块面积百分比的一个相对指数(即由核心面积组成的斑块的百分比)。主要是考虑边缘深度的情况下，核心面积的大小。在FRAGSTATS计算中，需要输入边缘的深度，总的核心面积指数等于每个斑块核心面积(m^2)的总和，核心面积指数可以为零，最大值无上限。当斑块内所有位置都在斑块周长指定边缘深度距离内时，数值为零。当斑块形状趋于简化，边缘深度距离减小时，总的核心面积趋近于总景观面积。该指数主要是通过边缘效应深度的设置，来分析核心面积受到的影响情况。

7.2.2.4　对比度指数

对比度是指在一定的范围内，与生物体或过程相关的相邻斑块类型之间一个或多个生态属性的差值的大小。斑块与邻近斑块之间的对比度会影响一些重要的生态过程，如"边缘效应"受斑块对比度的影响显著，微气候变化的程度(例如，风、光的强度和质量等)也会受对比度高低的影响。同时，对比度也会影响生态功能的差异，如栖息地斑块和周围景观之间的对比度可能会影响物种的扩散模式和生存，从而间接影响斑块的隔离程度。

常用的对比度指数(contrast metrics)如边缘对比度指数，对比度权重边缘密度，总边缘对比度指数等。其中对比度权重边缘密度(CWED)等于相应斑块的边缘总长度乘以对比权重除以总景观面积。沿着景观边界的边缘可以作为背景处理，除非景观边界明显的边缘类型可以通过边界信息被清晰地划分。该指标没有上限。当数值为零时，景观中没有斑块类型边缘；CWED随着斑块类型边缘的增加和相应斑块间的对比度增加而增加。

对比度指数可以用于分析不同景观的差异变化，如城市与森林对比度要高于森林与灌丛的对比度，通过设定对比权重，分析景观的镶嵌或者梯度化的程度。

7.2.2.5　聚集度指数

聚集度指斑块类型在空间上聚集的趋势，即出现大斑块、聚集性或蔓延性分布的趋势。此属性也常被称为景观纹理。聚集度主要用于描述景观中的相关概念：分散、散布、细分和隔离。这些概念中在描述聚合度中具有细微的差别。聚集度可以反映不同斑块与类型在景观中的空间配置所产生的相关关系，主要有邻近指数(proximity index，PROX)、相似邻近性指数(percentage of like adjacencies，PLADJ)、景观蔓延度指数(contagion，CONTAG)、散布与并列指数(interspersion and juxtaposition index，IJI)、有效栅格面积(effective mesh size，MESH)、景观聚集度指数(aggregation index，Al)和凝聚度量(COHESION)指数等。不同指数在描述景观单元配置的时候，从不同角度入手，有一定的差别。

聚集度指数(aggregation metrics)系列计算不同层次上斑块的邻近程度、相似程度，最近斑块的欧氏距离或者邻近斑块的累计面积方法，可以用于与景观空间格局变化相关的研究中，例如，计算栖息地破碎化的程度，栖息地的隔离与邻近程度如何影响景观功能。也可以计算人类干扰活动下，如森林景观破碎化、城市扩展的空间聚集状态等。聚集度指数的具体含义与生态学意义见表7-4。

表 7-4 聚集度相关指数含义及其生态学应用意义

聚集度指数	含义	生态学意义
邻近指数(PROX)	斑块尺度上，邻近指数计算的是斑块的面积总和除以某一斑块类型的所有斑块边缘到中心斑块边缘之间最小距离的平方	邻近度指数越高，说明斑块相互作用越高，被隔离程度低。例如，可以描述城市绿地与其他绿地的邻近程度
相似邻近性指数(PLADJ)	用于度量同一类型斑块的聚集程度，为针对 i 斑块类型其相似邻近(连接)的像元数除以 i 斑块类型与左斑块类型间邻近(连接)的像元总数，并换算为百分比	针对某一种斑块类型，其斑块极度分散不连接，则值为 0，当景观中只有一种斑块类型，则值为 100
景观蔓延度指数(CONTAG)	描述景观中不同斑块类型的团聚程度或延展趋势，取值范围为 0~100。理论上，值较小时表明景观中存在许多小斑块；值趋于 100 时表明景观中有连通度极高的优势斑块类型存在	蔓延度指数值大，说明景观中的某种优势斑块类型形成了良好的连接度；反之，则表明景观是具有多种要素的密集格局，景观的破碎化程度较高。蔓延度指数明确考虑斑块类型之间的相邻关系，能够反映景观组分的空间配置特征。有学者利用蔓延度表征森林景观的空间配置
散布与并列指数(IJI)	描述景观中某一种斑块类型与其他斑块类型的邻近状况，取值范围为 0~100	当某一种斑块类型只与其他一种斑块类型邻近，则值趋于 0，而当某一种斑块类型与景观中其他所有斑块类型都邻近时，值等于 100
有效栅格面积(MESH)	斑块面积平方之和与总面积的关系函数，融合了景观组分与空间格局信息	可以更为综合、客观地表征景观的破碎化状况，有效栅格面积越小，破碎化程度就越高。有研究表明，特定物种的存在与有效栅格面积密切相关
景观聚合度指数(AI)	取值范围为 0~100。当某一斑块类型的破碎程度达到最大化时，值等于0；随着聚集程度不断增加，值不断最大；当斑块类型聚集成一个紧实整体时，值等于 100	聚合度指数用来表示不同斑块类型(包括相同类型之间的相似节点)相邻出现在景观图上的概率，景观水平上可以理解为给定景观组成情况下相似节点的最大可能数
凝聚度量(COHESION)	类型水平尺度上，取值范围为 0~100。当景观中某斑块类型的比例降低并且不断细化，连通性降低时，值趋近于0。随着景观中该斑块类型组成比例提高，值相应增加。景观水平尺度上其取值范围还不确定	在斑块类型水平上，该指标衡量的是相应斑块类型的自然状态连通度，充分地反映了渗透理论。在景观尺度水平上，指标的作用一直没有确定。其生态学意义是表征斑块间的物理连接度，即仍然从结构上考虑，没有考虑生态过程

7.2.2.6 景观多样性指数

景观多样性是指不同类型的景观在空间结构，功能机制和时间动态方面的多样化和变异性。Fragstats 软件中的景观多样性指数(diversity metrics)主要是描述不同景观类型在空间分布上的多样性，主要是丰富度与均匀度的度量。传统的群落物种多样性指数也可以被借鉴到景观生态学研究中。例如，利用景观中嵌块体生态系统类别数来表征景观的丰富度，在信息论基础上建立的 Shannon 多样性指数(*SHDI*)等。

其中，Shannon 多样性指数的公式如下：

$$SHDI = -\sum_{i=1}^{m}(P_i \cdot \ln P_i) \tag{7-2}$$

式中，P_i 为 i 类型斑块所占面积百分比；m 为景观中斑块类型的总数(不包含景观边缘的斑块)。

Shannon 多样性指数取值范围大于等于 0。当景观中只有一个斑块时，其多样性指数为 0，随着景观类型的增加或者随着不同类型的景观类型分布的更加均衡，多样性指数也会随之上升；若各类斑块所占的景观的比例差异增大，则景观多样性指数降低。图 7-4 与图 7-5 表征的是具有相同类别数目的不同景观格局的 *SHDI* 对比与具有相同斑块类型面积的景观格局 *SHDI* 对比，可以看出，该指数不仅与斑块类型数目、斑块面积有关系，同时与空间的分布均衡程度也有较大的关系。

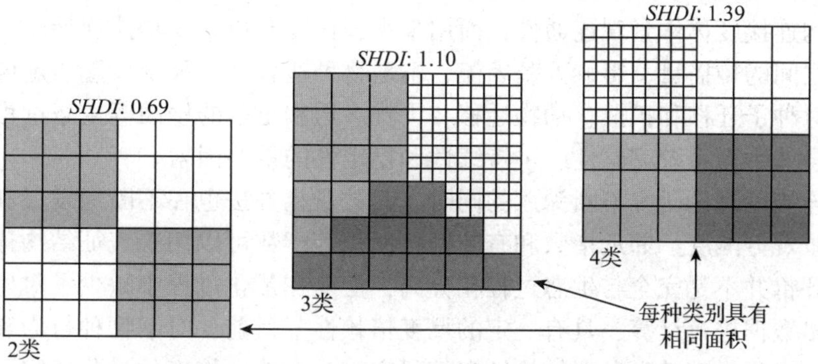

图 7-4　具有相同类别数目的不同景观格局的 *SHDI* 对比

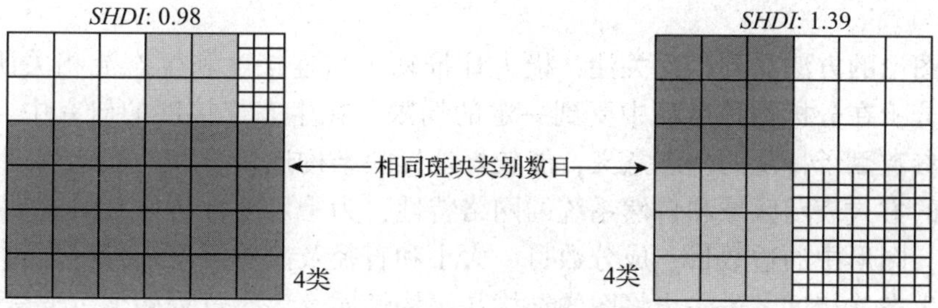

图 7-5　具有相同斑块类型面积的景观格局 *SHDI* 对比

Shannon 多样性指数是应用最为广泛的指标之一，该指数能反映景观异质性，特别对景观中各斑块类型非均衡分布状况较为敏感，即强调稀有斑块类型对信息的贡献，这也是与其他多样性指数不同之处。在比较和分析不同景观或同一景观不同时期的多样性与异质性变化时，*SHDI* 也是一个敏感指标。例如，在一个景观系统中，土地利用越丰富，破碎化程度越高，其不确定性的信息含量也越大，计算出的 *SHDI* 值也越高。

此外，应用较多的多样性指数包括 Shannon 均匀性指数、Simpson 多样性指数与均匀度指数，其生态学意义与 Shannon 多样性指数类似。均匀性指数是景观均匀度(evenness)的量度指标，它反映景观中不同类型的斑块分布的均匀程度，将其定义为“景观实际多样性指数与最大多样性指数之比值”，这一指数为比较不同景观或同一景观不同时期多样性的变化提供了一种有力手段。

多样性的指标主要是表征景观斑块的复杂性、斑块类型的齐全程度或多样化情况。包括斑块的丰富均匀度、镶嵌度和连接度多样性指数等。描述景观多样性的意义在于保证物种和遗传多样性，间接反映景观生产力水平与景观功能稳定性特征。

7.2.2.7 景观连接度指数

景观连接度在生态学中的含义是指景观促进或阻碍生物体或某种生态过程在资源斑块间运动的程度，其可以表征景观连续性的度量与斑块和路径之间的不关联性。景观连接度包括结构连接度(structural connectivity)和功能连接度(functional connectivity)。结构连接度是指景观在空间结构特征上表现出来的连续性，与景观要素的空间分布特征和空间关系密切相关，可通过对景观要素图进行拓扑分析加以确定。功能连接度比结构连接度要复杂得多，它是指从景观要素的生态过程和功能关系为主要特征和指标反映的景观连续性。也有人将景观结构连接度称作景观连通性，而用景观连接度专指景观功能连接度。景观连接度决定了斑块之间的传播量，影响到基因流、本地物种适宜性、灭绝风险、定居概率与生物迁移潜力，对种子迁移和扩散、动物迁移、干扰渗透和土壤的侵蚀等生态过程具有重要影响，是维护自然生态系统完整性、可持续性和稳定性的重要因素。

在景观连接度理论研究不断深入的同时，其数量化方法也在不断地发展和完善。最近距离指数、景观分隔度、邻近指数和有效栅格面积等指数可以用来表征结构连接度。虽然这些指数的评价并不是完全与生态过程相分离，但是在量化过程中缺少了对生态过程的反映。基于栅格数据进行计算，具有一定的尺度依赖性。目前，对于物种行为和空间分布等过程的模拟以及景观变动下种群结构动态等研究，为功能连接度的量化奠定了基础。最小耗费距离、邻域统计、电路理论、图论和矩阵理论等为景观连接度模型提供了新的思路(张娜，2014)。

目前，图论的方法受到广泛关注，极大地推动了与连接度和生态流相关研究的发展。传统的栅格分析在分析物种运动中受到一定的局限。在生态连接度的研究中，基于图论，对图形要素参数赋予特定的生态意义，能较好地反映结构连接度和功能连接度，以一种直观和可视化的方式表示区域和自然系统的网络特性，为跨尺度分析以及景观动态的直接表示提供框架。图形中的边数目、成分数目、大小和直径及简单测度指标等通过对图的结构的测度反映生态连接度。进一步将图的结构与斑块性质、生态过程阈值等要素联系的综合指数在实际应用中更具有适用性。不同的学者先后提出了流动指数(flux)、相关长度指数(correlation length)、综合连接指数(integral index of connectivity，IIC)、概率连接指数(probability connectivity，PC)等进行区域景观功能连接度评价(Saura and Pascual-Mortal，2007)。其中，以 PC 指数应用较为广泛，其公式如下：

$$PC = \frac{\sum_{i=1}^{n} \sum_{j=1}^{n} a_i \cdot a_j \cdot p_{ij}^*}{A_L^2} \tag{7-3}$$

式中，a_i 为斑块 i 的面积；a_j 为斑块 j 的面积；p_{ij}^* 表示在斑块 i 和 j 之间所有可能的路径中的最大迁移概率。

通过对动物的迁移扩散的调查分析，可以设置不同的扩散距离。从而计算出斑块与景观尺度上连接度的水平。

许多景观连接度的量度方法常因其不确定性而受到强烈质疑，而且，目前也缺乏对量度方法的验证，需要进一步发展不同的方法，以评价和检验不同的景观异质性形式和动态行为是如何影响景观连接度模型模拟、指数计算和分析结果的，这将对推动连接度研究具有重要的作用(张娜，2014)。

景观连接度的提出和应用，对景观生态学在生物多样性保护与生物资源管理方面具有重要意义。景观连接度是生态过程和生态功能的测定指标，也有学者将结构连接度称为连通性，即反映景观不同组分在空间格局上的联系，或反映某个斑块类型的不同斑块之间的物理联系。景观连接度不仅描述景观的组成特征和空间分布格局(结构连接度)，而且还定量描述景观中不同生物群体之间以及不同斑块之间在生态行为、生态功能和生态过程上的有机联系(功能连接度)，即景观连接度与具体的研究对象或生态过程相结合(张娜，2014)。对生物群体来说，它定量描述不同生物群体单元或生物栖息地之间的生态过程上的联系。景观规划与管理的目的，关键是增强景观元素相互间的连接度。对于规划，通常情况下是增加一些景观元素或减少一些景观元素，由此将导致景观结构的变化，进而影响到景观生态功能的变化。

7.3　景观格局分析应用及存在问题

7.3.1　景观格局分析现状及问题

景观格局指的是景观要素在实际空间上的排列情况，其能够针对不同大小、不同形状的景观要素排列情况进行全面且细致的研究。因此，对景观格局进行分析研究，就是针对景观中的要素格局、发展过程、相互关系进行研究，对研究整体景观的后续发展、生态作用、功能范围等均有非常重要的铺垫作用。

景观空间格局、景观功能和景观动态是景观生态学研究的核心内容，而对景观格局进行定量分析，则是研究格局与过程相互关系的基础(Tischendorf，2001)，也是研究景观动态和景观功能的关键(Zhang et al.，2005)。此外，景观格局分析还在资源管理和生物多样性保护等方面起着重要作用(Gustafson，2019)。也正是这些原因，使景观格局分析自 1980s 以来在北美乃至全球的景观生态学研究中一直占据重要地位(Turner，2005)。

目前景观格局分析可分为两种：泛泛的景观格局分析和针对特定生态过程的景观格局分析(陈利顶等，2008)。所谓泛泛的景观格局分析是指针对一定的研究区域，利用传统的景观格局指数，描述该区域的景观类型组成和结构特征。这类景观格局分析在早期的研究中占优势，绝大多数的景观格局指数都是在这种景观格局分析过程中提出来的。针对特定生态过程的景观格局分析是在景观生态学家充分认识到格局—过程关系的重要性以后被提出来的，是景观格局分析的更高层次，它将在当前及未来的景观格局分析中占据主导地位。作为景观格局分析的重要手段，景观格局指数的提出与发展极大地推动了景观生态学的发展，但是由于众多景观格局指数在指示生态学过程方面的不足，近年来景观格局分析已经走入困境。

7.3.1.1　景观格局分析方法的限制

20 世纪 80 年代景观生态学迅速发展初期，景观格局指数在景观格局分析中发挥了重要作用。利用景观格局指数，人们可以将纷繁复杂的自然现象用一些简单的数值表示出来，极大地增强了人类认识自然的能力。同时，由于有了简便易行的景观生态学指数和景观格局分析软件的出现，才使得景观生态学得到了蓬勃发展。景观格局分析方法作为景观生态学发展过程中不可或缺的重要内容，其分析方法的研究进展以及使用效果将直接影响到景观生态学的后续发展。

然而当前常用的景观格局指数虽然在景观生态学的发展初期起到了非常重要的促进作用，对帮助人们认知自然、认知景观、分析景观生态等均发挥了积极帮助。随着时间发展和科技发展，人们认知能力不断提高的情况下，景观生态学家已不再满足于单纯的景观格局刻画，逐渐将研究重点转向格局与过程相互作用关系的探讨方面，并希望能够用一系列景观格局指数来表现这种相互关系。在此情况下，以往常用的景观格局分析方法并不能满足当前景观生态学研究重点的方法需求，诸多景观格局指数只能描述当前景观的发展现状以及发展特征，却不能帮助人们对景观生态的发展过程、景观格局的形成关系、生态与格局之间的相互关系进行研究描述，如斑块面积指数、边界形状指数等，指数本身并没有生态学意义。它们所能描述的也只是景观的现状和总体特征，无法反映具体生态过程与景观格局的相互关系，不能满足更高层次景观格局分析的要求。因此，景观格局分析方法的发展制约了景观格局分析的发展，也导致景观格局分析在景观生态学中的重要作用逐渐下降。如何建立具有生态学意义的景观格局指数，或者挖掘现有景观格局指数的含义，成为目前景观生态学工作者面临的突出问题之一。

7.3.1.2 景观格局分析中不确定性的限制

在不同的时空尺度下，建立格局与过程之间相互联系的首要问题是：如何将景观格局数量化，使景观格局的表示更加客观、直观。遥感技术为景观调查及其定量化提供了新的途径，地理信息系统为景观格局的定量分析提供了有效的手段，新理论的发展为景观格局的定量分析奠定了理论基础。虽然如此，但对景观空间格局分析结果的准确性究竟如何呢，有学者明确地指出景观分析中误差问题的普遍性和严重性(Hess，1994)。景观格局定量分析的不确定性的存在，导致分析的置信度受到质疑，妨碍景观生态学在实践应用中的指导作用。

首先，定量分析的数据源的不确定性。遥感方法是景观格局分析的最重要的信息获取手段，也推动了景观生态学向纵深两个方向的发展(李书娟等，2002)。利用遥感影像进行景观分类，必须先根据研究目的建立合理的分类系统，然后选择合适的方法进行分类。由于研究人员对景观的认识水平和景观对象的了解程度的差异，都会影响分类精度。另外，由于抽样调查、遥感数据、景观分类等方面都存在不同程度的不确定性，这些都将导致景观格局定量分析的不确定性。

其次，景观格局定量分析方法的不确定性。常用的量化景观格局的方法，是把获取一个特别的空间格局的信息作为一个简单变量。这些变量就是通常所称的景观指数。景观指数是反映景观结构组成和空间配置特征的简单定量指标。由于遥感与 GIS 技术的发展，加上计算各种景观格局指数的免费软件的出现，使得研究者很容易对景观格局进行定量化分析，使研究更深入和得出有意义的结论。但是，现有的景观指数非常多，且其中大量景观指数相关性大。李秀珍等(2004)就景观格局指数对不同景观格局的反应进行了分析，指出大量的景观指数所指示的格局特征往往是不全面的，也各有其局限性。不同的指数对空间幅度和粒度有不同的敏感性，表现出显著的尺度效应。尺度效应是景观指数指示不确定性的重要表现。

最后，定量分析过程与解释的不确定性。景观格局定量分析结果的合理分析与解释十分重要，但其解释没有统一的范式，很多是基于经验和研究的对象而论。大部分景观指数所指示的格局特征往往是不全面的，特别是有些景观指数，因研究对象的不同有很大的差异，甚至指数之间相互矛盾。

7.3.1.3　实际问题解决能力的限制

景观格局分析是以基质—斑块—廊道为基础建立的格局理论。然而其建立基础虽然拥有良好的理论研究功能，却始终缺乏对实际问题的解决能力，甚至连如何应用该种理论以解决现实中的生态景观问题都缺乏具体的实例。因此，景观格局分析虽然具有良好的理论基础，却始终缺乏现实应用能力，这是制约景观格局分析发挥作用的一项重要原因。

7.3.2　景观格局分析发展趋势

(1)从静态格局描述发展至动态格局刻画

当前景观生态学的研究重点多集中在景观发展格局与景观发展过程之间的相互作用关系上，然而研究领域中被研究的景观格局多为静态格局，例如土地利用现状图、景观类型描述图等，其只能代表某一时刻景观发展的信息特征。随着未来景观生态学的发展，其研究重点必然会进一步转移到对动态景观格局的研究上，而景观格局分析也必然伴随着景观生态研究内容的发展而发生转变，通过对景观格局分析的改进将以往的静态分析转变为动态分析，使得以往静态的格局分析发展为具有动态变化属性的分析，有效满足景观生态学的发展需求。

(2)综合应用多种景观格局指数完成分析

当前景观格局分析中虽然涌现出越来越多的新型景观格局指数，但景观格局指数本身具有一定的针对性和适用性，针对不同景观格局进行研究所得到的指数集必然存在一定的差异性。因此，在未来景观格局分析的发展过程中，需要一种既能够全面反映景观格局特征，也能够与具体生态过程相关联的景观格局指数集，以此充分应用多种景观格局指数，充分反映景观格局的不同层面。

综上所述，近年来景观格局分析在景观生态学发展中的重要地位虽然略有下降，但景观格局分析作为景观生态学发展的一项重要推动力，其在后续发展过程中必然会伴随景观生态学的发展而不断取得进步。只要能够充分解决当前景观格局分析在实际发展和应用中所面临的各项困境，其在后续景观生态学的发展过程中必将发挥更加重要的作用。

本章小结

景观格局分析的用途主要是定量地描述景观结构，建立景观结构与景观功能和过程之间的相互关系，进而使我们能从景观结构上的变化来推断景观功能和过程上可以发生的变化。本章从景观的定量化分析及景观指数两个方面，系统地阐述了景观格局分析的功能及意义。其中，景观的定量描述为我们提供了一种监测区域性生态变化的手段，而景观格局指数则是从不同角度度量了景观异质性，是概括含量巨大的景观空间数据的一种行之有效的方法，计算简便，针对性和可比性强，容易理解。因此，基于景观指数的景观格局分析在城市规划及生态规划设计方面具有广泛的应用。然而，景观格局分析虽然具有较完善的理论研究功能，但是在实际应用中存在分析方法的限制、分析不确定的限制、解决实际问题能力的限制等，同时众多景观格局指数在指示生态学过程方面存在不足，因此，景观格局分析方法和相关指标的完善和发展仍然景观生态学未来一段时间内研究和发展的重要内容之一。

思考题

1. 景观格局指数的分析和应用有何作用和意义，存在哪些问题和缺陷？
2. 查阅文献，举例说明如何应用景观格局分析结果指导景观生态规划。

参考文献

陈利顶，刘洋，吕一河，等，2008. 景观生态学中的格局分析：现状，困境与未来[J]. 生态学报，28(11)：11.

傅伯杰，陈利顶，马克明，等，2011. 景观生态学原理及应用[M]. 北京：科学出版社.

吕志宏，张芸香，郭晋平，2018. 基于GIS的代县赵杲观森林公园景观生态评价研究[J]. 农学学报，8(7)：46-55.

李书娟，曾辉，2002. 遥感技术在景观生态学研究中的应用[J]. 遥感学报，6(3)：8.

李秀珍，布仁仓，常禹，等，2004. 景观格局指标对不同景观格局的反应[J]. 生态学报，24(1)：123-134.

邬建国，2004. 景观生态学中的十大研究论题[J]. 生态学报，24(9)：2074-2076.

伍业钢，2010. 生态修复，生态服务多功能开发与旅游业的发展[C]. 中国农工民主党中央委员会.

张娜，2014. 景观生态学[M]. 北京：科学出版社.

GUSTAFSON E J，2019. How has the state-of-the-art for quantification of landscape pattern advanced in the twenty-first century[J]. Landscape Ecology，34(9)：2065-2072.

GREIG-SMITH P，1983. Quanlitative plant Ecology[M]. 3rd ed. Oxford：Blackwell scientific publications.

HESS G，1994. Pattern and error in landscape ecology：a commentary[J]. Landscape Ecology，9(1)：3-5.

PIELOU E C，2011. An Introduction to Mathematical Ecology[J]. Bioscience，24(2)：7-12.

SAURA S，PASCUAL-HORTAL L，2007. A new habitat availability index to integrate connectivity in landscape conservation planning：comparison with existing indices and application to a case study[J]. Landscape and Urban Planning，83(2-3)：91-103.

TISCHENDORF L，2001. Can landscape indices predict ecological processes consistently[J]. Landscape Ecology，16(3)：235-254.

TURNER M G，2005. landscape eocology in North America；past，present，and future[J]. Ecology，86(8)：1967-1974.

TURNER M G，GARDNER R H，1991. Quantitative methods in landscape ecology：an introduction[M]. New York：Springer-Verlag.

ZHANG M Y，WANG K L，LIU H Y，et al.，2005. Study on the changes of landscape pattern with elevation in Baiyangdian watershed[J]. Journal of Arid Land Resources & Environment，19(4)：75-81.

第8章 景观模型与模拟

由于时间和空间尺度的限制，在景观水平上很难通过野外控制实验来研究现实世界的景观动态现象和内在动力学机制。因此，构建景观模型，模拟不同情境下的景观动态变化就成为了解涉及自然和人为影响因素的现实世界的一种有效手段。通过合理景观模型的建立，可以模拟特定情境下景观生态系统的结构、功能或过程，揭示其规律，并预测未来景观的变化，为景观管理和规划提供科学依据。近年来，随着现代信息技术的快速发展，景观模型与模拟研究已成为景观生态学研究的热点方向之一。本章中，我们将介绍景观模型的概念、主要类型、建模过程，以及应用时需要注意的事项，并在此基础上介绍景观过程模型、景观智能模型、景观耦合模型几种主要的景观模型。

8.1 景观模型

8.1.1 模型概述

8.1.1.1 模型

模型，是对现实世界复杂性的一种简单的表述方法。它通过对一个现实复杂事物进行抽象化和简单化的表述，从而紧紧抓住事物最主要的特性和功能。模型可以有不同的形式，例如：语言模型、图表模型、实物(如飞机、轮船、建筑等)模型以及数学模型等。模型的作用主要在于：①更好地认识事物，特别是抓住事物最本质的东西；②帮助对系统的了解，找出关键问题和研究重点及方向；③帮助预测系统的行为，了解在一定条件下系统发展的趋势和后果，指导生产决策。一般来说，在生态学中所谈到的模型主要指数学模型。

数学模型，尤其是计算机模拟模型，在景观生态学研究中占有十分重要的地位。景观模型的重要性和必要性体现在以下几个方面(邬建国，2000)：第一，由于受时间、空间以及设备和资金的限制，在大尺度上进行实验和观测研究往往困难重重，而模型可以充分利用所得的有限数据；第二，在实际景观研究中，很难找到两个在时间和空间上相同或相似的景观，重复性研究往往不可能，而这一问题可通过模型模拟来帮助解决；第三，景观空间结构和生态学过程在多重尺度上相互作用、不断变化，对于这些动态现象的理解和预测必须要借助于模型；第四，景观模型可以综合不同时间和空间尺度上的信息，成为环境保护和资源管理的有效工具。与其他生态学领域相比，景观生态学模型的应用更广泛、更具多样性。

8.1.1.2 数学模型

数学模型定义各异，一般定义为：为了某个特定的目的，对现实世界的某一特定对象进行必要的假设和简化后所作的数学描述。模型通过数学的分析处理，能够在深层次上解释原型的现实形态、预测原型未来的状况并提供处理原型的控制或优化决策。基本要点主要有：①数学模型是由一定的数学符号，按照一定的数学系统结构组成的，它是系统行为的定量化表示方法，具有普适性；②数学模型用来反映系统和客观事物之间的关系，研究系统的行为以及预测变化规律。

例如，1798 年，马尔萨斯(T. R. Malthus)研究人口增长时提出人口的相对增长率是一个常数，用微分方程表达就是：

$$\frac{\mathrm{d}N}{N\mathrm{d}t} = r \tag{8-1}$$

在初始条件下，把它积分就得到：

$$N = N_0 \mathrm{e}^{t} \tag{8-2}$$

式(8-1)、式(8-2)就是世代连续的单种种群在无限环境中增长的数学模型，其中 r 在生物学上的意义是内禀增长率，是个正值。这个模型不符合实际系统，是个理想的模型，因为“无限环境”实际上并不存在，或者说，只能在种群数量较小的情况下近似地存在。如果对它进行改进，考虑实际的环境，就会得到逻辑斯蒂(Logistic)曲线方程。

数学模型所研究的现实原型可称为系统，每个数学模型都对应着一个系统。以上数学模型对应着无限环境中的一个物种的种群数量动态系统。

一般情况下，建立数学模型需要明确以下几个要素：

①常数　不随时、空尺度发生变化，通过大量研究来确定。式(8-2)中的 e 就是一个特殊的常数，它的值是 2.71828……。

②参数　每次计算中可以取不同数值的量，而在给定的一次计算中参数数值是一定的，或者在特定系统的特定过程中参数的数值是保持不变的，如式(8-1)中的 r。

③变量　随数学模型所描述系统的过程变化而不断变化的量。变量可以分为控制变量、状态变量和输出变量 3 种。控制变量是系统的输入变量，是可以控制的量，影响着系统的状态，而初始输入状态变量又叫初始变量。如式(8-1)、式(8-2)中的 t 即控制变量。状态变量，简单地说，就是规定系统在时刻 t 时所处状态的最少的一组变量。输出变量是指控制变量影响状态变量后系统的输出。就式(8-1)而言，N 为状态变量，就式(8-2)而言，N 可看成系统的输出变量。对于较复杂的系统，控制变量、状态变量和输出变量就不止一两个，但可以较明确地区分出来。

④汇和源　是指物质和流流入的子系统，源是指物质和流流出的子系统。

⑤函数关系　用来描述组成模型的各种常数、参数、变量之间的相互关系。生态学数学模型中的函数关系是按照生态学的假定或原理建立起来的。

8.1.1.3 系统分析

现代生态学的发展，与模型和系统分析方法的运用密不可分。系统分析是系统模型建立的基础，一个模型的合理性取决于系统分析的水平和对系统的认知程度。所谓系统分析就是要研究：①一个系统包括有哪些组成部分(组分)及其相互作用(系统的部分关系)；②系统的边界及其输入和输出(系统与外系统的关系)；③系统的行为即系统的整体功能表现；④系统随时间的变化即发展动态。通过系统分析还可将某个系统中的物理学或生物学概念和系统的相互关系翻译成一套数学系统关系(即用数学符号和方程来表达的关系)，即系统模型，并对由此得到的数学系统进行操作运算，从而对这个系统的特性和行为作出更明确的识别、分析、判断和预测。系统分析在生态学上得到广泛的应用，并发展为系统生态学，它已成为现代生态学的一个独立分支。

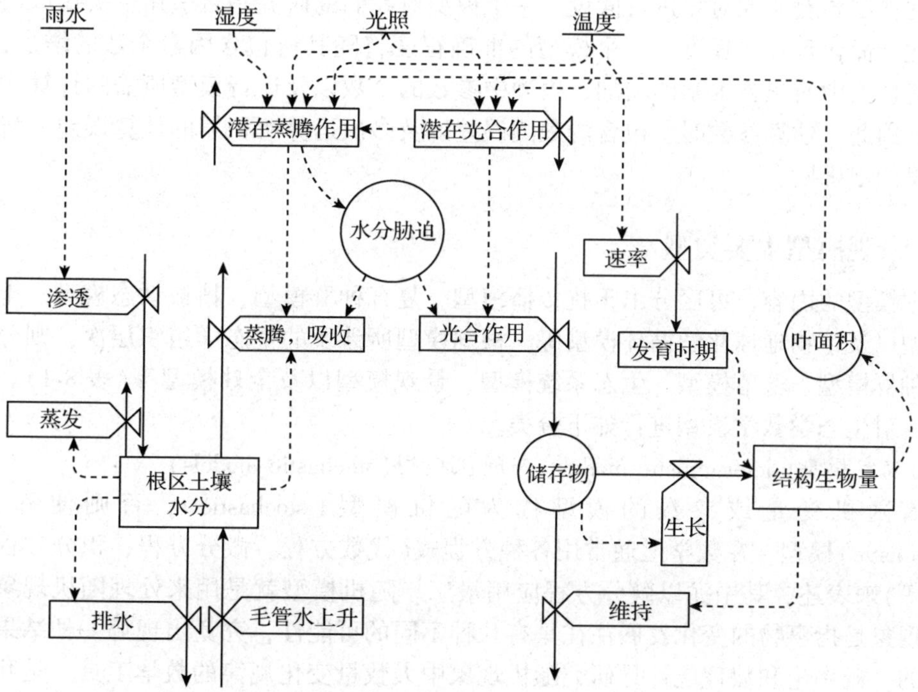

图 8-1　作物生长过程的系统分析框架(引自 R. J. Goudriaan 等，1991)

可以采用不同的研究方法来研究系统与环境之间的输入输出关系，其中最简单的是“黑箱”分析方法。所谓黑箱就是不知道或者完全忽略系统内部结构，只通过输入输出的信息来研究系统的转化特性，预见系统的行为。当人们由于技术原因对某些复杂系统内部难以了解或研究者只对系统的整体功能感兴趣时，就可以采用黑箱方法。在一个复杂的系统里，可以区分出许多不同等级的黑箱。如果能够获得足够的数据，就可以用一个数学公式作为模型，将黑箱变成“灰箱”。

图 8-1 是受气候和土壤外部环境因子影响的作物生长系统分析框架：在光辐射的驱动下，作物进行光合作用同化 CO_2，形成碳水化合物，用于作物维持生长。同化的碳水化合物按一定的效率转变为构造作物体的结构物质，并在不同的生育阶段按一定的比例分配于根、茎、叶等储藏器官。作为外界变量的温度不仅影响光合和呼吸作用，而且还影响作物的生长和发育进程。叶片受干物质生产和分配影响，而干物质生产和分配又受叶面积的影响，两者形成反馈机制。

8.1.1.4 模拟

有很多方法可以用来建立描述生态系统的数学模型，其中最有发展前途的是计算机模拟，即利用计算机的优良性能建立能够模拟或预测实际系统过程的数学模型。计算机的应用使很多用普通解析方法难于处理的大量线性和非线性方程获得了简便的求解方法，其在生态系统研究中也得到了广泛应用，并取得了较好的成效。

模拟就是根据人工设计，对系统的主要特征和运动规律，以及以预报和决策为目标的最优化方案进行数量化的模仿性研究。但是，出于数学上的需要和系统复杂性的原因，在建模时往往需要对研究对象进行假设。一个模型对我们的研究是否适用，关键取决于怎样进行简化和简化到什么程度。一个模型的准确程度将随其所包含因素个数的增加而增加，但是随着模型中所包含因素的增加，模型中参数的个数以及运行模型所需的计算步骤也势必增加，因此，估算参数时所包含的观测误差以及多次运算所积累的计算误差又将会大大降低模型的准确度。

8.1.2 景观模型主要类型

根据模型的内容，可区分出干扰传播模型、复合种群模型、植被动态模型、土地利用变化模型以及生物地球化学循环模型等。根据模型所涉及的生态学组织层次，则分为个体模型、种群模型、群落模型、生态系统模型、景观模型以及全球模型等(表 8-1)。根据已有文献，对生态学数学模型进行如下分类。

(1)确定模型(deterministic models)与随机模型(stochastic models)

含有随机变量或参数的模型称为随机模型(stochastic)，否则便称为确定(deterministic)模型。在数学上通常用各种方程式(代数方程、微分方程、积分方程以及差分方程等)来表述，其中尤以微分方程应用最广。随机模型就是用来处理随机现象的，所谓随机现象是指事物的变化发展往往具有几种不同的可能性，究竟出现哪一种结果是带有偶然性的。概率论和数理统计是研究随机现象中大数量变化规律的数学工具，是我们建立随机模型的理论基础。例如，昆虫种群田间分布型就是一种随机模型。从数学理论来看，它属于概率论问题，一旦了解某种昆虫群在某个特定空间的格局及其样本变量具有哪些概率分布，那么，该种群的抽样问题、数据处理问题等就有了进一步解决的可能。我们还可以在计算机上模拟昆虫在田间的分布，进行抽样和数据处理等问题的数学分析与研究。

表 8-1 不同类型生态学模型及其必要的数据或知识和时间尺度

生态系统类型	主要生态学模型	数据/知识	时间尺度
个体及种群	动植物的生理生态模型 个体或种群生长模型 种群竞争模型 土壤—植物—大气系统的物质能量交换模型等	气候与群落气象、生物气象 地形与微地形、土壤的理化特性 动植物的遗传、生理、生态特性 植物营养和水分吸收 种群与环境的物质和能量交换 种群动态	秒、分、小时、天、月、年

（续）

生态系统类型	主要生态学模型	数据/知识	时间尺度
群落与生态系统	生态系统生产力模型 生物化学循环模型 食物链(网)模型 物种迁移与演替模型 物种分布格局模型	气候和微气候与气候变化 地形地貌及其空间分布 土壤的理化特性与空间异质性 动植物的生理生态特性与环境适宜性 物种组成与多样性 消费者的层次结构 物种互作关系	年或几年
景观生态系统	区域经济模型 社会发展模型 土地利用模型 资源变化模型 生态系统景观格局模型	气候、地形条件 土壤理化特性的空间分布 群落与生态系统类型 生态系统的空间格局 人文和社会条件	几年或几十年
生物圈与地球生态系统	地球化学循环模型 生物圈水循环模型 中层大气循环模型 生物圈植被演替模型 生物圈生产力演化模型 全球变化模型	气候变化与植被类型演替 地形、地貌与地质变化 人类活动与资源利用 人口和社会经济 科技进步 文化教育	几十年、几百年以上

注：引自彭少麟等，2005。

(2)静态模型(static models)和动态模型(dynamic models)

静态模型(static models)用来描述不动的或不发展的生态学系统，动态模型(dynamic models)用来描述不断变化着的生态学系统。一般地说，两者的区别是时间因子引入与否，动态模型中的时间因子有时以显式形式出现，有时则以隐式形式出现。生态学系统是有生命的系统，不可能是静态的，所以建立动态模型是必要的。静态模型终究是要与动态模型结合或者向动态模型发展。例如，在一年之内计算和建立土壤水分平衡模型可以理解为静态的模型，但当计算一年中每天的土壤水分平衡时，就需要引入时间因素，建立随时间变化的土壤水分平衡动态模型。

(3)连续模型(continuous models)和离散模型 (discrete models)

自然界中的变量有些是连续的，有些是离散的。事物在数量上或者形态上的变化也是如此。用数学的理论和方法研究这些问题时，就要分别建立连续模型和离散模型。一般来说，微分方程是用来描述世代连续种群增长的连续模型，而差分方程是用来描述世代不重叠种群增长的离散模型。

(4)解析模型(analytic model)和模拟模型(simulation model)

根据计算机在建模中的作用，模型可分为解析模型(analytic model)与模拟模型(simulation model)。前者通常涉及少数几个变量，其数学方程多为线性，容易直接求得精确解；而后者通常考虑许多变量，甚至涉及它们的空间异质性和非线性作用关系，因此，模型的建立和求解有必要通过计算机程序来实现。

(5)过程模型(process-based model)和经验模型(empirical model)

过程模型是指用模型组件特征表征特定生态过程的模型，例如，用生老病死、生长、光合作用、呼吸作用等过程的方程式来反映生物产量，而不是更简单、更直接地从温度、降水量、光照量等驱动变量变化中得出产量。通过对模型参数的处理，我们可以得到一个机制的过程模型，或者经验式的过程模型。

经验模型通常是指给出简单相关关系公式的模型，其模型参数是从大多数生态模型数据中得到的。相关模型和其他许多统计模型都是典型的经验性模型。

8.1.3 景观模型建模过程

一般而言，景观建模可分为以下几个阶段。

(1)根据问题，确定研究系统

首先，要确定研究的具体问题，深入理解问题的本质。问题的描述应涉及系统的组分和相互关系分析，例如：研究哪一方面的整体功能，这些功能属于哪些层次尺度，研究问题涉及哪些要素、哪些子系统等。此外，还要分析研究目标和建模的目的。

(2)进行系统分析，建立概念模型

根据研究问题以及涉及的系统层次尺度，划定研究和系统的边界，用文字模型描述系统的结构和功能。根据系统的文字模型，辨别出系统的元件和它们之间的结构连接，简洁地用图表方式勾画出系统框架(图 8-2)。特别是要明确系统层次的时间尺度与空间边界、系统的主要组分和相互关系、制约着系统功能的外界因子及系统过程的定量化需要哪些参数等。

(3)确定模型类型和模型开发

这个阶段是概念模型的定量化和程序化。首先，要根据研究问题和系统分析，确定采用什么类型的模型；其次，构建模型逻辑关系图和模拟过程图；第三，建立系统过程的函数关系；最后，进行参数估算，编写计算机程序、确定模拟的时间步长以及运转模型并获得最终结果。

(4)模型的检验

模型检验包括模型确认(model verification)和模型验证(model validation)。模型确认是指仔细检查数学公式和计算机程序以保证没有运算方面的技术问题，模型确认的目的是保证概念模型的数量化是直接的和确切的，并且计算机程序中能够影响模型结果的错误已全部排除。显然，模型确认与模型的真实性、准确性和合理性并无任何直接关系。通过模型确认以保证模型建立过程中抽象的正确性。这种正确性包括：

① 结构的正确性　为确立结构的正确性，必须证明模型结构符合真实系统的结构关系，与研究目的有关的结构已经全部真实地由模型表现出来。

② 行为的正确性　在初始条件和外部条件符合系统状况时，模型的动态行为应当符合真实系统的行为特征。

③ 经验的正确性　模型运行的数值结果或逻辑结果与实际系统的经验数据作比较，模型结果应包括系统的所有有关特征系列。如果没有可用于校正的数据，至少也要对模型的合理性和稳定性作出评价。

④ 应用的正确性　模型必须符合系统研究的具体目标，并能提供所期望的信息类型。

计算机程序有两类错误：一类是程序错误，是计算机程序编制中的逻辑、语法和键入

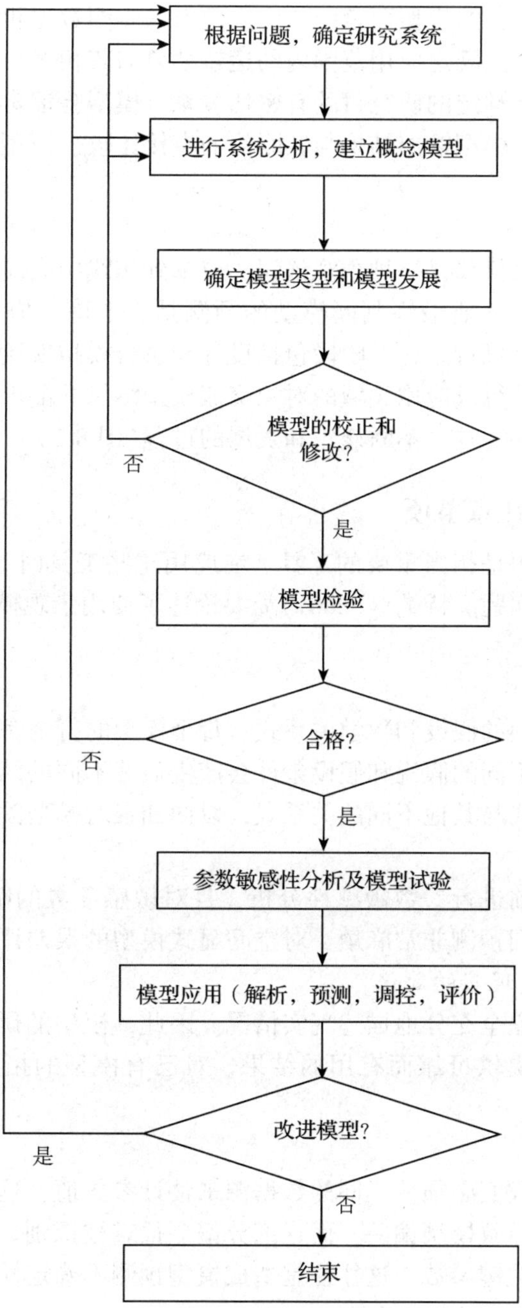

图 8-2　系统分析基本步骤

错误；另一类是基础性错误，包括定性阶段的组分和关系分析错误以及定量阶段的关系式和数据错误。错误的查出技巧很重要，这些技巧通常能较快发现程序错误，例如：计算机语言错误可通过屏幕的错误信息提示查出；程序的逻辑错误和键入错误可通过程序逻辑分析，逐句查核和动态运行分析，可采用简单的数据，分段运行程序，临时设置中间结果输出语句检查运行结果，在发现运算结果有错的部位逆向寻找查出。

模型验证是对经过校正的模型而言的，应采用新的实测数据再次比较运行结果，以检验模型的可靠程度，即在其既定应用范围内的运转结果与其相对应的现实系统行为的吻合程度，其衡量标准应该与预定的研究目的有密切关系。模型验证常常涉及对模型结构和变量间关系合理性的检验、模型输出结果与实际值的直接比较、模型的敏感性分析以及模型的不确定性分析。

(5)模型的应用

模型试验得到的结果仅仅是一种主观认识，应拿到实践中去应用以检验其是否符合客观实际。只有在应用之中才能最终判断模型的预测是否准确，模型的诊断和评价是否合理，模型提出的方案是否可行。这一阶段包括设计和执行模拟实验，分析、综合和解译模型结果，最后与生态学同行或应用领域的对象交流模型结果并征求改进意见。

建模往往是一个循环往复、不断修正和发展的过程(图8-2)。

8.1.4 景观模型应用注意事项

模型在景观生态学中是相当重要的工具。在应用这些工具时，应该意识到模型发展、评价和应用上的缺陷和问题。特纳等(2001)简要论述了使用景观模型的一些最重要的注意事项。

(1)了解模型

应该更多地了解模型的假设和数学关系式。每个模型的行为都是模型所基于的假说和假设条件的必然结果，不同的假说和假设条件会产生显著不同的结果。应该尽可能多地比较模型使用的数学关系式与其他不同的关系式，以便加强对模型关系式的理解。

(2)误差繁衍

应该在模型预测之前进行参数敏感性分析，且对敏感参数的赋值需格外谨慎。另外，由于评价定性和定量空间预测非常麻烦，对空间显式模型的误差评价仍然是一个挑战。

(3)所有的模型都是现实的简化

没有一个模型能够完全充分地描述现实情况。因此，模型的研究有其应用范畴，只有在此范畴内模型才能够提供可靠而有用的结果。对已有模型的拓展应用也不能背离这一要求。

(4)数据总是不够

数据的不充分使得我们必须从不同的数据源来估计参数值，这种数据收集方法和参数估计方法的不一致可能导致模型偏差，而这部分偏差很难被识别。尤其是实验数据的缺乏使得我们不能充分估计关键参数，这往往是造成模型预测不确定性的最大原因。

(5)先进技术不能保证一个好的模型

技术上先进的方法，如便于编程的高级语言，并不能够确保结果的准确或可靠。一个模型最重要的是其结构、假设条件、数学关系式和应用上的限制条件(如时空尺度)。

(6)保持一个开放的头脑

在景观的空间模拟上，没有一个单一的范式。模型的发展和评价需要更加兼容的观点和分析技术。

8.2　几种典型景观模型介绍

8.2.1　空间概率模型

8.2.1.1　空间概率模型

空间概率模型也称为随机景观模型，它是基于生态学中已应用的马尔科夫类(Markovian)模型在空间上的扩展。空间马尔科夫模型也是景观生态学家用来模拟植被动态、土地利用变化最广泛的模型。传统的马尔科夫概率模型可表示为(邬建国，2000)：

$$N_t + \Delta t = PN_t$$

$$\begin{bmatrix} N_1,\ t+\Delta t \\ N_2,\ t+\Delta t \\ \vdots \\ N_m,\ t+\Delta t \end{bmatrix} = \begin{bmatrix} P_{11}, & \cdots, & P_{1m} \\ P_{12}, & \cdots, & P_{2m} \\ \vdots & \vdots & \vdots \\ P_{m1}, & \cdots, & P_{mm} \end{bmatrix} \begin{bmatrix} N_1,\ t \\ N_2,\ t \\ \vdots \\ N_m,\ t \end{bmatrix} \tag{8-3}$$

式中，N_t 和 $N_t+\Delta t$ 分别是由 m 个状态变量组成的状态向量在 t 和 $t+\Delta t$ 时刻的值；P 是由 m 乘 m 个单元组成的转化中概率矩阵，其中 P_{ij} 表示从时间 t 到 $t+\Delta t$ 系统从状态 j 转变为 i 的概率(对于景观模型而言，即斑块类型 j 转变为斑块类型 i 的概率)。在模拟景观动态时，最简单而直观的方法就是把所研究的景观根据其异质性特点分类，并用栅格网表示，每一个栅格细胞属于 m 种景观斑块类型之一。根据两个不同时间(t 和 $t+\Delta t$)的景观图(如植被图、土地利用图等)计算从一种类型到另一种类型的转化概率。然后，在整个栅格网上采用这些概率来预测景观格局的变化。具体地说，斑块类型 j 转变为斑块类型 i 的概率就是栅格网中斑块类型 j 在 Δt 时间段内转变为斑块类型 i 的细胞数占斑块类型 j 在此期间发生变化的所有细胞总数的比例，即：

$$P_{ij} = \frac{n_{ij}}{\sum_{i=1}^{m} n_{ij}} \tag{8-4}$$

8.2.1.2　空间概率模型的改进

马尔科夫模型应用于景观动态研究存在的缺点包括以下几点(李书娟等，2004)：①景观格局的空间动态变化并不严格地遵循马尔科夫过程，首先，斑块的变化不仅受其前一时间点上状态的影响，而且还同时受其相邻斑块性质和变化的影响；其次，斑块的转移概率通常随时间而变化；②这种简单的转移概率模型，没有包括人类经济活动因素；③忽略了景观动态的机制，而把复杂的变化和控制机制简化为一种概率，不能体现驱动景观变化的生态机理过程；④确定转移状态和获取概率，在实际操作中也有很大的困难(图 8-3)。

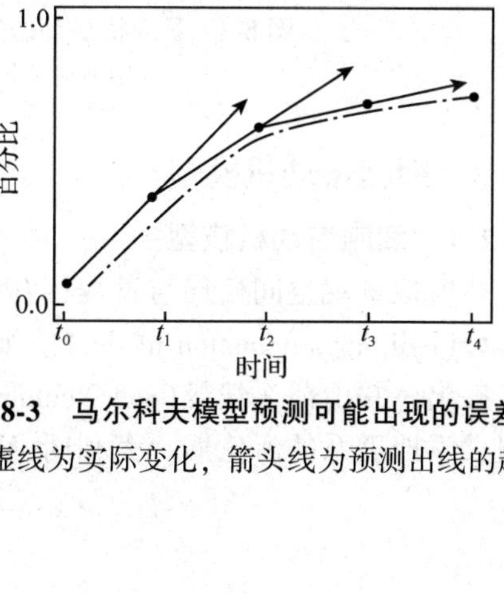

图 8-3　马尔科夫模型预测可能出现的误差

注：虚线为实际变化，箭头线为预测出线的趋势

针对马尔科夫模型应用中的一些限制性问题，一些研究人员进行了专门的探讨，包括在

计算空间概率转移矩阵时，融入邻近空间影响使模型转移概率更趋合理(段增强，2006)；采用一些新的优化方法，如遗传算法，亦可显著增加景观概率模型的准确性；利用多时间序列遥感数据分析转移概率的变化，并不断修正；邬建国（2000)介绍了另一种方法，就是把景观根据其空间特征区域化，然后再分别计算其转化概率。如果区域小到一个栅格细胞，那么上面的公式即可用于每个栅格细胞(图 8-4)，那么上面的公式即可用于每个栅格细胞，这时的空间概率模型可用下式表示：

$$N^{rc}_{t+\Delta t} = P^{rc} N^{rc}_{t} \tag{8-5}$$

或

$$\begin{bmatrix} N^{rc}_{1},\ t+\Delta t \\ N^{rc}_{2},\ t+\Delta t \\ \vdots \\ N^{rc}_{m},\ t+\Delta t \end{bmatrix} = \begin{bmatrix} P^{rc}_{11}, & \cdots, & P^{rc}_{1m} \\ P^{rc}_{21}, & \cdots, & P^{rc}_{2m} \\ \vdots & & \vdots \\ P^{rc}_{m1}, & \cdots, & P^{rc}_{mm} \end{bmatrix} \begin{bmatrix} N^{rc}_{1},\ t \\ N^{rc}_{2},\ t \\ \vdots \\ N^{rc}_{m},\ t \end{bmatrix} \tag{8-6}$$

式中，N_t 和 $N_t+\Delta t$ 分别是 t 和 $t+\Delta t$ 时刻 r 行 r 列栅格细胞位置上的状态向量；P^{rc} 是反映该空间位置上异质性特点的转化概率矩阵。

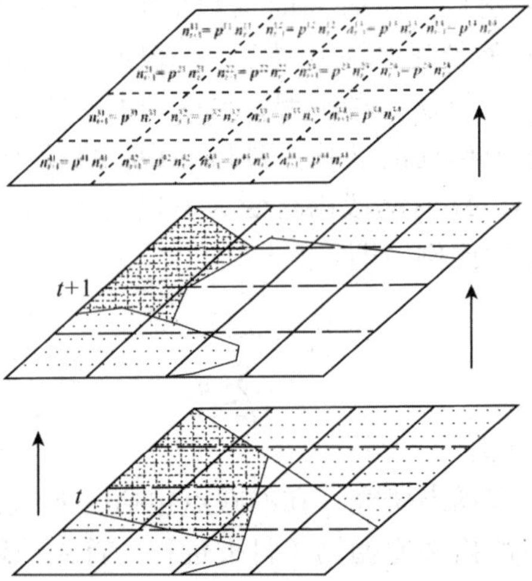

图 8-4　景观格局动态的空间概率模型示意(引自邬建国，2000)

(图中是一个具有 4×4 个栅格细胞的假设景观)

8.2.2　细胞自动机模型

8.2.2.1　细胞自动机模型

在模拟景观空间格局与过程相互作用的过程中，另一类被广泛应用的方法是细胞自动机模型(cellular automation model)。细胞自动机(cellular automation，CA)最早在 20 世纪 40 年代提出，并由范·纽曼(von Neumann)用于研究自复制系统的逻辑特性。美国圣巴巴拉加州大学地理系的海伦斯·克利斯(Helen Couclelis)将细胞自动机模型用在地理学模型中，尤其是在城市扩展动态模拟中的作用进行了开创性的研究工作。国内相关文献(邬建国，2000；张显峰等，2001)对细胞自动机模型进行了简单介绍。

所谓细胞自动机模型是指一类有许多相同单元组成的，具有一些简单的领域规则(neighborhood rule)即能在系统水平上产生复杂结构和行为的离散型动态模型。细胞自动机模型可以是一维的、二维的或者三维的。二维细胞自动机模型通常采用正方形细胞组成的栅格网(有时也用由三角形或六边形组成的栅格网)。每个栅格网细胞代表一个不能伸缩的、均质的离散性单元，它在任何时候只能处于某一种状态。细胞自动机模型中的细胞代表了模型的粒度，即空间分辨率，在若干方面类似遥感图像中的像元或地理信息系统中的栅格细胞。简单地说，所谓细胞自动机模型就是由许多这样简单细胞组成的栅格网，导致局部空间格局的变化。因此，这些模型在空间上、时间上以及状态上都是离散的。概而言之，典型的 CA 系统是一个由细胞(cells)、状态(states)、领域(neighbors)和规则(rules)构成的四元组，一般特征为：①栅格网中所有细胞可具有的状态总数是有限的，而且是已知的；②每一栅格细胞的状态是由它与相邻细胞的局部作用决定的，这些作用关系由一系列转化规则(transition rule)或领域规则(neighbors rule)来具体定义；③领域规则可以是确定型的，也可以是随机型的；④这些局部性转化规则在整个栅格的任何位置上都是一致的；⑤细胞从一种状态转化为另一种状态在时间上是离散的(即非连续性变化)。

具体地讲，一维细胞自动机是由一系列点或线段组成，每个位置上的取值为 0 或 1(也可为 0，…，k-1；其中 k 为取位总数)。每过一个时间间隔 Δt，各位置上的值只与其相邻位置在 t-1 时刻的取值有关。如果把空间单元(或细胞) i 的值记作 a_i，以 r 表示相邻单元之间的距离(例如，r=1 表示只把紧靠单元 i 两边的单元作为考虑因素)，那么，一维细胞自动机的数学表达式可写作：

$$a_i^{(t+1)} = \Phi[a_{i-r}^{(t)}, a_{i-r+1}^{(t)}, \cdots, a_i^{(t)}, a_{i+r}^{(t)}] \tag{8-6}$$

式中，a_i^t 和 $a_i^{(t+1)}$ 是空间单元 i 在空间 t 和 t+1 时的值，括号中其他项表示相邻单元在 t 时刻的取值，而 Φ 表示与这些相邻单元有关的一组转化规则。

推而广之，最简单的二维细胞自动机是当 r=1 时，上式在二维空间栅格网上的扩展(图 8-5)，即：

$$a_{i,j}^{(t+1)} = \Phi[a_{i-r}^{(t)}, a_{i+r+j}^{(t)}, a_{j+1}^{(t)}] \tag{8-7}$$

式中，$a_{i,j}^{(t+1)}$ 是栅格细胞在 t+1 时刻的值；Φ 表示与相邻细胞有关的转化规则。对于如何确定相邻细胞的距离(r)及其相邻方式依赖于具体研究现象的特征，图 8-6 显示了 5 种定义领域的方式。在生态学模型中，以 r=1 时的范·纽曼(四邻)和穆尔(Moore)(八邻)领域定义最为普遍。

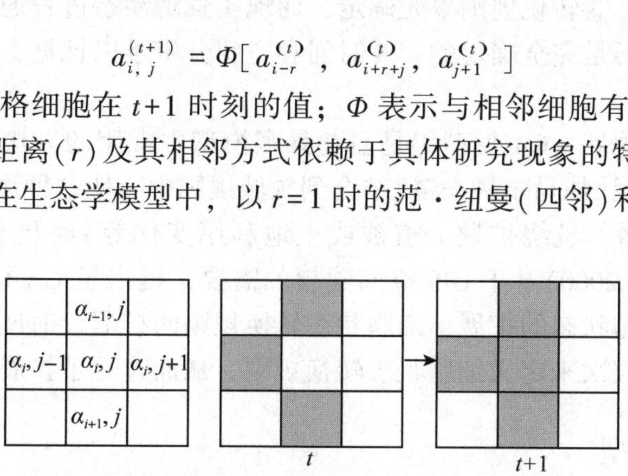

$$\alpha_{i,j}^{(t+1)}=\phi[\alpha_{i-1,j}^{(t)}\ \alpha_{i+1,j}^{(t)}\ \alpha_{i,j-1}^{(t)}\ \alpha_{i,j+1}^{(t)}]$$

图 8-5　细胞自动机模型(引自邬建国，2000)

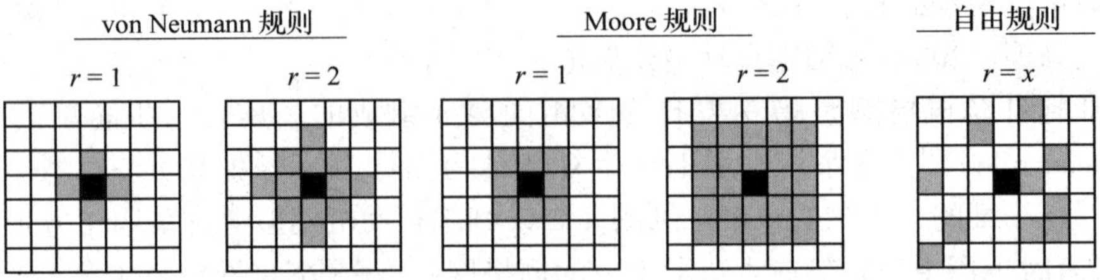

图 8-6　细胞自动机模型中定义领域的几种方式(引自邬建国，2000)
(图中的黑色细胞是考虑中的中心细胞，细胞是其相邻细胞，白色代表景观中其余细胞)

8.2.2.2　细胞自动机模型缺点和改进

李书娟等 (2004) 对 CA 模型特点和缺点进行了总结，认为 CA 模型的一般特征为：①空间离散和齐次性，每个细胞的变化都服从相同的规律，细胞的分布方式相同；②时间的离散型；③状态的离散和有限性；④同步计算，可将 CA 模型的状态变化看成对数据或信息的计算或处理；⑤局部性，每一个细胞的当前状态只对半径为 r 的邻域细胞在下一时刻的状态可能发生影响。从信息传输的角度来看，在 CA 模型中信息传输的速度是有限的；⑥维数高，在动力系统中一般将变量的个数称为维数，从这个角度来看，CA 模型应属于一类无穷维动力系统。

CA 模型简单、灵活、明了，应用广泛，最大优点就是可以把局部性小尺度上观测的数据结合到领域转化规则之中，然后通过计算机模拟来研究在大尺度上系统的动态特征。该模型还善长于在特定的约束体系作用下，揭示景观组分的持续增长或减少过程、生物行为方式或生态干扰的扩散过程。从数据结构角度看，由于 CA 模型中的细胞和基于栅格地理信息系统中的栅格结构相同，所以该模型易于和地理信息系统、遥感数据等处理系统进行集成。

但 CA 模型在景观生态学应用中，也存在着一定的局限性，主要表现在；①过分强调邻近单元的状态，考虑到的仅是局部的相互作用，忽略了区域和宏观因素的影响；②模型考虑的单元属性较为单一，而实际景观中单元属性是由多层次多要素综合构成的，单元之间还存在着相互作用；③转化规则事先确定，而现实景观动态过程通常表现为某种可能性和倾向性，状态转换不是完全确定的；④时间和空间分辨难以把握，而这直接影响到模拟结果的准确性。

尽管存在上述局限性，CA 模型仍是目前景观模型中常用的方法。近些年来已有一些生态学模型将随机过程(如马尔科夫链)结合到领域规则中，使这种途径在模拟许多景观生态学现象(如种子传播、袅绕扩散、植被或土地利用变化等)时更合理一些(Reynolds et al.，1995)。张显峰 (2000) 基于 GIS 空间建模的需要，提出了 CA 模型几个方面的扩展：细胞空间的扩展、细胞状态的扩展、细胞状态转换规则的扩展、时间概念的扩展，并从微观、区域和宏观三个层次来定义细胞状态转换规则，从而建立了扩展 CA 模型。

8.2.3　景观过程模型

景观过程模型(process-based landscape model)，有时也称为景观机制模型(mechanistic landscape model)，即从机制出发来模拟生态学过程的空间动态，或在生态学模型中考虑景观的空间格局和异质性，也称为空间显式景观模型。广义地讲，这些过程和机制包括动物个体行为、种群动态和迁徙、干扰扩散过程、生态系统物质循环和能量流动等。

空间生态系统过程模型可以用下面的数学公式来表示(邬建国，2000)：

$$\partial S_i/\partial_i = f_i(S, F) + \nabla(D_i + S_i) \tag{8-8}$$

式中，S_i 表示某一生态学变量(如养分含量、种群密度、干扰面积)；F 表示环境因素的影响(如温度、水分、光照、风)；D_i 表示所研究过程的空间扩散或传播能力的系数；∇ 表示空间梯度(可以是一维、二维或三维的)。

邬建国 (2000)利用一个简单例子阐述了空间生态模型：假设有一个地形梯度的景观，由 4×4 个栅格细胞组成，以每个栅格细胞中的氮含量为状态变量，重点是水平方向流动，描述了土壤中氮含量在空间和时间上的变化。目前绝大多数的空间生态系统模型是模拟环境因子与植被的空间异质性对生态系统过程的影响，很少有模型考虑格局对生态过程的水平流动影响。根据生态过程与空间格局相互作用整合方式和程度的不同，可以将景观空间过程模拟进一步分为两种类型：

①扩展空间概率模型和细胞自动机模型，使其在一定程度上反映某些生态学机制和过程；也可将空间概率模型和细胞自动机模型与非空间机制模型直接耦联起来以模拟空间生态学过程(邬建国，2000)，如植被动态的空间概率模型与生态系统养分循环模型的耦合，或土地利用变化细胞自动机模型与生物地球化学循环模型的耦合(Liu et al.，2006)。

②许多景观机制模型是通过将非空间生态学过程模型(常常是点模型)空间化后发展起来的，根据考虑的空间异质性属性，把空间分为很多均匀的单元，每个单元上运行模型得出的结果也具有空间异质性。可以说目前绝大多数模型空间模拟研究都属于这类研究，很少考虑不同类型单元间物质、能量的交流。

空间显式斑块动态模型(或简称空间斑块模型)是另一类景观机制模型，它不同于空间生态系统模型之处在于：空间斑块模型突出空间格局和生态学过程之间频繁地相互作用，将整个景观看作由大小、形状以及内容上不同的斑块组成的动态镶嵌体，明确地将斑块的形成、变化和消失过程作为模型的重要组成部分，将斑块镶嵌体空间格局动态与生态学过程在斑块以及实现水平上直接耦合到一起。空间斑块模型是斑块动态理论的一种确切的数学表达，与斑块动态理论一样，空间斑块模型最适宜于格局和过程作用频繁、斑块周转率快的生态学系统。

邬建国 (2000)对矢量型空间显式斑块动态模型(vector-based spatially explicit patch dynamics model，Patch Mod)进行了研究。空间斑块动态模型包括两个子模型(图 8-7)：一是具有年龄和大小结构的空间显式干扰斑块(地鼠土丘)统计学模型；二是包含两个种群动态模型。前者是模拟地鼠土丘的时空变化，后者通过跟踪景观中每一斑块上植物种群生长和繁殖过程来模拟植被格局动态。

8.2.4 景观智能模型

人工智能是一门综合了计算机科学、控制论、信息论等多种学科的交叉性科学。算法是实现人工智能的基础，常用的算法有人工神经网络算法、遗传算法、免疫算法、群体智能算法等。例如，20 世纪 80 年代以来，人工神经网络在国际上在迅速兴起(黎夏等，

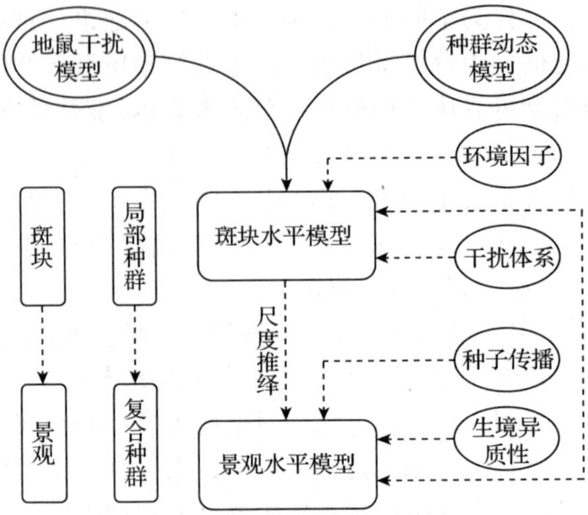

图 8-7　Patch Mod 模型的结构示意(引自邬建国，2000)

2010)，它是一种具有高度非线性动力系统，由大量的处理单元广泛互连形成网络，在人工智能、信号处理、自动控制和模式识别等研究领域得到了广泛的应用，并取得了令人瞩目的成就。

由于导致景观变迁的自然与景观生态之间存在着十分复杂的非线性关系，使得越来越多地被引入景观生态学中，丰富了景观生态学模拟方法(张茜，2013)。例如，方法与技术相结合利于开展不同干扰下景观变迁的模拟与仿真，有助于揭示预测景观的未来变化趋势等。

如今国内外学者已经在景观生态的许多方面应用并取得理想的效果，例如，景观空间格局动态分析、森林资源管理(何东进等，2000)、景观生态规划(郭泺等，2005)、区域生态分类与评价(李丽等，2008)，以及区域土地利用空间模拟预警等(许月卿等，2006)。

8.2.5　景观耦合模型

近年来，将多个模型综合起来的耦合模型越来越多，这种模型能够发挥各自的功能优势或者能够扩展模型功能。耦合模型可以将模拟结果互为补充或互为验证，取得对多个模拟变量精度均较高的模拟结果(徐延达等，2010)。当景观格局变化和生态过程含有许多复杂因素时，耦合模型具有良好的解释能力和较强的优势。

国外学者在耦合模型方面的研究较多。如柴尔德里斯等(W. M. Childress et al.，2002)运用模型集成工具将 EDYS 模型与水文模型 CASC2D 进行拟合来模拟干扰状态下动态的植被格局，从而提高模拟精度。HILLS 模型(Schaldach 等，2006)是基于德国 Heese 地区开发的模型，主要用来模拟土地利用变化和生物地球化学循环变化，这种模型是借助 ArcGIS 中的 COM 组件，将改进的生物地球化学循环模型 GIS Century 和改进的格局模型 LUCHesse 耦合在一起。其他类似模型还有 IMAGE 耦合模型(Alcamo 等，1998)、MODULUS 耦合模型。耦合模型在模拟许多复杂因素影响下的景观格局变化和生态过程响应时具有明显的优势和良好的解释能力。

8.2.6　中性景观模型

在 20 世纪 70 年代，卡斯韦尔(Caswell，1976)首次提出了中性模型的概念，将其定义为通过产生期望空间格局以研究真实格局的模型，并应用于群落结构的分析与研究。此后加德纳等基于渗透理论建立了一个简单的中性模型，并首次提出了中性景观模型(neutral landscape model，NLM)的概念，其中“中性”的含义为独立于形成该景观的过程，即不考虑地形变化、外界干扰和生态学过程的景观模型(Gardner et al.，1987)。中性景观模型被提出的目的是提供一种重复生成景观的模型框架，并且能控制景观空间配置方面的某些特定特征(李佳祺，2018)。

本章小结

模型是对现实世界复杂性的一种简单的表述方法。由于受时间、空间以及设备和资金的限制，景观空间结构和生态学过程在多重尺度上相互作用、不断变化等的影响，景观模型成为景观生态学研究的重要工具和重要手段。一般而言，景观建模可分为确定研究系统、进行系统分析，建立概念模型、确定模型类型和模型开发、模型的检验及模型应用几个阶段。目前常用的景观模型有景观过程模型、景观智能模型、景观耦合模型等。景观模型与模拟作为了解涉及自然和人为影响因素的现实世界景观动态现象和内在动力学机制的一种有效手段，可以有效地指导景观规划和管理，但是模型的应用过程中应当对模型的假设和机理有清楚的认识，并充分认识模型的局限。

思考题

1. 简述模型的概念和类型。
2. 试述构建模型的重要性和必要性。
3. 简述景观模型的一般建模过程。

参考文献

段增强，2006. 土地利用/覆盖变化模型以及应用[D]. 北京：中国农业大学.

郭泺，夏北成，江学顶，2005. 基于 GIS 与人工神经网络的广州森林景观生态规划[J]. 中山大学学报(自然科学版)(5)：126-128.

何东进，洪伟，吴承祯，2000. 毛竹林各组分能量估算模型的研究[J]. 应用与环境生物学报(5)：412-418.

黎夏，刘小平，李少英，2010. 智能式 GIS 与空间优化[M]. 北京：科学出版社.

李佳祺，2018. 基于中性景观模型的虚拟森林场景的构建方法研究[D]. 南京：南京大学.

李丽，张海涛，2008. 基于 BP 人工神经网络的小城镇生态环境质量评价模型[J]. 应用生态学报，19(12)：2693-2698.

李书娟，曾辉，夏洁，等，2004. 景观空间动态模型研究现状和应重点解决的问题[J]. 应用生态学报(4)：701-706.

彭少麟，张桂莲，柳新伟，2005. 生态系统模拟模型的研究进展[J]. 热带亚热带植物学报(1)：85-94.

邬建国，2000. 景观生态学——格局、过程、尺度与等级[J]. 高等教育(12)：258.

徐延达，傅伯杰，吕一河，2010. 基于模型的景观格局与生态过程研究[J]. 生态学报，30(1)：212-220.

许月卿，李双成，蔡运龙，2006. 基于 GIS 和人工神经网络的区域贫困化空间模拟分析——以贵州省猫跳河流域为例[J]. 地理科学进展(3): 79-85, 140.
张茜, 2013. 基于 CA-Markov 模型的杭州湾南岸湿地景观格局动态模拟与预测[D]. 杭州: 浙江大学.
张显峰, 崔伟宏, 2001. 集成 GIS 和细胞自动机模型进行地理时空过程模拟与预测的新方法[J]. 测绘学报(2): 148-155.
张显峰, 2000. 基于 CA 的城市扩展动态模拟与预测[J]. 中国科学院研究生院学报(1): 70-79.
ALCAMO J, LEEMANS R, KREILEMAN E, 1998. Global change scenarios of the 21st century[J]. Global & Planetary Change, 25(3): 257-258.
CASWELL H, 1976. Community structure: a neutral model analysis[J]. Ecological Monographs, 46(3): 327-354.
CHILDRESS W M, COLDREN C L, MCLENDON T, 2002. Applying a complex, general ecosystem model (EDYS) in large-scale land management[J]. Ecological Modelling, 153(1): 97-108.
TURNER M G, GARDNER R H, ONEILL R V, et al., 2001. Landscape ecology in theory and practice: pattern and process[M]. New York: Springer.
GARDNER R H, MILNE B T, TURNEI M G, et al., 1987. Neutral models for the analysis of broad-scale landscape pattern[J]. Landscape Ecology, 1(1): 19-28.
LI H, REYNOLDS J F, 1995. On definition and quantification of heterogeneity[J]. Oikos, 73(2): 280-284.
SCHALDACH R, ALCAMO J, 2006. Coupled simulation of regional land use change and soil carbon sequestration: a case study for the state of Hesse in Germany[J]. Environmental Modelling & Software, 21(10): 1430-1446.

第 9 章　景观特征评价

随着快速城镇化的发展，地域景观特色丧失、景观同质化等问题不断出现。保护景观特色，如何协调好发展与保护的关系，需要对景观特征有更加整体性的认识。景观特征评价(landscape character assessment，LCA)是一种景观特征分类和景观特征识别与管理的方法，是一套技术和程序，是对景观进行分类和描述的公认工具，为地域景观特征保护、管理和规划提供了新工具，也为国土空间规划提供了决策基础。本章对景观特征评价的概念特点及发展进行概述，然后从景观特征类型的识别、评价的方法及流程展开论述，并通过四个不同尺度的实际应用案例解析来阐释该方法的适用性。

9.1　景观特征评价概述

9.1.1　景观特征评价定义

景观特征(landscape character)构成景观的组成要素和组合方式，以特定的方式存在于景观中，是在特定类型的景观中一致出现的独特且可识别的元素模式(Swanwick，2002)，是使一处景观有别于其他景观的要素组合方式。它包括景观的自然和文化属性、同时涵盖美学的、生态的和文化的多样性。景观特征具有明显的地域性，是景观之间产生差异的关键。

景观特征评价是一种对不同地域景观要素进行特征分类和评价的体系(Swanwick，2002)，包括景观特征分析过程(识别、制图、分类和描述)、基于景观特征进行判断的过程。该体系涉及理学、景观生态学、社会科学等多个学科，强调不同时间/空间尺度中的应用，评价时不仅可能要结合历史景观特征，也可能要关注利益相关者的需求。该评价体系认为景观是人们能感知到的一个区域，既是环境中自然和文化成分相互作用的产物，也是人类结合感官理解和体验的产物(王艺锦，2020)。景观特征评价是辅助我们识别、理解和表达景观特征的一种工具，用以区分不同景观区域的异质性，感受和辨别景观区域“场所感”背后的特质。

景观特征评价也是识别和描述景观特征变化的方法，旨在识别和解释景观的独特性(Christine，2014)，该体系从景观的基本特征及景观要素出发，通过景观特征的识别与描述、特征评价、景观决策，在景观特征视角下开展场地分析、评价与策略指引工作。景观特征评价法已经成为很多国家在规划设计等方面的重要决策工具。

9.1.2 景观特征评价尺度范围

理论上来说，景观特征评价可以在任何尺度上进行。根据空间尺度的大小，可以分为国家/区域尺度、地方(行政区)尺度以及场所(场地)尺度。不同尺度的应用方法都是基于GIS平台的属性信息的叠加分区，区别主要在于特征要素的选择及分类的细化程度上。不同尺度的评价之间也并非独立的，大尺度的评价对小尺度的评价有指导作用，而小尺度的评价则可以为大尺度提供参考。

9.1.2.1 国家/区域尺度

国家和区域尺度，通常在1：25万的比例上展开，这个尺度上的评估通常为更详细的评估提供了背景。评估目标自然环境和人类行为影响下形成的景观特征及其变化方式。分类方法主要基于地理学、国家景观分类系统、利用卫星遥感和航拍等提供的基础数据，通过GIS分析方法和人工辅助修正划分景观特征区域(鲍梓婷，2016)。由于其涉及的空间范围较大，因此极少能进行实地调查和研究。

9.1.2.2 地方(行政区)尺度

地方尺度评价可按1：5万的比例定义景观类型和区域，景观特征跨越了行政边界，因而需要注意隶属于不同行政区域的评价之间要有统一的标准。在地方尺度下可定义由地形地貌、土地覆盖以及一些独特的要素类型的组合而成的具有统一特征的景观类型，用于鉴别景观特征区域性的变化状况。

9.1.2.3 场所尺度

用于鉴别景观特征在更小范围内的变化状况。该尺度下的评估通常需要制图并描述，往往也需要对某些重要的单独要素进行分析，从而为较大范围尺度下的评价提供更多的细节。场地尺度为基础的评价可按1：2 500比例进行，项目尺度通常的比例是1：1万甚至更小，如一个独立的教区、农场、公园或一块计划开发的场地。该尺度是人可以明显感知的尺度，因此特征描述及评价的内容在客观量化基础上可以融合人类的主观感受(如观感、色彩等)。

9.1.3 景观特征评价特点及作用

9.1.3.1 景观特征评价的特点

(1)价值中立

一是强调景观特征而非质量。景观特征是土壤、地质、植被、人类活动长期相互作用所形成的外在表现，是景观要素所形成的具有可识别结构且具有较为一致的格局，这些结构和格局构成了当地的景观特征，使得当地景观与别处不同，而不是比别处更好或者更差。只有保证中立才能将评价结果提供给不同的利益相关方进行参考。

二是特征化与判断的区分。景观特征评价工作分为两个大的步骤，一个是“特征化”阶段，一个是“判断”阶段。特征化阶段的主要任务是识别和描述景观特征，是与景观质量无关的阶段，描述过程关注于弄清是什么使得某一地区不同于或独特于其他地区，以得出各类景观特征区；而判断阶段则是对景观特征的后续研究，基于特征描述过程的结果做出决策，如地区景观发展建议、规划研究等，这个过程涉及景观的质量，因此前后两部分应当明确区分，进而确保景观特征评估结论的公正性。

(2)客观性与主观性并存

为了保证景观特征评价结果的科学性，在景观特征分区和描述特征的过程中主客观方法应当结合使用。客观性更加关注景观的特征，主观性更加关注景观的质量和价值，这样才能产生有兼容性的方法论，构建出各尺度范围内可通用的评价体系。

在特征描述阶段中不可避免地会受到主观因素影响的情况下，应当增加一些数据支持，以增加结果的客观性；在有条件的情况下应当尽量采用科学的方法，进行数据搜集和处理、统计分析以及图表展示。决策阶段将会涉及主观性的因素，一方面可以依靠公认的标准，另一方面可采用系统化且透明的方式进行主观性判断。

(3)多样化的景观特征提取

评价体系有一定的灵活之处：在区域尺度上，因为景观特征主要基于地理学分类，提取工作相对较为容易。在地方尺度上，相邻的景观特征区域有不同的景观特征，可采取不同的景观特征分类方式，但一起评价时需要注意统一标准。区域和地方尺度下，可能并不依赖于实地调研。而在场地尺度下，人类活动对景观的影响也被作为一种特征，必须进行大量实地调查才能准确识别。

(4)注重评价在不同尺度下的应用

景观指标对尺度变化十分敏感，选择景观指标时应该最先确定评价的目标和对应的尺度。在景观生态学中，景观尺度是一个相对比较确定的时间/空间层级；但景观特征评价的尺度灵活多变，其中基于人类感官感知范围的尺度至关重要。如果评价涉及多个尺度，那么不同尺度之间的衔接也应着重考虑。

9. 1. 3. 2　景观特征评价的应用

景观特征评价可以在规划政策制定、城市规划、选址和环境影响评估中发挥作用，主要包括：产业规划、景观规划和发展规划的决策；为某些特定的开发模式提供场地选择、空间布局、规模和设计细节的指导，如住宅、采矿和风力发电等(周荃，2020)；结合景观特征的开发项目规划和开发控制；辅助风景容量的研究；为环境影响评估提供基础等。在景观保护、管理和强化中的应用：为景观管理策略的制定提供基础，对特殊风景区的工作进行指导，以可持续的方式积极地指导土地利用的改变，结合景观特征发展来指导农业、工业等相关计划。张柔然(2011)指出景观特征评估的作用可以归纳为三个方面：一是鉴定不同场地所具有的自然与文化特征；二是对场地的环境变化状况进行监控；三是深入分析场地中各种不同景观特征的环境容量及其敏感性程度。2014 年，由英国自然协会编纂的文件中指出，景观特征评价为场地管理者及决策者提供一种工具以辅助人们了解场地的底线、关键特征并形成图示化地图，协助人们把控景观变化并做出决策。景观特征评价可用于指导政策制定、绿色基础设施规划和战略、项目设计及总体规划、景观影响及视觉影响评价、敏感性研究、国家公园以及风景名胜区等自然景观设计的多方面应用(表 9-1)。

针对我国目前因城市化快速发展导致的自然和景观破坏的现状，可把景观特征评价作为环境和社会影响评估的组成部分，用于景观地图绘制的参考；作为检测地貌特征变化的基础工具；作为土地整理、规划和空间发展等过程的参考工具；作为自然保护区、环境敏感区、自然恢复区、造林带等地区的边界划定工具；作为景观管理、林业、物种或栖息地

表 9-1 景观特征评估应用价值摘录

应用领域	应用方式
农业发展	可以对某一地区在农业环境方面的状况和变化对种植进行指导，有助于土地利用现状进行分析，改善成本和效益的比例，实现农业结构的优化。并且能以区域特征的角度出发，对土地的可持续利用进行分析，对乡村居民的居住环境进行宏观把控
空间规划	根据区域特征进行空间规划；对居民点扩张进行限制以促进内向型发展；创造并维护有价值的居住区以及城市环境和景观；提升乡村景观保护价值等
景观策略	在市域范围内，可以对植物所占比例和位置分布进行宏观调控并提供规划建议，在郊野范围内可以对自然价值进行评估，并指导后续的保护区域的发展以及野生动植物的保护。同时，也包括自然保护区和文化遗产方面的保护
城市规划	对房屋建造、城区结构调整进行区域性控制，在规划过程中考虑自然景观结构；进行土地利用的自然保护等
自然和文化遗产保护	保护和管理濒危物种；维持景观的休闲性；帮助确定大型保护区的位置和范围；维护国家景观的文化多样性；河流修复；管理景观背景下的文化遗产等
旅游休闲业	基于区域特色、文物、古迹等现状，对该地区的旅游价值进行分析评价，并指导相关的旅游景区规划和管控
文化教育	保护文化景观；制定有价值的文化景观；培养公众对景观中历史文化的兴趣；提高公众对景观的认识等

注：引自 Wascher，2005。

管理等管理计划的部分。

9.1.4 景观特征评价的发展

9.1.4.1 国外发展历程

景观特征评估起源于英国，从 20 世纪 90 年代发展至今，英国乡村署、苏格兰自然遗产协会、英国自然协会均对其体系的完善做出较大贡献。评估工作以英国为典型代表，分为 2 个独立的价值过程，即特征描述过程和判断过程，其中特征描述过程需经历明确评估目的与范围、案头研究、田野调查、分类和描述 4 个阶段。整个景观特征的评估描述、判断输出、修订更新都有较为完善的体系框架。具体发展背景如下：

1991 年，英国乡村署主持华威郡低地景观特征评估项目，景观特征评估方法首次被正式使用，景观特征区作为景观特征描述的一部分，与景观特征类型共同组成特征描述的价值过程。2000 年，欧洲各国在意大利佛罗伦萨正式签署通过《欧洲风景公约》，提出参与国要在各自领土上实施景观鉴定和评估并分析其特征，确定其价值，这是景观特征评估首次上升到整个欧洲层面。2002 年，苏格兰自然遗产协会(Scottish Natural Heritage)和乡村署共同出版《英格兰和苏格兰景观特征评估导则》，正式界定景观特征评估概念，即为识别、绘制、分类和描述景观特征，同时基于景观特征做出判断并为各类决策提供信息的过程，此定义在国际上认可度较高并一直沿用至今。2005 年，景观欧洲(Landscape Europe)基于欧盟“欧洲景观特征评估倡议(ELCAI)”项目主持编纂《欧洲景观特征区报告》，报告展示和评价了欧洲各国 51 个景观特征评估案例，同时强调了景观特征类型和景观特征区的区别，即前者体现景观的同质性而后者体现景观异质性。2014 年，英国自然协会(Natural England)在《英格兰和苏格兰景观特征评估导则》的基础上重新修改和编纂了《景观特征评估方法》，作者克里斯汀·图德认同并延续了凯瑞斯对景观特征评估的定义，认为景观特征评估是识别和描述景观特征变化的过程，旨在识别使景观体现异质性的元素和特征。

近年来该方法已在英国广泛应用于多尺度的景观保护与管理实践中：从 2002 年到 2017 年，英国利用景观特征评价法完成了 15 个国家公园的景观管理及规划决策。斯塔福德郡在国家尺度分区的基础上，在县域尺度进行更细致的景观特征分类与描述，并通过景观敏感度与景观质量的评价，提出景观更新、景观修复、景观加强、景观保护的分区建设策略。帕斯郡等地方对不同规模的城市扩张类型进行景观容量的特征评价，以景观特征分区的方式置入相匹配的城市建设项目。除此之外，美国和澳大利亚等均拥有自己的景观评价方式，但与景观特征评估有所区别。

9.1.4.2　国内研究进展

我国香港特别行政区于 2001 年率先将景观特征评价进行实践应用。《香港景观特征评估(LCA)的实践与经验》一文中阐述了香港通过区域尺度下的景观特征分类，整合现有的景观资源现状并建立系统性的评估体系和准则。研究将景观分为 6 种一般景观特征类型：高地乡村景观、低地乡村景观、乡村边缘景观、城市边缘景观、城市景观及沿海水域景观。这些概括景观特征类型又可进一步细分为 41 个较为细致的景观特征类型，将全港划分为 943 个景观特征区。每个类别都是特定类型的景观特征，并显示在“香港景观特征地图”上。

国内学者也渐渐将景观特征评价法应用于乡村景观评价实践中，如张茜(2015)以长沙市乔口镇为例，运用景观特征评价法进行景观特征区域的识别并综合主客观方面的视觉美学评价，提出景观管理措施与优化原则。刘文平(2016)将景观组成要素的分类与格局特征结合，通过 GIS 技术及聚类分析对地图影像预处理后，通过图层叠加形成了北京市海淀区景观特征类型与分区。在自然风景区、自然河流的评价实践中，林轶南(2012)将英国景观特征评估体系同我国风景名胜区评价体系进行比较，指出我国可以在景观遗产价值的评估、景观遗产可持续发展概念的重新认识以及公众参与制度的进一步完善。谢沄颖(2015)在其研究中参考英国景观特征评价，对上海市苏州河现状特征进行了景观特征分析，提出河流景观特征的评价指标体系，用以指导河流景观规划及发展策略。

综合以上文献可知，基于景观特征评价视角的研究从 21 世纪初期开始在英国、欧洲等地区逐渐展开，国外对于景观特征评价体系的运用已经相对成熟很多，以乡村景观、农林业、城市景观等方面的景观管理与指导为主，运用于各个尺度上的规划、评价和设计等工作。而国内针对景观特征评价的研究多数是基于区域、城市、县域尺度对乡村景观开展研究，部分学者在风景区、自然河流方向有所研究，但现阶段缺少场地尺度或项目尺度上的景观特征评价研究。

9.2　景观特征类型识别

景观特征类型和景观特征区域是景观特征分类过程中的两个核心概念与方法。景观特征类型是指在特征上相对一致的特定的景观类型，它们是普遍的，可以出现在区域的不同地点，但不论位于何处，其景观的特征、地质、地形、排水方式、种植形式、土地利用历史和居住方式等，大致上相近。景观特征区域：土地可按地理划分为不同的景观特征区域，这些是有着特定景观类型的不连续的地理区域，每个特色区都有其独立位置，虽然会有与同样景观类型的其他区域一致的普遍特征，但每一处还是有它自身的特点和地方特征(宋锋等，2016)。针对景观特征的识别可分为要素识别、要素叠加、遥感影像识别3个步骤：要素识别包括研究范围的地形分析、土壤分析、用地类型分析和植被分析等，旨在区分特定景观特征区域并指导田野调查；要素叠加采用ArcGIS识别与人工识别相结合的方法完成；遥感影像识别则是通过高分辨率的遥感影像结合光谱信息，对地物特征进行提取以及要素类型进行识别。

9.2.1 景观特征分类原则

景观特征分类给景观特征评价提供了一个有效的框架和基础，使整体景观等级结构化，构建了更清晰的符号系统与复杂景观现象之间的对应关系，它可以使同质的景观得到空间上的描述，进而抓住景观的某些特点。分类是基于景观对象的共同性或相似性作不同程度的概括与归并，划分得到的每一个景观特征单元均是不同层级的"子整体"，它们具有相似的自然地理、社会经济和文化属性，以及相对一致的现状与发展，从而成为科学描述和评价的基本单元。景观特征化阶段包括区域特征的辨别、分类、制图和描述，目的是弄清楚一个区域不同于另一个区域的关键特征(鲍梓婷，2016)。景观分类研究方法逐步发展成为一套基于遥感数据平台的数据库建立、管理及利用的工作流程。综上所述，景观特征评价往往涉及多个尺度层级，多个学科交叉，多个标准并行等复杂情况，因此在景观特征分类时应当遵循以下3点原则。

9.2.1.1 基础性与特性原则

(1)基础性

一是要求分类体系与当前成熟分类体系相衔接，加强与相关分类标准的联系与融合。必须严格按照场地景观发展的科学内涵来进行评价因子的选取，所选因子应能客观反映其景观本质，反映目标与因子之间的关系，避免因不同价值观而导致因子取向的片面性。二是要求选取的因子应可比、可量、可行，易于收集，特征分类应明显予以辨识，确定边界与属性，避免难以应用于实践工作。

(2)特性

特性是要求在基础性分类体系上进一步依据研究需求建立针对性的分类，要求分类不应是一个封闭的体系，根据不同研究区的特征，分类体系应能进行适宜的调整与补充。并选取最能直接影响当地景观发展的因子，突出主导因素的影响，做到因地制宜。例如，在评价农田景观时，考虑到农田所具有的美学价值，因而可以设置主观评价指标"景观视觉效果"，最终采用生产、生态、美学三大方面共同反映农田景观及其要素的质量。

9.2.1.2 层次性与尺度原则

所建立的分类体系应根据实际项目分层次和尺度进行。例如，在省市级尺度上，初步分类应当首先分为地质地貌、地形起伏、土壤这类随时间变化极为缓慢的因素，这是形成景观外貌最基本的因素。在市级及以下的分类中，土地利用就起了主要作用，人类活动对景观的影响是塑造景观特征的主导因素。在村庄尺度，就需要植被覆盖、农业类型、聚落布局等更加详细的信息，这些在仅根据文字和图像资料分类的情况下不能做到完全符合现实，因此必须在野外调研中进行修正。对于小尺度景观分类而言，应当比大尺度更加细化，可将道路边缘、坑塘和沟渠边坡作为潜在生态用地进行细分，同时对聚落内部的小型林地、行道树、庭院等也应尽量细分，有利于提取植被信息或可用于植被种植的斑块。

9.2.1.3　定量与定性相结合

定量要选取可量化的指标，各分类间应明显可区分，满足不同使用者与研究区都遵循相同的分类规则。定性是针对那些难以量化的模糊性指标，由于景观发展受诸多因子的影响，其中那些难以量化的指标又具有本土特性，所以必要情况下加设一些定性指标，做到主客观相结合。例如，张茜(2016)通过景观特征评价过程，将乔口镇分为2类景观特征类型、7类景观特征区域，采用定性与定量结合的方式描述了各景观特征区域的地形、土地利用、农田、植被、水体、聚落等方面，并重点比较了农田格局和植被特征的异同。

9.2.2　景观特征分类方法

对于大尺度区域景观特征分类，选择高程、坡度、地形起伏度、土壤母质和绿色基础设施等自然属性为主要参数进行叠加分析，确定景观特征单元，后续的分类则可以考虑结合聚类分析方法来划分景观特征类型。例如，刘文平(2016)在其研究中发现，采用聚类方法比传统景观分类方法具有更高的精度。需要注意的是，由于一个景观特征类型的边缘常常处于动态的过渡变化状态，因而过渡带内的景观特征并不是很明显，也很难精确描述。

市域尺度需在省域分类体系上叠加社会—经济—技术，即文化维度，反映“人类对景观形式的影响”，如土地利用、农业模式等(鲍梓婷，2020)。市域尺度分类过程主要包括：根据道路网形成景观特征分类的基本单元；基于土地利用类型、建筑高度分类、布局形态类型，进行数据叠加归类，对基本路网单元进行细分或合并；根据遥感影像数据进行类型边界的调整与优化，得到最终的景观特征类型图。

对于小尺度乡村景观特征分类，分类方法可采用景观形态与景观属性两类体系：景观形态分类完整细致地记录地物信息，反映客观存在的乡村生态景观，不包含主观赋予的信息，其主要反映乡村生态景观当前的存在形式，分类要素包括地形地貌、景观类型、地表覆盖、植被组成等；景观属性分类则记录乡村生态景观在土地以外的附加信息，主要属性包括土地经营权、历史久远性、利用状态、管护水平、物理结构等。肖禾(2014)认为这种分层分类的层级结构，包含多个图层信息，彼此之间相互独立且平等，在进行评价与规划工作时，依据需求选择不同的图层进行叠加分析，得到所需要的数据以了解乡村生态景观现状。

一般分类的工作流程如下：

(1)景观数据库建设

①收集本区域规划、政策法规、发展战略等相关文件材料。

②收集并准备本区域地形地貌、土地利用、土壤、历史文化等信息数据。

③野外调查实地景观信息，对一些室内判读不清的图斑进行核实和补充，并适当记录利益相关者信息。

④将以上信息数字化在GIS数据库中。

(2)景观特征分类分区

①一般可根据专家经验或当地居民经验，综合考虑地形地貌、土壤、土地覆被以及其他相关人文数据信息，划定景观特征分类分区边界，得到景观特征类型与区域图。

②如果要求更客观准确的分类，将能反映景观特征的基础数据图层通过 ArcGIS 中的叠加工具生成景观特征单元图，并在此基础上，选取指标对各单元斑块进行聚类分析，获得景观特征分类图。将分类图内面积较小且分布零散的斑块与周围斑块融合，获得景观特征分区图。

9.3 景观特征评价一般过程

9.3.1 明确目的和范围

景观特征评估的目标会影响评估的范围，包括评估规模、细节层次、资源(技能)需求、利益相关方的参与等(陶彦利等，2018)。考虑景观特征评估的范围时，需明确以下几个方面：侧重点；技术和专业化要求；景观特征评估的地理边界；规模和比例；细节层次。除了以上要明确的内容以外，在确定目标和范围时还需要结合案头研究、野外调查、参与人员、资源投入、时间安排等综合考虑。

9.3.2 案头研究

首先在室内完成初步分类，收集基础资料，包括图片和文字资料。图片资料可以是遥感图像、地理信息系统数据、地图等形式，但要包括土地利用、行政边界、高程、土壤等基本信息；文字资料可来自文献、报告和网络等，包括气候气象资料、政府部门的规划文本、该地区的历史文化等信息。然后根据收集到的资料，分析其自然特征(包括地形、植被、土壤、水体等)和人工特征(如农业格局、村庄聚落格局、建筑景点等)，通过一定方法(如重分类、叠加分析、聚类分析)形成景观特征区域的初步分类图。由于景观特征分类是根据自然和人工特征进行的，因此景观特征分类的边界不一定与行政边界相重合。此外，在具有重要历史文化遗迹等的地区可将其单独分为一类(张茜，2016)。以国标分类系统为依据，参考研究区土地利用分类现状图，以遥感影像图为调研底图，在田野调查后将初步分类结果再进行审查和修改，在不违背土地利用分类原则的前提下增减发生变更的土地利用类型以确定最终的景观分类结果。

9.3.3 野外调查

野外调查的主要目的是修正初步分类的边界、对各个特征类型的特点进行记录。野外调查的地点应当根据景观特征评价的尺度选择，在较大尺度、无需修正边界的情况下，调查点应当在每个景观特征类型根据其覆盖面积大小而选择分布和数量，主要记录大的特征，如地形、水系、植被类型、主要土地利用类型等；在较小尺度、需要修正边界的情况下，调查点的分布除要覆盖各个景观特征类型外，还需要在初步分类的边界地区选择调研点，同时需要记录更加详细的信息，如农林业作物类型、植被覆盖度、建筑及聚落风格、道路材质等都可以记录。此阶段可在现场对各景观特征区域内的自然景观、人工景观和半自然景观特征进行客观描述，并初步进行视觉美学主观评价(崔默楠，2018)。尽可能使调查点的分布覆盖整个研究区域，并完成记录和实景拍摄。调研时需要记录的内容：a. 评价自然景观、半自然景观和人工景观的土地利用和地表覆被情况；b. 视觉美学主观评价；c. 斑块特征描述；d. 景观特征区域边界修正。

9.3.4　最终分类和特征描述

(1)描述景观特征区/类型

景观特征描述是收集资料和田野调查的结果，是对野外调研观测记录的概括总结，是既完善又简练的综述。描述时应把握景观的大体特征，尽量囊括地形地貌、土地覆被、土壤及其他关键信息。可以采用分条叙述的方式，描述的语言应当中性化，尽量避免采用具有强烈感情色彩的词语。除文字描述外，也可采用照片、绘图等其他方式来描述。对于大尺度的景观特征评价，特征描述的目的是显示景观的总体特征，同时涉及地质、地形、土地覆盖、土地利用、聚落以及这些因素相互影响的方式。对于较小尺度的景观特征评价，描述的内容应更加细致，在地质地貌、土壤类型相对一致的情况下，应当对目标景观对象重要的要素如农田、聚落、植被、水体等进行详细描述，也可以增加对农田边界、交通网络、生境和生物多样性、游憩设施以及居民日常休闲活动的描述。景观的视觉美学特征也是描述的重要方面，包括视野的开阔性、景观要素的秩序性和对比度、景观多样性和色彩的变化性、清洁程度以及静谧程度等的描述。景观特征描述的具体过程为：

①对不同类型景观特征进行书面描述。描述时应把握景观的大体特征，尽量囊括地形地貌、土地覆被、土壤及其他关键信息。描述词语尽量避免表达个人观点的主观性词汇。

②除文字描述外，也可采用照片、绘图等其他方式描述景观的主要特征。

③从描述特征中，识别在整个景观类型中普遍存在且能代表该景观类型的特征并进行简短陈述。这些关键特征描述通常是围绕地形地貌、植被、土地利用、场地格局等方面的综合信息进行。常见的景观特征描述方式见表 9-2。

表 9-2　景观特征描述方式

描述对象	描述方式
地质地貌	形成景观最基本的因素，在较大尺度需要描述，小尺度一般都是相同的，采用地质学术语描述，如石灰岩山谷、冲积平原等
地形地势	景观最基本的外表表现，在大尺度需要描述，小尺度如果存在变化而成为当地特色时，需要进行描述；采用地形学术语描述，如起伏强烈的山地、起伏平缓的丘陵等
土壤	土地利用与景观类型形成的直接因素，在较大尺度需要描述，小尺度存在较大变化时应当描述，采用土壤学术语描述
土地利用	景观最直接的外在表现方式，无论大尺度还是小尺度都十分重要，需要描述主要土地利用类型、分布方式，如大面积连片农田是主要的土地利用类型、村庄建筑沿道路呈线性分布，或草地与小块林地穿插交错分布，聚落分散其中等
自然生态系统	描述自然生态系统，包括森林、草地、河流、湖泊、湿地、荒漠、沙地等受到人类改造较少的生态系统类型，描述其面积比例和分布区域
人工设施	描述人类建设的景观类型，包括道路、聚落、工厂、运河、大坝等对区域重要的类型，描述其分布：如东部一条高速公路南北贯穿，公路两侧分布大量村庄

（续）

描述对象	描述方式
聚落特征	在大尺度上对人工设施进行整体描述，针对村镇小尺度评价应表现当地聚落的分布方式，包括块状分布、组团分布、沿道路或河流分布、随机分散分布等方式；还可描述当地的房屋建筑风格、庭院形式、村落布局等
农田特征	大尺度上描述农田的大体特征，如大面积集约化农田为主、水稻梯田、山间平地分散分布等；小尺度描述可增加田块大小和形状、边界形式、作物类型、种植制度等细节：如小麦和玉米轮作是主要种植模式，田块方正整齐、边界一般为道路和沟渠等
植被特征	在大尺度上对自然生态系统或土地利用进行描述，小尺度描述植被的分布和形式，如聚落组团之间分布密度很大的竹林、道路两侧常常种植灌木绿篱等
水域特征	在大尺度上对自然生态系统或土地利用进行描述，小尺度的水域还包括人工坑塘、沟渠等，描述其分布和用途，如荷塘是当地的主要坑塘，与农田交错分布
历史文化	根据区域情况，描述其重要的景观变化历史和文化活动，在具有重要历史文化遗产或遗迹的地区，应当重点描述历史文化特征
地区头衔	根据区域情况进行描述，如自然保护区、农业遗产保护区、民族文化村落
美学感知	大尺度美学变化较大，不进行描述，针对小尺度在现场调研时的感知进行描述，但避免主观色彩强烈的词汇；描述的内容包括景观的视觉尺度、开阔性、多样性、色彩、变化性、一致性、管护水平、干扰程度等

注：引自张茜，2016。

(2)识别核心景观特征

核心特征是场地区别于其他地方独一无二的特质，不包含所有的特征要素，由于现有的景观分类方法尚不够完善，难以指导新时期景观更加精细化的分类，因此需要识别出景观空间的核心特性，并以此作为景观类型划分的重要依据(王云才，2021)。核心特征是具体描述的概括和提炼，提取其中最能反映当地景观特征的信息形成关键特征。如果这些特征发生变化或消失，会对当前的景观特征产生重大影响。一个地区的核心特征能够为其提供区别于他处的地方感，为当地人提供归属感。这些特征描述通常是围绕地形地貌、植被、土地利用、场地格局等方面的综合信息进行。

由于有主观的识别成分，不能完全中立描述，一般需要有当地的利益相关者参与，听取他们对于本地核心/关键特征识别的意见。核心特征提取的过程中都需要保持语言的前后一致，并尽量避免主观感情色彩浓厚的词句。考虑不同利益相关者的看法和认识，尤其是当地居民对景观变化历史、景观管理措施、景观格局等的认识，也是定义当地景观关键特征的重要参考信息。例如，张茜(2016)以湖南省乔口镇为例，通过其各景观特征区域的具体描述，确定提取的关键特征包括地形、土地利用、植被特征、农田特征、聚落特征、视觉特征和代表性景观图片 6 个方面。采用景观质量评价的生态功能指标，结合美学概念，以及表示景观结构的景观指数、植物样方调查、景观调研中的植被基础信息，通过计算不同指标之间的相互关系，筛选出能够反映村级景观美学和生态功能质量的关键指标。

(3)景观特征区/类型地图

景观特征评估在景观特征描述阶段之后可得出结论，并通常以景观特征区/类型地图为输出结果，同时会对其加以描述。类型图相较于文字性描述来说更为直观地明确各景观特征区的特征，便于景观特征评估在不同领域、针对不同的受用人群都能够无门槛地使用和解读，为景观特征评估工作的成果提供了输出形式和输出后的共享平台、实用性更强。

最后做出判断评价，提出景观管护提升建议：判断的结果基于以上所述步骤，通过分析各景观特征区域景观现状，总结其面临的生态、环境等各方面问题，有针对性地提出可实施的保护、恢复、管护和提升建议，并评估这些措施给当地生态系统服务功能带来的影响。

评价过程整体流程图整理如图 9-1 所示。

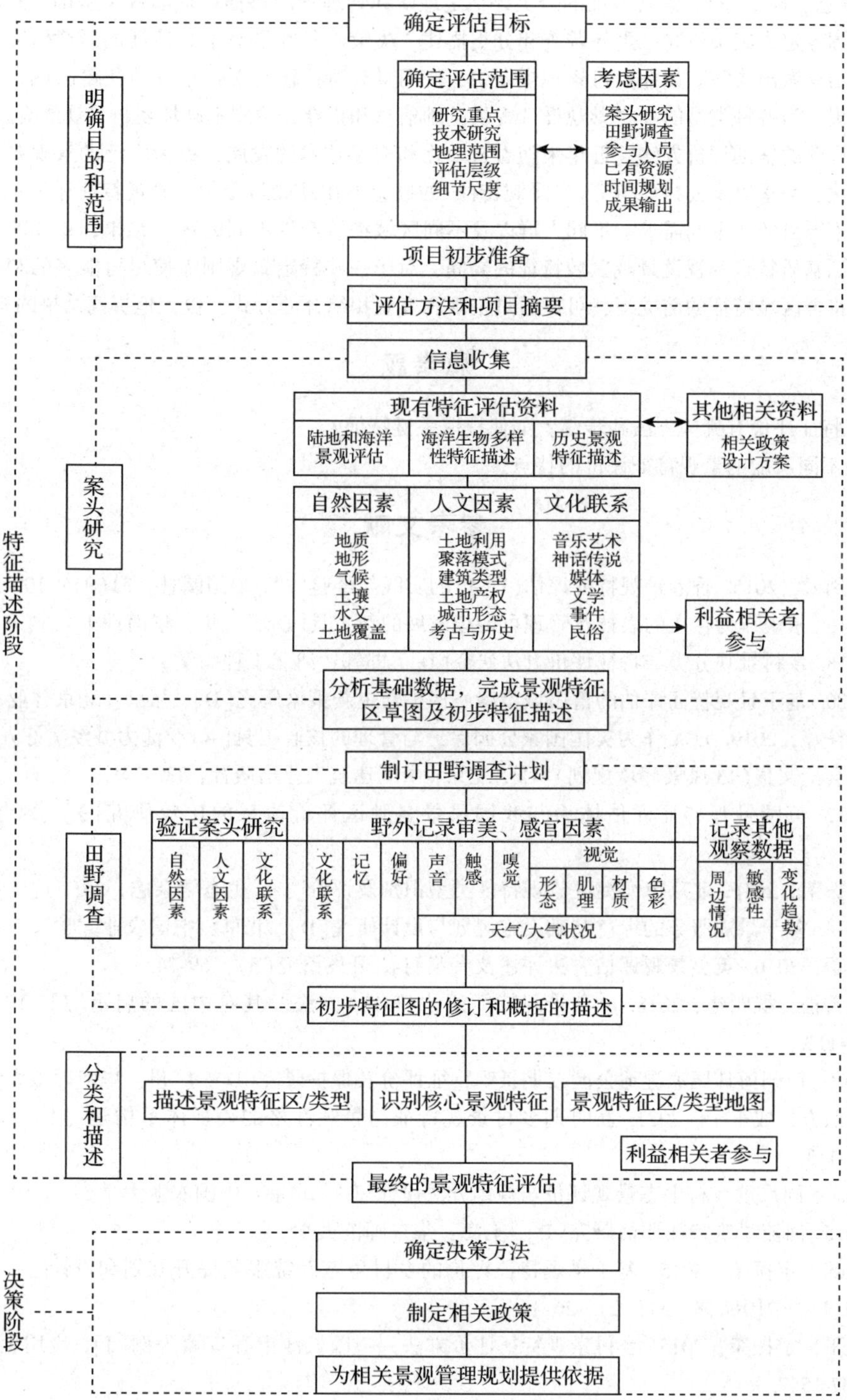

图 9-1　景观特征评价（LCA）流程图（引自 Christine，2014）

本章小结

景观特征包括自然要素特征、社会人文要素特征、景观格局特征、景观过程特征、景观感知特征等；景观特征评价的特点在于价值中立及多尺度应用，其最依赖于定量数据，可服务于广泛的社会功能和用途(环境、生态、规划等)；景观特征的分类评估是理解和管理景观特征评估的根本基础。景观特征识别过程包括范围界定、案头研究、野外调查和分类描述，决策阶段则是对景观特征的后续研究，基于特征描述过程的结果做出决策。如在乡村景观规划中，使用景观特征评价能够很好地获得区域景观的固有特征及外在表现，为各种类型的乡村景观设计提供基础信息和指导，达到不破坏乡村景观原有风貌的要求，是一种用途广泛的辅助评价方法。近年来随着自动化和交互技术的发展，更为广泛的景观要素被考虑在内，包括文化、美学以及公共参与等，“景观特征”的概念也在发展与变化。景观特征评价具有很强的灵活性，根据不同目的、不同需求、不同人群以及不同区域都可产生不同的评价结果，相关的研究应充分考虑景观资源基质特点和视觉景观区域特征的异同，对于一些特定景观则需使尽可能多的利益关联方参与评价，在符合区域特征的前提下，可以通过主观和客观相结合的方式，极大地提高结果的有效性。

思考题

1. 景观特征评价有哪些方法和步骤？如何提取关键特征？
2. 思考不同尺度的景观特征评价的特点。

参考文献

鲍梓婷，周剑云，2015. 香港景观特征评估(LCA)的实践与经验[J]. 中国园林，31(9)：100-104.
鲍梓婷，2016. 景观作为存在的表征及管理可持续发展的新工具[D]. 广州：华南理工大学.
崔默楠，2018. 乡村景观分类与特征评价方法研究[D]. 邯郸：河北工程大学.
韩若东，2020. 基于景观特征评估的莆田城市绿心保护与更新策略研究[D]. 北京：北京林业大学.
蒋定哲，鲍梓婷，2019. LCA 作为英国国家公园保护与管理的核心工具[A]//活力城乡美好人居. 中国城市规划年会论文集(13 风景环境规划)[C]. 北京：中国建筑工业出版社：332-341.
林铁南，2012. 英国景观特征评估体系与我国风景名胜区评价体系的比较研究[J]. 风景园林(1)：104-108.
刘文平，宇振荣，2016. 北京市海淀区景观特征类型识别及评价[J]. 生态学杂志，35(5)：1338-1344.
刘文平，2014. 基于景观服务的绿色基础设施规划与设计研究[D]. 北京：中国农业大学.
宋峰，宋蕾蕾，2016. 英美景观评估方法评述及借鉴[J]. 开发研究(5)：69-74.
陶彦利，奚雪松，祝明建，2018. 欧洲景观特征评估(LCA)方法及其对中国的启示[J]. 中国园林，34(8)：107-112.
王艺锦，2020. 广州海珠国家湿地公园二期景观特征评价及保护研究[D]. 广州：华南理工大学.
王云才，陈照方，成玉宁，2021. 新时期乡村景观特征与景观性格的表征体系构建[J]. 风景园林，28(7)：107-113.
肖禾，2014. 不同尺度乡村生态景观评价与规划方法研究[D]. 北京：中国农业大学.
谢沄颖，2015. 河流景观特征评估研究[D]. 上海：华东师范大学.
张茜，李朋瑶，宇振荣，2015. 基于景观特征评价的乡村生态系统服务提升规划和设计——以长沙市乔口镇为例[J]. 中国园林，31(12)：26-31.
张茜，刘文平，宇振荣，2015. 乡村景观特征评价方法——以长沙市乔口镇为例[J]. 应用生态学报，26(5)：1537-1547.

张茜，肖禾，宇振荣，等，2014. 北京市平原区农田景观及其要素的质量评价研究[J]. 中国生态农业学报，22(3)：325-332.

张茜，2016. 村镇景观特征与质量评价方法及应用研究[D]. 北京：中国农业大学.

张晓彤，王晓军，李良涛，等，2017. 基于参与式评估技术的景观特征评价——以北京市延庆县千家店镇为例[J]. 现代城市研究(8)：15-24.

周荃，2020. 基于景观特征评估方法的庄河市景观规划优化研究[D]. 沈阳：沈阳建筑大学.

MARTIN M J R，DE PABLO C L，DE AGAR P M，2006. Landscape changes over time：Comparison of land uses，boundaries and mosaics[J]. Landscape Ecology，21：1075-1088.

CHRISTINE T，2014. An approach to landscape character assessment[R]. Natural England.

Peak District National Park Authority，2009. Peak district national park landscape strategy and action plan 2009—2019 [EB/OL].

SWANWICK C，2004. Landscape character assessment guidance[M]. Topic Paper2：Principle and Process.

TUDOR C，2014. An approach to landscape character assessment[M]. London：Natural England.

WASCHER D M，2005. European landscape character areas：typologies，cartography and indicators for the assessment of sustainable landscapes[R]. Landscape Europe.

第 10 章　区域景观生态规划

自 20 世纪 80 年代以来，通过生态环境规划来协调人与自然的关系并促进国土生态安全，日益受到普遍关注并得到迅速发展。相对于种群、生态系统、流域、国家等尺度，区域是最有利于落实国土空间生态安全决策的空间尺度(方淑波等，2005)。生态环境的可持续发展是区域生态安全的前提和保障，在空间上协调生态系统与社会经济系统则是实现生态环境可持续发展的有效途径。

区域景观生态规划是以社会—经济—自然的复合生态系统为对象，以协调生态系统与社会经济系统关系为基本任务的空间规划。生态安全格局和绿色基础设施网络是区域景观生态规划的两种主要形式。生态安全格局规划是以探索区域生态环境问题的发生与作用机制为出发点，以区域可持续发展为目标，为解决区域复杂的生态环境问题从空间格局上进行优化调整的规划(李锐等，2012)。绿色基础设施网络(Green Infrastructure Network)规划旨在鼓励利益相关者参与区域景观生态规划决策，恢复受损的核心生态系统，加强核心生态系统之间的链接，并使生态系统在面临潜在威胁时有缓冲区保护，从而最终形成一个综合的战略整体，确保重要生态系统、栖息地和景观的全方位保护。

10.1　区域及其特征

10.1.1　区域概念

区域(region)是地球表面的一个范围，其内部某些或某种特性存在一致性或相似性，并以这些一致性或相似性区别于其他区域(崔功豪等，2018)。这些具有相似性特征的区域往往被称为均质区域，如山区与平原区、干旱区与湿润区、农区与牧区等。同时，区域内各异质要素或异质空间往往存在高度关联性，这些关联性使其共同构成一个有机的整体，如区域中具有重要生态功能的生境斑块之间通过生态廊道链接而构成的生态网络整体。

在现有研究认知中，区域的规模差异很大。相对全球而言，区域可能是一个国家，甚至可能是几个国家的地理范围；相对国家而言，区域一般指地方、省或跨省的连续地理单元；在地方层次，区域通常指比城市更大的范围，往往包括城市及其周边乡村地区。

10.1.2　区域特征

(1)整体性

区域内土壤、生物、水分、大气等各组成要素间通过物质与能量交换而相互联系、渗透、融合，形成一个具有强烈内在联系的统一整体，即区域的整体性(崔功豪等，2018)。

区域的整体性是区域景观生态过程与功能形成的基础，区域内某一局部要素的变化可能会导致整个区域景观生态功能的变化。因而，区域生态环境具有很强的整体性，某一生态要素的变化往往牵一发而动全身。然而，现实国土空间中存在行政管理边界对区域生态环境整体的分割现象，一些跨行政区的流域因行政边界的分割而使其整体性遭到破坏，往往增加了全流域综合治理与利用的困难。

(2) 系统性

系统是要素与要素之间关系的总和，区域内各要素之间相互作用而形成的具有特定功能的综合体。区域的系统性还体现在山水林田湖草沙各要素之间相互作用的复杂性、关联性、等级结构性、动态平衡性和时序性等特征(彭建等，2019)。这些特征决定了系统具有独立要素所不具备的整体功能。

(3) 层次性

地表任何区域都可与同等级若干区域共同组成更高一级的区域，同时区域内部又可进一步划分出若干个承载细分功能的低一级的区域(马克明等，2004)。例如，行政区域就是一个典型的具有层次性的区域系统，是一种具有自上而下的递阶管制特征的区域(崔功豪等，2018)。

(4) 动态性

由于构成区域的要素自身及其相互作用关系、区域外围环境等的变化，导致区域实体并非一成不变。区域的动态性表现在区域界线的模糊性上。通常，一个区域的特征在其中心区域典型地段表现得最清楚、最全面，但到边缘其特征就慢慢地与相邻区域的特征融合起来。因此，地理学上的区域界线往往是一个过渡带，具有模糊性。

10.2　区域景观生态分析

景观生态分析是制定区域景观生态规划的基本依据，主要是分析区域景观的结构、格局、功能及服务等，诊断区域发展所面临的主要景观生态问题及其形成原因，进而明确区域景观生态规划的主攻方向。一般来说，区域景观生态分析主要包括自然资源分析、生态承载力分析、生态适宜性分析、生态敏感性分析等。

10.2.1　区域自然资源分析

自然资源是人类赖以生存的物质基础，是指人类从自然条件中摄取并用于人类生产和生活所必需的各种自然组成成分。土壤、植被、水、动物等常常是区域尺度表征自然资源状况的关键内容。自然资源的地理分布影响到区域生态环境功能以及自然资源被开发利用的潜力等。为更深刻地认识区域生态环境问题，寻求更好的自然资源利用与保护方案，首先需要了解自然资源的数量和质量情况。

10.2.1.1　自然资源数量分析

对自然资源量的分析主要目的是确定自然资源的存在规模，通常采用绝对和相对两种计量方式分析(崔功豪等，2018)。绝对数量反映了区域内自然资源的实际规模，相对数量则反映了区域自然资源的地位和满足需求的潜力。因不同区域的尺度和规模均不相同，无论是绝对数量还是相对数量在忽略区域规模的前提下进行比较均不具有现实意义。因此，在自然资源量的分析中，通常将自然资源总量和人均占有量或地均拥有量作为指标组进行综合分析，从而客观反映不同区域之间的相对情况。例如，区域热量资源通常采用单位面积年太阳辐射量和积温等表示，水资源通常采用年均降水量、地表径流量、地下水量、总径流量等指标表示。

中国自然资源种类多、数量丰富，但其空间分布很不平衡。例如，中国水资源的分布南方多、北方少。其中，长江流域水量最大，占全国总水量的37.7%；而淮河以北的黄河水量则仅占全国径流量的2%，但黄河下游及海河、滦河流域的豫、鲁、冀3省的耕地面积约占全国耕地面积的21.25%，水土资源在该区域严重失衡。

从不同区域看，我国东北地区森林资源和野生动植物资源丰富，耕地面积大，水土资源较为平衡。而华北地区则水和森林资源严重不足，水资源供需矛盾特别突出。华东地区是我国人口最密集的地区，但全区水力资源则仅占全国的4%。中南地区的耕地面积占全国的22.82%，居全国首位。西南地区则为中国第二大林区，木材蓄积量占全国20%以上，仅次于东北。西北地区则草场辽阔，兼有干草原、荒漠与高寒草甸等不同类型草场，是我国重要的畜牧业生产基地。

10.2.1.2 生态系统质量分析

生态系统质量分析是区域景观生态规划的重要内容，指在一定时间、空间范围内区域生态系统功能强弱、稳定程度和受胁迫状况的综合分析，通常采用生态系统功能指数、生态系统稳定指数、生态系统胁迫指数来综合表征生态系统的质量情况。

生态系统功能指数指表征评估单元内的生产力大小的指数，通常采用归一化后的叶面积指数、植被覆盖度和总初级生产力年均值表示，具体方法见式(10-1)：

$$EFI_i = \frac{\sum_{i=1}^{5}\sum_{j=1}^{n}(LAI_{i,j} + FVC_{i,j} + GPP_{i,j})}{n} \tag{10-1}$$

式中，EFI_i 为第 i 年生态系统功能指数，用近5年的数据进行计算；$LAI_{i,j}$ 为第 i 年第 j 期叶面积指数；GPP_i 为第 i 年第 j 期总初级生产力；$FVC_{i,j}$ 为第 i 年第 j 期植被覆盖度；n 为第 i 年遥感观测期数。

生态系统稳定指数反映生态系统保持自身结构和功能稳定的能力，是表征评估单元内生态系统结构波动的指数，可通过生态系统功能指数年际变化来构建，具体方法见式(10-2)：

$$ESI_i = \frac{S(EFI_i)}{D(EFI)_i} \tag{10-2}$$

式中，ESI_i 为第 i 年生态系统稳定指数；$S(EFI_i)$ 为评估起始年至第 i 年生态系统功能指数的方差；$D(EFI)i$ 为评估起始年至第 i 年生态系统功能指数均值。

生态系统胁迫指数指表征评估单元内所受到的人类活动压力程度的指数，人类活动强度越高，则生态胁迫程度越高。人类活动压力程度可根据人类对各种生态系统的利用程度来反映，可基于人类对不同生态系统的扰动程度的分级赋值来确定。赋值表可参照表10-1.

表 10-1　扰动程度分级参考表

类别	自然再生利用	人为再生利用	人为非再生利用
生态系统类型	林地、草地、水域	农田	城镇、居民点、工矿用地和交通用地等
扰动分级指数	1	2	3

对于存在多个生态系统扰动的区域，可通过对不同生态系统扰动占有的比例进行加权求和，形成一个综合扰动指数，来反映区域的总体生态系统胁迫程度。计算方法见式(10-3)：

$$ETI = \frac{\sum_{i=0}^{3} A_1 \cdot P_i}{3\sum_{i=0}^{3} P_i} \tag{10-3}$$

式中，A_i 表示第 i 级生态系统的分级指数；P_i 表示第 i 级生态系统的面积百分比；ETI 为生态系统胁迫指数。

区域生态系统质量整体状况可通过由生态系统稳定指数、生态系统功能指数、生态系统胁迫指数构建的生态系统质量指数(EQI)来评估。具体计算方法见式(10-4)：

$$EQI = (1 - W_1 \times ESI) + W_2 \times EFI + (1 - W_3 \times ETI) \tag{10-4}$$

式中，EQI 为生态系统质量指数；W_1 为生态系统稳定指数权重；ESI 为生态系统稳定指数；EFI 为生态系统功能指数；W_2 为生态系统功能指数权重；ETI 为生态系统胁迫指数；W_3 为生态系统胁迫指数权重。各指标权重可参照表 10-2。

表 10-2　各指数权重表

指标	稳定指数	功能指数	胁迫指数
权重	0. 43	0. 37	0. 2

10. 2. 2　区域生态环境承载力分析

10. 2. 2. 1　生态环境承载力

生态环境承载力是指在一定的社会经济条件下，以维护生态环境良性循环和可持续发展为前提，一个国家或地区资源的数量和质量对该空间内人口的基本生存和发展的支撑能力。具体来说，是指基于特定发展阶段、经济技术水平、生产生活方式和生态保护目标，一定地域范围内资源环境要素能够支撑农业生产、城镇建设等人类活动的最大合理规模。

生态环境承载力是客观存在的，它可以因人类对环境的改造而变化，是资源系统的客观属性，因而是一个相对客观的量。区域的生态环境承载能力受到多个相互联系又相互制约的资源要素影响，包括水资源、土地资源、矿产资源、生物资源等。从区域可持续发展的内涵出发，对区域生态环境承载能力的分析就是寻求适度开发强度下资源可持续利用的规模和速度。

10. 2. 2. 2　生态承载力分析方法

生态承载力分析常采用单因素评价法、多目标决策法、系统动力学法等。

(1)单因素评价法

该方法用来研究区域内单一自然资源的承载能力。其主要计算在一定社会发展水平及其技术经济条件下，社会一般生活水准对自然资源拥有或消耗标准下，区域自然资源存量所能容纳的人口规模。该方法较为便捷，但仅考虑单个承载因子，忽视了各种资源之间的耦合关系，也忽视了技术变革下的资源可用量的动态变化。

(2)多目标决策法

资源环境是一个复杂的系统，且该系统还与社会经济系统相互作用、相互影响，因此对资源承载力的分析是一个典型的复合系统问题。多目标决策分析将自然资源系统和经济社会系统看作一个整体，选取反映资源环境承载力的多个目标，列出影响自然资源承载力的约束条件，运用系统分析和动态分析手段寻求多个目标的整体最优。该方法通过分析影响区域承载能力的相关资源要素，构建评价指标体系，确定指标权重，能够比较客观地反映资源承载能力状况。运用该方法时，应注意指标选取的互斥性，避免指标之间的相互干扰而影响承载力分析结果的客观性。

(3)系统动力学法

系统动力学模型是研究复杂系统的一种集成方法模型，是以整个系统的最佳目标为出发点，通过定性与定量相结合的方法，从综合、动态、反馈的角度，把握各因素的相互关系，分析系统结构，并通过因果反馈图和系统流程图来建立系统动力学模型，以模拟不同发展策略对系统功能、结构及发展趋势的动态变化。该方法能定量分析复杂系统的内部结构及功能关系，适用于宏观、长期的趋势分析；同时也应注意到，该方法不仅对分析者的数学建模能力有较高要求，而且不同分析者对内部因素相互关系的认识差异也会导致建模结果的巨大差异。

10.2.3 区域生态适宜性分析

10.2.3.1 生态适宜性

生态适宜性是指由区域资源特征所决定的区域范围内土地对特定、持续的用途的固有适宜程度。生态适宜性分析是区域景观生态规划的核心，其目标是以区域内生态类型为评价单元，根据区域资源与生态环境特征、发展需求与资源利用要求，选择有代表性的生态特性因子，确定区域内不同生态系统对资源开发的适宜程度与限制性，进而划分适宜性等。

10.2.3.2 生态适宜性分析方法

生态适宜性分析评价研究始于20世纪70年代，其评价方法主要包括直接叠加法、因子加权评分法、生态因子组合法等。

(1)直接叠加法

直接叠加法可分为地图叠加法和因子等权求和法两种形式。这两种方法均可以将社会、自然环境等不同量纲的因素进行叠加的生态适宜性分析，一般来说基本步骤可归纳为：①根据规划目标，列出各种发展方案和措施，确定规划方案及措施与环境因子的关系，建立关系矩阵；②在生态调查的基础上，按一定的评价准则进行各因子对规划目标的适宜性评价和分级；③用不同的颜色将各因素对特定规划方案的适宜性绘制在地图上，形成单因素生态适宜性评价图；④将各单一因素适宜性图叠加得到综合适宜性图；⑤由综合适宜性图上色调的深浅表示特定规划方案的适宜性等级，并由此制订规划方案。

(2)因子加权评分法

直接叠加法应用的条件是各生态因子对区域资源的特定利用方式的影响程度基本相近且彼此独立。当各种生态因子对区域土地的特定方式的影响程度相差很明显时，就不能直接叠加求综合适宜度了，而必须采用加权评分法。因子加权评分法的基本原理与因子等权求和法的原理相似，不同的是要确定各个因子相对重要性(权重)，对影响特定的土地利用方式大的因子赋予较大的权重。然后在各单因子分级评分的基础上，对各个单因子的评价结果进行加权求和，得到相应地块或网络对特定土地利用方式的总评分，一般以分数越高表示越适宜。

(3)生态因子组合法

无论是直接叠加法还是加权求和法，从数学上来说，要求各因子必须是独立的，而实际上许多因子间是相互联系、相互影响的。为了克服这一缺陷，一种新的方法得到发展，即“生态因子组合法”。生态因子组合法认为，对于某特定的土地利用来说，相互联系的各个因子的不同组合决定了对这种特定土地利用的适宜性。生态因子组合法可以分为层次组合法和非层次组合法。层次组合法首先用一组组合因子去判断土地利用的适宜度等级，然后将这组因子看作一个单独的新因子与其他因子进行组合判断土地的适宜性，这种按一定层次组合的方法便是层次组合法。与此相对应，非层次组合法就是将所有的因子一起组合去判断土地利用的适宜度等级。显然，非层次组合法适合于判断因子较少的情况，而当因子过多时，适合采用层次组合法。运用生态因子组合，首先需要专家建立一套复杂而较完整的组合因子和判断准则，这是运用生态因子组合的关键。

10.2.4 区域生态敏感性分析

10.2.4.1 生态敏感性

不同生态系统对人类活动干扰的反应是不同的。生态敏感性分析是指在不损失或不降低环境质量的情况下，生态因子对外界压力或外界干扰适应的能力，通常包括土地利用、矿产资源、生物资源、地下水资源评价、敏感集水区和下沉区的确定、具有特殊价值的生态系统及人文景观，以及自然灾害的风险评价等。通过对生态系统敏感性进行分析，为今后区域发展规划和区域生态环境综合治理与建设提供科学的依据，并以此为依据建立起完善合理的环境保护和生态建设的对策框架，为区域可持续发展建设指明方向。

10.2.4.2 生态敏感性分析方法

生态敏感性分析一般来说包括评价单元的划分、评价因子的选择、数据处理与评价等步骤。

(1)评价单元的划分

不同土地利用类型的生态功能是不同的，即使是同一种土地利用类型，也会因为面积的不同、距离城市的远近不同以及生态环境功能等诸多因素而在生态功能上有所差异，所以在土地利用类型分区的基础上，根据行政区划和自然地理条件可进一步的划分。

(2)评价因子的选择

在选择评价因子的时候，充分考虑复合生态系统所具有的社会经济属性对区域生态敏感性的影响，既要选取不同类型的资源开发活动作为评价因子，也要考虑不同区域的生态物理条件现状。

(3)生态敏感性评估表的制定

对于每个评价生态单元，根据以上选择的评价因子和生态参数，制定出生态敏感性评估表。

(4)生态敏感性区划

根据各单项生态敏感性评价因子得分，得到生态敏感性综合评分。将各生态单元的最后综合评估分成不同等级来评价复合生态系统生态敏感性，即最敏感、敏感、弱敏感、不敏感等级别。

10.3 区域生态安全格局规划

良好的自然生态环境是人类社会赖以生存的基础，其提供的各种各样的生态系统服务支撑着人类社会的永续发展。近几十年来，全球生态状况总体呈恶化趋势，生态安全已成为影响国家安全的重要因素。在生态问题具有代表性的景观及区域尺度上，开展生态安全格局规划对于未来国土空间开发与生态保护至关重要。区域生态安全格局的有效构建及维持，不仅有利于生态系统结构与功能的完整性、生物多样性保护、生态系统服务的供给，从而保障区域生态安全还能促进人类福祉提升，实现可持续发展。

10.3.1 区域生态安全格局

10.3.1.1 区域生态安全及其格局

生态安全是一个复杂性问题，可从狭义和广义两方面理解。狭义上，生态安全是指生态系统为维持生物多样性与发挥生态系统功能所需的自身结构的完整性与健康程度(叶鑫等，2018)。广义上，生态安全是指生态环境条件与生态系统服务能够有效保障人类的生活和健康不受损害，经济发展和社会安定不受阻碍和威胁的复合生态系统安全状况。因此，从空间尺度上看，区域生态安全阐述的是国家或区域范围内的生态环境因子与生态系统的健康状况(王斯锐等，2017)，是指在一定时空范围内，在自然及人类活动的干扰下，区域生态环境条件及所面临的生态环境问题不对人类生存和可持续发展构成威胁并且系统的脆弱性能不断得到改善的状态(任慧君，2011)。

景观格局制约着各种生态过程，区域景观中存在着某种潜在的空间格局，它们由一些关键性的局部、点及位置关系所构成。通过对景观中的这些关键性组分的设计和耦合，可以实现主动优势、空间联系优势、高效优势3个方面的战略优势(方淑波等，2005)。这种格局对于维护和控制某种生态过程具有关键性作用，被称为安全格局。马克明等将区域生态安全格局定义为以维持生态系统结构与功能的完整性和生态过程的稳定性为目的的区域性空间格局，强调对重要生态功能的保护及其与经济社会发展的协调与融合(马克明等，2012)。因此，区域生态安全格局的构建应以促进生态系统与社会经济系统协调发展为目标准则，提出空间化的生态对策，进而增强区域生态系统韧性。

10.3.1.2 区域生态安全格局规划

区域生态安全格局是一种健康、稳定、可持续的生态安全状态，而区域生态安全格局规划则是维持这一理想空间状态的具体实现手段(欧定华等，2015)。区域生态安全格局规划就是通过规划的正向引导，从空间上消除、削弱、控制外在压力产生的生态风险，构建保护和维持生态系统整体性和生态过程连续性的生态空间安全格局(刘颂等，2020)。

保护自然景观资源和维持自然景观功能及过程，是区域生态安全格局规划的核心任务。区域生态安全格局的规划可基于自然生态过程分析，通过以景观过程为导向的空间分析模型来识别最优空间格局，景观生态学中的格局与过程理论、“源—汇”理论等可以为此提供依据。例如，利用集中与分散相结合的规划模型，通过优化格局调整集中利用的土地，从而确保大型自然植被斑块完整，提升区域生物多样性维持功能(叶鑫等，2018)。

早期的区域生态安全格局构建主要以生物多样性保护为目标，通过把物种的空间运动过程作为主要考虑来模拟克服空间阻力的生物流过程。在这一过程模拟中，一些关键性的要素、战略位置及其之间的联系所形成的格局就是生态安全格局，据此可做出对维护生态安全有利的空间决策。随着生态环境问题的日益复杂化，区域生态安全格局的构建逐渐从以生物过程为导向，拓展为综合考虑自然灾害扩散过程、城市扩张过程等的多目标安全格局。近年来，社会经济发展对生态安全的胁迫日益明显，区域生态安全格局的规划转向以“自然—社会—经济”系统耦合的协同格局构建，从而实现区域可持续发展。

10.3.2　区域生态安全格局规划方法

近年来，国内外学者围绕区域生态安全格局构建展开了广泛的研究，识别“生态源地—廊道—节点”成为区域生态安全格局规划的基本范式，常见的规划方法有基于生态过程、生态保护红线以及多目标的生态安全格局规划。此外，随着生态安全格局的维持与发展需求日益凸显，生态安全预测、预警与调控管理也逐渐成为区域生态安全格局规划需要考虑的内容。

10.3.2.1　基于生态过程的生态安全格局构建

生态过程是指生态系统内部以及不同生态系统之间所进行的物质、能量、信息的流动和转化过程，主要涉及种群动态、种子或生物体的传播、捕食者和猎物的相互作用、群落演替、养分与水分运动和干扰等。景观要素间的水分、养分等运动是自然生态系统重要的和必不可少的部分；相应地，景观结构也对水分和养分运动有基本的控制作用。例如，植被覆盖能够有效地影响地表反射率、地表温度、下垫面的粗糙度和土壤—植被—大气连续体间的水分交换；生态防护林的疏密结构不同，其防风效果也不相同等。因此，通过对生态过程的分析，可以为区域生态安全格局构建提供重要的科学依据。

景观格局强烈影响着生态过程，生态安全格局可以根据景观中的生态过程流来模拟构建。其中，基于对物种迁移、地表径流、城市扩张等水平生态过程的模拟，是区域生态安全格局构建的常用方法。例如，海沃德等(Hayward et al.，2009)利用最小成本路径模型和生境适宜性模型综合模拟了美洲狮潜在的迁移廊道，并根据生物运动阻力面构建了战略点和缓冲区共 2 种战略斑块和源间连接、辐射道共 2 种联系通道。这种基于物种在异质景观中的分布、运动和生产过程分析的区域生态安全格局构建方法已在实践中得到了大量应用。通过对栖息地和物种分布格局之间某些生态过程的分析，构建由缓冲区、连接廊道、保护斑块所组成的生态安全格局是提升生物多样性保护的重要途径之一。

以物种保护为例，区域生态安全格局规划可遵循以下步骤开展：

(1)确定生态源地

生物的核心栖息地常常被看作生物扩散的“源”。区域生态安全格局构建首先需要明确生物生存的生境适宜性及其空间分布，识别生态源斑块或区域。在此之前，需依据当地动植物资源现状，明确目标保护物种，如濒危物种、伞护种、旗舰种、关键种等，并熟悉目标物种的生存习性及条件需求。基于目标物种生存条件需求，构建生境适宜性评价模型，进而识别生物的核心栖息地。

(2)模拟生态过程

基于目标物种的空间运动习性和规律，构建物种运动的空间阻力模型，并基于最小阻力面辨识源间连接通道、辐射道、战略点、缓冲区等对目标物种健康与安全具有重要意义的空间格局要素。根据景观格局的分级拐点，可进一步划分出具有高、中、低三种不同安全水平的生态安全格局。

(3)确定优化方案。

基于不同安全水平的生态安全格局关键要素构建需求，调整优化与其对应的土地利用覆盖，进而确定出不同安全水平的空间优化方案。

10.3.2.2　基于多目标的生态安全格局优化

在区域尺度，多种生态过程往往同时交织发生，因而区域生态安全格局规划还需要综合考虑多种生态过程的安全情景。在实践中，一般可通过叠加技术将不同的单一过程的安全格局整合起来，获得满足多目标需求的综合生态安全格局。此外，区域尺度的生态安全往往还涉及社会经济、人文等因子的驱动，这对区域国土空间生态安全的系统治理提出了更高的要求，即需要运用更为复杂的系统模型来综合模拟和分析生态—社会耦合的综合过程流，从而获得能够保障生态功能并同时促进社会经济发展的区域综合生态安全格局。

不同类型生态系统过程之间及其与社会经济驱动因子之间的关系十分复杂。基于多目标的区域生态安全格局优化，需要最大限度地实现对人类福祉至关重要的生态系统服务维持等目标，也需要考虑当地政府和居民所能接受的程度。多目标决策分析(MCDA)(叶鑫等，2018)具有协调利益相关者冲突并解决生态、社会和经济之间如何权衡问题的能力，因此常作为决策支持工具被纳入区域生态安全格局优化决策中。

基于多目标的生态安全格局优化一般包括以下步骤：

①分析单一目标的生态安全格局要求；

②明确不同类型生态过程或生态系统服务之间的相互作用关系，包括协同与权衡关系等；

③识别影响不同类型生态过程或生态系统服务的社会经济驱动因子，明确生态过程优化需求或生态系统服务供给与需求的匹配关系；

④通过将具有协同关系的生态过程或生态系统服务集结为生态流束或生态系统服务束，并利用空间分析、叠加分析等综合算法进行空间制图，识别生态过程运转的关键区域或生态系统服务的关键区域；

⑤针对关键区域和主要目标，明确生态安全格局优化的具体方案。

10.3.2.3　基于生态保护红线的生态安全格局构建

生态保护红线是国家依法在重点生态功能区、生态环境敏感区和脆弱区等区域划定的严格管控边界，是国家和区域生态安全的最底线。目前，我国已在国家公园、自然保护区、风景名胜区等各级各类保护地以及生态极脆弱敏感区中划定了生态保护红线，但各类地块仍存在孤立保护、生态功能有限等问题，尚未形成系统完整的保护体系。基于生态保护红线的生态安全格局构建不是重新划定新的保护区域，而是将已有的各类保护区整合为完整且系统的生态安全体系。

相比于基于生态水平过程(如物种迁移)的生态安全格局构建，以生态保护红线为基础的生态安全格局还关注了水源涵养、水土保持等垂直生态过程(徐德琳等，2015)。因此，作为最严格的生态保护空间，基于生态保护红线的区域生态安全格局构建，既是确保生物多样性稳定维持的基础保障，也是为人居环境安全提供基本生态屏障的重要途径，还是支撑区域社会经济发展的必需基础。国务院于 2010 年印发《全国主体功能区规划》，提出构建“两屏三带”为主体的生态安全战略格局，并划定了水源涵养、水土保持、防风固沙和生物多样性维持等不同类型的 25 个国家重点生态功能区。这些重点生态功能区均是生态保护红线划定的重点对象，对维持国土生态安全具有重要作用。2015 年，环境保护部印发了《全国生态功能区划(修编版)》，进一步以水源涵养、土壤保持、防风固沙、生物多样性维持和洪涝调蓄等不同功能为主导，在全国划定了 50 个重要生态功能区，进一步夯实深化了国土生态安全战略格局。2020 年，自然资源部等印发《全国重要生态系统保护和修复重大工程总体规划(2021—2035 年)》，提出“三区四带”的生态安全战略格局，即青藏高原生态屏障区、黄河重点生态区、长江重点生态区、东北森林带、北方防沙带、南方丘陵山地带、海岸带，进一步将生态保护红线划定与生态修复提升深度结合，推动形成稳固的国土生态安全格局。

区域生态保护红线的划定一般包括以下步骤：①确定基本评估单元，原则上评估的基本空间单元应为 250 m×250 m 网格，有条件的地区可进一步提高精度。②选择评估类型与方法，即根据本地区生态环境特征和主要生态问题，确定生态系统服务重要性、生态环境敏感性与脆弱性等评估方法。③明确生态保护评估等级，划定生态保护区域。④校验生态保护红线边界，确保划定范围涵盖国家级和省级禁止开发区域，以及其他有必要严格保护的各类保护地。⑤通过边界处理、现状与规划衔接、跨区域协调、上下对接等步骤，确定生态保护红线边界。其中，跨区域协调主要指根据生态安全格局构建需要，综合考虑区域或流域生态系统完整性，以地形、地貌、植被、河流水系等自然界线为依据，充分与相邻行政区域生态保护红线划定结果进行衔接与协调，开展跨区域技术对接，确保生态保护红线空间连续，实现跨区域生态系统整体保护。上下对接，是指区域尺度生态红线安全格局应与国家及地方尺度进行衔接。国家尺度生态红线安全格局重点关注跨界分布的重点生态功能区、生态敏感区和脆弱区等，地方尺度的生态红线重点关注区域内部重要的生态保护区域。二者相互弥补，共同构成多尺度的生态红线安全保障格局。

10.3.2.4　生态安全预警与调控管理

生态安全格局划定与构建往往是静态的，而区域生态系统则是时刻动态变化的。为了及时掌握生态系统的变化情况以及区域生态安全水平，有必要对区域生态安全格局开展动态监测与预警调控，进而提升区域生态安全的决策支持能力。目前，模型模拟与情景分析是生态安全格局水平预测、预警的最常用方法。例如，在预测生态系统格局变化方面，比较常见的有模型法、情景分析法、系统动力学方法、能值分析以及可拓分析法等，主要代表模型包括细胞自动机模型、马尔科夫模型及基于智能体模型等。这些模型的可靠性与地域生态过程及其驱动因子之间关系的参数设置有关。因此，在开展生态安全模型预警与管理时，基于地域规则的参数设置是关键所在。

10.4 区域绿色基础设施规划

在区域尺度，只有保证自然生境之间必要的生态过程和流动，且综合考虑社会经济效益，才能对生态系统进行有效的保护。区域绿色基础设施规划代表了上述各种利益的集合，它不仅被视为一种为景观提供改进的积极途径，也被视为一种提高自然资本质量的机制。绿色基础设施(green infrastructure，GI)规划的理念是，利益相关方应该有机会参与各种规模的环境和绿色规划的塑造。在实践中，由于法定的区域规划在协调多目标和多方利益关系时缺乏灵活性，因此越来越多的非法定绿色基础设施规划成为更加实际和高效的解决方案。例如，为应对欧洲地区的生态环境破坏问题，欧洲区域绿色基础设施网络规划旨在确保欧洲重要的生态系统、栖息地、物种和景观的全方位保护，从而确保有足够大的栖息地使地方物种的保护处于良好的状态，且物种的扩散和迁移能顺利进行，生态系统面临潜在的威胁时能有缓冲区域。

10.4.1 区域绿色基础设施

10.4.1.1 绿色基础设施概念

绿色基础设施是以植被为主体的开放空间及其可能附带的工程设施组成的景观实体，它可以是公园、广场等开放空间，也可以是一棵树、一片林、一块田等绿色景观。绿色基础设施是自然生态系统与人类生态福祉的结合，在提高生态系统服务和人类健康方面具有重要作用，如净化空气、调节温度、涵养水源、维持生物多样性、美景休闲等功能。绿色基础设施是自然区域、其他开放空间和管理实践的相互连接的网络，这些管理实践保护自然生态系统功能，保持清洁的空气，提高水质，并为人类和野生动物提供广泛的好处。

与传统资源保护研究不同，绿色基础设施更强调自然保护与人类建设开发之间的协调和互利，以较为主动的方式去建设、管理、维护、恢复，甚至重建，是以一种与自然环境相协调的方式寻求土地发展与保护并重的精明增长方式。绿色基础设施的建设目标也不仅仅是简单地加大基础设施建设规模以适应最极端的需求，而是寻求供给与需求双方的最优化，以合理的资源分配提供最好的服务。这些特点使得绿色基础设施在平衡土地资源供给与需求方面更具优势，特别是在土地可持续规划与设计方面。

最近几十年，绿色基础设施越来越频繁地被应用在不同区域和尺度上的土地规划研究与实践中，包括从场地到国家等多个尺度。例如，英国绿色基础设施规划作为其以缓解气候变化为目标的土地利用规划的重要途径；欧洲委员会也将绿色基础设施规划作为实现欧盟 2020 年生物多样性保护目标的主要策略等。区域绿色基础设施地图将通过走廊网络识别完整的栖息地(核心)，让人、野生动物和植物在景观中移动。一个相互连接的景观使物种不容易灭绝，同时允许保护和娱乐。这将有助于更好地规划土地利用，更好地保护绿色基础设施和健康的社区。绿色基础设施实践越来越多地用于洪泛平原和沿海地区管理领域，以减少洪水和主要风暴事件的影响，解决土壤侵蚀问题，并改善水质，且支持绿色经济、创造就业机会和提高生物多样性。

10.4.1.2　绿色基础设施网络

绿色基础设施网络由网络斑块与网络廊道两大要素组成。相比生态网络，绿色基础设施网络更加强调“内部连接型”的重要性，结构也更加细致化，如网络节点又可依据形状与大小的不同细化为保护区、管理下的地方景观、农作土地、保留地等(Mark et al.，2002；Meerow et al.，2017)。

(1)网络斑块

网络斑块按照其内部景观的特性与构成可以再分为核心网络斑块、非核心网络斑块等。从实际操作看，核心网络斑块的面积应满足一定标准，且斑块对于整个网络结构的完整性有重要影响。而非核心网络斑块的面积一般达不到核心网络斑块的标准，但这些斑块对网络的连接起到非常重要的作用，如果该斑块消失，则两个核心网络斑块之间的联系在一定等级的网络内便不存在。

相对于大型斑块，面积较小的斑块应得到更多的关注。面积较小的斑块可能在物种迁徙过程中发挥补给、躲避灾难等重要的中继作用。正是由于这种中继作用，面积较小的斑块可以作为生态网络功能恢复与强化的重点区域，通过扩大这些斑块的面积并改善其质量，可以起到事半功倍的作用。

在生态网络框架下，可从面积、质量以及在整个网络连接中的作用等方面对斑块进行评价。斑块在生态网络连接中的作用通过将生态网络抽象成图形，利用图形理论中相关的评价方法，如关联长度等定量评价，进而为保护与恢复生态系统提供量化依据。这种方法既可以保证大型斑块面积不受破坏，小型具有重要连接作用的斑块也可以得到有效保护与恢复。

(2)网络廊道

网络廊道一般可分为踏脚石廊道、线性网络廊道、生境景观廊道 3 种。其中，踏脚石廊道由一定距离内的踏脚石斑块(在网络中起到连接作用的非核心网络斑块)构成，通过踏脚石廊道的踏板作用使物种完成由一个斑块向另一个斑块的扩散。这类廊道的特点是在结构上不连续而功能连续，因此也被称为功能连接型廊道。线性网络廊道由空间形态上明显呈线性形状的要素构成，如河流、河流与交通设施的生态防护林等。而生境景观廊道则是由在空间上呈长条带状的生境景观连接而成，这一类网络廊道是由与斑块生境类型相同或相似的景观相互连接构成，因此也被称为实体连接廊道。

从生态网络廊道的可识别性看，还可以分为现状廊道和潜在廊道。所谓现状廊道，是指可以较明确识别的廊道。而潜在廊道，则包括两种状况，即：①现实中实际存在，但并非由空间可见的实体连接廊道组成，如由踏脚石斑块构成的廊道；②现实中不存在，但增加后可以较为高效地提高整个生态网络的结构性能，是进行重点生态恢复和应在建设用地使用过程中重点避让与控制的生态空间。尤其在高度城市化地区，这种潜在生态廊道，对于保护该区域的复合种群具有重要理论与现实意义，它也是对以千层饼叠加的土地适宜性垂直分析方法的重要补充。

10.4.2 绿色基础设施规划方法

10.4.2.1 规划目标

一般来说，绿色基础设施规划的目标主要有：①提升公众的健康和生活质量、适应气候变化、增强生态系统韧性；②保护和促进公众体验生物多样性；③促进社会凝聚力和包容性等；④发展绿色文化；⑤促进经济发展等。规划者可以关注绿色基础设施问题的两点：一是在考虑如何通过增强绿色联系和网络来提高环境质量、生活质量和场所质量；二是考虑如何管理发展压力以及规划方案对现有绿色空间获取的影响。

10.4.2.2 确定利益相关者和优先事宜

绿色基础设施规划目标的确定首先需要明确合作伙伴和优先事宜。通过对现有地方或区域战略的解读，识别绿色基础设施建设的利益相关方，确定绿色基础设施能够促进的战略重点及其优先事宜，制定政策评估框架，为随后的规划确定方向和重点。

辨识绿色基础设施规划的利益相关方，评估规划是否满足公众利益。作为实际或潜在使用者的社区、团体和个人的需求和期望，需要在作出关于 GI 保护、改变和发展决策时加以考虑。一般而言，不同地区的人们可能对 GI 发展有不同的优先需求。此外，GI 各要素之间的交互是决定其多功能性的一个关键，也是辨识利益相关方和优先事宜的基础。

10.4.2.3 数据收集与分析

通过资料的收集和综合分析与整理，辨识现有绿色基础设施的组分、质量、分布、连接型及其与周边土地利用、人口分布特征等之间的相互关系。通常情况下，可依托地理信息系统分析平台，分析土地利用、地理信息数据以及其他社会、经济和生态的各种数据信息，建立基础数据库，为后期的方案编制提供支撑。

10.4.2.4 功能评估

综合土地利用、历史景观、城乡布局以及生态等多个因子，详细解析规划区内绿色基础设施组分及其质量，剖析现有绿色基础设施所具有的功能和能够提供的潜在效益并制图。识别绿色基础设施组分、质量与功能，在地图上标注出绿色基础设施现有功能；考虑空间储备，在地图上绘制绿色基础设施的潜在功能。

10.4.2.5 需求评估

需求评估又称为必要性评估，主要评估现存绿色基础设施是否满足当地需求，验证已确定的优先建设顺序是否符合实际情况，使现有绿色基础设施与功能和策略上的优先权和标准联系起来。该步骤包括时势评估和未来预测两个部分，要求在功能评估的基础上，以生态和经济社会效益最大化为出发点，结合本地特色，判断现有绿色基础设施对当地发展的支持情况；结合区域战略重点，判断当地绿色基础设施当前建设的不足及其潜在可塑的功能，最终辨识哪些绿色基础设施是需要维护提升的类型、哪些是需要创造的类型，并结合图示直观表达。

10.4.2.6 干预性规划

干预性规划，即指导绿色基础设施规划实施的行动方案，具体需响应以下问题：哪些绿色基础设施要素必须得到保护，哪些要素应该被改变或增强，在哪些区域需要创建新的要素，它们应该是什么类型，哪些要素应该被连接在一起。

(1)保护

干预性规划首先需要明确构成绿色基础设施的关键斑块有哪些，如那些最重要的和最有价值的斑块，或自然保护区之间及其与社区之间联系的唯一斑块等。这些斑块常常被作为保护对象纳入到绿色基础设施网络规划中。

(2)提升

尽管多功能性是绿色基础设施规划的基本原则之一，但绿色基础设施的多数要素斑块都有一个明确的或实际的主要功能。绿色基础设施规划需要明确维持或提升哪些区域及其何种功能，以方便指导绿色基础设施规划的具体实施。

(3)新建

区域尺度的绿色基础设施网络通常包含具有地区或国家意义的特征区域的连接。因此，除需要保护和提升的区域外，绿色基础设施规划还需要考虑在哪些地方需要新建何种类型的要素以提升整个网络的联系性。新增或新建绿色基础设施，首先需要明确在哪些区域有缺口，或哪些区域之间需要建立或增强联系。例如，一些具有重要功能的野生动物走廊的建立有助于增强保护区斑块之间的生物流通道；一些具有高自然价值且可以鼓励使用者感到安全、享受体验的关键区域之间的联系通道等。此外，联系通道的建立往往也需要考虑环境可能带来的挑战。如通过高度贫困地区的联系通道往往会遭到破坏、损毁等，需要大量和经常持续的投入才能解决该问题。

新建绿色基础设施还需要明确创建新元素和新连接的机会可行性。要做到这一点，不仅需要了解土地现状，还需要了解土地所有权、所涉财政问题等。这些因素的考虑可能与绿色基础设施的战略目标和愿景有关。为了解决这些问题，新建绿色基础设施需要明确构建的联系是什么及其必要性，并将其与上述问题开展权衡研究，从而确定网络扩展和改进的最优先领域。在此过程中，绿色基础设施建设优先级是需要考虑的内容。

本章小结

区域景观生态规划是生态系统与社会经济系统协调发展的空间保障，是一种大尺度国土空间绿色发展与生态系统保护的空间解决方案。区域景观生态分析是规划的关键依据和必要步骤，主要包括区域自然资源分析、生态环境承载力分析、生态适宜性与生态敏感性评价等。通过区域景观生态分析，可系统明确指出区域中存在的关键生态问题。区域生态安全格局规划和绿色基础设施规划是解决区域尺度生态问题的两种主要规划。其中，区域生态安全格局规划主要围绕关键生态过程，如动物迁徙过程等，提出关键物种保护的最佳安全底线格局，为区域生物多样性保护和关键生态过程运转提供保障。绿色基础设施规划则是一种基于多利益主体考虑的规划，以综合考虑利益相关方需求的多功能生态景观解决方案为主要目标，而绿色基础设施网络则是其主要呈现形式。

思考题

1. 构建区域生态安全格局的意义是什么？
2. 绿色基础设施网络规划的关键结构要素有哪些？

参考文献

崔功豪，魏清泉，刘科伟，等，2018. 区域分析与区域规划[M]. 北京：高等教育出版社.

方淑波，肖笃宁，安树青，2005. 基于土地利用分析的兰州市城市区域生态安全格局研究[J]. 应用生态学报(12)：2284-2290.

胡望舒，王思思，李迪华，2010. 基于焦点物种的北京市生物保护安全格局规划[J]. 生态学报，30(16)：4266-4276.

李锐，何彤慧，2012. 区域生态安全格局构建的基础理论与实践意义[J]. 安徽农业科学，40(10)：6113-6115.

李延明，张济和，古润泽，2004. 背景城市绿化与热岛效应的关系研究[J]. 中国园林(1)：72-75.

李振鹏，刘黎明，谢花林，2005. 乡村景观分类的方法探析：以北京市海淀区白家疃村为例[J]. 资源科学，27(2)：167-173.

刘孟媛，范金梅，宇振荣，2013. 多功能绿色基础设施规划——以海淀区为例[J]. 中国园林，29(07)：61-66.

刘颂，刘蕾，2020. 基于生态安全的区域生态空间弹性规划研究——以山东省滕州市为例[J]. 中国园林，36(02)：11-16.

马克明，傅伯杰，黎晓亚，等，2004. 区域生态安全格局：概念与理论基础[J]. 生态学报(4)：761-768.

欧定华，夏建国，张莉，等，2015. 区域生态安全格局规划研究进展及规划技术流程探讨[J]. 生态环境学报，24(1)：163-173.

彭建，吕丹娜，张甜，等，2019. 山水林田湖草生态保护修复的系统性认知[J]. 生态学报，39(23)：8755-8762.

任慧君，2011. 区域生态安全格局评价与构建研究[D]. 北京：北京林业大学.

王斯锐，沈守云，2017. 区域景观生态安全格局研究[J]. 绿色科技(7)：49-51，57.

肖禾，2014. 不同尺度乡村生态景观评价与规划方法研究[D]. 北京：中国农业大学.

徐德琳，邹长新，徐梦佳，等，2015. 基于生态保护红线的生态安全格局构建[J]. 生物多样性，23(6)：740-746.

叶鑫，邹长新，刘国华，等，2018. 生态安全格局研究的主要内容与进展[J]. 生态学报，38(10)：3382-3392.

岳升阳，杜书明，2011. 城市地名文化遗产评价体系及应用：以北京市牛街地区为例[J]. 城市问题(8)：66-71.

DRIEZENA K, ADRIAENSEN F, RONDININI C, 2007. Evaluating least-cost model predictions with empirical dispersal data: a case-study using radiotracking data of hedgehogs[J]. Ecological Modelling, 209(2-4): 314-322.

FISCHER J, LINDENMAYER D B, 2002. Small patches can be valuable for biodiversity conservation: two case studies on birds in southeastern Australia[J]. Biological Conservation, 106(1): 129-136.

HAYWARD M W, 2009. The need to rationalize and prioritize threatening processes used to determine threat status in the IUCN Red List[J]. Conservation Biology, 23(6): 1568-1576.

JONGMAN R H G, KULVIK M I K, 2004. European ecological networks and greenways[J]. Landscape and Urban Planning, 68: 305-319.

MAKOTO Y, MAMORU A, MARCO A, 2006. The history and future directions of greenways in Japanese New Towns[J]. Landscape and Urban Planning(76): 210-222.

MARK A B, EDWARD T M, 2002. Green infrastructure: smart conservation for the 21st century[J]. Renewable Resources Journal, 20(30): 12-17.

MEEROW S, NEWELL J P, 2017. Spatial planning for multifunctional green infrastructure: growing resilience in Detroit[J]. Landscape and Urban Planning, 159: 62-75.

OPDAM P, POUWELS R, VAN ROOIJ S, 2008. Setting biodiversity targets in participatory regional planning: introducing ecoprofiles[J]. Ecology and Society, 13(1): 20-35.

OPDAM P, STEINGROVER E, VAN ROOIJ S, 2006. Ecological networks: a spatial concept for multi-actor planning of sustainable landscapes[J]. Landscape and Urban Planning, 75(3-4): 322-332.

PETIT J N, HODDLE M S, GRANDGIRARD J, 2008. Short-distance dispersal behavior and establishment of the parasitoid *Gonatocerus ashmeadi* (Hymenoptera: Mymaridae) in Tahiti: Implications for its use as a biological control agent against *Homalodisca vitripennis* (Hemiptera: Cicadellidae) [J]. Biological Control, 45(3): 344-352.

TWEED E J, FOSTER J T, WOODWORTH B L, 2003. Survival, dispersal, and home-range establishment of reintroduced captive-bred puaiohi, *Myadestes palmeri*[J]. Biological Conservation, 111(1): 1-9.

VOGT P, FERRARI J R, LOOKINGBILL T R, 2009. Mapping functional connectivity[J]. Ecological Indicators, 9: 64-71.

WIKTANDER U, OLSSON O, NILSSON S G, 2001. Seasonal variation in home-range size, and habitat area requirement of the lesser spotted woodpecker (*Dendrocopos minor*) in southern Sweden[J]. Biological Conservation, 100(3): 387-395.

YAMAURA Y, IKENO S, SANO M, 2009. Bird responses to broad-leaved forest patch area in a plantation landscape across seasons[J]. Biological Conservation, 142(10): 2155-2165.

ZHANG B, LI W, XIE G, 2010. Water conservation of forest ecosystem in Beijing and its value[J]. Ecological Economics, 69(7): 1416-1426.

第 11 章　城市景观生态规划

城市景观是指城市地域内的景物或景象。城市景观的出现是人口快速增长和国民经济蓬勃发展的结果。与自然景观、乡村景观不同，城市景观是由人类凭借强大的经济和技术能力建设而来的人造景观，是高密度人群、人工建筑体的集合。城市景观生态规划针对城市景观，以景观生态学原理和方法为依据，合理规划景观结构，优化城市建设用地、绿地、水系等景观要素的数量和空间格局，从而改善城市景观的功能，以实现安全性、健康性、便利性、舒适性等目标，促进城市的可持续发展。

11.1　城市生态景观概述

11.1.1　城市景观的特征

城市是一种生态系统，具有生态系统的一般特征。城市中既有动物、植物、微生物和人类等生物有机体及围绕这些生物的空气、水、土壤等无机环境，也具有物质循环、能量流动和信息传递等功能。城市生态系统和一般自然生态系统(如森林、草原等)或半自然生态系统(如农田等)相比存在明显的不同。

城市景观的生态特征有：

①单一性　城市景观往往存在多样性低的问题。城市景观建设的过程中往往面临着自然景观被建筑、道路、硬化地表等人工设施代替，景观格局多样性较低。即使是城市中的绿地、公园也由于养护方便、迎合审美等原因，其生物多样性远低于自然和半自然景观。

②复合性　城市景观既有自然景观又有人工景观，既有静态的硬件设施又有动态的软体活动，城市景观表现为各要素的交织与并演。

③地方性　每个城市都有其特定的自然地理环境，有各自的历史文化背景，以及在长期的实践中形成的特有的建筑形式与风格，加上当地居民的素质及所从事的各项活动构成了一个城市特有的景观。

④文化性　城市景观是一种精神世界的产物，反映了人们的价值观念、思维方式，具有深层的文化内涵。例如，耶路撒冷的宗教文化、西安的历史文化、延安的红色文化等。

⑤人工性　城市是人为活动建造而来的。城市中的人为活动对其自然条件，从动植物区系到景观格局，从下垫面性质到区域小气候，都产生强烈的干扰和影响。不同地区城市的社会经济发展状况和历史文化特点很大程度上塑造了当地的城市景观风貌。人为活动是维持和协调城市内部与外部物质、能量、信息主要因素。

⑥不稳定性　城市景观具有强烈的不稳定性。一方面是由于经济社会发展和政治文化

因素的变化，城市景观面临着快速的演变。在经济增长时期，为了提高城市功能和扩大城市规模，可能出现旧城的更新和新城的出现。在城市扩张过程中，景观变化在城市与郊区的过渡地带最为剧烈。另一方面，城市生态系统的弹性低，且对外依存度高，需要外界的物种、能量、信息交换以维持其相对的稳定。

11.1.2　城市生态环境问题

随着城市的发展，城市生态环境存在不同的问题，杨志峰和徐琳瑜(2019)将这些问题分为三类：

(1)类型 A

与贫困相关。这一类城市生态环境问题包括清洁供水的普及率低、卫生设施短缺、城市贫民窟人居环境差等。这些问题通常发生在发展中国家的城市中。由于城乡差距大，人口大量从乡村涌向城市。但城市经济社会发展水平有限，基础设施投资不足，无法提供较好的人居环境。这可能进一步造成与卫生有关的人体健康影响，增加如痢疾等传染病的风险。

(2)类型 B

与工业污染相关。这类城市生态环境问题包括有 SO_2 和颗粒物引发的城市空气污染、由重金属引起的水污染及固体废弃物污染。造成这类问题的原因包括快速的工业化和城市化、污染物处理能力不足、生产工艺落后、缺乏严格的规范和有效的管理。这可能造成的典型影响是工业污染灾害，如曾经发生在日本俣市的水俣病。

(3)类型 C

与消费和生活方式相关。此类城市生态环境问题包括温室气体排放、城市垃圾、环境荷尔蒙物质(如二噁英)等。这是由于随着经济发展水平提高，形成了大规模生产、大规模消费和大规模处置的生活方式特点，这意味着需要向城市输入大量能源、食物和其他原材料。城市在产出大量成品和服务的同时，也伴随着大量污染和废物的产生，远远超过城市的环境容量。其影响包括资源过度消费、生物多样性损失、全球变暖等。

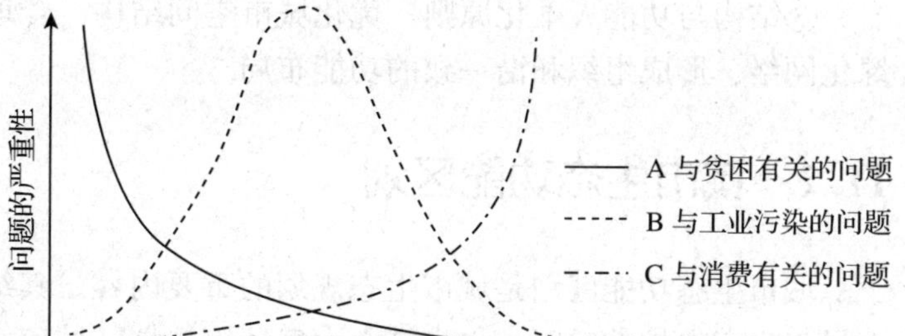

图 11-1　城市生态环境问题随城市经济增长的变化

一般来说，这三类城市生态环境问题发生在城市发展的不同阶段。但有时不同类型的问题也可能在同一个城市同时发生。其发展趋势如图 11-1 所示。

11.1.3　城市景观生态规划的原则

由于城市生态系统是一个社会—经济—自然复合生态系统，从这个角度出发，城市生态规划既要遵守生态要素的原则，又要遵守复合生态系统原则。具体包括以下方面(杨志峰等，2019)：

①自然生态原则　城市的自然生态是维持城市可持续发展的基础，但同时又是城市发展的限制因素。城市景观生态规划需要研究城市生态系统的承载力，维护自然环境要素的再生能力、结构多样性、功能持续性。

②经济生态原则　协调城市经济发展的目标与环境生态目标。基于城市能流，分析各部门能量流动规律、对外依赖性及时空变化趋势，提出能量利用的最佳途径。

③社会生态原则　城市是人类集聚的结果，在人的社会行为、价值观和文化观念的影响下形成。城市景观生态规划应考虑人的需求、价值观，符合公众的利益和需求。

④复合生态原则　城市是区域环境中的特殊部分，城市生态系统是自然生态系统的一个特殊组分。城市景观生态规划必须把城市生态系统和区域生态系统视为一个有机体，把城市内各子系统视为城市系统内有机联系的单元。

而王云才(2007)基于城市景观生态规划与城市景观传统规划在运用景观生态学原理和方法上的差异，提出做好城市景观生态规划应遵循以下原则：

①尺度原则　城市景观生态规划应该按照合理的尺度规模进行界定。城市景观生态规划主要是在宏观和中观两个层次上进行。前者是对整个城市范围内的土地利用、生态网络等进行整体规划和评估。后者是对城市内某一景观类型或区域进行规划，如环境敏感区、绿色生态空间和城市廊道等。

②多样性与异质性原则　多样性是稳定性的前提。城市景观生态规划的多样性体现在以下两个方面。一是景观格局多样性。通过保护城市中遗留的自然生境，见缝插绿，顺应原有的自然山水格局等方法，提升城市景观格局多样性。二是物种多样性：考虑植物、动物的多样性，避免在城市绿地中使用单一化物种，为野生动物提供栖息地。

③结构与功能人本化原则　优化城市空间结构，合理布局工业区、商业区、居民区及绿化网络，形成组织和谐一致的功能布局。

11.2　城市生态功能区划

城市生态功能区划是城市生态规划的重要内容。其结果在一定程度上决定了城市发展布局与生态保护的空间，也为城市大气环境规划、城市水生态规划、城市声环境规划、城市固体废弃物污染防治规划、城市能源可持续利用规划、城市土地资源可持续利用规划等各专项规划提供基础。

11.2.1　城市生态功能区划概念

根据《生态功能区划技术暂行规程》和《生态功能分区技术规范(征求意见稿)》(以下简称《生态功能分区技术规范》)，生态功能区划是根据区域生态环境要素、生态环境敏感性与生态服务功能空间分异规律，确定不同地域单元的主导生态功能，将区域划分成不同生态功能区的过程。其目的是为制定区域生态环境保护与建设规划、维护区域生态安全，以及资源合理利用与工农业生产布局、暴雨区域生态环境提供科学依据，并为环境管理部门和决策部门提供管理信息与管理手段。

生态服务功能是指生态系统及其生态过程所形成的有利于人类生存与发展的生态环境

条件与效用。例如，森林生态系统的水源涵养功能、土壤保持功能、气候调节功能、环境净化功能。

生态敏感性是指生态系统对人类活动反应的敏感程度，用来反映导致生态失衡与生态环境问题的可能性大小。

11.2.2 城市生态功能区划内容和目标

11.2.2.1 城市生态功能区划的内容

按照《生态功能区划技术暂行规程》和《生态功能分区技术规范》，城市生态功能区划的基本内容包括以下五项内容：

①生态环境现状评价；

②生态环境敏感性评价；

③生态服务功能重要性评价；

④生态功能分区方案；

⑤各生态功能分区概述。

11.2.2.2 城市生态功能区划的目标

城市生态功能区划的目标包括一个评价、三个明确和一个提出：

一个评价：评价不同生态系统类型的生态服务功能及其对区域社会经济发展的作用。

三个明确：

①明确城市生态系统类型的结构与过程及其空间分布特征；

②明确城市主要生态环境问题、成因及其空间分布特征；

③明确城市生态环境敏感性的分布特点与生态环境高敏感区。

一个提出：提出城市生态功能区划，明确各功能区的生态环境与社会经济功能。

11.2.3 城市生态功能区划方法和程序

目前关于城市生态功能区划的方法有很多，虽然绝大多数都是在生态服务功能重要性和生态敏感性评价的基础上进行分区，但在评价指标及分区划定的方法上有所不同。这里主要介绍《生态功能分区技术规范》中的方法。这套方法具有较高的客观性、科学性、可操作性和广泛的适用性。根据《生态功能分区技术规范》，城市生态功能区划分为四个阶段开展。

11.2.3.1 第一阶段——准备阶段

第一阶段的工作内容包括调查分析、自然环境与社会经济概况、生态环境现状评价，生态系统分类制图，以及确定生态服务功能和生态敏感性的评价单元。此阶段不直接涉及生态功能分类和分区的具体工作，但却是非常重要的准备阶段。

(1)调查分析

基于资料收集和分析、现场勘查、人员访谈等方法开展调查，对城市自然环境、社会经济和生态环境状况的相关资料和信息进行汇总与分析。主要分析以下内容：

①自然环境概况；

②社会经济概况；

③城市行政区划及其变化；

④城市社会信息和人为活动，如人口密度和分布、敏感目标分布、土地利用的历史、现状和规划等；

⑤城市经济现状和发展规划；

⑥相关国家和地方性法规、标准与政策等。

(2)生态环境现状评价

参照《生态环境状况评价技术规范》(HJ 192—2015)和相关国家环境质量标准，开展生态环境现状评价。

(3)生态系统分类制图

根据当地主要生态系统类型及其基本特征信息，基于土地利用图、土地覆被图，或通过各类遥感图像数据结合现场调查进行解译矢量化，绘制市域生态系统类型分布图，建立空间数据库。

(4)确定生态服务功能和生态敏感性的评价单元

在生态系统分类制图的基础上，确定生态服务功能和生态敏感性的评价单元。

11.2.3.2 第二阶段——生态功能主导性分区

开展生态系统服务功能重要性评价，确定各地域单元的主要生态系统服务功能，以及生态系统重要性级别，在此基础上进行生态功能主导性分区。

(1)生态服务功能重要性评价

①评价内容 根据《生态功能分区技术规范》，生态系统服务功能重要性评价包括六项(表 11-1)。

②评价方法 对各项生态系统服务功能根据表 11-1 中的依据，采用分级的方法进行评价。评价结果分为四级。其中，Ⅰ级：不重要，Ⅱ级：较重要，Ⅲ级：中等重要，Ⅳ级：极重要。分级标准参见《生态功能分区技术规范》。

表 11-1 生态服务功能重要性评价的内容和依据

序号	生态系统服务功能	含义	评价依据
1	生物多样性维持	对生物多样性保护的重要性。重点评价生态系统与物种的保护重要性	生态系统的保护的优先性、生物多样性
2	水源涵养和洪水调蓄	市域水资源的依赖程度及水调节作用	流域类型、对流域水资源的贡献
3	土壤保持	在考虑土壤侵蚀敏感性的基础上，分析其可能造成的对下游河流和水资源的危害程度	土壤侵蚀敏感性
4	防风固沙	沙漠化控制影响范围的大小	沙漠化直接影响人口数量
5	营养物质保持	N、P 流失可能造成的富营养化后果与严重程度	河流级别、所处河流位置、其下游是否有重要湖泊与水源地
6	产品提供	各生态系统提供粮食、油料、肉、奶、棉花、木材等农林牧业初级产品生产方面的能力	
1)	农产品提供		耕地质量等级
2)	林产品提供		林地质量等级
3)	牧产品提供		草地资源质量等级
7	人居保障服务	不作单独评价，但作为分区的补充	

注：根据《生态功能分区技术规范》绘制。

(2) 生态系统服务功能分区——主导性分区

基于各项生态系统服务功能评价结果对生态系统服务功能进行主导性分区。根据《生态功能分区技术规范》，采用直接分区方法，通过以下两个步骤划定主导性分区：

①通过地理信息系统的空间分析功能，叠加各单项生态系统服务功能重要性评价结果，提取各单项生态系统服务功能重要性为Ⅲ级、Ⅳ级的区域作为重要生态系统服务功能区。

②对于各单项服务功能重要性等级交叉的区域，以重要性等级较高的生态服务功能作为主导服务功能。

11.2.3.3　第三阶段——生态敏感性辅助分区

开展生态敏感性评价，确定各地域单元主要的生态敏感类型，绘制生态敏感性分布图。在生态敏感性评价的基础上进行生态功能辅助性分区。

(1) 生态敏感性评价

根据《生态功能分区技术规范》，以城市功能区划为目的的生态敏感性评价包括七项内容和多项评价因子(表11-2)。城市生态敏感性评价的方法与第10章中区域生态敏感性评价的方法相同。同样采用分级评价的方法，分为五级：Ⅰ级：不敏感，Ⅱ级：较敏感、Ⅲ级：中等敏感，Ⅳ级：高度敏感，Ⅴ级：极敏感。各项生态敏感性评价的分级标准参见《生态功能分区技术规范》。

表 11-2　生态敏感性评价因子

评价内容		评价因子	
1. 土壤侵蚀敏感性	识别容易形成土壤侵蚀的区域，评价土壤侵蚀对人类活动的敏感程度	A 综合评价法	1.1 降水侵蚀力
			1.2 土壤质地
			1.3 坡度坡向
			1.4 地表覆盖
		B 直接评价法	1.5 临界土层抗蚀年限
2. 沙漠化敏感性	发生沙漠化的可能性	2.1 湿润度指数	
		2.2 土壤质地	
		2.3 沙风天数	
		2.4 冬春植被覆盖	
3. 盐渍化敏感性	指旱地灌溉土壤发生盐渍化的可能性	3.1 地下水临界深度	
		3.2 蒸发量	
		3.3 降水量	
		3.4 地下水矿化度	
		3.5 地形	
4. 石漠化敏感性	发生石漠化的可能性	4.1 是否喀斯特地形	
		4.2 坡度	
		4.3 植被覆盖	

（续）

评价内容		评价因子
5. 酸雨敏感性	指生态系统对酸雨的反应程度，即酸雨的间接影响引起生态系统结构和功能改变的可能性	5.1 岩石类型
		5.2 土壤类型
		5.3 植被与土地利用
		5.4 水分盈亏量
6. 重要自然与文化价值敏感性	指有代表性的自然生态系统、珍稀濒危野生动植物的天然集中分布地、有特殊价值的自然遗迹和文化遗址、重要景观与旅游资源分布区等对人类活动干扰的敏感程度	6.1 价值类型（自然保护区、自然或文化遗产、地质公园、重点风景名胜区、森林公园、重点旅游区）
		6.2 认定级别（县级、市级、省级、国家级、世界级或A级-5A级）
7. 其他敏感性	除前六项单因子之外，当地由人类活动引起或加剧的，具有明确记录，或虽然无记录但很显然可能会发生的风险，如城市热岛效应、旱涝敏感性等	7.1 由分区研究部门自行决定

注：根据《生态功能分区技术规范》制作。

（2）生态系统敏感性分区——辅助性分区

基于各项生态敏感性评价的结果，进行生态敏感性辅助分区。根据《生态功能区技术规范》，采用直接分区方法，按照以下两个步骤划定：

①通过地理信息系统的空间分析功能，叠加各单项生态敏感性评价结果，提取各单项生态敏感性为Ⅲ级、Ⅳ级的区域作为重要生态敏感性区。

②对于各单项重要生态敏感性交叉的区域，以等级较高的生态敏感性作为主导敏感性。

11.2.3.4 第四阶段——综合分区

（1）综合分区

基于以上分析和分区，针对三种不同的情况，按照表 11-3 中的处理方法，进行综合分区。同时，结合当地的自然地理条件、生态环境状况、生态保护和管理的需求等，对上述综合分区进行合理的调整和完善，最终形成完整的分区图和分区结果。

表 11-3 生态功能综合分区处理方法

主导生态系统服务功能重要性	主导生态敏感性	分区依据	分区命名
Ⅲ～Ⅳ级		以主导生态系统服务功能覆盖范围作为分区边界	区位+主导生态功能区+“功能区” 例如：东部水源涵养土壤保持区
Ⅰ～Ⅱ级	Ⅳ～Ⅴ级	以主导生态敏感性覆盖区域作为分区边界	区位+主导生态敏感性+“保护区”/“恢复区”/“重建区” 例如：东部石漠化酸雨敏感性恢复区
	Ⅰ～Ⅲ级	结合当地实际自然与经济情况，法律法规中的当地发展主导方向（如人居环境保障），选择相对重要的生态系统服务功能的覆盖区域作为分区边界	区位+功能+“功能区” 例如：东部人居保障功能区

注：根据《生态功能分区技术规范》制作。

(2)分区命名

基于上述分析结果，根据分区所在的城市区位、主导生态服务或生态敏感性，分区类型(功能区、保护区、恢复区或重建区)，以及对各个分区命名。命名方式见表 11-3。分区类型的确定方法如下：

①以主导生态系统服务功能或相对重要生态系统服务功能划分的区域均为功能区；

②以主导生态敏感性划分的区域，根据该区域敏感性对生态系统破坏的严重程度，由轻到重划分为：

保护区：没有生态破坏或较轻微；

恢复区：生态破坏比较严重；

重建区：回避恶性生态破坏。

(3)分区概述

生态功能分区结果概述是对每个分区的区域特征描述，包括以下内容：

①区域位置、自然地理条件和气候特征，典型的生态系统类型。

②存在的或潜在的主要生态环境问题，引起生态环境问题的驱动力和原因。

③生态功能区的生态服务功能类型和重要性，包括单项评价结果和综合评价结果。

④生态功能区的生态敏感性及可能发生的主要生态问题，包括单项评价结果和综合评价结果。

⑤生态功能区的生态保护目标，生态保护主要措施，生态建设与发展方向。

(4)图件和数据库

生态功能分区的结果应通过图件来表示，采用计算机制图编制，形成可灵活分析运用的 GIS 数据并出图。同一地区各种图件的比例尺要保持一致，建议市、县级为 1∶25 万。所有图件和基础数据要汇编成数据库。

①基础图件　地形图、气候资源图、植被图、土壤图、土地利用现状图、行政区划图、人口分布图等。

②备选图件　自然区划图、气候区划图、农业区划图、主体功能区划图等。

③成果图件　应包括生态环境现状图、生态系统类型图、生态服务功能重要性分布图、生态环境敏感性分布图、生态功能区划图等。

④数据库(集)　应包括自然环境与社会经济基础数据库、生态环境现状数据库、生态服务功能评价参数数据库、生态敏感性评价参数数据库、分区数据库、评价过程和结果地理空间信息数据库等。

11.3　城市蓝色水系生态规划

城市水系是城市中重要的绿色基础设施，承担着生物栖息地、饮用水供给、行洪蓄涝、排水防洪、水质净化、景观游憩、航运等多重功能。通过城市水系及滨水空间规划，落实生态文明建设理念，统筹协调多种功能，促进城市水系网络的可持续保护和利用是城市景观生态规划的重要课题之一。

城市水系规划是集防洪排涝、水资源配置与保护、水环境保护、亲水景观、水生态建设于一体，以城市水域水功能分区和可持续发展为目标，以水资源高效合理配置、水生态保护与滨水生态环境建设为核心，统筹兼顾水量、水质、水生态、防洪排涝、环境改善等方面要求，并且融合水安全、水环境、水文化、水景观、水经济的城市水利综合规划。

11.3.1 城市蓝色水系网络构成

从景观格局的角度，城市蓝色水系网络由水系骨架、界面、缓冲带、镶嵌体四部分组成(王云才等，2017)。

①水系骨架　水体形成的枝状、辐射状网络骨架。城市水系骨架由各级城市河道、渠道、水库、雨洪排放口、城市水系闸门、市政排水口、城市水系上下游水口(入水口)等组成。

②界面　即生态交错带(ecotone)，又称生态过渡带和生态脆弱带，是指特定尺度下生态实体之间的过渡带。城市水系网络中的界面主要是水—陆生态交错带，主要体现为岸线，如天然河岸、人工护坡、生态边坡等。

③缓冲带　水体周围由植被组成的缓冲区域，具有防止水土流失、过滤污染物质、保护滨水生物多样性等作用。在城市水系网络中主要体现为滨水绿地。

④镶嵌体　指在水系分割而成的半包围和包围空间，镶嵌在水系网络中的特殊用地类型，为人类活动提供了必要的相对集中的区域。在城市水系网络中主要体现为城镇规划新区、湿地教育基地、保育林地、雨洪调蓄点、人工湿地景观等。

从城市空间管控的角度，根据《城市水系规划规范(2016 年版)》(GB 50513—2009)与《城市蓝线管理办法》，城市水系网络由水域控制蓝线、滨水绿化控制线、滨水建筑控制线三部分组成(图 11-2)。

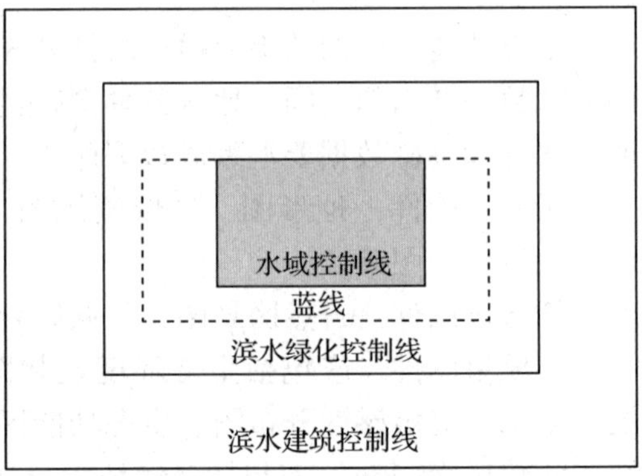

图 11-2　城市水系控制线示意
(引自《城市水系规划规范》(2016 年版))

①蓝线——水体控制线　是城市规划确定的江、河、湖、库、渠和湿地等城市地表水体保护和控制的地域界限。蓝线内的区域对应上文的“水系骨架”，蓝线本身对应上文的“界面”。

②绿线——滨水绿化控制线　水体控制线外滨水绿化区域的界限。蓝线和绿线之间的范围对应上文中的“缓冲带”。

③灰线——滨水建筑控制线　滨水绿化控制线外滨水建筑区域的界限，是保证滨水城市环境景观的共享性、异质性的控制区域。灰线和绿线之间的部分与上文“镶嵌体”具有相似意义，但不完全对应。

11.3.2 城市蓝色水系网络规划内容和目标

11.3.2.1 规划内容

城市水系规划是城市规划中的一个专项规划，其规划的对象为城市规划区内构成城市水系的各类地表水体及其岸线和滨水地带。根据《城市水系规划规范(2016 年版)》(GB 50513—2009)，城市水系规划应包括以下主要内容：

①城市水系保护规划　包括水域保护、水生态保护、水质保护和滨水空间控制等内容。根据规划区实际情况，可增加历史文化保护和水系景观保护等特色内容。

②城市水系利用规划　包括水体、岸线、滨水区的利用规划，以及水系改造规划。

③涉水工程协调规划　对给水、排水、防洪排涝、水污染治理、再生水利用、综合交通等工程进行综合协调，同时还应协调景观、旅游和历史文化保护方面的内容。

城市水系规划的重点应主要在城市水系布局、水面面积、河湖生态水量、河湖水质、水景观和水文化、水系管理、规划工程实施方案等方面。而城市防洪排涝、给水排水、水环境保护、水源地安全保障等方面的规划，由于其重要性和特殊性应单独进行编制，因而不是城市水系规划的主要内容，但在水系规划编制时应注意与这些规划相协调。

11.3.2.2　规划目标

城市水系规划通过以上三项内容的规划，主要实现以下目标：

①建立城市水系保护的目标体系，提出水域空间管控、水质保护、水生态修复和滨水景观塑造的规划措施和要求。

②完善城市水系布局，科学确定水体功能，合理分配水系岸线，提出滨水区规划布局和控制要求。

③协调各项涉水工程设施之间以及与城市水系的关系，优化各类设施布局。

11.3.3　城市蓝色水系网络规划程序

按照《城市水系规划规范(2016 年版)》(GB 50513—2009)和《城市水系规划导则》(SL 431—2008)，城市水系规划的开展可分为前期分析、规划制定、规划文件编制、规划审批四个阶段。

11.3.3.1　前期分析

编制城市水系规划前，需要对城市的自然条件、经济社会、水系历史和现状以及相关规划等资料进行收集、整理和分析。主要包括：

①自然条件分析　规划区的水系、气象、水文、地形、地质、土壤、植被、生物(水生植物和水生动物)、自然保护区等。

②经济社会发展分析　规划区域内的人口、工业、农业、水利、林业、渔业、市政、交通、旅游等现状与发展规划，水资源开发利用、土地利用、城市的历史沿革等。

③水资源利用与管理分析　城市水资源开发利用、防洪排涝、供水水源、相关市政工程、水污染防治等。

④现状水系分析　流域水系现状，城市水系概况，河流、湖泊、水库、湿地及其他水域的基本情况等。

⑤水系管理分析　城市水系现状管理体制、机制、办法、机构、人员设置及运行管理费用来源等。

⑥其他分析　城市及其所在流域的经济社会发展总体规划、流域和区域的水资源综合规划及专项规划、有关部门的发展规划和有关科研成果，经济社会发展对水系、土地利用

的需求、布局等。

11.3.3.2 规划制定阶段

主要包括以下步骤：

(1)规划总则

根据前期分析，以及《城市总体规划》和《城市河流流域综合规划》等上位规划和相关规划，拟定规划范围、水平年、依据、原则、理念、目标。

(2)水系规划整体布局和水系网络构建

基于城市水系现状和历史演变状况分析，通过与城市总体规划及防洪排涝、供水、水资源保护等专项规划进行衔接和协调，统筹考虑经济社会发展和旅游开发等规划对水系布局的需求，进行水系网络总体布局，提出水面规划指标。

(3)水系综合利用规划

包括功能定位、岸线分配、水系形态设计、滨水区控制、运行方式设计等。根据相关标准和规范，结合城市总体规划和近期建设的要求，细化并确定规划范围内各水域功能区划、水面面积、水体规模、水深、滨水岸线、防洪排涝、河道生态需水量、水质等规划指标。

(4)水生态修复规划

分析城市水系的水生态环境现状及存在问题，提出水系生物生态修复方案和生态恢复措施。从城市生态系统整体构建的角度，提出各水域规模、水生生境多样性和滨水岸线要求。

(5)滨水景观规划

结合城市规划对沿岸功能的要求，美化沿河景观，提供游憩场所，提出分区景观规划、典型景观设计。

(6)水文化和水经济规划

在水系规划中融入当地悠久深厚的历史文化，彰显城市的文化底蕴；积极培育水经济市场，保障水系工程的良性持续运行。

(7)涉水工程协调规划

根据城市防洪排涝、给水排水、水环境保护、水源地安全保障等相关规划，对给水、排水、防洪排涝、水污染治理、再生水利用、综合交通等工程，以及水景观、旅游和历史文化保护等内容进行综合协调。

11.3.3.3 规划成果编制阶段

城市水系规划成果一般由三部分组成：

①规划文本　用规范、准确、肯定、含义清楚的文字表达规划的意图、目标和规划的有关内容及提出的规定性要求。

②规划图纸　用图像表达现状和规划设计内容。

③附件　包括规划说明书和基础资料汇编。规划说明书的内容包括分析现状、论证规划意图、解释规划文本等。

11.3.3.4 规划审批阶段

将规划成果报有关部门审批后生效。

11.4　城市绿地系统生态规划

城市绿地系统是城市生态系统中重要的组成部分，发挥着生态保育、风景游憩、安全防护等功能。城市绿地系统规划是城市总体规划的一项重要专业规划，是解决城市生态和人居环境问题最符合实际的技术手段。

11.4.1　城市绿地系统构成

城市绿地系统包括市域绿地系统和城区绿地系统两个层面，是由各类绿地、绿带、绿廊、绿网构成的绿地网络系统。按照我国住房城乡建设部发布的《城市绿地分类标准》(CJJ/T 85—2017)，城市绿地系统由五个大类十五中类十一小类种绿地组成(表 11-4)。

表 11-4　城市绿地分类简表

<table>
<tr><th>层面</th><th>大类</th><th>中类</th><th>小类</th></tr>
<tr><td rowspan="18">城市建设用地之内的绿地</td><td rowspan="9">G1 公园绿地</td><td colspan="2">G11 综合公园</td></tr>
<tr><td colspan="2">G12 社区公园</td></tr>
<tr><td rowspan="6">G13 专类公园</td><td>G131 动物园</td></tr>
<tr><td>G132 植物园</td></tr>
<tr><td>G133 历史名园</td></tr>
<tr><td>G134 遗址公园</td></tr>
<tr><td>G135 游乐公园</td></tr>
<tr><td>G139 其他专类公园</td></tr>
<tr><td colspan="2">G14 游园</td></tr>
<tr><td colspan="3">G2 防护绿地</td></tr>
<tr><td colspan="3">G3 广场用地</td></tr>
<tr><td rowspan="7">XG 附属绿地</td><td colspan="2">RG 居住用地附属绿地</td></tr>
<tr><td colspan="2">AG 公共管理与公共服务设施用地</td></tr>
<tr><td colspan="2">BG 商业服务业设施用地附属绿地</td></tr>
<tr><td colspan="2">MG 工业用地附属绿地</td></tr>
<tr><td colspan="2">WG 物流仓储用地附属绿地</td></tr>
<tr><td colspan="2">SG 道路与交通设施用地附属绿地</td></tr>
<tr><td colspan="2">UG 公用设施用地附属绿地</td></tr>
<tr><td rowspan="8">城市建设用地之外的绿地</td><td rowspan="8">EG 区域绿地</td><td rowspan="5">EG1 风景游憩绿地</td><td>EG11 风景名胜区</td></tr>
<tr><td>EG12 森林公园</td></tr>
<tr><td>EG13 湿地公园</td></tr>
<tr><td>EG14 郊野公园</td></tr>
<tr><td>EG19 其他风景游憩绿地</td></tr>
<tr><td colspan="2">EG2 生态保育绿地</td></tr>
<tr><td colspan="2">EG3 区域设施绿地</td></tr>
<tr><td colspan="2">EG4 生产绿地</td></tr>
</table>

注：根据《城市绿地分类标准》(CJJ/T 85—2017)编制。

11.4.2 城市绿地系统规划内容和目标

11.4.2.1 城市绿地规划的主要内容

按照《城市绿地规划编制纲要(试行)》和《城市绿地规划标准》(GB/T 51346—2019),城市绿地规划主要包括以下内容:

①市域绿地系统规划 确定市域绿地系统布局,明确市域绿色空间管控措施,可提出重要区域绿地规划指引,以及下一级行政单元的绿地系统规划重点。

②城区绿地系统规划 布局组团隔离绿道和通风廊道,构建公园体系,布置防护绿地,优化城市空间格局。

③城市绿地分类规划 针对公园绿地、防护绿地、广场用地、附属绿地等各类绿地拟定规划,提出调整、充实、改造、提高的意见。

④专业规划 包括道路绿化规划、树种规划、古树名木保护规划、防灾避险功能绿地规划。根据城市建设需求,可增加绿地景观风貌规划、绿道规划、生态修复规划、生物多样性保护规划、立体绿化规划等专业规划。

11.4.2.2 城市绿地规划的目标

城市绿地规划主要通过明确建设指标,合理布局各类城市绿地,使各类绿地最大限度地发挥其环境、经济、社会效应,从而构建城市的生态网络、游憩网络和防护网络,以改善城市人居环境,维护城市生态健康,提升城市景观风貌,促进城市有序和可持续发展。

11.4.3 城市绿地系统规划程序

根据《城市绿地系统规划编制纲要(试行)》,城市绿地系统规划包括前期分析、规划制定、规划文件编制、规划审批四个阶段。

11.4.3.1 前期分析阶段

在规划初期,需要通过现场调查、资料查阅、访问访谈等方式,收集整理与城市绿地建设密切相关的各类资料,并在此基础上开展城市绿地系统的现状分析。

相关资料应包括:

①城市自然资料:主要包括地形图、地质地貌、气候、水文、土壤、自然资源等状况;

②现状社会条件资料:主要包括城市经济、城市人口以及人口组成等状况;

③现状绿地资料:现有各类绿地情况,包括公园绿地、道路绿地、附属绿地、防护绿地、广场用地、生产绿地、风景游憩绿地、生态保育绿地、区域设施防护绿地现状情况;

④城市发展资料:主要包括城市面积、城市规模、城市发展目标、城市用地等发展规划;

⑤城市历史与文化资料:主要包括城市的历史沿革、神话传说、风俗习惯以及各类人文景观概况等。

前期分析包括但不限于:城市综合现状分析;建成区现状分析;古树名木和文物古迹分布;城市绿地现状分析等。

11.4.3.2 规划制定阶段

①明确规划总则 确定规划依据,制定规划指导思想及原则。

②制定规划目标与指标　制定规划的总体目标与分期目标，分期目标可分为近期目标、中期目标、远期目标等。

③制定市域绿地系统规划　确定市域绿地系统规划格局，构建市域生态保育体系，对各分区提出城乡绿地建设发展指引。

④制定城区绿地系统规划　在现状特征及城市已有的布局基础上，合理分布各类绿地，确定城区绿地系统布局。

⑤制定城市绿地分类规划　按照最新的《城市绿地分类标准》，分述各类绿地的规划原则、规划内容(要点)和规划指标。

⑥制定树种规划及古树名木保护规划　基于古树名木普查，建立古树名木档案，制定保护目标和分级保护措施。

⑦制定生物多样性保护与建设规划　明确生物多样性保护目标，划定保护范围，分区确定保护对象和制定保护措施。

⑧制定其他特色专业规划　根据规划区的特点，视情况开展绿道体系规划、生态保护修复规划、自然保护地体系规划、森林湿地生态规划、绿线管理等特色专业规划。

⑨制定分期建设规划　明确近期建设重点建设项目。

⑩提出规划实施措施　为确保规划顺利实施，按法规性、行政性、技术性和政策性等几个方面提出相应的措施。

11.4.3.3　规划文件编制阶段

①编写规划文本　对规划的各项目标和内容提出规定性要求的文件。文本编写要求简洁明了，重点突出，需按照法规条文格式编写。规划文本内容除了 11.4.3.2 中的内容之外，还应包括附录。

②编写规划说明书　规划说明书是对规划文本的具体解释，不具备法律效力。其内容和规划文本一致，对文本中的相关条文以及规划图纸内容进行详细阐述。

③绘制规划图则　主要包括城市区位关系图，现状图(包括城市综合现状图、建成区现状图和各类绿地现状图，以及古树名木和文物古迹分布图等)、城市绿地现状分析图，城区绿地系统规划图，市域绿地系统规划图、绿地分类规划图、近期绿地建设规划图等。

④汇编基础资料　对规划编制的背景资料进行充分的解释和说明，反映资料来源和相关的机构组成情况，为城市绿地系统规划工作提供重要资料支撑。

11.4.3.4　规划审批阶段

对于单独编制的绿地系统专项规划，一般由市人民政府批准后纳入城市总体规划。经依法批准的绿地系统规划将作为城乡绿地建设和规划管理的依据，未经法定程序不得修改。

另外，根据《城乡规划法》《城市绿线管理办法》《城市绿化条例》等法律和规章制度的相关规定，绿地系统规划应当与总体规划同步编制，主要内容纳入城市总体规划的文本、图纸和说明书，作为城市总体规划的一部分一并报有关部门审批。

本章小结

从类型上来讲，城市景观是与自然景观乡村景观不同的景观类型，具有更高的人工性、不稳定性、单一性、脆弱性等特点，也更容易产生生态环境问题。城市景观生态规划以景观生态学原理和方法为依据，通过优化景观格局，改善城市景观的生态功能，促进城市的可持续发展。从规划范围的尺度上来讲，城市景观规划的尺度小于区域景观规划，大于乡村景观或村镇景观规划。而城市景观生态规划本身既包括整个城市范围内的规划，也包括对城市内某一景观类型或区域的规划，如城市蓝色、绿色空间的专项规划。城市生态功能区划决定整个城市范围的发展布局与生态保护空间，也是各专项规划的基础。本章针对城市生态功能区划、城市蓝色水系规划及城市绿地系统规划，介绍其规划内容、目标、方法和程序，以帮助了解城市景观生态规划的一般内容和方法。

思考题

扫描二维码学习城市景观生态规划案例，思考除了本章所提到的应用案例，景观生态分析及规划方法在城市景观规划中还有哪些应用？请查阅近期文献和资料，做一个详细的案例分析。

参考文献

环境保护部，2015. 生态环境状况评价技术规范：HJ 192 —2015［S］. 北京：中国环境科学出版社.

王云才，彭震伟，2017. 景观与区域生态规划方法［M］. 北京：中国建筑工业出版社.

王云才，2007. 观生态规划原理［M］. 北京：中国建筑工业出版社.

闫大鹏，蔡明，郭鹏程，等，2016. 城市生态水系规划理论与实践［M］. 郑州：黄河水利出版社.

杨志峰，琳瑜，2019. 城市生态规划学［M］. 2 版. 北京：北京师范大学出版社.

中华人民共和国住房和城乡建设部，国家质量监督检验检疫总局，2016. 城市水系规划规范：GB 50513—2009(2016 年版)［S］. 北京：中国计划出版社.

中华人民共和国住房和城乡建设部，2017. 城市绿地分类标准：CJJ/T 85—2017［S］. 北京：中国建筑工业出版社.

第 12 章　乡村景观生态规划

尽管全球范围内城市化的程度仍在加强，但是乡村仍然在人类经济社会发展、生态环境保护、文化保护与传承等方面发挥着重要作用，而乡村振兴也是当前我国重要的国家战略，被视作关系国计民生的根本性问题。因此，开展乡村景观规划也就成为推动乡村社会、经济和生态持续协调发展的重要手段。本章将在介绍乡村景观的概念、特征、结构组成以及乡村景观规划的目标、内容和原则的基础上，分别就乡村土地利用布局、绿色基础设施规划、乡村水土安全规划、乡村人居环境和景观风貌提升规划五个方面进行介绍。

12.1　乡村景观生态规划概述

12.1.1　乡村景观及其特征

乡村景观通常是指由农民的生产生活与特定区域的自然过程、生物过程共同作用形成的以农业生产与农民生活功能为主、人口密度较小、具有明显田园特征的区域。从地域范围来看，乡村景观是泛指城市景观以外的具有人类聚居及其相关行为的区域，包括从都市乡村、城市郊区景观到野生地域的景观范围；从景观构成上来看，乡村景观是由乡村聚落景观、乡村生产景观、乡村生态景观等构成的景观综合体；从景观特征看，乡村景观是人文景观与自然景观的复合体，人类干扰强度较低，景观的自然属性较强，自然环境在景观中占主体；区别于其他景观，乡村景观是以农业为主的生产景观、粗放的土地利用景观，具有乡村特有的田园文化和生活景观(何杰，2020；王云才，2007)。

王云才(2007)总结了乡村景观通常具有以下特征：①乡村景观是介于自然景观和城镇景观之间的具有独特人地作用方式、依存关系和生产、生活行为特征的景观类型，与城镇景观具有完全不同的特征。②乡村景观生态格局中乡村聚落、农田植物、乡村行为构成乡村景观的主体，其中农田植物特有的空间存在方式和具有的粮食生产价值是区别于其他景观类型中植物景观的独特性。③景观格局的总体呈现出“大分散，小集中”的特点，不同大小的村落分散分布在乡村景观空间中，呈现出以村落为中心具有一定农田围合腹地的镶嵌特征，而在村落内部则呈现出建筑物“小集中”的特征。④从景观生态过程来看，乡村景观生态过程包括自然过程和人文过程两种类型，人工斑块与自然斑块交叉形成镶嵌格局，同时人工斑块的形成与自然格局和自然过程高度结合并形成有机的整体。

进士五十八等(2008)根据日本乡土景观研究，提出了乡村景观应该具有的景观特征(表 12-1)。

表 12-1　乡土景观构成上的特征

特征	特征描述
具有大地般的广阔感	广阔的田地景观给人悠闲的感觉，给人精神上带来宁静感
具有深远感	村落、田野、近郊山林等，按照相当于近景、中景、远景的构造进行协调的延伸，形成悠闲的、使人舒适的、具有深远感的景观
具有稳重的安定感	与在空间高度利用基础上的人工化日益严重的城市相比，田地等大地景观具有大地所特有的安定感或稳重感
地理上具有典型的景观	在田园中，河流和农田道路具有明确的方向性，成为空间坐标轴，使地域变得容易理解，给人以安心感 同样，神社树林群落和田地中的一棵大树等成为当地的标志，有助于识别自己的生活场所，给人以距离感觉，成为易于理解的地区印象
具有可以成为地区象征的场所	田园之中，具有以类似于族神、族寺的血缘地缘而牢固结成的神社树林群落和寺庙树林等的象征，作为人们精神的寄托场所，发挥着巨大的作用
具有丰富的水系与植被	在田园中，在具有循环性的水田、水渠、水库、菜地、树林地等的基础上构成的水系与植被成为主体。这种水系与植被的景观可以给人带来本质上的宁静感
可以见到多种多样的生物	在田园中，不仅能够看到牛、马、鸡等家禽家畜，而且能够看到多种多样的野鸟、昆虫、鱼等。与只受人类支配的单纯化的城市相比，田园可以提供给人与多种多样的生物接触的机会，可以给予人与相同的生物生活着的真实感
具有丰富的四季变化	基于土地、自然之上的田园，成为四季变化丰富的场所。随四季变化和循环的多样的景观，给予人生活的松弛感与韵律感
具有以植被与土地为主体的温和的景观	在田园中，以植被与地表为主体构成特有的柔和线条，总体上形成温和、安稳的景观
具有使人联想起食物的场所	田园中，生产食物的田野和果树，可以给予人们体验生命时的安心感
具有顺应自然界的顺位关系的土地利用状况	在田园中，从村落到田野，再到山林，土地利用顺应自然界的顺位关系，与周边形成连续的、调和的景观
山脚或者树林的边缘坐落有村庄	农家村落建在后面山势环抱、顺沿地势安定的场所。如果后面无山的话，则会栽植树林，前方为开阔空间。这与中国的“风水说”相通，在集中考虑地势、风向、太阳等方位的基础上进行选址。这就是同时具备“眺望”与“围合”机能给予平静感的场所，是理想的居住空间
具有人性化尺度的营造物	田园是人力改造自然、利用人性化尺度形成的景观。台阶地与梯田等为代表例子，使人感到人性的柔和与温暖
具有以当地材料为主的统一与协调的村落景观	田园中，因为使用当地材料形成了村落，结果形成了地方特点丰富、安定的具有统一感的景观，具有使人感到温暖的、地区整体的协调性和联系性
具有年代美的景观	田园的环境设计以木材和石材等自然材料为主体。使用附着青苔或者经过天然的风化的自然材料，酿成了安定的年代美
具有历史性的遗产(生活文化的资产)	在田园中，有古老的道祖神、地藏神，或者从过去遗留下来的土造仓库和小棚等。从祖先传下来的东西非常多见，可以使人感觉到从过去到现在的时间的连续性(历史性)和积淀性(传统性)

注：引自进士五十八等，李树华等译，2008。

12.1.2　乡村景观组成要素

因人们认识相关景观的视角不同，对景观的特点和功能的感知也就不同，进而导致对乡村景观要素的认识不同。不以景观功能为指向，具有一般意义上乡村景观的要素组成，对于乡村景观规划和设计具有较强的实际意义。从客观意义上说，乡村景观要素主要有以下三个方面。

①自然环境要素　自然环境是由地貌、气候、水文、土壤、生物等要素有机组合而形成的自然综合体，是区域景观的基质，是城市景观的大背景，是乡村景观的核心景观特征。

②生产和生活景观要素　是指人类在生产和生活发展进程中，在自然环境景观的基质上为了生产和生活需要塑造和建设的可视景观要素，包括建筑物、道路、农田基本建设(梯田、大棚等)、水利设施等。生产和生活景观要素的类型、强度和景观结构反映了在区域发展过程中人类对自然环境景观的干扰强度和干扰方式。生产和生活景观与自然环境景观之间的关系也表明了人类干扰自然景观的景观利用性、景观保护性、景观适应性、景观塑造的协调性、建设的合理性，以及人造景观的创造性。

③文化景观要素　乡村文化景观是指在长期与自然环境相互作用过程中，人类在了解自然、认识自然、感受自然、利用自然、适应自然、改造自然和创造生活的实践中，形成的乡村环境观念、乡村生活观念、乡村道德观念、乡村生产观念、乡村行为方式和乡村风土民情、宗教信仰，以及乡村的土地所有形式、乡村财富分配形式等涉及乡村社会、经济、宗教、政治和乡村组织形式等方面的社会价值观。乡村景观的文化特征是乡村景观区别于其他景观类型的重要特征。

依据斑块—廊道—基质理论，乡村景观结构也可以表述为斑块、廊道、基质三类主要的组成：

①乡村景观斑块　斑块泛指与周边环境在外貌或性质上不同，并具有一定内部均质性的空间单元，区别于森林、农田、草原等乡村景观基质以及江、河、溪、涧、沟、渠、道路等自然与人工廊道，乡村聚落景观是乡村景观中的主要斑块，是乡村居民日常生活的主要活动区域，同时农田、果园、林地、湖泊等也是乡村景观常见的斑块群体。

②乡村景观廊道　廊道是指景观中与相邻两边环境不同的线性或带状结构。常见的乡村景观廊道包括农田间的水渠、林带、河流、道路等，可以分为自然廊道景观和人工廊道景观两大类。

自然廊道：指由天然廊道形成的景观，主要包括自然界中的江、河、溪、涧、沟、渠等。河流是乡村中最常见的自然廊道，也是乡村农业生产的命脉。

人工廊道：主要由人工修建的铁路、公路及其他通道构成，具有物质运输、人员流动、气流交换、生物流动等多重功能，道路连接不同景观要素形成序列，其本身又是人们欣赏景观的视线走廊。

③乡村景观基质。乡村景观基质是指乡村地域范围内范围广、连接度高，并且在景观功能上起着优势作用的景观要素，景观基质对乡村景观的外貌具有决定性作用。根据我国乡村的具体情况，可以将乡村景观基质分为以下 4 种不同的类型(付军，2017)。

山地森林基质：在我国分布非常广泛，乡村居民主要依靠森林资源进行捕猎、林业采伐、经济林种植、森林生态旅游等生产活动。

丘陵混农林基质：主要位于我国地势的第二、三阶梯，由于地形影响，形成了坡上是林地，坡脚处建住宅，坡面上是农田的山—林—宅—田的特色丘陵景观。

农田基质：主要位于秦岭—淮河以北，中国北方16个省(自治区、直辖市)旱地面积占全国旱地总面积的74%，农田林网、水网景观是农田基质的主要特色。

草原基质：主要位于我国内蒙古地区，是重要的农牧业生产资源，具有重要的生态功能。草原上植物资源非常丰富，为草原畜牧业提供了丰富的牧草，当地居民主要从事畜牧业生产活动。

12.1.3 乡村景观生态规划目标、内容和原则

12.1.3.1 乡村景观生态规划目标

在当前生态文明建设和乡村振兴的背景下，乡村景观生态规划的目标是改变以往在乡村建设及土地开发和整治过程中，由于缺乏生态景观理论和技术指导，缺乏生态化的建设，存在生态环境严重退化和生态系统服务降低、乡村文化景观和风貌受损的现象。乡村景观生态规划是为了顺应产业兴旺、生态宜居、乡风文明、治理有效、生活富裕的要求，以产业发展作为基础，合理优化土地利用结构，保护和提高生物多样性，提供清洁的空气与水源，提高农业多功能性及乡村生态服务功能，改善和修复乡村生态环境；充分挖掘乡村景观的美学和文化价值，实现地域景观文化的延续和保护，促进乡村旅游发展、乡村景观经济和文化复兴；构建城乡一体化绿色基础设施，推动基础设施建设，提升乡村景观风貌，打造集约高效生产空间、宜居适度生活空间，保护生态空间，实现产业、生态、景观一体化建设，推进城乡一体化发展。

12.1.3.2 乡村景观生态规划的内容

《中华人民共和国城乡规划法》指出乡规划、村庄规划分别是指对一定时期内乡村的经济和社会发展、土地利用、空间布局以及各项建设的综合部署、具体安排和实施措施。不同于城镇规划，由于规划范围较小、建设活动形式单一，一般情况下乡村规划没有做总体规划和详细规划的分类，而是规定由一个乡规划或村庄规划统一安排。乡村规划的内容包括：规划区范围，住宅、道路、供水、排水、供电、垃圾收集、畜禽养殖场所等农村生产、生活服务设施、公益事业等各项建设的用地布局、建设要求，以及对耕地等自然资源和历史文化遗产保护、防灾减灾等的具体安排，还应当包括本行政区域内的村庄发展布局。

随着生态文明和乡村振兴战略的提出，乡村规划开始更多考虑生态元素及生态学方法的应用。在此背景下，乡村景观生态规划特指应用景观生态学的原理及相关学科知识，从景观生态功能的完整性、自然资源的内在禀赋特征以及社会经济实际条件出发，对乡村各种景观要素进行整体规划与设计，保护乡村景观完整性和文化特色，挖掘乡村景观的经济价值，保护乡村生态环境，推动乡村社会、经济和生态持续协调发展的综合性规划(傅伯杰等，2011；陈前虎，2018)。乡村规划中，以产业和生态景观建设协调发展为基础前提，对农业景观、自然景观(自然引入景观、自然生态景观)以及生活文化景观(建筑景观、道路景观、文化遗产景观)等开展系统性规划，或者就景观要素开展生态规划和建设(如一片农田的生态整治规划或生态道路的规划设计)，不断得到重视甚至作为专题规划开展(宇振荣等，2011)，也不断丰富和发展了乡村规划的内容。本书结合当前乡村振兴战略的需求，着重从乡村特有的土地利用布局规划，绿色生态基础设施规划、水土涵养和生态安全规

划、乡村人居环境和景观风貌提升规划几个方面分别进行介绍。

①土地利用布局　统筹自然资源开发利用、保护和修复，根据乡村资源环境承载力和土地资源的适宜性，统筹经济社会效益，科学布局土地利用，构建人与自然有机融合的乡村空间格局。

②乡村绿色基础设施规划　以提升农业景观生态系统服务功能、改善农田生态环境、改善乡村生态环境和宜居性为目标开展的绿色基础设施建设规划，这些生态系统服务功能包括服务农业可持续生产的传粉服务、害虫生物控制服务、农田微气候调节、水土资源涵养等功能，也包括提升农业景观美学观赏、休闲游憩、生物多样性维持、科普教育等生态系统服务功能，推动农业可持续生产和多功能性的协同，为居民构建健康、稳定、多样的田园生态景观。

③水土安全规划　确定防治水土流失、洪涝灾害、面源污染的重点区域，确定地域灾害类型、发生原因、风险和危害程度，提出水土涵养和生态基础设施建设的战略和措施。

④乡村人居环境和景观风貌提升规划　加强乡村生态、生活基础设施建设，立足乡土社会，传承乡村文化，避免千村一面，保护文物古迹、历史建筑、传统民居等传统建筑，综合提升村庄自然、人文风貌，打造特色鲜明、富有地域特色、承载田园乡愁、体现现代文明的宜居村庄。

12.1.3.3　乡村景观生态规划的原则

(1) 重视和强调土地利用多功能性

土地多功能性包括财富储备、生产、生物生境、气候和水文调节、废弃物净化和污染修复、生活空间需求、文化传承、生物多样性保护和空间连接、地域景观表达等功能。乡村生态景观规划应综合考虑土地的生产、生物多样性保护、自然和文化景观、游憩等功能，在规划过程中发挥耕地、园地等农用地的生产、生态、景观和间隔的综合功能的同时，注意拓展绿色空间；注意推进农用地与建设用地的布局协调，在城市组团之间保留连片、大面积的农用地、水面、山体等绿色空间，防止城镇蔓延，促进生态功能完善和都市农业发展；重视土地利用多功能之间的内在联系和完整性，提高生态系统服务功能、生态弹性。

(2) 尊重地域文化和乡土特色

乡村生态景观规划应尊重地域文化与艺术，保护原生态现状、自然群落、生物链、生态平衡等；注重保留历史遗迹和保护非物质形态的历史文脉，注重人文景观的地方性与现代性相结合；强调维护、顺应、延续地域景观特征，保护原有生物群落和生态系统，维系地域自然和文化景观特征，实现山水格局、绿脉、文脉的传承；防止过度的人工化、城市化、西方化倾向，应深入挖掘乡村景观的美学和文化价值，充分利用乡土植物、乡土材料和乡土技术，修复地域文化景观特征，提升乡村景观风貌，营造出宁静的景观。

(3) 鼓励公众参与和乡土知识应用

乡村生态景观规划应当充分考虑农民的生产、生活方式及居住习惯对规划的要求，从农村实际出发，尊重村民意愿，体现地方和农村特色，关注村民对周围生态环境质量、生态服务功能、景观质量、美感度偏好和需求，强化村民对各类规划设计的参与性；综合运用“自上而下”和“自下而上”两种规划方法；充分吸取、利用公众所具备的乡土知识以及对当地人文社会景观的了解，完善并弥补规划中的社会、文化的相关知识；鼓励公众进行全过程参与，并将参与式方法应用于战略确定、分析评价和规划各个环节；增强公众对规划工作与内容的支持，促进建设的顺利实施，并在后期维护与保养上获得公众的配合与参与，提高项目的持久性。

12.2 乡村土地利用布局规划

12.2.1 规划目标

土地利用布局是乡村景观生态规划的重要内容，合理的土地利用和农业景观布局是当前乡村发展过程中土地集约高效利用和推动乡村可持续发展的基础。根据《乡村振兴发展规划》，合理的乡村土地利用布局应当合理、充分利用土地资源，保护乡村土地资源与环境，充分发挥土地资源的生态、经济和社会效益，实现土地资源的可持续利用和乡村可持续发展。

12.2.2 规划内容

土地利用布局是土地利用在空间上的布置，通过土地利用布局优化，将不同的土地利用类型配置在适宜度高的空间上，以实现人口—资源—环境相均衡及土地集约、节约高效利用，构建人与自然有机融合的乡村空间关系。其中农业用地布局是乡村土地利用布局的重要内容，是根据合理的农业生产用地结构，在一定地域范围内选择各种农用地的适宜地段进行土地利用的再分布，又称农业生产用地配置。农业用地布局一般应满足下列要求：①经济合理；②因地制宜；③处理好用地之间及其与居民点之间的相互关系；④满足田间作业需要。

12.2.3 乡村土地利用布局一般方法

12.2.3.1 基于土地评价的乡村土地利用布局

土地评价是根据特定的目的或用途对土地性能进行评价的过程，本质是对生产力、自然属性、社会经济属性的综合鉴定，是土地管理的一项基本业务，为土地利用规划等其他工作的开展和决策提供参考。根据土地资源评价的目的，土地评价可以分为土地利用现状评价、土地生产潜力评价、土地资源承载力评价、土地生态评价、土地风险评价、土地资产评价、土地利用效率评价和土地空间关系评价等基本类型。通过土地评价，可以发现土地利用现状问题、揭示土地资源的适宜性、生产潜力、经济效益等基本特征，阐明土地的资产属性和资本途径，揭示土地的生态特征、生态风险和可持续性，从而为土地利用布局提供支撑。基于土地评价的乡村土地利用布局一般流程包括：

依据乡村土地利用布局的目的，制定评价指标体系，指标因子可以包括气候、地形、土壤、土地覆被、水文、地质、社会经济等。制定评价指标体系一般应遵循以下原则：①每个因子的指标分级都要力求有科学依据，避免采用等差级数机械处理的方法；②各因子间划分的等级数目不强求一致；③特别注意反映出评价因子的最佳评价条件和临界条件；④某些定性指标，如土壤侵蚀程度、自然灾害、排水条件等，要寻找较科学的量化方法。

选择评价方法。依土地评价对象、目标、要求、内容的不同，方法也是多种多样的。在实际中，定性方法和定量方法常常是结合使用的。经典的土地评价方法有土地适宜性评价、土地资源潜力评价、土地生产潜力评价以及农业生态区法，近年，我国还推出国土空间规划“双评价”，即资源环境承载力评价和国土空间开发适宜性评价。在这些评价方法中，又以土地适宜性评价最为常用，其中联合国粮农组织(FAO)出版的《土地评价纲要》最具有代表性，我国参考《土地评价纲要》，结合实际情况制定了《中国 1∶100 万土地资源图》土地适应性评价系统，在此对两种方法进行简要介绍，更加详细的介绍以及更多评价方法介绍请参考专业文献(孔祥斌等，2020)。

(1)FAO 土地适宜性评价

FAO 于 1972 年在荷兰瓦赫宁根大学召开国际专家会议，就《土地评价纲要》的大部分原则达成协议，并出版了会议讨论纪要和建议，经多次修改后于 1976 年正式出版了《土地评价纲要》，该纲要以土地适宜性理论为指导，将土地评价定义为基于特定目的，进行土地利用时对土地性状进行评价的过程。

FAO 土地适宜评价系统分为 4 级，即土地适宜性纲、土地适宜性级、土地适宜性亚级和土地适宜性单元。①土地适宜性纲：土地适宜性纲是指土地的适宜性种类，分为适宜纲、不适宜纲。②土地适宜性级：反映了纲内适宜性的程度。可分为：高度适宜、中度适宜、临界适宜。③土地适宜性亚级：表示土地适宜性级内限制性的种类或需要进行改良的种类。④土地适宜性单元：同一亚级内所有单元在级这一层次具有同等程度的适宜性，在亚级层次表现为相似的限制性，在各单元层次表现为生产特点或经营条件方面存在的细微差别，其反映的是亚级内经营管理上的细小差别。

FAO 土地适宜性评价的主要内容包括：①了解土地本身的性质；②特定用途所要求的基本土地条件；③将土地的性质与特定用途所要求的基本土地条件进行对比，判断土地的性质是否满足要求；④对该块土地进行针对特定用途的适宜性进行分类。

土地适宜性评价的步骤包括(图 12-1)：①明确土地评价单元，确定评价单元的土地特性和土地质量。②明确土地利用对土地条件的要求。③匹配土地用途要求和土地质量。④划分土地适宜类与等级。⑤提交评价结果。

(2)《中国 1∶100 万土地资源图》土地资源分类系统

参考 FAO 的《土地评价纲要》系统，原中国科学院自然资源综合考察委员会于 20 世纪 70 年代末 80 年代初编制了《中国 1∶100 万土地资源图》土地资源分类系统。此系统属于土地适宜性评价，主要反映土地资源农、林、牧等生产方式的适宜性程度，能够为土地资源合理配置和农业发展规划提供依据。

《中国 1∶100 万土地资源图》土地评价系统包含 5 个分级层次，分别为土地潜力区、土地适宜类、土地质量等、土地限制型和土地资源单位。

①土地潜力区　根据区域水热条件差异导致的区域土地生产力差异，将全国划分为不同的土地潜力区，如华南区、四川盆地—长江中下游区、云贵高原区、黄土高原区、华北—辽南区、东北区、内蒙古半干旱区、西北干旱区与西藏高原区。同一潜力区内生产潜力大致相同。

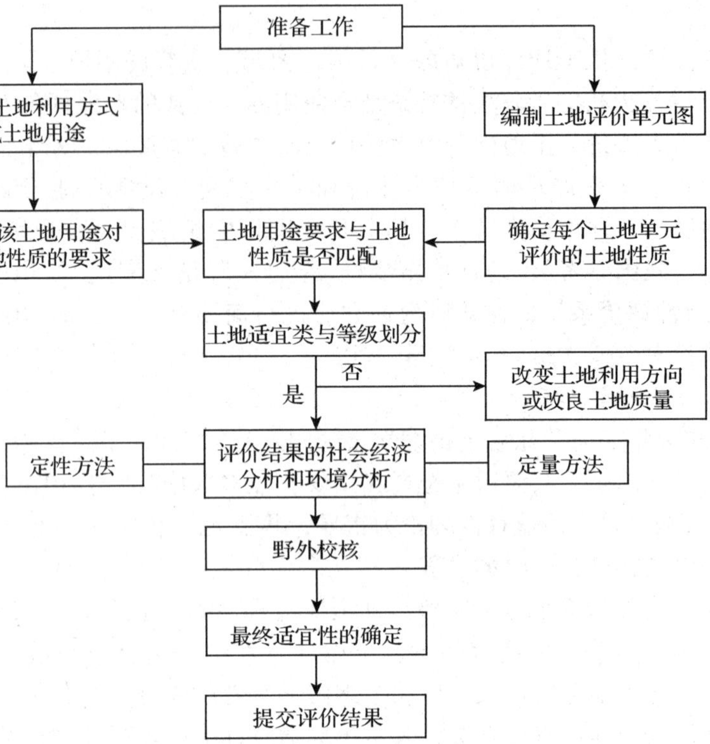

图 12-1　FAO 土地适宜性评价步骤

②土地适宜类　是在土地潜力区内根据土地对农、林、牧业等生产的适宜性划分。土地适宜类划分可以是针对单一用途的评价，也可以是针对多种用途的评价。例如，划分为宜农土地类、宜林土地类、宜牧土地类、宜农林牧土地类、宜农牧土地类、宜林牧土地类、宜农林土地类和不宜农林牧土地类。

③土地质量等　是根据土地适宜类内对土地适宜性和生产力高低进行的划分，是土地评价的核心。土地质量等通常可划分为：宜农土地 1~3 等，宜林土地 1~3 等，宜牧土地 1~3 等。土地质量等也可以将宜农、宜林、宜牧使用代码的形式进行组合表示。按照宜农、宜林、宜牧等用途的 3 个等级，按宜农、宜林、宜牧的顺序排列，如“321”表示 3 等宜农、2 等宜林、1 等宜牧，不宜则用“0”表示。

④土地限制型　是在土地质量等范围内根据土地限制因素和强度划分的结果。在同一质量等内，土地限制型表示限制因素、改造对象以及相对应的改造措施的不同。限制因素共有 10 种，分别是：水文与排水条件限制(w)、有效土层厚度限制(i)、基岩裸露限制(b)、侵蚀限制(e)、温度限制(t)、水分限制(b)、土壤盐碱化限制(s)、土壤质地限制(m)、地形坡度限制(p)、无限制(o)。根据能够满足农、林、牧分等的原则，各个限制因素又可分为若干强度等级。

⑤土地资源单位　也称土地资源类型，是土地资源评价中的最小单位。土地资源单位是在土地限制型范围内由地形、土壤、制备和利用现状较一致的土地组成。

《中国 1∶100 万土地资源图》土地资源分类系统土地评价的对象是土地资源单位，土地评价的依据是每块图斑中组成土地资源单位的各要素的综合特征和限制因素的强度。评价的基本方法是主宜性评价和多宜性评价相结合，主导因素与综合分析相结合。评价程序是农、林、牧分类评价，由低级向高级归并，分别评定土地资源单位的农、林、牧质量等级。《中国 1∶100 万土地资源图》土地评价中有几种特殊规定：稳定的农耕地只做农业评价，不做林牧评价，其本身理应宜林牧利用；不稳定的农耕地或质量很差的农耕地要做农、林、牧评价；平地、岗地的林地原则上只做农、林评价，不做牧业评价；丘陵、山地的林地原则上只做林业评价，不做农、牧评价；平地、岗地、丘陵的草地要做农、林、牧评价；山地的草地只做林、牧评价，不做农业评价。

(3)分析评价结果提出土地利用布局规划方案

对评价结果进行综合分析，结合土地利用需求，综合土地集约节约高效利用及生态保护的需求，研究制定土地利用面积、空间布局方案，并制作土地利用规划图。

12.2.3.2　基于模型模拟的乡村土地利用布局

传统的土地利用布局研究中引入了线性规划等传统数理统计方法作为有效解决最优配置的工具。例如，王乐等(2013)依据黄土丘陵沟壑区皋兰县的土地利用现状，运用线性规划模型对皋兰县土地利用结构进行优化调整，获得规划近期(2015 年)和规划期(2020 年)的土地利用结构优化方案。随着对土地利用变化影响机制研究和认识的深入，以及计算模拟技术的发展，建立土地利用模拟模型成为土地利用变化研究的重要手段，对于土地利用变化的模拟逐渐从简单的数量预测转向复杂的时空格局演变模拟，并成为土地利用规划与政策制定的重要工具(蒲雯等，2012；李少英等，2017)。由于土地利用的空间特性、多目标性及土地利用类型的多样性，土地利用布局优化是一项比较复杂的工作，国内外学者对土地利用的空间布局优化方法进行了探索，细胞自动机(cellular automata，CA)模型和多智能体(agent-based model，ABM)模型这两种“自下而上”的建模方法因其具有强大的时空建模能力，成为当前国际上土地利用模拟的主流建模方法(李少英等，2017)，在很多土地利用空间模拟模型中得以应用。已有的土地利用空间模拟模型中，CLUE-S 模型以其良好的

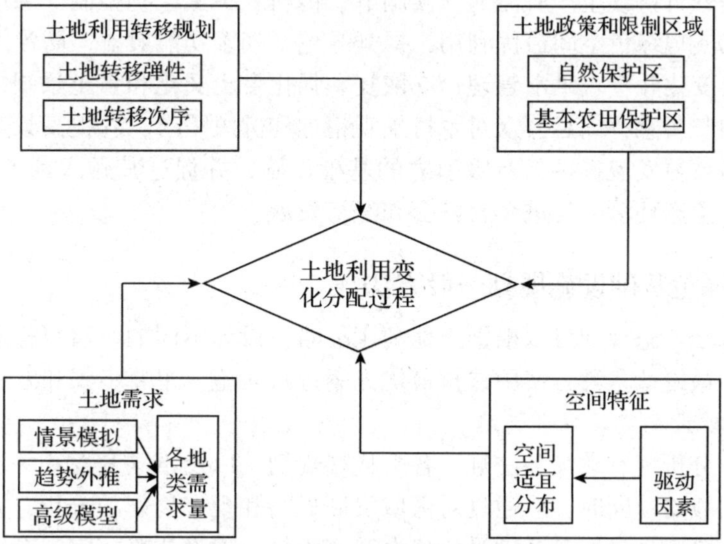

图 12-2　CLUE-S 模型工作原理

空间配置能力，在国内外土地利用布局优化研究中得到广泛的应用(蒲雯等，2012；黄明等，2012；冯仕超等，2013)。近些年，国内学者开发的土地利用模型，如FLUS模型，也开始应用到土地利用的布局研究中(李红润等，2022；李和平等，2022)。土地利用空间模拟模型一般原理是在获取土地利用需求信息的基础上，结合对土地利用演变的驱动机制的认识，建立土地利用转换的规则或限制土地利用转换的规则，依据该规则，根据土地利用转换的可能性从高到低将土地利用类型在空间进行分配，直到满足土地利用的需求为止，最终得到土地利用在空间的分布布局(图12-2)。通过对土地利用演变和计算机模拟模型进行深入研究，土地利用模型模拟指导乡村土地利用布局规划必然成为未来乡村土地利用规划布局的重要途径。

12.3 乡村绿色基础设施规划

12.3.1 规划目标

乡村绿色基础设施规划的目标是建立一个具有可通达绿色空间，保护生物多样性和维持生态系统服务的绿色生态网络，保障农田景观的稳定性、弹性、可持续性，最大限度实现农田景观多功能性及乡村人居环境适宜性，推动农业可持续发展和乡村生态化改善。随着国家近些年对农业绿色发展、高标准农田建设、生态型土地整治、耕地生态修复、乡村振兴的重视，乡村绿色基础设施将越来越成为重要的建设内容。

12.3.2 规划内容

对乡村绿色基础设施规划内容包括：①绿色基础设施是改善区域内可持续发展的一个综合行动，应实现与其他规划的科学整合；②保护和提升生物多样性，扩大并创造新的生境，提升和创建高质量的开放空间、为人类和野生动物建立城市与周围乡村之间更有效的功能联系；③提升可持续生产所需的气候调节、传粉、害虫生物控制等系统服务，促进农田绿色生产；④实现绿色空间最优利用，提升绿色空间多功能效益，防治水土流失和土地退化，应对气候变化和实现洪水管理；⑤恢复和强化乡土文化和乡土景观，提高公众对乡土文化的感知和归属感，满足公众对乡村景观精神和健康需求；⑥提高景观美学和休闲观光服务质量，为乡村发展提供具有吸引力的基础设施，并促进其融入到未来景观建设中，改善乡村人居和生态环境，促进乡村社会和经济发展。

12.3.3 乡村绿色基础设施规划一般方法

乡村绿色基础设施规划可以根据土地利用战略，设计不同的发展目标和情景，提出不同阶段的方案，最终从多种方案中选择最优方案进行实施。主要步骤和方法有：

(1)绿色基础设施建设战略制定

通过收集和分析现有政策和法规、各类战略规划，以及不同利益相关者意见，确定绿色基础设施发展战略。同时，应通过对区域发展战略和现有规划的分析，并开展多行业和多学科讨论会，确定乡村绿色基础设施建设基本构想、建设战略、空间布局和各类绿色基础设施形象。

(2)现有绿色基础设施评价

基于土地利用现状图或实地调研，绘制绿色基础设施现状图，定性和定量化评价现有绿色基础设施数量和质量，以及存在的问题。确定保护、提升和重建的绿色基础设施可能的空间机会。评价绿色基础设施空间功能，分析运行正常、需要保护、改善和重新建设的绿色基础设施。

(3)绿色基础设施需求分析

分析绿色基础设施缺失或受到威胁的区域，结合农田绿色生产和生态服务提升、土地整治、高标准农田、乡村旅游休闲、乡村生态保护和修复等需求，确定不同需求目标下地方绿色基础设施改善、提升和新建需求，确定改进、新建绿色基础设施的空间机会、绿色基础设施建设类型。

(4)绿色基础设施空间布局整合

在 GIS 的支持下，整合满足不同需求目标下绿色基础设施建设需求分析成果图，通过进行叠加和分析，提出绿色基础设施可能的空间布局方案。按照网络化和功能最大化原则，开展绿色基础设施网络空间布局。所谓功能最大化是指绿色基础设施建设能够最大化地满足农田绿色生产和生态服务提升、土地整治、高标准农田、乡村旅游休闲、乡村生态保护和修复等需求，功能重度越高建设优先性越高。也可以通过给予各类专项规划不同的权重，通过图形叠加计算和模拟，获取绿色基础设施空间布局优先性布局方案，或者根据不同的发展战略确定优先需要保障的需求下(农田绿色生产和生态服务提升、土地整治、高标准农田、乡村旅游休闲、乡村生态保护和修复等)的绿色基础设施空间布局方案。

(5)确定绿色基础设施初步空间布局方案

通过绿色基础设施优先性布局方案图与绿色基础设施现状图的叠加、分析和比较，确定绿色基础设施空间布局图。

(6)确定最终方案

从技术可行性、经济效益、社会效益、生态环境影响等方面评价不同方案，确定最优方案，开展绿色基础设施网络等级编码和成果图制作。方案比较也可以通过公众参与式讨论确定，特别是小尺度绿色基础设施规划，应加大公众参与力度。通过不同方案的对比分析，提出绿色基础设施规划空间布局图，并在 GIS 的支持下，开展定量化分析，形成有关数据和说明。

12.4　乡村水土安全规划

12.4.1　规划目标

确定乡村水土安全问题、风险、发生原因，在评价认识区域生态过程(水土气流)和土地利用/景观格局的关系、确定防治水土流失、控制面源污染、洪水和地质灾害发生重点区域基础上，提出水土安全提升生态基础设施建设战略、任务和工程项目。

12.4.2　规划内容

第一，分析评价土地利用/景观空间格局对水土过程健康与安全影响，构建景观生态安全格局。

第二，在对景观空间格局与水土过程关系的研究分析和理解的基础上，通过景观格局优化，控制、延缓、阻断、过滤水土过程，提高水土过程的安全性。

第三，保护生态环境变化敏感的土地，如易沙化、侵蚀、盐渍化、石漠化的土地，限制自然保留土地和生态环境敏感区内的土地利用活动类型及强度；保护天然湿地、滩涂、沼泽、冰川和永久积雪，保护水源涵养区和地下水补给区；控制汇水区、洪水区、湿地和滨水地带的土地利用，提高绿色基础设施生态弹性，应对极端气候变化，保护区域水生环境与水质。

第四，限制蓄滞洪区、地质灾害区、风暴潮风险区等自然灾害危险区内的土地利用，强化绿色基础设施功能，提高乡村景观抵御自然灾害的能力和系统稳定性。

第五，在保障水土安全的基础上，结合区域多功能景观建设和生态修复建设需要，完善水土安全规划建设方案，推进乡村整体生态安全提升。

12.4.3 乡村水土安全规划一般方法

12.4.3.1 乡村水土安全评价

基于资料收集、GIS分析和生态模型模拟、专家知识与评价等方法，诊断区域水土安全现状、风险和存在问题，分析存在的问题。一般而言，乡村水土安全评价可以包括以下几个方面的内容：

(1)水土流失评价

分析评价区域各类水土流失类型的分布、数量、强度、危害、成因；基于空间数据库和土壤侵蚀分析模型，分析判断水土流失风险高低，并结合已有的研究成果或专家经验，完成土壤侵蚀强度分类(微度侵蚀、轻度侵蚀、中度侵蚀、强度侵蚀、极强度侵蚀)；分析林地、草地等自然植被状况，评价植被对水源涵养的作用，分析潜在造林区域和景观建设机会；评价不同类型土壤侵蚀强度植被覆盖度、土壤属性和土地利用中存在的主要问题。

(2)洪涝安全评价

基于数字高程模型，在GIS水文模型的支持下，生成流域网络和河网水系数字化图，也可以利用现有地形图形成河网水系图，分析确定地下水补给区、汇水区和滨水带；利用数字高程模型和GIS空间分析技术，对洪水、地表径流等过程进行分析和模拟，或利用不同洪水年年份历史洪涝灾害淹没区(高中低)情况，与河流水系图叠加，评价不同水系、不同洪水发生频率和洪水淹没区域风险程度及空间分布，确定历史洪泛风险、山洪风险区、聚居区的洪泛风险高低等；评价洪水淹没风险区、地下水补给区、汇水区和滨水区土地利用、绿色基础设施方面存在的主要问题。

(3)面源污染风险分析

利用空间数据(人口密度、建设用地密度、耕地化肥用量、畜禽密度等)，按照面源污染负荷计算方法，评价区域面源污染成因、强度及危害，形成面源污染风险等级分类；评价面源污染风险等级与地下水补给区、汇水区和滨水带的关系，提出不同类型汇水区面源污染风险等级；评价农田、畜禽养殖点与河道水系间植物缓冲带建设完整情况，水域生态系统的健康程度，以及如湿地等具有高水质净化功能景观的存在及分布情况；评价不同类型汇水区面源污染风险区的土地利用、绿色基础设施方面存在的主要问题，并形成不同类型汇水区面源污染控制绿色基础建设战略。

(4)地质等灾害评价

通过历史数据、地质灾害影响因素(地形、岩石、土壤母质、植被、人类干扰强度等)综合评价地质灾害发生风险等级，形成地质灾害发生的重点区域等级分类；通过历史数据和植被状况，分析森林火灾发生风险区域，评价目前森林防火的体系、空间格局和隔离带建设情况；通过历史数据、地表植被和覆盖情况，评价虫害、鼠害等自然灾害发生的可能性以及现有应对措施，确定未来虫害、鼠害发生的可能性和重点区域。

12.4.3.2　水土安全规划的制定

(1)水土保持规划

参考《水土保持规划编制规程》(SL 335—2014)，将水土流失强度图进一步划分为水土流失重点预防保护区、治理区和监督区，定量评价各类型区植被覆盖度、土壤属性和土地利用存在的问题，提出不同水土流失类型区各项措施的总体布局方案、水土安全格局及绿色基础设施建设战略、工程和任务。

(2)洪水安全规划

根据洪水发生频率的高、中、低区域和土地利用现状，确定出防洪的关键区域及其空间位置，提出不同洪水淹没区域多层次的滞洪土地利用系统，确定生态恢复和绿色基础设施建设战略和任务以及工程项目。

(3)面源污染防治规划

根据面源污染风险评价结果和土地利用现状条件，确定防治面源污染汇水区的关键位置和区域，提出湿地和林地整理、缓冲带建设空间布局和工程项目以及技术措施。

(4)防灾避险规划

通过将各种灾害风险格局进行叠加分析，能得到区域不同灾害和风险等级图，确定重点防灾避险区域，分析灾害类型、防灾避险措施，提出防灾避险空间布局、战略、任务、工程项目以及保障措施和预警系统。

(5)规划方案形成

整合水土保持、洪涝安全、面源污染控制、防灾避险规划，形成水土安全绿色基础设施建设空间布局、建设战略、任务和重点工程项目等。

12.5　乡村人居环境和景观风貌提升规划

12.5.1　规划目标

加强乡村绿化美化和生态景观建设，重点推进村内绿化、围村片林建设；提升乡村建筑设计水平与布局，突出乡土特色；挖掘、开发乡村景观和文化资源，提升具有乡村特色的人文风俗风貌、宗教信仰等精神文化的特色景观。

12.5.2 规划内容

12.5.2.1 村庄绿化美化

(1)村庄绿化美化的总体要求

村庄绿化美化是乡村人居环境和景观风貌提升的重要内容，也是乡村人居环境和景观风貌提升规划的关键。村庄绿化美化应遵循以下要求：

①保护乡村生态环境　根据村庄现状条件，加强对村庄自然生态环境的保护，促进人文景观与自然景观的和谐统一。保护乡村自然生态系统的原真性和完整性。

②增加生态绿化空间　开展村旁、宅旁、水旁、路旁(四旁)绿化，提升公共空间生态环境，结合现状，对村内能够绿化的空地尽可能全部利用，提高村庄绿化覆盖率。

③因地制宜突出特色　根据村庄的自然条件和气候特色，坚持因地制宜，分类推进，做到宜树则树、宜果则果、宜菜则菜、宜草则草、宜花则花，体现乡村特色，防止千村一面。

(2)村庄绿化美化主要内容

①村旁绿化　村庄周围适宜形成环村林带，以高大乔木为主，适当配置中高乔木和灌木，形成自然的村庄边界，既可以有效遏制村庄的无序扩张，也可以作为村庄与周边自然环境的生态过渡带。为体现村庄特色，可以突出某种主栽树种，形成如杏花村、胡杨林等景观特点、经济价值及风格鲜明的特色村落。选择生长快，冠幅较大，形态好观赏价值高的乡土树种，并结合观赏价值高的花灌木或叶色美观的树种点缀，适当种植蜜粉源、食源植物，提升乡村生物多样性。

②路旁绿化　路旁绿化主要是指村庄内道路两侧的绿化美化种植。可根据道路宽度及等级选择灵活多样的绿化栽植形式，形成多样化的路旁绿化景观。在树种选择上以树冠庞大，枝叶茂密，树形优美、适应性强的乡土树种为主，同一路段的树种、树形和色彩保持一致。包括：

村庄主路绿化：道路较宽且路边有充分的绿化空间，可选择大树冠的高大乔木，宜以落叶乔木为主，以保证夏有树荫、冬日有阳光，根据情况可搭配花灌木或常青灌木混种，丰富道路两侧景观。

村庄支路绿化：支路绿化接近村民生活，有3种常见处理方式：以小乔木为主，配置花卉、灌木球或绿篱，增加植被层次；以爬藤植物为主，如爬山虎、蔷薇等，或以农作物如丝瓜，葫芦等；以农作物作为路旁绿化，充分利用和规整农作物种植，并搭配花卉植物，形成乡土气息较浓的路旁绿化景观。

③水旁绿化　水旁绿化涉及坑塘、沟渠、水道、溪流、湿地等水体绿化。水旁绿化综合水资源和生态湿地的保护和利用作为第一要求，兼顾景观美化，达到“活水”“清水”的生态效果，起到保护河道美化沟渠的效果，形成具有地方特色的村庄水景。绿化植被的选择遵循自然生态、体现乡土特色、养护成本低、固坡能力强、污染物吸附能力强等原则进行选择。

④宅旁绿化　宅旁绿化主要是指房前屋后的绿化种植，充分利用空闲地，以小尺度、小空间的绿化景观为主，做到见缝插绿，不留裸土，改善村庄人居环境，植物品种以花灌

木和地被植物为主，结合行道树形成丰富的视觉感官效果。包括：

宅前绿化：宅前绿化可以以菜地为主，形成乡土气息浓厚的绿化环境，修建特色篱笆墙形成统一风貌，穿插种植花灌木及绿篱，起到装饰美化的景观效果。

宅侧绿化：根据宅侧空间大小，灵活布置菜地、花灌木或果树等经济作物。

宅后绿化：宅后绿化可种植较大果树或乔木等，可挡风防晒。

12.5.2.2　乡村景观风貌提升

(1) 总体要求

村庄风貌是村庄的面貌、格调。主要包括村庄的建筑风貌和景观风貌，村庄风貌规划和提升应遵循以下原则：

①地域性原则　结合村庄所在区的自然地貌、传统建筑、人文历史、乡风民俗，展现丰富多彩的村庄风貌。

②适用性原则　村庄风貌规划应将浪漫的艺术构思与地方及村民的实际需求相结合，将生产生活的现实需求与经济文化的未来发展相结合，因地制宜，合理确定建筑样式、景观风貌，避免贪大求全、盲目照搬城市设计手法的倾向。

③文化性原则　村庄风貌应注重挖掘和传承地方民族文化、红色文化、历史文化和产业文化等，保护文化格局，体现文化风貌。

④整体性原则　从整体出发，协调各类景观和技术要素，使村庄风貌体现地方文化特色，引领建筑风格、环境风貌的规划，实现村庄风貌整体和谐。

(2) 乡村景观风貌提升内容及要点

参考《湖北省国土综合整治规划设计导则》，这里对乡村景观风貌提升内容及要点做以下总结：

①建筑风貌提升　坚持文化传承与风貌改造相结合，重视传统建筑和历史建筑保护利用，合理运用现代技术和生态环保材料，制订切合实际的保护整治方案，力求建筑风貌符合地方特色、民族特色，并传承传统建筑特色。

②公共空间景观建设　增加村内公共活动空间，为村民提供日常交流、开会聚集、健身活动、休闲娱乐的场地，可以提升乡村宜居性，丰富村民的精神生活，是乡村人居环境和景观风貌提升的重要内容。乡村公共空间主要包括活动广场和村庄公园。

活动广场：活动场地应选择具有村内地标特质的地点，如村委会，党群活动中心，古树名木，历史古迹等地点，或者村民居住比较聚集的区域；活动广场可以利用现有资源并考虑当地村民生活习性进行多点设计，如大树下、废弃水井旁、老戏台、晒场等形成多点小型活动场地，并可在时间和空间上相互联动；活动场地要考虑各类人群的需求，增加和完善活动场地、运动场地、儿童活动区、党建文明宣传栏等设施建设；公共空间景观性和实用性相结合，要符合现代审美要求，同时体现地域风貌特点和传统人文特色。

乡村公园：村庄公园是在村庄内或村庄周边以一定面积的林地景观为核心，依托乡村自然环境，整合乡村自然资源、田园景观、风土民俗等资源要素挖掘其观光、旅游、休闲价值，为当地居民和游客提供休憩、康养、文娱等公共游憩空间。游园景观组织要根据生态优先、因地制宜、经济合理的原则，保留原有生态植被，对园路两侧植被适当调整和充实，提供游览线路的植物景观水平，重点对公园入口和园内景点周边植被做适当调整，增加开花植物，提高公园的景观性；游园的内容和功能要考虑当地村民和游客对公园活动的需求，并与城市公园活动项目有所差异。

③景观小品　发展乡村旅游的村庄结合村民的生产、生活方式进行景观小品设计，尽量兼顾使用功能和传承地域特色，取材偏向乡土材料、可再生材料、废弃材料，如田间稻草人、竹编织的灯饰、废弃木材做的栅栏等。其他村庄根据自身实际适度建设景观小品。

④标识系统　标识系统应与村庄及周边环境相协调，应结合本地材料、工艺及文化内涵，体现村庄风貌特色，同时降低建设成本。

入口标识：入口标识设置于入村道路起始端，依据不同类型的村庄采用不同风格与样式的标志，在材质选择上，可考虑使用竹材、木材、石材等地方材料。

宣传栏：村庄宣传栏整体应简洁朴素，宣传栏主体、文字、背景不宜同时采用大红、大绿等过于鲜艳的颜色。

指示标志：村庄指示标志主体材质推荐采用木质或仿木材质等凸显乡土性的材料；指示标志上的文字要求字体清晰易于辨识，文字颜色与背景颜色形成一定的对比，文字材质宜与景墙材质相协调。

⑤乡村色彩规划与提升　乡村景观的色彩设计和色彩控制应优先从整体氛围的优美和谐出发，力求使自然景观、人工景观、住区景观、历史景观以及村落主体形象达到色彩上的美观协调。

乡村景观设计应设定主色调、辅助色、强调色等主次分明的、成系统的整体色彩搭配。主色调选择村落原生环境的主体色彩或者规定需要强化的色彩。辅助色应当能够与主色调和谐搭配，并且有一定的变化，防止在大面积内色彩形象上的单调。强调色彩应当在不失乡村风格的色彩范围内选择可以和主色调明确区分的色彩，是在小面积内使用的有变化的色彩。

改善农村景观中色彩的无节制和乱设置现状，提出积极的色彩控制方案。注意保持乡村本土自然风貌和人文民俗风情，在铺装和建筑材料上尽量选择本土材料，使用本土化的装饰手法和具有当地民俗特色的色彩搭配。

对道路铺装、住宅建筑、公共设施等人工构筑物提出有规定、成系统的色彩设计，将建筑物和人工设施物的色彩进行合理设计以形成有统一感的乡村景观形象。在工业区域更应注意乡村风貌的保持，合理提升色彩明度，避免色彩上的不和谐。

12.5.2.3　历史文化保护

建设用地整治项目规划设计过程中应严格、科学保护历史文化遗产和乡土特色，延续与弘扬优秀的历史文化传统和农村特色、地域特色、民族特色。重点保护对象包括传统村落、古树名木、历史建筑、历史街巷、非物质文化等。村庄中历史文化保护应符合以下规定：①对于国家、省、市、县级文物保护单位、国家历史文化名村、具有极其重要的历史、文化价值、纪念意义的名木应按照现行相关法律、法规、标准的规定划定保护范围，严格进行保护。②其他具有历史文化价值的古遗址、建(构)筑物、村庄格局和具有农村特色、地域特色以及民族特色的建筑风貌、场所空间和自然景观应经过认定，严格进行保护。

(1)传统村落保护

传统村落保护包括，保护传统村落所依存的自然环境，科学利用自然、借助自然改善人居环境；保护传统村落总体形态与天际轮廓线，保护以山形地势、水系田园为依托的格局，以及各景观廊道上包括透景、对景、借景在内的多元景观视野；严格限控新建、改建建筑物与构筑物的体量与高度，确保观景视线开阔通畅；核心保护范围和建设控制地带内的建筑物、构筑物不应过高过大，防止建筑物高度、体量、造型和色彩上标新立异、喧宾夺主；禁止为求路网通畅、平直而破坏地形地貌；禁止在村落内建设影响传统风貌的建筑群体；保护凸显村落特点的标志性部位；延续传统村落格局，禁止在村落内大填大挖，改造道路和水系，破坏地形与地势，生硬布置建筑组群；严格保护原有建筑群落布局及地形地貌，禁止生搬硬套中轴线、放射形等几何图形的建筑布局及道路网络；严禁过境道路和机动车道穿越核心保护范围；交通条件的改善，不得以破坏原有街巷的格局和肌理为代价，也不得破坏和随意动迁其他传统风貌建筑及历史环境要素，必要时可利用外部空间或地下空间予以缓解。

(2)古树、古井、古桥保护

加强对古树、古井、古桥等历史景观要素的调查和建档，发布保护名录，设立保护标牌；加大宣传力度，提高全民的保护意识，按古树名木保护条例、历史名录相关保护管理办法对村庄古树、古井、古桥等历史文化元素进行保护。

(3)历史建筑及风貌建筑保护

对村庄内历史建筑及风貌建筑进行普查、登记并建立档案；保持历史建筑及风貌建筑的原真性，遵循修旧如旧的原则，对历史建筑及风貌建筑进行维护保养，保证建筑物不塌不漏；提倡原地保护，不支持异地重建。

(4)历史街巷保护

保护历史街巷格局，重要街巷恢复传统铺装样式。整治沿街两侧建筑，修复破损界面，加强街道两侧建设行为的管控。全面深入挖掘与传统街巷相关的历史文化内涵，设置标识牌展示相关历史信息。

本章小结

乡村景观生态规划是我国城乡规划体系的重要组成部分，也是推进乡村空间重构和可持续发展的重要手段之一。随着生态文明和乡村振兴战略的提出，乡村规划开始更多考虑生态元素及生态学方法的应用。应用景观生态学的原理及相关学科知识，从景观生态功能的完整性、自然资源的内在禀赋特征以及社会经济实际条件出发，对农业景观、自然景观以及生活文化景观开展系统性规划，或者就景观要素开展生态规划和建设，不断得到重视甚至作为专题规划开展，也不断丰富和发展了乡村规划的内容。本书就土地利用布局规划，绿色生态基础设施规划、水土涵养和生态安全规划、乡村人居环境和景观风貌提升规划开展介绍，为打造集约高效生产空间、宜居适度生活空间，保护生态空间，实现产业、生态、景观一体化建设，推进城乡一体化发展提供方法指导。

思考题

请参阅我国的乡村振兴战略，思考如何通过景观生态规划来推动“产业兴旺、生态宜居、乡风文明、治理有效、生活富裕”的总要求的实现。

参考文献

陈前虎，2018. 乡村规划与设计[M]. 北京：中国建筑工业出版社.

储航，郭子坚，王文渊，等，2020. 基于 ANN-CA 的胶州湾西岸港城土地利用情境模拟[J]. 地理空间信息，18(10)：80-84.

丁金华，王梦雨，2016. 水网乡村绿色基础设施网络规划——以黎里镇西片区为例[J]. 中国园林，32(01)：98-102.

冯仕超，高小红，顾娟，等，2013. 基于 CLUE-S 模型的湟水流域土地利用空间分布模拟[J]. 生态学报，33(3)：985-997.

付军. 2017. 乡村景观规划设计[M]. 北京：中国农业出版社.

何杰，程海帆，王颖，2020. 乡村规划概论[M]. 武汉：华中科技大学出版社.

黄明，张学霞，张建军，等，2012. 基于 CLUE-S 模型的罗玉沟流域多尺度土地利用变化模拟[J]. 资源科学，34(4)：769-776.

孔祥斌，毕如田，2020. 土地评价学[M]. 北京：中国农业大学出版社.

李红润，刘慧芳，王瑾，等，2022. 基于 Markov-FLUS-MCR 模型的晋中市“三生”空间优化[J]. 农业工程学报，38(10)：267-276.

李少英，刘小平，黎夏，等，2017. 土地利用变化模拟模型及应用研究进展[J]. 遥感学报，21(3)：329-340.

蒲雯，张超，王淑华，等，2012. 基于元胞自动机复合模型的村镇土地利用变化模拟[J]. 中国农业大学学报，17(5)：182-189.

王乐，邸利，何殿平，等，2013. 城乡用地结构布局优化研究——以皋兰县为例[J]. 四川农业大学学报，31(3)：335-339.

王云才，2007. 景观生态规划原理[M]. 北京：中国建筑工业出版社.

许珊珊，2019. 滨河小城镇景观风貌提升规划研究[D]. 杭州：浙江农林大学.

宇振荣，郑渝，张晓彤，等，2011. 乡村生态景观建设：理论和方法[M]. 北京：中国林业出版社.

LIU X P，2017. A Future land use simulation model（FLUS）for simulating multiple land use scenarios by coupling human and natural effects[J]. Landscape and Urban Planning(168)：94-116.

第 13 章　生物多样性保护规划

景观生态学有关生物与景观格局关系的研究推动了生物多样性保护需要景观的观点的形成(俞孔坚等，1998；Tscharntke et al.，2012)，也即是保护生物学家、生态学家逐渐认识到，仅仅针对物种的保护是不足以保护物种在景观中的持续存在，需要将种群、群落以及生态系统作为一个整体来进行考虑，应该加强对物种赖以生存、迁移运动的生境及其周围景观的重视和保护。由此，生物多样性保护开始重视自然保护的建设。在以人类活动为主导的景观中也开始强调通过生态基础设施、生态网络的规划和建设来实现生物多样性的保护。景观生态学为生物多样性的保护规划提供了理论基础和方法指导。

13.1　自然保护区规划

13.1.1　自然保护区发展过程

自然保护区(nature reserve)是保护、发展和研究自然条件、自然资源、拯救某些濒于灭绝的生物物种源和有重要科学价值的典型生态系统的重要基地，对有代表性的自然生态系统、珍稀濒危野生动植物物种的天然集中分布、有特殊意义的自然遗迹等保护对象所在的陆地、陆地水域或海域，依法划出一定面积予以特殊保护和管理的区域。

自古以来，我国便有朴素的保护自然和保护自然资源的思想，这种思想体现在官职的设立、规章禁令、区域的划分等(王献溥等，2003)。在千年前的《周记》一书中记载了设有"囿人""山虞""渔人"等官员，他们主要是负责主管土地的开发利用、自然资源的保护和管理等工作。除此以外，历代的书籍，例如，《孟子》《荀子》《淮南子》等都规定了采伐与捕猎的相关要求，禁止围湖造田、砍伐森林，当时的朝廷也颁布了许多保护自然资源的相关条例和制度，明确提出了要保护自然环境。在历代的帝王宫殿庙宇、娱乐设施的建立也体现了这一思想。

19 世纪初叶，近代保护运动兴起。1872 年，根据美国总统的签令，由联邦政府建立了世界第一个保护区——黄石国家公园，随后在 1879 年和 1886 年澳大利亚和加拿大建立了第二、第三个国家公园，从而掀开了自然保护区的新纪元。早期的国家公园建设是"为了人民的利益和享乐，划出一块公园或游乐场所"，因此国家公园的建设和发展缓慢。19 世纪末，保护植物区系及其生境被纳入国家公园建设的内容。20 世纪以后，随着人口不断增长和工农业发展带来的森林砍伐、草地过度利用、沼泽和湖泊的干涸和围垦等系列资源和生态环境的破坏及由此带来各种生态环境灾难，自然保护事业逐渐进入人类视野。1948 年，世界自然保护联盟(IUCN)成立，旨在促进生物资源的保护和资源的持续利用。

在 IUCN 的努力下，全球拯救濒危动植物种、建立国家公园和保护区工作取得长足发展。世界保护区数据库显示，到 2022 年 4 月，全球约 15.73% 的陆地和淡水环境被保护区覆盖，约 7.93% 的海域被保护区覆盖。

我国的自然保护区建设始于 20 世纪 50 年代。在 1956 年的全国人民代表大会第三次会议上，学者们提出我国应加强对自然资源的保护，并需建立自然保护区。他们联名提出了第 92 号提案："请政府在全国各省(自治区)划定天然森林禁伐区，保存自然植被以供科学研究的需要。"提案得到会议通过，并引起政府的重视。同年 10 月，全国人民代表大会第 92 号提案提出了《天然森林禁区(自然保护区)划定草案》和《狩猎管理法草案》，提案建议在中国东北、西南、西北等多个省份选取部分区域并建立自然保护区(王献溥等，2003)。"文化大革命"期间，我国保护区更新建设停滞不前甚至遭到破坏。1975 年农林部召开了全国环境保护会议，会上讨论了自然保护区的建设问题，这一时期各省(直辖市)建立了许多新的保护区，如卧龙、九寨沟大熊猫保护区等；同年通过了《中华人民共和国宪法》，我国的自然保护事业被纳入了法制轨道。1979 年又通过了《中华人民共和国环境保护法》，这些法规为后续自然保护区的发展奠定了基础。20 世纪 80 年代以后，保护区建设工作得到国家政府的高度重视和大力推进，1984 年颁布了《中华人民共和国森林法》和《全国自然保护区区划方案》，1985 年又颁布了《森林和野生动植物类型自然保护区管理办法》《中华人民共和国草原法》和《保护世界文化和自然遗产国家公约》，1987 年发布了纲领性文件《中国自然保护纲要》，1988 年 11 月颁布了《中华人民共和国野生动物保护法》。这一期间，我国自然保护区的数量增长和质量提高都得到了保障。自 20 世纪 90 年代开始，为了加强生态环境建设，中国启动了一系列重要的政策和条例，包括 1992 年签署了《生物多样性公约》，成立第一届国家级自然保护区评审委员会；1994 年颁布了《中华人民共和国自然保护区条例》。1999—2000 年，国家林业局组织编制了《全国野生动植物及其栖息地保护总体规划》和《全国林业系统自然保护区体系规划》。

党的十八届三中全会提出加快推进生态文明体制改革，十九大进一步提出"建立以国家公园为主体的自然保护地体系"的要求。2017 年 9 月 26 日，中共中央办公厅、国务院办公厅印发了《建立国家公园体制总体方案》，系统阐明了构建我国国家公园体制的目标、定位与内涵，明确了推动体制机制改革的路径，加强了国家公园体制的顶层设计。《总体方案》中确定的十项重点任务，包括制定国家公园设立标准、确定国家公园布局、优化完善自然保护地体系、建立统一管理机构等都取得了实质性进展。截至 2020 年年底，全国已建立国家级自然保护区 474 处，总面积约 98.34×10^4 km^2。国家级风景名胜区 244 处，总面积约 10.66×10^4 km^2。国家地质公园 281 处，总面积约 4.63×10^4 km^2。国家海洋公园 67 处，总面积约 7 370 km^2。共有东北虎豹、祁连山、大熊猫、三江源、海南热带雨林、武夷山、神农架、普达措、钱江源和南山 10 个国家公园体制试点区，总面积超过 22×10^4 km^2，约占陆域国土面积的 2.3%。

随着对全球生物多样性保护的重视，《生物多样性公约》缔约方大会第十五次会议提出的《2020 年后全球生物多样性框架》有望将"到 2030 年，通过采取连通性良好和有效的保护区系统及其他有效的地区保护措施，使地球上至少 30%的地区得到保护和养护，重点放在对生物多样性特别重要的地区"作为重要的行动计划(CBD，2021)，进一步加强自然保护地的建设必然成为全球生物多样性保护的主流。

13.1.2　自然保护区类型和选址原则

13.1.2.1　自然保护区的类型

(1)IUCN 自然保护区分类

世界自然保护联盟(IUCN)一直致力于保护区国际分类系统的研究，经过几次修订，1994 年出版了一份新的 IUCN《保护区管理类型指南》。该指南将保护区划为 6 个类型(表 13-1)，该分类系统正越来越被世界各国所普遍使用，一些国家还将此分类系统纳入国家的法规之中，《1993 年联合国国家公园和保护区名录》也将此分类系统作为统计世界各国保护区数据的标准结构。

表 13-1　1994 年 IUCN 保护区分类系统

类型	名称	类型	名称
类型Ⅰa	严格自然保护区/荒野地保护区	类型Ⅲ	自然纪念物保护区
类型Ⅰb	严格自然保护区	类型Ⅳ	生境和物种管理保护区
类型Ⅰ	荒野地保护区	类型Ⅴ	陆地和海洋景观保护区
类型Ⅱ	国家公园	类型Ⅵ	资源管理保护区

(2)我国的自然保护区分类

自然保护区主要的保护对象包括：典型的自然地理区域和具有代表性的各类自然生态系统；国家、地方重点保护或其他有保护价值的野生动植物物种与原生地、栖息地；重要的具有水源涵养等生态功能的区域；具有重大科学文化价值的地质构造、著名溶洞和化石分布区、冰川、火山、温泉等自然遗迹，以及人文遗迹、古树名木等；典型自然景观。根据不同的分类系统，自然保护区可以划分为不同的类型(国家环境保护局，1994)。根据自然保护区的主要保护对象，可以分为自然生态系统类、野生生物类、自然遗迹类三个类别九个类型的保护区(表 13-2)。

①自然生态系统类自然保护区　该类自然保护区是指以具有一定代表性、典型性和完整性的生物群落和非生物环境共同组成的生态系统作为主要保护对象的一类自然保护区，又可分为 5 个类型：a. 森林生态系统类型自然保护区，是指以森林植被及其生境所形成的自然生态系统作为主要保护对象的自然保护区。b. 草原与草甸生态系统类型自然保护区，是指以草原植被及其生境所形成的自然生态系统作为主要保护对象的自然保护区。c. 荒漠生态系统类型自然保护区，是指以荒漠生物和非生物环境共同形成的自然生态系统作为主要保护对象的自然保护区。d. 内陆湿地和水域生态系统类型自然保护区，是指以水生和陆栖生物及其生境共同形成的湿地和水域生态系统作为主要保护对象的自然保护区。e. 海洋和海岸生态系统类型自然保护区，是指以海洋、海岸生物与其生境共同形成的海洋和海岸生态系统作为主要保护对象的自然保护区。

②野生生物类自然保护区　该类自然保护区是指以野生生物物种，尤其是珍稀濒危物种种群及其自然生境为主要保护对象的一类自然保护区，又可分为 2 个类型：a. 野生动物类型自然保护区，是指以野生动物物种，特别是珍稀濒危动物和重要经济动物种种群及其

自然生境作为主要保护对象的自然保护区。b. 野生植物类型自然保护区，是指以野生植物物种，特别是珍稀濒危植物和重要经济植物种及其自然生境作为主要保护对象的自然保护区。

③自然遗迹类自然保护区　该类自然保护区是指以特殊意义的地质遗迹和古生物遗迹等作为主要保护对象的一类自然保护区，又可分为 2 个类型：a. 地质遗迹类型自然保护区，是指以特殊地质构造、地质剖面、奇特地质景观、珍稀矿物、奇泉、瀑布、地质灾害遗迹等作为主要保护对象的自然保护区。b. 古生物遗迹类型自然保护区，是指以古人类、古生物化石产地和活动遗迹作为主要保护对象的自然保护区。

表 13-2　依据保护对象的自然保护区类型划分表

类别	类型
自然生态系统类	森林生态系统类型
	草原与草甸生态系统类型
	荒漠生态系统类型
	内陆湿地与水域生态系统类型
	海洋和海岸生态系统类型
野生生物类	野生动物类型
	野生植物类型
自然遗迹类	地质遗迹类型
	古生物遗迹类型

13.1.2.2　自然保护区选址的标准

为保障自然保护区建设目标的实现和成效，正确的自然保护区选址是关键。对于自然保护区的选址，一般考虑以下标准(国家环境保护局，1994)：

(1)典型性或代表性

自然保护区的保护对象应该具有代表性，通常是保留有原始植被的地区，或者是气候带上最有代表性的生态系统，或者是具有地带性植被的地域，包括本地区原始的“顶极群落”。

(2)稀有性

对于很多自然保护区来说，保护稀有的动植物种类及其群体，是一个重要的任务。如果某些自然保护区集中了一些其他地区已经绝迹的、残留下来的孑遗的生物种类，就会提高自然保护区的价值。

(3)脆弱性

脆弱的生态系统往往与脆弱的生境相联系，并具有很高的保护价值，保护区选址过程应当充分考虑保护脆弱的生态系统。

(4)多样性

生物多样性保护是保护区建设的重要目标，景观异质性高、生态系统、物种和遗传多样性高的区域是生物多样性保护的优先区域，也是保护区建设的热点区域。

(5)面积因素

一个自然保护区必须满足维持保护对象所需的最小面积。保护区的最小或最适面积，因保护对象的特征和生物群落类型的不同而有差异。

(6)区位性

在物种、群落或生境具有地带性、区域分布独特性的区域应当考虑建设保护区。

(7)感染力

感染力是指保护对象对人们的感官所产生的美感的程度。保护区选址应该考虑主要物种、生物群落和自然景观的重要价值、不可替代性、人文兴趣，特别是潜在的社会价值、经济价值、美学价值以及由此给人类的主观感染力。但是由于人类的感觉和偏见，感染力的判定存在主观性。

(8)潜在的保护价值

有些地域一度有很好的自然环境，但由于各种原因遭到了干扰和破坏(如森林受到采伐和火烧，草原经过了开垦或放牧等)，但又很难替代，如果能进行适当的人工管理或通过天然的改变，原有生态系统的面貌可以得到恢复。当人们找不到原有的高质量的保护区时，这种有潜在价值的地域，也可以选作自然保护区。

(9)科研的潜力

包括一个地区的科研历史、科研的基础和进行科研的潜在价值。

保护区的选择是一个十分复杂的问题，上述选择标准可能是互相交叉、互为补充，如一个具有代表性的保护区同时可能具有多样性、天然性、科研价值，也可能是相互矛盾、相互排斥的，如一个稀有的保护对象往往很难具有典型性或代表性等。具体应用过程中，必须和建立自然保护区的目的结合起来，在可能的足够大的面积情况下，保护尽可能多的物种和功能完整的生物群落或具有典型性生态系统以及特有物种或特殊兴趣的群体。

13.1.3　自然保护区规划设计原理

唐小平(2015)总结了自然保护区规划所涉及的几个主要原理：

(1)岛屿生物地理学说

岛屿生物地理学说提出来后，得到自然保护学家的欢迎，基于上述理论，自然保护区设计应遵循下列原则：① 保护区面积愈大愈好；② 一个大保护区比具有相同总面积的几个小保护区好；③ 对某些特殊生境和生物类群，最好设计几个保护区，且相互间距离愈近愈好；④ 自然保护区之间最好用通道相连，以增加种迁入率；⑤ 为了避免“半岛效应”，保护区以圆形为佳。

(2)种群生存力理论

20 世纪 80 年代发展起来了种群生存力分析(PVA)和复合种群(metapopulation)理论，称为生物多样性保护的种群生态途径。由于种群生存力分析技术研究小种群的随机绝灭过程，得出的主要结论是最小可成活种群(MVP)，从而使其成为自然保护区设计的重要理论基础之一。自然保护区强调对目标物种、群落和生态系统的保护效率，可用关键种的生存力确定群落或生态系统的生存力。

(3)景观生态规划论

强调景观的资源价值和生态环境特性，其目的是协调景观内部结构和生态过程及人与自然的关系，进而改善景观生态系统的功能，提高生态系统的生产力、稳定性和抗干扰能力。景观规划在自然保护区设计中的优势体现在：规划思想既注重岛屿生物地理理论的格局，又重视种群生存力及碎裂种群的过程研究，致力于两种设计思想的结合。景观规划不仅考虑斑块本身，还注重斑块周围环境(不同类型基质)的作用；景观规划还强调从单个保护区到区域自然保护区网络等不同尺度的规划单元。

(4)生态区域规划论

在此自然保护计划框架下，关注所有物种和群落，不仅仅是稀有种；取决于生态因子的大尺度规划单元而非行政边界；生境选择考虑大的植被斑块重要性、生态系统间的相互作用、复合种群动态及生境斑块连接度等。

13.1.4 自然保护区规划设计

13.1.4.1 自然保护区范围与规模

规模适宜的自然保护区是长期有效保护野生动植物和自然生态系统的关键，也是实现自然保护区科学规划、建设和有效管理的前提。保护区规模往往取决于区域空间特征和保护对象特性，一个大保护区或者面积相等的几个小保护区(single large or several small，SLOSS)究竟哪个好的争论一直存在，可以从主要保护对象和社会经济发展水平两方面入手确定保护边界。根据主要保护对象分析主要有4个途径：①将传统的岛屿生物地理学与集合种群及景观生态学理论相结合；②加强应用种群生存力分析的研究；③种子雨扩散与植物群落演替规律分析；④动物的活动区大小。根据社会经济发展水平分析需要引入社区参与机制，边界确定过程公开化和透明化，让当地社区及公众积极参与自然保护区的面积确定过程中。

13.1.4.2 自然保护区功能分区

1971年，联合国教科文组织组织了一项政府间的科学计划——“人与生物圈计划”(man and the biosphere programme，MAB)，这项计划试图整合自然科学与社会科学的力量，从而合理运用自然资源，实现自然资源的可持续利用(李文华，1980)。在“人与生物圈计划”中提出了生物圈保护区的思想，该思想认为，一个科学合理的自然保护区应该由“核心区、缓冲区、实验区”组成(Sandra et al.，1996)。随着保护区规划设计实践的不断丰富，功能分区也不断丰富，也有学者提出增加一个周边区，将保护区周围的村落也纳入规划设计(邹宏玉，2020)。

(1)核心保护区

核心保护区需要对保护区范围进行绝对保护，禁止群众开展一切娱乐、干扰活动。可以有限度地进行以保护核心区质量为目的或舍此无其他替代场所的科学活动(徐嵩龄，1993)。

自然保护区核心区划分应优先进行，核心区应满足如下要求：①核心区是自然生态系统保存最完整，保护对象及其原生地、栖息地、繁殖地集中分布的区域；②核心区面积应根据保护对象的生物生态学特性和栖息地要求确定，以有利于系统内各种生物物种的生长和繁衍，使核心区构成一个有效的保护单元；③一个自然保护区可以有一个或几个核心区；④核心区与保护区总面积的最小比值原则上符合表13-3的要求。

表 13-3　不同类型自然保护区的核心区面积要求

类型		超大型、大型	中型	小型
A 类		20%	35%	40%
B 类	野生植物	25%	30%	35%
	野生动物	35%	40%	45%
C 类		35%	40%	55%

注：自然保护区规模执行《自然保护区工程项目建设标准》的要求。

(2)缓冲区

围绕核心区，保护其与核心区在生物、生态、景观上的一致性，可以进行以资源保护为目的的科学活动，以恢复原始景观为目的的生态工程，可以有限度地进行观赏型旅游和资源采集活动(徐嵩龄，1993)。缓冲区域不宜建设，应当保持其荒野状态，这样能够很好地体现出该区域的特征，缓冲区的宽度的设置则是按照实际需求和保护性质来确定，一般都需要在 500 m 以上(邹宏玉，2020)。一些特殊情况下，可以允许没有缓冲区，核心区外露或边缘化：①外围是另一个自然保护区的核心区或缓冲区；②外界不是自然保护区但有良好的保护措施或处于良好的保护状态；③边界有悬崖、峭壁、河流、沙漠、戈壁等，具有较好的自然隔离条件。

(3)实验区

保持与核心区、缓冲区在景观上的一致性，可以适当地进行以资源利用为目的的科学活动，可以进行适度的资源开发经营活动及生态恢复工程活动。中型以上的自然保护区在实验区内可分为管理与生活区、科研实验区、参观旅游区、养殖种植区、居民生产生活区等。

(4)周边区

将自然保护区周边的村落纳入到保护区范围内进行规划，适当地提供一些娱乐设施、餐饮服务、旅游度假等，可以带动保护区周围经济发展，为保护区周边居民带来一些经济收入(邹宏玉，2020)。

13.1.4.3　自然保护区规划的流程

(1)收集、整理资料

收集、整理自然保护区的主要保护对象、自然环境与自然的资源、社会经济、土地与水域利用等方面的最新资料，必要的情况下开展实地调研获取必要资料。具体包括：

①主要保护对象资料　包括：a. 景观。根据土地利用现状，明确主要保护土地景观类型的分布状况。b. 植被。根据自然保护区面积大小，植被分类单位应细化到群系组、群系或群丛组；明确植被分布状况，并绘制植被图。c. 野生动植物。包括野生动植物的名录、重点保护物种和特有种的种群及其生境状况，以及国家重点保护野生动植物分布示意图。d. 自然遗迹。包括自然遗迹类型、数量和分布示意图等内容。

②自然环境与自然资源资料　包括：a. 地质地貌。包括地质、地貌等资料。b. 土壤。包括土类及其特征，以及土壤分布图。c. 气候。包括气候要素资料以及气候资源分布等资料。d. 水文。包括水系、水体类型、流量、水域面积、水深、利用状况及其动态变化等资料，以及水文图。e. 自然灾害。包括多发性自然灾害的类型、影响程度、分布和发生频

率等资料。f. 环境质量。包括大气、水体、土壤、固体废弃物、噪声等污染源的类型、分布和污染程度等。g. 周边保护区情况。包括周边自然保护区、森林公园、湿地公园、地质公园、风景名胜区、天然林保护工程区、国家级公益林和海洋特别保护区等的分布情况。

③社会经济资料　包括：a. 历史与文化古迹。包括自然保护区内的古迹类型及分布资料。b. 人口。包括自然保护区及周边社区常住人口的数量、分布、民族组成、年龄结构、教育水平、生活习俗等。c. 行政区划。包括行政建制及行政区划图，居民点及其分布，村界、乡界及相关地界等资料。d. 国民经济基础设施。包括交通、能源、水利、通信、供电等基础设施资料。e. 社区生活配套设施。包括给排水、生活能源、卫生等配套基础设施状况。f. 经济状况。包括产业结构、地方财政收入、居民经济收入和社会经济发展规划等资料。g. 自然保护区基础设施。包括自然保护区内道路、桥梁、办公场所及保护站点等现有基础设施的规模和布局。h. 自然保护区土地海域利用状况与土地海域权属。包括自然保护区内土地海域利用现状及其变更资料，土地海域使用权和管理权资料，以及土地海域利用现状图、土地海域权属等。i. 自然资源开发与利用。包括自然资源的开发利用价值及利用规划方面的资料。

④测绘资料　测绘资料包括地形图和专业图，其中专业图主要指遥感影像(航片、卫片)、地下溶洞与河流测图、地下工程与管网等专业测图。

(2)图件准备与绘制

根据收集获取的资料，根据主要保护对象的类型和当地社会经济情况，收集或绘制自然保护区的遥感影像图、地形图、水文图、植被图、国家重点保护野生动植物分布示意图、土地和海域利用现状图、自然遗迹分布图、行政区划图和干扰因素分布系列图等基础图件。所有图件应缩放成相同的比例尺。

(3)图层叠加与分析

根据区划原则和相关资料分析，通过不同图层叠加，标示主要保护对象及其适宜生境的分布区域、干扰因素的时空格局，确定自然保护区内不同区域的优先保护等级，在此基础上拟定各功能区的范围。

(4)规划报告编制

根据分析结果，撰写规划方案和报告，绘制相关的规划图件。

13.2　人类主导区的生物多样性保护规划

自然保护区的建设往往关注受人类影响较小、自然性较高的生态系统和区域的保护。随着城市扩展以及工业化、农业集约化的发展，人类对生态系统的影响日益显著，对人类主导的生态系统(如农业、城市生态系统)的生物多样性的保护也成为生物多样性保护工作的重要组成部分。在欧洲，较早地关注到工业化及生境破碎化和消失、农业集约化、工业污染、运输通道建设等人类活动导致生物多样性明显降低的国家，发展提出了系列针对人类主导景观中生物多样性保护的景观规划途径。根据不同保护战略，可以分为以物种为中心的途径和以景观元素为中心的两种规划途径(俞孔坚等，1998)。前者强调濒危物种本身的保护，而后者则强调景观系统和自然栖息地的整体保护，力图通过保护景观的多样性来实现生物多样性的保护。保护战略上的两种不同途径也分别体现以物种为出发点的规划途径和以景观元素为出发点的规划途径。尽管两者都考虑物种和生态基础设施的保护，但前者的规划过程是从物种到景观格局，而后者是从景观元素到景观格局。

13. 2. 1　以物种为中心的生物多样性保护规划

该规划方法强调，使景观生态规划具有意义的充分必要条件是选准保护对象，并对其习性、运动规律和所有相关信息有充分的了解。以此为基础来设计针对特定物种的景观保护格局。一个整体优化的生物保护景观格局是多个以单一物种保护为对象的景观最佳格局的叠加与协调。这一途径一般可分为下列五个步骤：

①根据物种的重要性，选择目前的或潜在的保护对象。

②收集关于保护对象的信息，包括查阅文献，明确适合于每一保护对象的最佳景观结构。

③汇总和比较所有保护对象对景观的需要。

④修改保护物种清单以取得保护的协调与一致性。

⑤综合以单一物种保护为目的的景观规划来获得某一地域的总体生物保护景观规划。如果有足够详尽的关于物种及其相关联的信息的话，以物种为中心的景观规划途径可以说是最有效和科学的生物保护途径。

人们一般采取以下三个方面标准来选择优先保护物种：

①目前的稀有、特有性、受威胁状态及其实用性。大型哺乳动物和那些被列入国际濒危物种名单的物种显然应作为首选的保护对象。

②物种在生态系统及群落中的地位。保护对象应对维护整体生态平衡有关键作用。

③物种的进化意义。一种杂草可能本身很不起眼，在群落内也表现不出重要意义，但却有可能对进化史及未来生物多样性的发展有重要价值。用进化的观点来进行生物多样性保护比被动地保护现存的濒危物种更具有意义。

物种的选择和物种的分布或需求景观的确定是以物种为中心的生物多样性保护规划方法的关键点所在。

13. 2. 1. 1　基于景观物种的生物多样性保护规划

桑德森(Sanderson et al. ，2002)提出了一个基于景观物种需求的保护规划方法。在此，我们以此方法为例来说明以物种为中心的生物多样性保护规划的具体步骤。在该方法体系中，桑德森等认为景观中存在一些“有大面积、生态多样的生境需求，且对自然生态系统结构和功能有重大影响”的生物物种，即景观物种。由于景观物种利用的面积足够大，所以可以保证保护的土地的生态多样性，也可以保证不同的生境和土地利用类型能够满足其他物种所需要的空间和资源需求。由于利用的面积足够大，也会涉及景观尺度过程，如干扰、维持的异质区域。因此，当景观物种得以保护，同一区域的物种，其生活景观中的景观结构以及依赖于这些结构的生态功能也能够得到保护。因而，选择少数几个关键的景观物种，通过满足这些景观物种的需求，即可实现同时保护其他物种以及整个景观的目标。具体的步骤如下(图 13-1)。

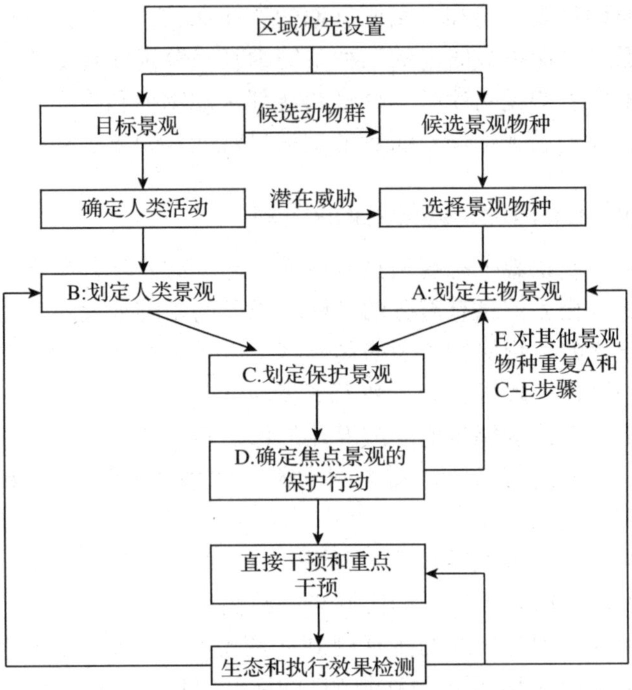

图 13-1　应用景观物种途径保护物种的步骤流程

（引自 Sanderson et al.，2002）

(1)划定生物景观

在目标种群被确定为景观物种之后，确定所选择景观物种种群的景观需求，然后对这些景观要素进行制图，并对这些生物需求的景观要素的位置在地图上进行标注，并在 GIS 中以空间数据的形式进行制图。通常根据生物需求将生境划分不同类型，如食物资源、繁殖场所、干旱季节避难场所等。

(2)划定人类景观

这一步骤主要是确定人类对景观的影响。首先确定有哪些利益相关者，确定目标景观中有利益的个人、组织或者机构，如农户、住在下游的居民等。对于每个利益相关群体，对他们在景观中的活动和利用景观的时间和空间分布进行必要的描述。对景观的利用形式通常包括资源的开采(如伐木、捕猎、采矿等)、居住、农业、交通线路等；同时，也考虑景观中政治、行政和文化的分区。与物种需求一样，人类活动在时间和空间上的分布可以以地图或地理数据图层的形式来展示。

(3)划定保护景观

对生物和人类景观分别进行制图后，对二者进行叠加，分离出人类利用和生物需要的景观。如果景观中存在重要的季节差异，可以对不同的季节分别进行分析。

(4)确定焦点景观的保护行动

由于并非所有的人类活动与生物多样性保护都不相容，也并非景观中所有的部分对物种的需求都是必需，因此需要筛选优先保护的景观要素，以集中关注少数有必要采取保护行动的要素。但是对于人类利用和物种需求的矛盾，需要知道矛盾在什么地方以及什么时候发生，以及它们怎样和景观物种种群相冲突。这个过程可以通过如下的步骤来完成：

①评价每个景观要素对物种需求的贡献　这主要基于景观要素对景观物种生物需求的贡献及其在景观中出现的频率来确定。将对种群存活必须以及景观中唯一的要素定义为最重要的景观要素，其他次重要的景观要素可以是为物种提供关键资源，但是景观中会有相似的要素，也即是这些次重要的景观要素对物种的需求是冗余的，只有一部分是维持种群所需的。第三类景观要素是那些不对物种需求有直接贡献的景观要素，但是对它们与其他必要要素的连接度有重要作用。

②划定最小景观系列　最小景观系列的划定基于景观要素最小面积或数量，或可能基于功能受威胁情况。这类景观我们称之为焦点景观，包括所有的唯一的景观要素、足够数量的满足所有生物需求的冗余要素，以及一系列确保景观对于物种的连接度的连接单元。

③确定每个焦点景观受到的威胁　确定焦点景观之后，需要考虑每个焦点景观要素内部人类活动的作用。首先，评价人类如何威胁这些景观要素对物种需求的满足。然后，在确定受威胁景观要素以及景观受威胁的强度后，重新评估利益相关者以确定哪些利益相关者与焦点景观范围内的景观物种的威胁有关联，并将它们的活动纳入景观保护的评估。

④评价焦点景观受威胁的整体水平　一般而言，对唯一景观的威胁是最严重的，应该给予较冗余或连接要素的威胁最高的评级。虽然连接要素对物种需求没有直接贡献，但是它比冗余要素更为重要，给予的威胁评分也应该更高。

⑤对其他景观物种重复上述步骤　要实现较为全面的生物多样性的保护，需要考虑和选择多个景观物种。因此，可以进一步地选择多个景观物种重复上述步骤，然后通过叠加分析获取综合的评价。

⑥生态和执行效果监测　需要对景观生物多样性保护规划的建设过程、实施的生态、经济和社会效益进行长期的监测和评估，以便及时更正出现的问题，获取更大的社会、生态和经济综合效益。

13.2.1.2　基于物种分布模拟模型的生物多样性保护规划

了解物种空间分布格局及其影响因素一直是生态学研究的重要因素。随着现代计算机技术、GIS、RS 等的发展，近代科学家通过量化物种—环境关系，建立物种分布模型(Guisan and Zimmermann，2000)，探讨以较少人力、物力了解物种个体、物种数量以及多样性的空间分布的可能性，从而可以实现通过模型模拟，对环境变化条件下多样性的分布和变化提供预测和预警，也为生物多样性的保护规划提供了科学依据和技术手段。

在大区域尺度上，物种分布模拟更多基于大尺度的气象、地形、植被信息进行模拟(Guisan and Zimmermann，2000)。在中小尺度上，更多是生境适应性指数模型(habitat suitability index models)的应用。其根本目的是建立资源环境条件与生境质量或生境适宜性指标的关系，评估某一生物生存生境的生物、非生物属性，通常将生物生境分为不适宜到最优，用 0 到 1 之间的数值来表征生境的适宜程度。最初的建立的生境模型，目的是发展一种快速、可靠的方法通过遥感数据和植被图预测物种的发生，实质上是将遥感数据和植被图集合在一起的代数运算。随着软件的发展、数据来源的增加以及计算机技术的发展，对物种环境关系认识的深入，一系列的生境模型得以发展。开始通过建立物种与景观结构特征关系，如景观异质性、生境周围其他生境缀块类型数量、生境多样性指数、生境连接度(Lek-Ang et al. , 1999; Hirzel et al. , 2002; Luoto et al. , 2002; Petit et al. , 2003; Gibson et al. , 2004; Matern et al. , 2007), 甚至在模型中引入干扰的影响等, 预测和模拟物种的分布。为更加深入全面认识生物多样性空间分布对环境变化, 尤其是景观变化和人类干扰的响应, 从而为更好地制定生物多样性保护规划奠定方法基础。基于物种模拟模型的生物多样性保护规划可以通过如下的具体步骤进行:

通过取样调查或者历史资料数据获取物种多样性或分布数据, 根据所关注的物种或生物类群进行取样调查或历史资料数据收集, 分析其多样性, 多样性指标可以是物种的发生/缺失、多度数据, 也可以是群落多度、物种数、多样性指数指标。

调查、收集或者分析获取与物种分布数据相对应的环境数据(如气象、地形、土壤属性信息、生境、景观格局指标等)。

选择合适的统计模型, 如逻辑斯蒂、广义线性混合模型、非参数乘法回归(non-parametric multiplicative regression, NPMR)(Guisan and Zimmermann, 2000), 构建物种多样性—环境/生境/景观关系模型。

获取景观尺度上各种环境指标的分布信息, 利用构建的物种—环境关系模型, 借助 GIS 等工具, 生成物种多样性空间分布图。

借助 GIS 工具, 结合空间分析, 分析物种空间分布状况、物种威胁等状况、专家意见和知识等, 研究制定物种的保护规划方案。

一个利用物种分布模拟进行物种保护规划的例子是张(Zhang, 2012)利用物种分布模型优化云南省的植物保护和土地利用规划。在这项工作, 首先收集了由中国科学院昆明植物研究所提供的木本植物分布数据。然后收集气象数据、海拔数据、土壤数据, 并利用 Maxent 模型模拟了 2 319 个物种的分布。然后利用其中 1996 种没有显著生境偏好的物种, 确定了云南植物物种分布的 4 个重要方面的信息: ①物种多样性热点地区; ②利用物种存在/确实的聚类分析, 划分了云南省 7 个主要植物区系区域; ③根据规划单元的"不可替代"性进行优先保护区域的划定; ④确定物种丰富和保护优先区域中现存天然林的百分比, 以评估濒危程度。这些工作为云南省发展可持续的生物多样性保护战略提供了参考。

基于物种分布模型制定的生物多样性保护规划, 是在深入了解物种空间分布特征基础上的规划, 具有空间直观性, 可以具备更高的精准性和目的性; 结合模型的应用, 还可以设置不同土地利用和景观规划情景, 或者根据对未来土地利用和景观变化的预测, 面向未来制定具有前瞻性的保护规划; 也可以利用模型, 可以较为高效地对不同的保护和规划方案进行评估和选择, 从而推动最优的保护规划的制定。但是, 这一方法需要对物种—环境关系有深入的认识和理解, 就要前期大量的知识积累, 在很多情况下, 对于绝大多数物种难以实现; 模型的建立和验证也是较为复杂的过程; 虽然具备较高的精确性, 可能仅局限于局部区域或针对特定物种和生物类群。虽然如此, 基于模型的生物多样性保护规划也是生物多样性保护规划的一种重要途径, 对于具有重要生态和保护价值的物种或类群的保护规划的制定也是重要的方法途径。

13.2.2 基于景观元素的生物多样性保护景观规划

该途径并不基于对单一物种的深入研究来做景观规划, 而是集中针对景观的整体特征如景观的连续性、异质性和景观的动态变化来进行规划设计。该途径认为现实的生态过程发生在一个时空镶嵌体中，包含生物等级系统的各个层次，强调以下的步骤：

①生态过程和生物多样性成分包含在一个广泛的时空尺度上。因此，一个全面的规划应该以生物等级系统的各个层次的受胁成分或节点(node)作为保护对象。强调节点的多样性，这些节点小到一棵孤树或一个森林斑块，大到国家公园和自然保护区。而对单一物种本身则不做深入考察。②因为景观的破碎和分割被认为是威胁生物多样性的一个最重要的因素，所以规划强调景观的联接关系和格局设计。规划的目标是将每一景观中各种大小的节点连接成为整体的保护网络，并在区域和大陆尺度上建立景观保护体系。③景观及其保护必须从时空系统和动态的、飘移的镶嵌体(shifting mosaic)角度来认识和理解。所以生物多样性保护的景观规划旨在维护镶嵌体的稳定性，综合考虑保护及发展规划，以实现景观的可持续性。不同于以物种为核心的规划，以景观元素为核心的规划首先分析现存景观元素及相互间的空间联系或障碍，然后提出方案来利用和改进现存的格局，建立景观保护基础设施，包括在现有景观格局基础上加宽景观元素间的连接廊道、增加景观的多样性、引入新的景观斑块和调整土地利用格局(俞孔坚等，1998)。以下介绍几种典型的以景观元素为中心的生物多样性保护规划方法。

13.2.2.1　景观稳定性途径

受人类干扰和系统自身进化和演替的影响，景观总是处于动态变化之中。景观的稳定性只是相对于一定时段和空间的稳定性。同时，构成景观的不同的组分稳定性不同，将直接影响景观整体的稳定性。景观要素的空间组合也影响到景观的稳定性，不同的空间配置影响到景观功能的发挥。因此，人们试图寻找或者创造一种最优的景观格局，从中获益最大，并且保证景观的稳定和发展。频繁和高强度的外界干扰，会使景观中的生物受到巨大的影响甚至趋于灭绝。只有在具有一定稳定性的景观或生态系统中，生物才可能良好地生存和发展。根据这一原理，一些东欧国家特别是捷克和斯洛伐克的景观生态学家发展了一种新的生物多样性保护途径——景观稳定性途径，即以生态上的“稳定地带”为中心，在其周围营造新的景观，使其成为一个整体，以缓解并改善由重工业和集约化农业所造成的生物多样性的严重破坏，同时延长哺乳动物和鸟类的迁移的关键性廊道的存在时间。

景观稳定规划途径模型是一种在不同的尺度将景观分析和技术结合的综合性景观规划方法(图 13-2)。它强调景观要素在保护和提高生物多样性中的作用，特别强调水土保护、空气净化和土壤侵蚀控制的“卫生学”功能(“hygienic”function)。稳定的景观通常是一些自然、半自然的生境，更多的是一些森林、植被丰富的草地或灌木篱墙。景观稳定规划途径的前提是对不同尺度景观的稳定或不稳定的景观要素进行制图，然后根据这些图决定可作为“生物核心区”(biocentres)和“生物廊道”(biocorridors)的景观要素网络。通过分析可以确定现存的景观要素网络中需要新建哪些景观要素，或者确定需要复原哪些要素以弥补保护战略中空白点。基本的措施包括保持现有的生态基础设施，然后在保护措施缺乏的区域创建更多的具备保护功能的景观要素。

13.2.2.2　绿色廊道途径

基于廊道的生态功能，美国景观生态学家将景观生态学中的廊道理论运用于生物多样性保护工作中，提出了绿色廊道途径模型(图 13-3)。绿色廊道途径主要基于景观中连续的

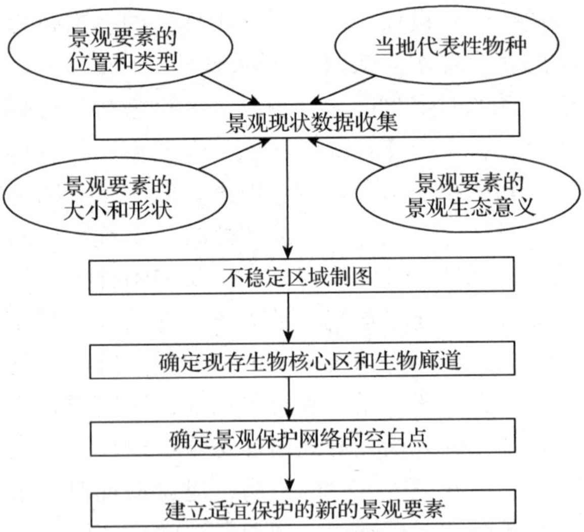

图 13-2 景观稳定规划途径模型

（改自 Hawkins & Selman，2002）

线性特征对关键性环境的功能（如物种分布和水文过程等）有重要促进作用这一理念发展而来。尽管绿色廊道的设计最初是源于生态需求，但是廊道本身可以满足多种功能需求，如休闲、视觉欣赏、景观通道和污染物缓冲带等，因此通过规划绿色廊道实现生物多样性保护的方法因其多功能性，相对于其他方法更易于推行和实施，但是同时由于该方法的多功能性，关注的是维护典型的景观要素而非稀有的景观要素，可能一些情况下也限制了其生物多样性保护的功能。

13.2.2.3 生态网络的方法

早期的自然保护区建设经验显示，单个保护区的设计和研究是不可取的，因为单个的保护区不能有效地处理保护区内连续的生物变化，忽略了整个景观的背景，忽略保护区与周围生态系统的作用，仅仅是保护高生物多样性的地区而不是保持地区的生物多样性的自然性和特征，因此被认为不可能实现自然保护。因此，诺斯等（Noss et al.，1986）提出了在区域的自然保护区网设计的节点—网络—模块—廊道（node-network-modules-corridors）模式，强调重视保护区网络的建设。

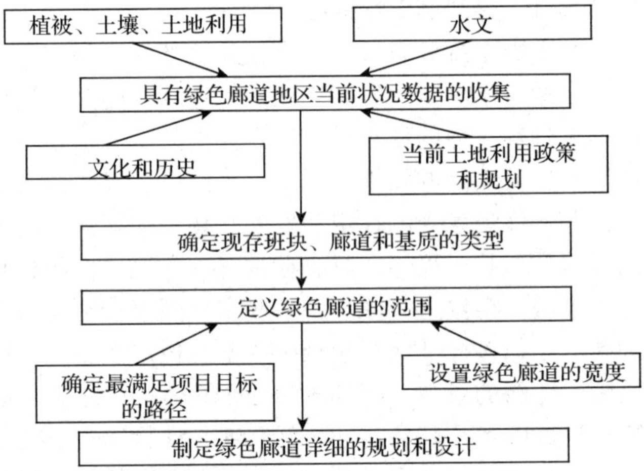

图 13-3 绿色廊道途径模型

（改自 Hawkins & Selman，2002）

在人类主导的景观中，农业景观占据了主导的地位。农业集约化生产等人类土地利用活动导致农业景观的半自然生境面积减少、生境破碎化、均质化，由此造成农业生物多样性急剧降低和生态服务功能严重受损。仅仅是保护和恢复半自然生境也不足以保护和维持农业景观的生物多样性和生态系统服务功能，需要重视农业景观与周围自然生境的连接，保护和维持农业景观与自然景观的生物流。同时，由于气候变化的影响，许多动物类群对繁殖生境、觅食生境和活动区域随季节和气候变化通过迁移扩散而变化。因此，人类主导景观生物多样性保护也需要融入更大区域的生态网络建设，将不同类群动物的栖息地连接起来，构建区域生物多样性保护的网络，也即生物多样性保护的生态网络途径。

生态网络是由自然或半自然景观元素构成的连续保护区域的集合体或网络，其保护、强化或恢复都是为了保证一定的物种、生境、生态系统及景观要素的健康状态。构建生态网络体系的实质是通过区域生态廊道连接区域内相对分散、孤立的景观斑块，从而形成一个连续且完整的生态网络，起到保护生态系统、提高生态系统稳定性、限制区域格局蔓延以及促进区域可持续发展的作用。生态网络基本结构由核心区、廊道、缓冲区和踏脚石组成，廊道之间通常相互连接并形成网络，网络包围着其他景观要素。生态网络的连通性，即廊道连接结点的程度与网络的回路(可提供的环路和可选择性路径的程度)一起，反映了一个网络的复杂程度，同时是评价物种迁移的连接有效性的一个总体指标。

在德国，生态网络规划有两种方法：一种是基于物种的生态网络规划方法，也即针对特定目标物种的具体要求来构建生态网络；另一种是多功能的生态网络规划方法，侧重于保护或恢复自然和半自然栖息地，将生境碎片与大型自然保护区、重要自然斑块建立连接，涉及选择生态网络组成部分标准、识别核心斑块、确定连接区域与生态廊道，处理道路基础设施与生态网络间冲突等过程(张阁等，2018)。在英国的苏塞克斯郡提出生态网络规划方法中，可以通过六个主要的步骤实现生态网络的规划(图 13-4)，包括：①确定和绘制栖息地和相关生境图；②确定由不同栖息地聚合体和生境形成核心区；③确定连接核心区的生态廊道；④确定核心区域和生态功能的联系性，形成生态网络；⑤制定缓冲区和廊道。

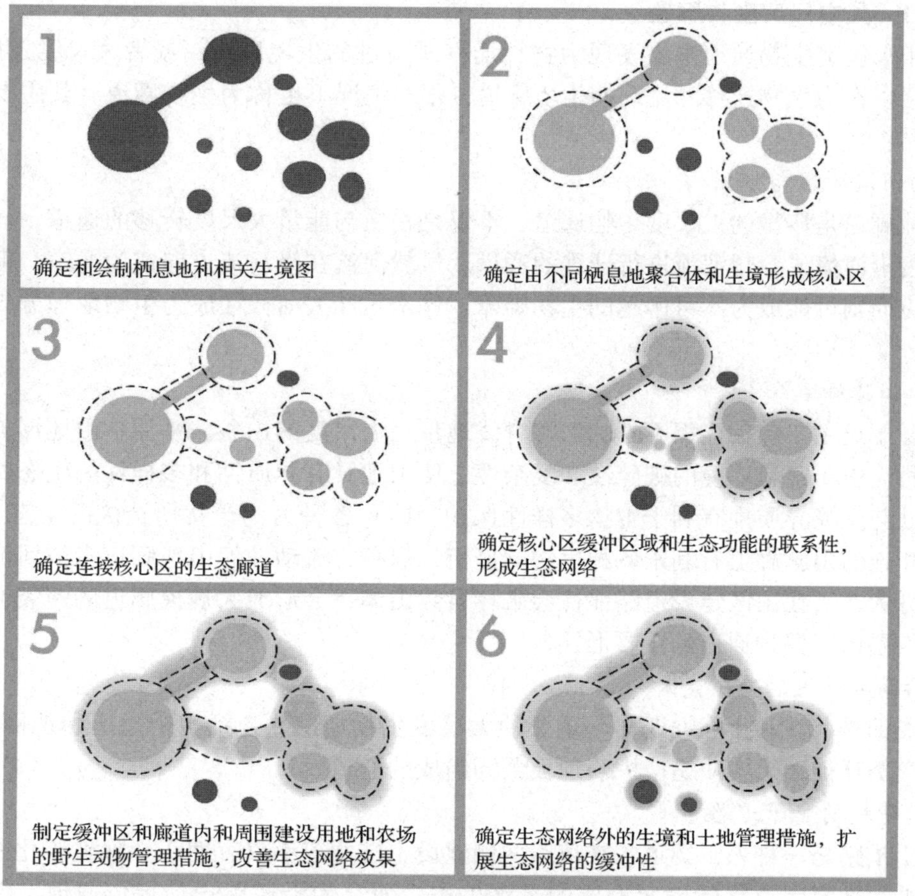

图 13-4　生态网络规划的简化方法

(改自 Sussex Wildlife Trust，https：//assets. sussexwildlifetrust. org. uk/ecological-networks-2. pdf，2020-6-23)

13.3 生物通道的规划设计

生物在景观中不断迁移与运动，构成生态系统中重要的生态过程和生物流。人类社会发展过程中，一方面不断的土地开垦，使得物种生境片段化和隔离不断加剧，导致物种的迁移受阻或者物种迁移需要穿越不适宜生境，成为生物多样性丧失的重要原因；另一方面，铁路、公路的迅速发展不仅带来生境破碎化和隔离的问题，也直接因为公路交通问题，例如，由于汽车碰撞直接造成野生动物伤亡的数量甚至逐渐超过捕猎，对一些濒危物种的种群维持造成了严重威胁。此外，近些年的研究显示，“生态孤岛式”的自然保护区建设无法有效地实现生物多样性的保护，保障保护区之间生物种群间的有效交流，才能有效地实现生物多样性的保护目标。因此，构建生物通道，保障不同尺度上生物的有效迁移、运动、交流已经成为生物多样性保护规划设计的重要内容。

13.3.1 生物通道类型

生物通道是生物在生境之间迁移、流动能够通行的通道，可以表现在不同的尺度上。

13.3.1.1 大中尺度生物廊道

大中尺度上生物通道主要表现为物种迁移所经过的生境廊道，或者大尺度道路网络、绿道网络可作为生物迁移和流动的生境廊道，很多情况下也称为生物廊道。其主要类型有以下 4 种：

(1) 河流廊道与水网

河流廊道是典型的大尺度生物通道，不仅是物质与能量大尺度转移的通道，而且是动物大尺度沿河流或穿越河流进行迁徙的通道。虽然河流在沿河流方向成为通道，但在穿越河流的方向则可能成为不可逾越的生物屏障，这是大江大河往往成为生物地理分界线的重要原因。

(2) 山脉廊道

山脉廊道主要包括连绵不断的山岭脊线地带、大尺度的山谷、平原—山地形成的山前地带 3 种。由于山地环境的破碎性和复杂性，使山地具有异质性和多样性的生态特征。空间异质性与生境异质性有利于生物多样性保护，防止各种人为干扰所造成的生态“孤岛”。相依、相连的山脉廊道有利于各种生物的繁衍、保存、流动，但山地廊道多被河流和道路建设一分为二。在山区建设道路往往会破坏自然山体，会形成大规模廊道的断裂，因此涵洞和桥梁是山区保护通道的重要形式。

(3) 鸟类迁徙的空中走廊

鸟类的季节性和年际性迁徙是重要的大尺度生物通道，包括空中通道和地面栖息地。因此，鸟类迁徙通道实质是空中与地面共同组成的通道。

(4) 跨境的主干道路

主干道路是一种人工廊道，在道路两侧建设生态廊道不仅有助于消除破碎化所产生的负面影响，恢复因道路建设而形成的景观生态，而且为沿道路迁徙提供通道，保护野生动物。

13. 3. 1. 2　小中尺度生物廊道

小尺度生物通道主要指帮助、引导生物穿越道路的连接通道，主要用于防止道路建设造成景观严重切割与破碎化对生物迁徙带来的负面影响，并通过道路穿越通道的设计使两栖类、哺乳类等动物都能同时使用道路两旁的多样栖息地。

(1) 路上式生物通道

一般位于被道路切断的山体处，在道路上方设桥并将两侧山体连接为一体，桥面则模仿自然状况覆土种植，桥两侧密植灌木。在降低道路噪声干扰的同时还可避免动物受到视觉惊扰。

(2) 路下式生物通道

道路在通过沟壑时顺势架桥，桥上部车水马龙，下部空间则保证陆地连通，生物可利用该连通空间进行交流。这是一种较为普遍的通道形式，其空间跨越的基本尺度是 8 m，小于该值则称为涵管式。

(3) 涵洞式生物通道

该类通道实质上属于路下式生物通道，因其跨度较小而采取造价较低的金属涵管、混凝土涵箱或者管涵形式，其尺度上限一般为宽 8 m。涵洞设计应尽量结合地形、地貌特征，尽量做到与周围环境相协调(图 13-5)。

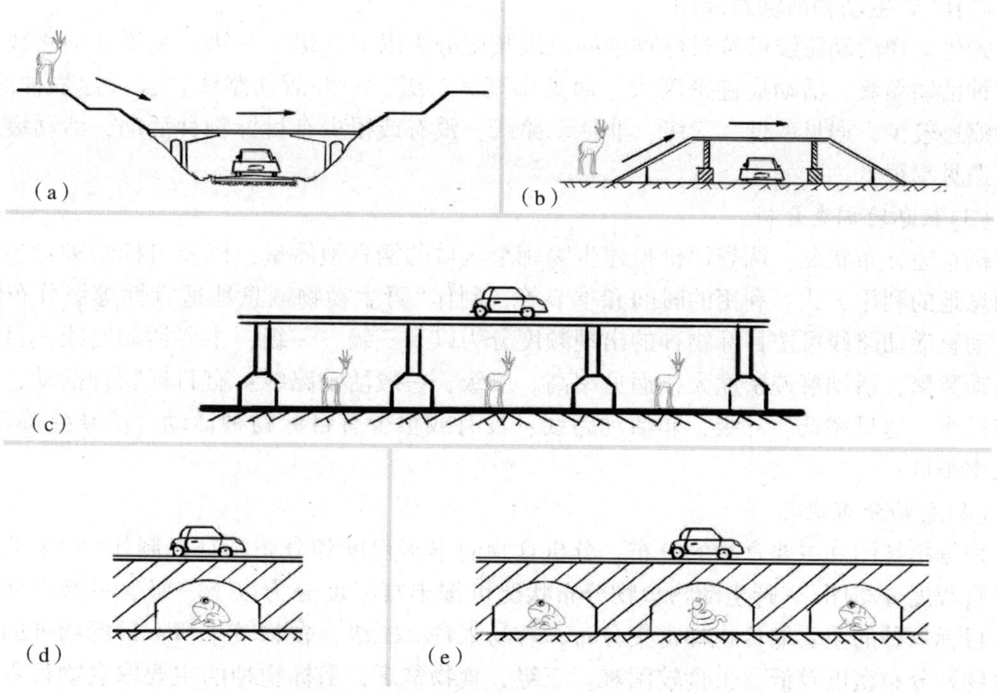

图 13-5　不同形式的生物通道(张启宇绘)

(a)(b)路上式　(c)路下式　(d)(e)涵洞式

13.3.2 大中尺度生物通道规划设计

13.3.2.1 规划设计的基本原则

①针对性 针对目标物种设计专门的生境廊道。

②科学性 按照目标物种的生物学、生态学和行为学特性以及栖息地特征等因素，通过野外调查或模拟试验等科学方法，确定生物廊道的位置及各项参数。

③自然性 应充分利用天然的植被、地貌和水系等自然环境，对已经退化的天然植被，应进行恢复和重建，禁止使用外来物种；对于人工植被，应仿照天然植被进行改造。

④可行性 在确保生物廊道的长期安全性和持久稳定性的前提下，应充分考虑经济上和技术上的可行性。

13.3.2.2 规划设计主要步骤

(1)基础资料收集

收集拟建野生动物廊道区域及周边地区的自然环境资料，包括地质地貌、土壤、气候、水系及水文、地质灾害、社会经济资料、遥感资料、植被和野生动植物资料。

(2)开展野生活动调查分析

应调查不同季节野生动物在拟建生物廊道区域及其附近区域出现的地点和频度，结合现有的目标物种研究成果，分析野生动物的迁移规律，明确迁移路线以及潜在的可利用路线，制作“野生动物活动路线图”。

野生动物活动路线可按目标物种的出现频度分为以下三级。一级，主要活动路线：目标物种活动频繁，活动痕迹密度大，遇见率高。二级，一般活动路线：有目标物种活动，活动痕迹较少，遇见率低。三级，非活动路线：没有或很少有目标物种活动，活动痕迹零星，遇见率很低。

(3)栖息地调查分析

栖息地分布状况。调查评价拟建生物廊道区域的栖息地质量，以及目标物种对不同类型栖息地的利用方式、利用的时间和季节等，制作“野生动物栖息地适宜性等级分布图”。野生动物活动路线可按目标物种的出现频度分为以下三级。一级，主要活动路线：目标物种活动频繁，活动痕迹密度大，遇见率高。二级，一般活动路线：有目标物种活动，活动痕迹较少，遇见率低。三级，非活动路线：没有或很少有目标物种活动，活动痕迹零星，遇见率很低。

(4)食物分布状况

根据植被图和主要食物的分布，分析食物的丰富程度和分布特征，制作“野生动物食物丰富程度分布图”。野生动物食物分布状况可按丰富程度分为以下三级。一级，食物丰富：目标物种的主要取食物种密集分布，容易采食。二级，食物较丰富：目标物种的主要取食物种分布密度较低，采食较困难。三级，食物贫乏，目标物种的主要取食物种零星分布，不易采食。

(5)阻隔因子状况调查分析

调查居民点、农田和人工密植纯林等阻隔因子的数量和分布，制作“野生动物阻隔因子分布图”。阻隔因子可按其对目标物种的阻隔程度分为以下三级。一级，长期阻隔：永久性居民点、基本农田和未列入退耕还林还草还湿的农田等。二级，短期阻隔：列入搬迁计划的居民点，列入退耕还林还草还湿的农田，以及人工密植纯林。三级，无阻隔：没有居民点和农田。

(6)伤亡情况调查分析

在已建道路、草原围栏、水渠等建筑物和构筑物上修建野生动物通道时，应采用样线法调查建筑物和构筑物造成的野生动物伤亡情况，对每个伤亡个体记录其种名、伤亡状况、发现时间、位置、附近生境、个体间距等信息。制作“野生动物伤亡情况图”。

(7)生态廊道的路线确定

根据目标物种活动路线、栖息地适宜性、食物丰富程度、阻隔因子情况，应在同时满足下列条件的区域设置生境廊道。

① 栖息地适宜性等级为一级、二级的区域。② 食物丰富程度为一级、二级的区域。③阻隔程度为二级、三级的区域。

(8)生境廊道的功能区划

生境廊道可划分为主廊道和辅廊道(图 13-6)。

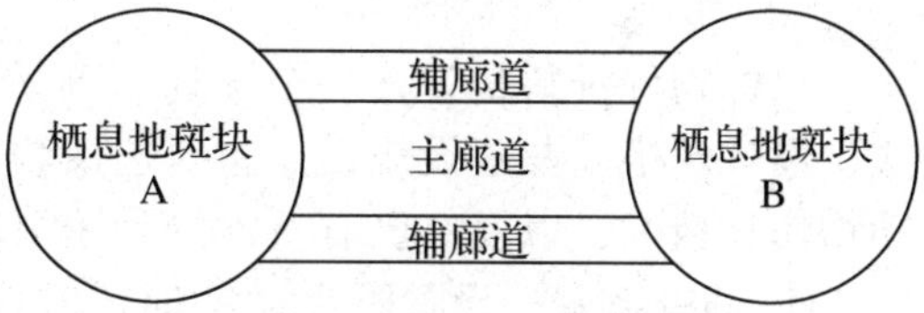

图 13-6　生物廊道功能区划示意

(9)生境廊道的宽度确定

根据目标物种的行为学特征、种群数量和栖息地适宜性等级确定主廊道的宽度；根据周边阻隔因子的阻隔程度，确定辅廊道的宽度。

(10)生境廊道的完善工程规划

① 根据野生动物的最适宜栖息地特征，各区域范围内因地制宜地采取封山育林、林相改造、人工造林、居民点搬迁、退耕还林还草还湿等措施对生境廊道内的栖息地进行恢复和改造。

② 在林区居民点附近，生境廊道边缘应密植树木，设置生物隔离带，必要时在生境廊道边缘可设置围栏、护栏或者沟道，以缓冲外界人为干扰，减少野生动物的侵扰和逃逸。

③ 各野生动物生境廊道的主廊道和辅廊道应设立界碑、界桩等标志物。界碑、界桩等标志物。同时，还应设置宣传和警示标牌。

(11)野生动物生境廊道的管护措施规划

根据野生动物廊道特征、自然环境状况和社会经济条件，设计野生动物廊道维护方案，如围栏修补、通道淤积物清理等，确保生物廊道能长期发挥作用。

13.3.3　小尺度生物通道规划设计

13.3.3.1　规划设计的基本原则

①可行性　针对目标物种特性设计专门类型的野生动物通道。在确保通道的长期安全性和持久稳定性的前提下，应充分考虑经济上和技术上的可行性。

②科学性　按照目标物种的生物学、生态学和行为学特性以及生境特征等因素，通过野外调查或模拟试验等方法，确定野生动物通道的位置及各项参数。在评估通道使用效率

时，必须考虑构筑物对种群和生物多样性的累积影响和时滞影响。

③协调性　野生动物通道的形式、体量和颜色等应保持与自然景观的协调。基于总体景观格局和能够创造有效的景观连接的通道位置才是能发挥长期效应的最佳选择。

13.3.3.2　规划设计的主要步骤

(1)基础资料收集

在进行野生动物通道设计前，需要收集尽可能全面的基础数据，用于了解拟建野生动物通道区域及周边地区的本底情况，作为设计依据，主要包括：

①自然环境资料　主要包括地质地貌资料、土壤、气候、水系及水文、地质灾害等。

②社会经济资料　主要包括人口、产业和经济状况、土地利用状况与土地权属、矿产资源开发与利用、基础设施、社区生活配套设施等。

③植被和野生动植物资料　植被资料指拟建野生动物通道区域及周边地区的植被类型、面积、分布等；野生动植物资料则指拟建野生动物通道区域及周边地区的野生动植物种类，珍稀濒危野生动植物种类、数量、分布等。

(2)目标物种资料收集

目标物种资料是设计一个连通、高效的野生动物通道的关键依据，决定着通道的形式、设计规格以及建设规模。主要包括调查范围，目标物种的活动规律、生境状况、野生动物伤亡情况，以及对已有桥涵的利用情况等。

① 调查范围　设置野生动物通道时应调查铁路、公路等建筑物的直接影响区。调查范围一般不小于构筑物两侧各 1 km。当项目的建设区域附近有高陡山坡、峭壁、湍急河流、湖泊等天然隔离地貌时，调查范围宜取这些隔离地貌为界；省级及以上自然保护区边界距建筑物和构筑物中心线不足 5 km 时，应将调查范围扩大至自然保护区边界；对于受工程建设直接影响的天然植被，应以其植物群落的完整性为基准确定调查范围。

② 活动规律　调查不同季节野生动物在拟建野生动物通道区域及其附近区域出现的地点和频度，结合现有的目标物种研究成果，分析野生动物的迁移规律，明确迁移路线以及潜在的可利用路线，并按目标物种的出现频度将活动路线分为以下三级。一级，主要活动路线，目标物种活动频繁，活动痕迹密度大，遇见率高；二级，一般活动路线，有目标物种活动，活动痕迹较少，遇见率低；三级，非活动路线，没有或很少有目标物种活动，活动痕迹零星，遇见率很低。

③ 生境分布状况　调查评价拟建野生动物通道区域的生境质量，以及目标物种对不同类型生境的利用方式、利用的时间和季节等，并对生境适宜性按利用状况和停留时间分为以下三级。一级，适宜生境，目标物种经常利用、长时间停留的生境，也包括暂时没有被利用的典型生境，即潜在生境；二级，较适宜生境，目标物种偶尔利用、短暂停留的生境；三级，不适宜生境，不适宜目标物种生存和生活的生境。

④ 食物分布状况　根据植被图和主要食物的分布，分析食物的丰富程度和分布特征并对食物的分布状况按丰富程度分为以下三级。一级，食物丰富，目标物种的主要取食物密集分布，容易采食；二级，食物较丰富，目标物种的主要取食物分布密度较低，采食较困难；三级，食物贫乏，目标物种的主要取食物零星分布，不易采食。

(3)通道的位置规划设计

根据野生动物活动路线、生境适宜性、食物丰富程度及野生动物伤亡情况，应在满足下列条件之一的地段设置野生动物通道。① 处于野生动物一级活动路线的地段；② 生境适宜性等级为一级、二级的地段；③ 食物丰富程度为一级的地段；④ 野生动物伤亡情况为一级、二级的地段。

(4) 通道的数量规划设计

通道的数量应根据目标物种的数量和迁移能力，以及建筑物的隔断性等因素确定。在经济和社会条件允许的状况下，应尽可能在符合设置野生动物通道条件的地段都建设通道。如果已有桥涵处于应设置野生动物通道的地段，且目标物种利用率较高，应予以利用。

(5) 通道的形式的选择

通道的形式应根据目标物种的种类以及建筑物类型确定。

① 路上式生物通道　对山地动物和喜开阔环境的动物设计路上式生物通道，应根据目标物种的行为学特点确定路上式生物通道的坡度，通道桥面应模仿附近同质植被覆土种植，边缘应密植与路上式生物通道两侧同质的植被，必要时边缘还应设置栏杆、防护网。

② 路下式生物通道　在草原、草甸、湿地以及深山区修建铁路、公路等建筑物时，可设置路下式。其桥洞作为野生动物穿越的通道，一般适用于平地及河滩等平缓环境活动的物种。修建路下式生物通道时，桥梁的结构应保证野生动物视觉贯通；对于易受惊扰的野生动物，必要时在临近野生动物通道的道路和桥梁两侧应采取隔音措施。

③ 涵洞式生物通道　分无水涵洞和排水涵洞两种，一般适用于夜行性动物以及两栖类和爬行类动物。无水涵洞是在铁路、公路等建筑物下方修建的供野生动物穿越使用的桥洞或干燥管道；排水涵洞适用于铁路和公路穿越湿地，或雨季用于排水的区域。如果目标物种主要是两栖类动物，应保障通道内有长流水；如果目标物种主要是爬行类动物，应在通道中架设悬空的可供攀爬的结构。

④ 其他辅助设施　在通道入口附近，设置围栏、围墙、挡板或单向门等辅助设施，也可采用食物或其他引诱物吸引动物熟悉和接近通道，使动物习惯人工通道。在临近野生动物通道的路段，应设置限速、禁止鸣笛、灯光控制等方面的标志牌。

(6) 通道的宽度规划设计

根据目标物种的种群数量和行为特征，以及道路等级、设计车速等因素，或者通过野外实验的方法确定通道的宽度。

(7) 通道的高度规划设计

根据目标物种的生态生物学和行为学特性，以及穿越的建筑物的宽度和深度确定通道的高度。若在有草原围栏的地段，应根据目标物种的跳跃能力确定围栏的高度，确保目标物种的幼年个体也能跃过。

(8) 通道的地面基质规划设计

构建通道地面的材料宜就地取材，使通道铺面基质与建筑物两侧生境的基质基本一致。

(9) 通道周围的环境

保持通道开口处的植被与周围生境的天然植被一致，尽可能地采用当地物种模拟自然植被的绿化方式，使通道两侧连接自然顺畅。可在铁路和公路两边设立护栏，以防野生动物上路发生交通死亡事故。同时，设置能使从边坡等高处跌落下来的小动物逃脱的水、旱小路和供鸟类及其他小动物栖息的侧沟等。通道设施的尺度、噪声、温度、光线和湿度等要素可能对某些动物非常重要而又可能与某些动物完全不相干，具体设计必须根据目标物种的生态生物学和行为学特性确定通道周围的环境营造形式。

本章小结

生物多样性是人类可持续发展的基础，通过景观生态规划保护和创建生物栖息地成为多样性保护的重要途径，景观生态学为此提供了理论支持和方法指导。在高生物多样性、人类干扰较少的地区，可以通过规划和建立自然保护区实现生物多样性的保护。常见自然保护区规划考虑核心区、缓冲区、实验区及周边区域的规划。而对于人类活动占据主导的区域，存在以物种为中心和以景观要素为中心两种生物多样性保护规划思路。此外，加强大尺度上重要生物重要迁移通道的保护规划和小尺度生物通道的建设规划也是保护生物多样性的重要途径。

思考题

1. 自然保护区规划设计需要考虑哪些要点，有哪些主要步骤？
2. 在人类活动主导的景观中，生物多样性保护规划有哪些途径，各有什么优缺点？
3. 试用景观生态学的理论和有关格局和生物多样性关系的研究，解释为何要保护和建设生物通道？

参考文献

李文华，1980. 联合国教科文组织“人与生物圈”计划召开第六届国际协调理事会[J]. 资源科学(1)：71-71.

李义明，李典谟，1996. 自然保护区设计的主要原理和方法[J]. 生物多样性，4(1)：9.

唐小平，2015. 我国自然保护区总体规划研究综述[J]. 林业资源管理(6)：9.

王献溥，崔国发，2003. 自然保护区建设与管理[M]. 北京：化学工业出版社.

徐嵩龄，1993. 自然保护区的核心区、缓冲区和保护性经营区界定——关于中国自然保护区结构设计的思考[J]. 科技导报(1)：4.

俞孔坚，李迪华，段铁武，1998. 生物多样性保护的景观规划途径[J]. 生物多样性，6(3)：45-52.

张阁，张晋石，2018. 德国生态网络构建方法及多层次规划研究[J]. 风景园林，25(4)：85-91.

邹宏玉，2020. 自然保护区生态旅游规划设计分析[J]. 城建档案(6)：3.

国家环境保护局，1994. 自然保护区类型与级别划分原则：GB/T 14529—1993 [S]. 北京：中国标准出版社.

CBD，2021. 2020 后全球生物多样性框架初稿[R]. https：//www. cbd. int/doc/c/9e0f/a29d/239fa63d18a9544caee005b5/wg2020-03-03-zh. pdf.

GIBSON L A，WILSON B A，CAHILL D M，et al.，2004. Spatial prediction of rufous bristlebird habitat in a coastal heathland：a GIS-based approach[J]. Journal of Applied Ecology，41(2)：213-223.

GUISAN A，ZIMMERMANN N E，2000. Predictive habitat distribution models in ecology[J]. Ecological Modelling，135(2-3)：147-186.

HAWKINS V，SELMAN P，2002. Landscape scale planning：exploring alternative land use scenarios[J]. Landscape and Urban Planning，60(4)：211-224.

HIRZEL A H，HAUSSER J，CHESSEL D，et al.，2002. Ecological-niche factor analysis：how to compute habitat-suitability maps without absence data? [J]. Ecology，83(7)：2027-2036.

LEK-ANG S, DEHARVENG L, Lek S, 1999. Predictive models of collembolan diversity and abundance in a riparian habitat[J]. Ecological Modelling, 120(2-3): 247-260.

LUOTO M, KUUSSAARI M, TOIVONEN T, 2002. Modelling butterfly distribution based on remote sensing data [J]. Journal of Biogeography, 29(8): 1027-1037.

MATERN A, DREES C, KLEINWÄCHTER M, et al., 2007. Habitat modelling for the conservation of the rare ground beetle species *Carabus variolosus* (Coleoptera, Carabidae) in the riparian zones of headwaters[J]. Biological conservation, 136: 618-627.

NOSS R F, HARRIS L D, 1986. Nodes, networks, and MUMs: preserving diversity at all scales[J]. Environment Management, 10: 299-309.

PETIT S, HAYSOM K, PYWELL R, et al., 2003. Habitat-based models for predicting the occurrence of ground-beetles in arable landscapes: two alternative approaches[J]. Agriculture, Ecosystems and Environment, 95(1): 19-28.

SANDERSON E W, REDFORD K H, VEDDER A, et al., 2002. A conceptual model for planning based on landscape species requirements[J]. Landscape and Urban Planning, 58(1): 41-56.

AUSTIN S K, 1996. Saving nature's legacy: Protecting and restoring biodiversity[J]. Economic Botany, 48 (1), 120-121.

TSCHARNTKE T, TYLIANAKIS J M, RAND T A, et al., 2012. Landscape moderation of biodiversity patterns and processes-eight hypotheses[J]. Biological Reviews, 87(3): 661-685.

ZHANG M G, ZHOU Z K, CHEN W Y, et al., 2012. Using species distribution modeling to improve conservation and land use planning of Yunnan, China[J]. Biological Conservation, 153: 257-264.

第 14 章　基于生态系统服务的景观规划

随着人口增长和全球城市化进程的快速推进，全球变暖、生物多样性丧失、水资源短缺、土地沙化等一系列生态环境问题日益凸显，从而使人类逐渐暴露在更多不安全的工作和生活环境之中，导致人类福祉下降。生态系统服务(ecosystem service，ES)是生态系统结构和功能与其他投入相结合对人类福祉的贡献。通过认识生态系统对人类福祉和社会福利的价值，可以更好改善土地并缓解这些最紧迫的挑战。景观规划是保障生态系统服务供给的有效途径，是人类积极主动应对生态环境挑战危机的重要手段。

在区域尺度上，景观规划与管理面临的挑战仍然是怎样权衡并选择多种不同土地利用类型。生态系统服务的量化评估、空间制图、时空权衡和情景模拟等可以为景观规划提供科学依据(Woodruff et al.，2016)，近年来越来越多地被应用到景观生态规划实践中。基于生态系统服务的景观决策，能够清楚回答诸如在哪里恢复生态系统、在哪里投资绿色基础设施以及建设多少绿色基础设施从而提升人类福祉等问题(Mitchell et al.，2021)，已成为当前国内外解决自然资源保护利用和管理问题的有效工具。

14.1　生态系统服务类型与尺度

14.1.1　生态系统服务概念

14.1.1.1　生态系统服务

20 世纪 70 年代，为强调社会对自然生态系统的依赖，并提高公众对生物多样性保护的兴趣，“自然资本”“生态服务”“自然服务”等多个概念被开始使用。为有效利用自然资源进而满足人类福祉需求，2005 年千年生态系统评估(millennium ecosystem assessment，MEA)提出了生态系统服务的概念，认为被人类获取到的生态系统功能即是服务。这一概念从需求角度强调了只有那些被人类利用的功能才是服务，而未被人类利用且获得利益的功能则无法成为人类福祉提升的基础。自此，生态系统服务的研究得到了广泛重视和发展，为生态系统保护、管理与生态建设提供了科学依据。

随着生态系统服务研究的进一步发展，不同视角的生态系统服务概念被提出。例如，基于功能角度的研究认为对人类生存和生活质量有贡献的生态系统功能即为生态系统服务(Cairns，1997)；而基于利益角度的定义则认为生态系统服务是人类从生态系统中直接或间接获得的利益(Costanza，1997)。即使同一研究角度，生态系统服务也有不同的定义内涵，如基于结构和过程角度的研究，戴利和达森(Daily and Datson，2008)认为生态系统服务是生态系统结构与过程所维持的人类赖以生存的自然环境条件与效用，而博伊德和班茨哈夫(Boyd and Banzhaf, 2007)则认为获得人类福祉而直接消费的生态组成。无论生态系统服务基于何种角度的定义，现有研究都一致认为生态系统服务是不同质的，其结构、过程和服务是非常复杂的(Fisher et al. , 2009)，服务是人类世界和自然世界之间的“桥梁”。

14.1.1.2 景观服务

生态系统服务的发挥最终是要在生态景观要素上实现的，并依赖于景观斑块和人类活动之间的相互影响(Termorshuizen et al. , 2009)。然而，由于生态系统服务主要关注各生态组成要素的服务功能或价值(如农田生态服务功能、林地生态服务功能)，忽略了生态组成要素的综合格局和服务(如田园景观服务功能)，割裂了景观元素的空间结构与格局的综合关系。如何将生态系统服务的概念转化到景观上，使其能够关联到景观格局与过程、功能与价值中，并与人类需求相关，是当前生态系统服务在景观中应用面临的首要问题。

为了强调景观结构和功能、价值及利益的相互关系，德格鲁特等(de Groot et al. , 2010)提出了景观服务的概念，认为景观服务是一种特殊的生态系统服务，是被人类利用的景观功能，其服务的提供依赖于景观格局的综合作用结果，同时也强调了景观特征格局、功能到景观服务的供给与需求之间的联系。

与生态系统服务概念相比，景观服务的概念强调了空间格局的重要性、各服务功能的综合作用结果以及服务使用者对服务产品的直观感知(刘文平等, 2013)。如对食物供给服务的研究中，景观服务更强调人类能够直观感知到的食物最终产品的提供，还可以指代人类不能直接感知到的内在食物生产力的提供，如植物净初级生产力。由于景观服务关注空间格局和人类尺度的关系，因而其概念能够有助于理解人类活动的空间分布对景观结构与过程的影响，在当地实践者和科学家之间都更容易接受和理解，同时也使生态系统服务应用从单纯的生态保护转向积极的景观引导规划。另外，景观服务概念的空间特性，使服务需求与服务供给的空间位置密切相关，强调了服务供给与需求的空间格局的重要性。但是景观服务并不是生态系统服务概念的替代者，而是生态系统服务的一个特殊方面。

14.1.2 生态系统服务分类

生态系统可以为人类提供多种服务，不仅能够依靠其内生资源提供诸如食物、水、休憩空间等基本的物质产品服务，也因人类活动的参与而具有科普教育、休闲娱乐、文化传承等精神产品服务。对生态系统服务进行分类和描述是衡量、绘制或评估这些服务的基础。生态系统过程的动态复杂性以及生态系统服务兼顾公共—私人利益的产品特点决定了多种不同的分类方法(Fisher et al. , 2009)。MEA 将生态系统服务分为供给服务、调节服务、文化服务、支持服务 4 种类型，并认为支持服务是其他 3 种服务的基础(MEA, 2005)(表 14-1)。

供给服务指从生态系统获得的各种产品，主要包括可满足维持人类生理需求的粮食、果品等食物需求。调节服务指从生态系统过程的调节作用中获得的收益，包括大气调节服务、气候调节服务、水文调节服务、水质净化服务、土壤保持服务和生境服务等。文化服务指通过精神满足、发展认知、思考、消遣和体验美感而使人类从生态系统获得的非物质收益，可满足人们对知识的需求、美的需求等，主要包括休闲娱乐服务、美景欣赏服务、科普教育服务和精神文化服务。但这个分类混淆了生态系统服务的过程及利益，如供给服务中食物生产并不是对生态系统服务的分类，而是对达到服务的过程的分类。支持服务是指对于其他生态系统服务的生产所必需的那些服务，如土壤形成、光合作用、初级生产、养分循环、水循环等。支持服务与供给服务、调节服务及文化服务的区别在于支持服务对人类的影响常常是间接性的，或者持续较长的时间，而其他服务对人类的影响多是直接的、持续时间较短。

为了清楚体现人类需求对生态系统服务的驱动关系，科斯坦萨等(Costanza et al., 1997)基于一些公开的研究和一部分原始计算，通过当前经济价值评价，划分了17种生物群落生态系统服务。但该分类主要关注功能性分类，不仅包括那些不可再生的生态系统服务，如不可再生燃料、矿物、大气等。而戴利(1999)为了支持生态系统服务可持续管理，发展了一个评价生态系统服务及权衡服务关系的概念框架，将生态系统服务分为服务商品、再生过程、稳定化过程、令人满意的生活功能、选择保留5类。除此之外，为避免任何潜在的重复计算问题，生态系统服务也被划分为中间服务和最后服务两类(Fisher et al., 2008)。

总体来看，基于不同视角的每一种分类都可以传递出不同的服务特征，但当前分类传递出的服务特征大多是生态组成的服务过程及功能的传递，对各组成元素的景观空间格局服务特征的分类较少。为了使生态系统服务更容易与景观相联系，德格鲁特等(2010)从景观的角度提供了一个有所区别的分类：供给服务、调节服务、生境服务、文化服务。然而，该分类仅仅是基于景观角度分类的初步探索，其是否能够有效联系人类需求与景观服务，以及是否能够有效避免重复计算仍然需要深入探讨。

尽管生态系统提供的服务多种多样，但人类对这些服务的需求则具有选择性。例如，在大气污染严重的地区，森林景观的空气净化功能往往受到特别关注；而在遭受洪水威胁的地区，森林景观的洪水调蓄功能则更加受到重视。可见，生态系统服务的有效存在与人类的实际福祉需求有着密切联系。

表14-1　生态系统服务分类

生态系统服务一级分类	生态系统服务二级分类	量化指标
供给服务	医药供给	从自然资源中获得的可利用的化合物；用于医药的植物百分比
	原材料	每公顷森林木材供给的净年增量；用于销售或工业产品的森林树木；森林树木产品的年生物量
	生物燃料	生物对总能源需求的贡献
	食物	总粮食产量；主要碳水化合物产量；有效耕地面积；牛羊数量
	淡水	地下水资源年再生量；可用水数量
	基因资源	用于主要投资的物种数量
调节服务	侵蚀调节	被侵蚀的面积；森林覆盖的密度
	自然危险调节	干旱频率；洪水频率；防护森林的面积；海岸线红树林面积百分比
	空气调节	大气清洁容量；二氧化碳净吸收量；植被和土壤碳储存量
	水质调节	生态系统处理废水的数量；容纳废弃物处理的容量
	水量调节	平均年降水量；土壤水渗透；土壤水储存；水资源径流

（续）

生态系统服务一级分类	生态系统服务二级分类	量化指标
文化服务	美学价值	自然旅游的花费；接近美景的房地产的比较价值
	历史价值	历史文化遗产数量
	休闲和旅游	游客数量；旅游设施；自然旅游花费
	精神和宗教	文化景观完整性；不能取代的价值；文化服务的减少
	地方感	场地和物种数量；高度关注出生地的人群的数量

14.1.3 生态系统服务尺度

生态系统服务的提供依赖于景观要素数量组成和空间结构，因而不同空间尺度上传递的生态系统服务是不同的。只有在特定的时空尺度上生态系统服务才能充分表达其主导作用和效应(Hein et al.，2006)。从长期的、全球景观的尺度到短期的、场地景观尺度生态系统服务都有不同的表现。以调节服务和文化服务为例，全球、国家尺度的调节服务表现为气候调节，温度和降雨格局的调节(Doherty et al.，2010)，文化服务表现为国家文化格局的提供；在区域尺度，调节服务表现为河流洪水调节、河流和地下水的即时累积调节、物种生产调节等(Jenerette et al.，2011)，文化服务表现为河流积淀的历史文化传承；区县尺度调节服务表现为河流的洪水调节、过量营养物的污染和分解、授粉与害虫控制等(de Marco et al.，2004)，文化服务表现为地域文化景观遗产的提供(Schaich et al.，2010)；场地尺度的调节服务表现为噪声和灰尘的防护、生物固氮等，文化服务表现为当地居民及不同文化背景相关者对场地的不同文化感知。因而，为了将生态系统服务更好地应用到政策决策中，有必要考虑尺度的不同服务表现。

当生态系统服务应用到景观中时，常常由于人们对某一尺度景观服务的过度强调，导致其他尺度功能的丧失或退化。一般来说，需要通过尺度关联与区域平衡，在考虑主导服务的基础上，协调不同尺度上的服务功能，满足不同群体对不同服务的需求(Hein et al.，2006)。然而，即使是在同一个尺度内，不同生态系统的景观功能也是不一致的。对于特定景观服务，到底需要多大的自然范围才能支持其功能的发挥，目前研究了解得很少。但可以肯定的是，不同尺度上的服务表现虽然有所侧重，但是相互关联的。大尺度的、长期的现象约束着小尺度、短时间的现象(Limburg et al.，2002)，而大尺度的过程则可能由小尺度过程的联合作用驱动(Zhang et al.，2007)。另外，在某一特定生态景观尺度上产生的服务能够提供给一个指定尺度上的利益相关者。

此外，生态系统服务的表征也与时间尺度有关(Hou et al.，2017)。时间尺度从短期、季节性、年度、中期到长期考虑不等。例如，区域规模的跨部门综合空间规划通常在中期(10~20 年)尺度开展规划；而林业规划既需要短期规划，也需要几百年的长期考虑，以指导从种植到最终收获的森林发展。这些不同的尺度是相互关联的。通常，全球生态系统服务会考虑在较低分辨率下的长期尺度进行表征。地方和区域研究的典型特征是对过程和功能有更深入的了解，并且有关于空间和时间尺度的高分辨率数据。

14.2 生态系统服务量化与制图

绘制生态系统服务对于理解生态系统如何促进人类福祉和支持对自然资源有影响的政策至关重要(Burhard et al., 2017)。将服务落实到空间上，对地域空间具有很强的解释性，这种解释能力为景观规划提供了一个定量化的指导。同时，生态系统服务定量化的空间制图可以显示出服务的空间分布水平，为决策制定者提供了直接且形象的参考依据。

14.2.1 绘制生态系统条件和压力

要评估生态系统为人类福祉提供服务的当前能力，需要明确生态系统当前状况的信息。例如，木材的供应不仅取决于森林的可用性，还取决于森林的物种组成和龄级分布；授粉服务可能在草地和农田中最高，但也受到植物物种多样性的影响，而物种多样性则会受到养分含量及其管理所影响。

就决策支持而言，评估生态系统条件还包括诱发这些条件的直接和间接压力的信息。2005 年千年生态系统评估确定了影响生态系统状况的 5 种不同的主要人为压力(表 14-2)：生境变化、气候变化、物种入侵、土地/海洋利用或开发、污染/营养富集。此外，对生态系统条件来说，重要的是压力的强度、持续性及其随时间的变化。

表 14-2 生态系统条件评估指标

压力	生态系统条件评估指标
生境变化	土地覆被变化，破碎化，土地抛荒，大坝等
气候变化	温度变化，湿度变化，干旱事件，火灾，洪涝，暴风雨，年均河流流量等
入侵物种	入侵物种引入或扩散，疾病
土地利用或扩张	集约化，土地退化，侵蚀，开采等
污染/营养富集	化肥和杀虫剂使用，空气污染，酸雨和氮沉降，水质等

14.2.2 绘制生态系统服务指标与方法

14.2.2.1 生物物理量化

生物物理量化特别侧重于生态系统结构、过程、功能和服务流量的测量。目前有 3 种可被视为量化生态系统生物物理存量和流量的方法：直接测量、间接测量和数值建模。

生态系统服务直接测量是通过观察、监测、调查或问卷对一个状态、数量或过程的实际测量，以代表性的方式覆盖整个研究领域。例如，计算参观国家公园的游客人数；测量林分木材的总体积；监测芦苇床一氧化氮的释放和二氧化硫在叶片上的沉积；记录农场的作物产量；测量洪泛区的容量；测量从地下水层中提取的水或询问市民去森林采摘浆果、蘑菇的次数等。这些直接测量一般耗费的时间和资源成本较高，适合在场地尺度或本地尺度执行。

在许多情况下，遥感可用于间接测量。例如，陆地生态系统由地表温度、NDVI、土地覆盖、水层、叶面积指数和初级生产力。这些数据产品中有许多并不测量生态系统的存量或流量，但它们对量化气候调节以及所有直接依赖生态系统植被生物量来发挥的生态系统服务非常有用。例如，土壤保护和水的调节受到植被的强烈驱动，这可以从观测数据组中推断出来。局部气候调节可以从地表温度的空间和时间模式中推断出来。

当然，并非所有的间接测量都是由观测提供的。模型可用于填补直接或间接测量的空间和时间空白、直接或间接测量的外推、对没有测量的生态系统建模或情景分析等。对于调节服务，建模有时是量化实际生态系统服务流量的唯一选择。例如，土壤侵蚀可以直接在易受侵蚀的地方测量，然而，由于植被的保护性覆盖，无法估计未被侵蚀的土壤数量。可以通过将土壤侵蚀量与模拟植被存在的模型和保护性植被覆盖设置为零并与农田或裸土参数相对应的参数比较来进行建模。

14. 2. 2. 2　社会—文化评价方法

尽管基于生物物理指标的生态系统服务被越来越多地用来支持景观规划，然而，决策者对这些评估如何支持决策的期望并不总是得到满足。对社会文化层面的忽视，模糊了人与自然的关系，阻碍了将生态系统服务评估纳入社会各部门决策支持的主流。

社会文化价值被定义为那些旨在分析人类对非货币单位的服务偏好的总称。社会文化方法可以用来确定利益相关者对生态系统的价值观和看法如何不同，并提供关于保护自然的动机以及在其他评估方法中经常看不到的象征性、文化性和精神性价值。社会文化方法比其他方法更适合处理社会冲突的情况，可以支持识别因对环境、社会和经济服务的不同看法、需求和使用而产生的冲突，以及在获得环境、社会和经济服务方面的权力不平等问题(Scholte et al. , 2015)。社会文化方法常用方法有：偏好评估、叙事方法、参与性制图等。

(1)偏好评估

偏好评估是一种直接的咨询方法，通过分析公众的动机、感知、知识和相关价值来评估个人和社会偏好性。例如，通过询问人们愿意投入多少时间来改变给定生态系统服务的数量或质量来估计生态系统的价值。这种方法是一种衡量通过实际行动积极为自然保护做出贡献的意愿的方式。偏好评估可以作为不同管理方案对生态系统提供服务能力影响的指标，有助于确定利益相关方不同的利益和知识所导致的生态系统服务协同作用和权衡关系。例如，将生物物理生态系统服务评估与人们用一种生态系统服务换取另一种生态系统服务的意愿结合起来分析，可用于确定景观管理备选方案的优先次序。

(2)叙事方法

通过使用叙事方法(如结构化、半结构化和非结构化访谈、参与者观察、内容分析等)，参与者可以通过自己的故事和直接行动来阐明对生态系统服务的多元和异质价值观。照片调查是叙事方法的常用手段之一，通过将人们对景观的视觉体验、感知和偏好转化为生态系统服务来揭示生态系统的社会文化价值。

(3)参与性制图

参与性制图是根据利益相关方的看法和知识评估生态系统的空间分布。参与性制图为各利益相关方的参与提供了便利，是提供空间输出的最合适的方法，特别适合确定生态系统服务受益地区，即生态系统服务的使用或需求趋同的地方。该方法促进了不同利益相关方之间关于不同生态系统的重要性、空间分布和生态系统的未来趋势，以及其对人类福祉的影响的讨论。

14.2.2.3 计算模拟方法

目前，生态系统服务评估常用的量化模型有 InVEST、ARIES、SolVES 等。

(1) InVEST 模型

InVEST(the integrate valuation of ecosystem services and tradeoffs tool)模型是 2007 年由美国斯坦福大学、大自然保护协会(TNC)和世界自然基金会(WWF)联合开发的生态系统服务评估模型软件，为生态系统服务量化提供了标准方法。该模型的主要功能是利用函数定量评估当前和未来情景下的多种生态系统服务，并通过“供给—服务—价值”框架将生产函数与人类福祉联系起来。目前，InVEST 软件共包含 18 种评估海洋、沿海、陆地和淡水生态系统的工具。每一个工具都可以由用户输入数据集和参数并自动输出空间显式的生态系统服务制图。基于 InVEST 软件获得的生态系统服务量，既可以是生物物理量，也可以是货币化后的价值量(Yang et al., 2019)。除空间表达外，该模型软件还可以进行多服务和多目标的权衡分析，不仅有助于决策者全面了解生态系统服务价值的时空分布特征，直观感知政策的潜在影响，还可以基于权衡分析制定具有指导意义的生态系统管理政策。

尽管 InVEST 模型当前得到了广泛使用，但并不是所有类型的生态系统服务都可以在该软件模型中计算，如该模型对文化生态系统服务的评估能力较弱。此外，InVEST 软件模型的目标在于明确生态系统变化对生态系统服务的影响，在生态系统服务需求方面的评估应用也相对不足。

(2) ARIES 模型

基于专家系统的人工智能(artificial intelligence for ecosystem services, ARIES)模型是由美国佛蒙特大学生态经济研究所开发的一个灵活的模型。该模型主要是通过人工智能算法来选择最合适的建模组件(如确定性的、概率性的或 ABM)对生态系统服务进行量化评估(Bagstad et al., 2013)。与 InVEST 模型不同，ARIES 模型关注生态系统服务的受益者和服务流动的时空动态，通过将贝叶斯概率模型、过程模型和基于代理模型等多种模型整合到同一平台，量化生态系统服务并探讨其动态性、复杂性和产生的效应，旨在明晰自然与社会间的复杂关系。

ARIES 模型通过建立“供给—需求—汇”概念框架刻画生态系统服务的空间流动。与其他模型不同的是，ARIES 模型将生态系统服务分为提供型和防护型。提供型服务即生态系统为人类提供某种物质或信息，如食物、淡水和风景等；防护型服务即生态系统形成某种生物物理过程以减少人类的损失，如调节洪水、净化污染物和减少泥沙沉积等。目前，ARIES 模型可用于 8 类生态系统服务的研究，包括碳固定和存储、洪水调节、滨海洪水调节、审美与开放空间、淡水供给、泥沙调节、自给性渔业和娱乐，可解决这些生态系统服务供给和需求的制图和计算，以及生态系统服务经济价值的空间分布和自然资本核算，预测生态系统服务供给动态等多个方面的问题。

(3) SolVES 模型

SoLVES(social values for ecosystem services)模型是由美国地质调查局逻辑山地理科学中心(RMGSC)和科罗拉多州立大学联合研究开发，主要用于评估、量化生态系统服务社会价值，尤其是文化类服务的非使用价值评估，如美学服务、休闲游憩服务等(Sherrouse et al. , 2022）。该模型在评估生态系统服务供给时常融入社会调查数据，因此评估的结果能较好地反映客观实际。由于大量的问卷调查以及空间数据的搜集在大尺度中非常困难，因此该模型多用于公园等中小尺度的研究。

14.2.3 典型生态系统服务量化

14.2.3.1 供给服务

供给服务主要包括经济上重要的作物和动物产品，以及木材和鱼类产品等，这些服务的绘制通常依赖于统计部门的数据或遥感数据产品。

（1）作物和饲养动物及其产品供给

主要包括谷物、蔬菜、肉类、牛奶等，可利用土地利用图并结合统计数据中的作物或动物生产指标进行制图。然而，大多数农业生态系统都有大量的额外投入，如化肥、农药等，这些投入的影响很难从生态系统服务量化评估中剥离出来。同时，考虑到种植作物的生长季节，同一土地空间在不同时间尺度内的生态系统服务评估量化结果可能不一样。

（2）野生产品供给

在欠发达地区，野生浆果/蘑菇采摘等不可避免地会成为当地居民的生计活动。对于这类供给服务的绘制，常将土地利用和物种栖息地地图与其他生物物理层（如气候因素）相结合并考虑居住区的可达性或出行时间，绘制浆果和蘑菇等野生产品采摘服务图。第二种方法，也可以根据当地居民和利益相关者的知识和野生食物采集习惯，对采集的每公顷土地可获得的浆果千克数或蜂蜜数等指标进行参与式制图。

（3）动植物纤维及材料供给

包括木材、棉花等。这类供给服务的制图方法从使用单一指标（如每公顷收获的木材立方米）到复杂的森林或植被生产模型在不断发展。与一些纤维和饲料（如棉花、干草）的年度或季节性供给服务形成对比的是，木材产品通常只能在较长的时间内（> 40 年）收获，这类服务的评估开展需要放在一个长时间尺度上。

（4）野生动植物遗传物质供给

遗传物质，一般指用于育种计划的药物和野生物种，在生态系统服务量化中很少被空间化制图。野生药用植物与文化传统和社会条件有着密切的联系，常通过结合物种丰富度和土地覆盖数据或应用参与性制图研究。

（5）水产养殖的动植物供给

绘制水生生态系统的供应服务图通常更加困难。土地覆盖/土地利用图中的水体信息往往不如陆地生态系统信息详细。需要更多关于保护区、不同栖息地或产卵区的详细信息来绘制水生生态系统中的动植物图。在一些简单的情景评估中，单一指标（例如，t/年的捕鱼统计数据）也会被用于这类服务量化评估中。

14.2.3.2 调节服务

生态系统通过控制或改变周围环境的物质和能量的储存和流动来调节环境，表现出生态系统的调节服务。调节服务评估通常使用生物物理模型来模拟生态过程进而推断调节和维护生态系统功能的量或其价值。

（1）授粉服务

授粉服务评估通常使用生态系统或生境对授粉昆虫的适宜性影响评估来反映。例如，栖息地适宜性地图通常作为授粉服务的潜在服务的表征，一般基于多个土地利用/土地覆盖、地形、与道路的距离或半自然植被等指标绘制。

(2)土壤保持

土壤保持是指生态系统通过其结构与过程保护土壤、降低雨水的侵蚀能力，减少土壤流失、防止泥沙淤积的功能。土壤保持服务通过土壤侵蚀评估实现。导致土壤侵蚀的5个主要因素是：降水量、可蚀性土壤类型、植被覆盖、坡度和土地利用。因此，土壤保持服务一般采用通用土壤流失方程(RUSLE)进行量化，由降雨侵蚀力因子、土壤可蚀性因子、坡长因子、坡度因子、植被覆盖因子综合计算。

(3)气候调节

对有助于气候调节的生态系统进行制图，通常是聚焦到对碳储存和碳固定进行制图。土壤有机碳库的变化可以基于国际气候变化专门委员会的方法，即采用气候类型、土壤、土地利用类型、管理和投入等作为影响土壤有机碳储量的因素进行量化评估。

(4)水流调节

生态系统对水流的调节服务表现在多个方面，最常见的是对地表径流的调节服务。流经地表的水流通过以下过程可以被减少：植被的拦截、地表水体的储存、土壤中的渗透和滞留等。这些因子可用于评估地表水流调节服务。值得注意的是，可以保留的水量也会受到地形坡度和土壤渗透性的影响。

(5)害虫控制

绘制害虫控制服务图一般依赖于捕食者物种分布的空间信息。因此，物种分布模型，即根据实地观察绘制物种出现的概率图，通常被用来绘制害虫控制服务。其中，概率阈值是指某个物种可以存在的概率，可以依据服务目标被定义设置，如50%。通过物种分布模型对所有物种发生概率的评估，可以获得潜在的害虫控制服务图。

(6)空气质量调节

绘制空气质量调节服务图一般基于以下信息：干沉降速度、空气污染物地区去除(流动)等。干沉降速度通常被认为评估生态系统从大气中去除污染物能力的一个指标，衡量的是树叶从大气中收集污染物的速度。植被对污染物的去除通量是由植被对污染物的干沉降速度和污染物浓度的乘积估算的。

14.2.3.3　文化服务

人们从生态系统可以丰富精神、发展认知、反思、娱乐和获得审美体验，这些被称为生态系统文化服务。文化服务供给和需求是交织在一起的，因此一般可采用参与式制图方法或利用社交媒体间接量化的方法来评估生态系统文化服务。

(1)美学服务

尽管视觉美学已经被研究了几个世纪，但标准化和量化的评估方法仍然很少。从受益者的角度来看，视域被视为美学服务的提供区，因此可以通过可视性分析来绘制景观美学服务地图。同时，景观美学理论允许将景观视觉指标与视觉特征联系起来。因此，与景观信息密切的视觉特征指标也常常被用来作为美学服务的量化工具。

(2)游憩服务

游憩容量、游憩机会谱和潜在出行次数等常作为游憩服务量化的关键指标。其中，游憩潜力代表一个综合无量纲的指标，反映土地是否适合支持游憩活动，可用于估计景观的潜在容量。游憩机会谱是人们能从生态系统中接触到的游憩活动机会，可根据人与游憩场所的接近程度来绘制。潜在出行次数则与潜在的出行时间与经济成本密切相关。

(3)精神和信仰服务

该服务通常可以从文化景观的完整性、不能取代的价值、文化服务的减少等方面进行评估，常用的数据收集方法包括基于地点的访谈、问卷，以及基于照片的解译等，以便揭示生态系统所提供的与社会和心理相关的文化服务。

14.3 生态系统服务供需关系与流

从生态系统服务形成到人类受益需要服务供给、输送和使用等环节，对应到空间上则形成服务供给区、连接区和受益区等基本结构(Vrebos et al.，2015；Fisher et al.，2009)。提供服务的空间单元为服务供给区，该区通常以自然或生物物理过程形成生态功能从而提供服务，是生态系统服务的源。使用服务以满足人类福祉需求的空间单元为服务受益区，是生态系统服务的汇。当服务供给区和受益区在空间上不重合时，连接二者的中间区域即为服务连接区，该区是影响服务传递或阻塞的主要区域。服务连接区内有时也可出现“汇”的特征，即在没有消费者使用服务的情况下服务的自然损耗，如服务随着传输距离的增加可能发生衰减或弥散(李双成，2014；Bagstad et al.，2013)。因此，将生态系统与人类福祉联系起来的核心问题是厘清服务从供给区到受益区的传递和变化过程(Schröter et al.，2018)，即服务的空间流动。

14.3.1 生态系统服务供需关系

14.3.1.1 生态系统服务供需内涵

生态系统服务的源头即服务在此产生，国内外学者主要以“供给”和“supply”表示，抑或“provision”“production”和“source”等(马琳等，2017)。生态系统服务供给是指在某一时段给定空间区域范围内生态系统提供的能够被人类利用的生态系统功能(Burkhard et al.，2012)，即从生态系统潜在服务转化为被人类实际使用的实际服务量。生态系统服务供给具有明显的空间依赖性(Schroter et al.，2005)，如授粉服务的供给必须在周围有农作物和果园的条件下才能形成(严岩等，2017)。因而，实际生态系统服务供给的量化需要在潜在生态功能的基础上考虑服务的可获得性，如可达性等。生态系统服务实际供给与潜在供给之间的关系，可反映人类对生态系统服务的有效利用程度。

生态系统服务的终点即服务在此发生消减并产生效用，国内外学者称其为“需求”“demand”抑或“使用”“消费”“use”和“benefit”等(马琳等，2017)。不同学者在定义需求时存在差异，有的指已经满足的生态系统服务需求，即实现需求，等于已经利用的生态系统服务即实际供给；有的表示人对生态系统服务的全部需求即人的主观意愿，即总量需求，既包括实现需求，也包括需求中未满足的部分，因此实现需求小于等于总量需求。目前对生态系统服务需求的定义还没有形成一个被广泛接受的统一表述。布哈德等(Burhard et al.，2012)从消费角度将生态系统服务需求定义为特定的时间和空间范围内被消费或使用的生态系统服务；而社会或个体偏好视角的研究(Villamagna et al.，2013)则认为那些被社会要求或渴望得到的生态系统服务的数量和质量才是生态系统服务需求；也有学者将为获取或者保护某种生态系统服务所付出的支付意愿认定为生态系统服务需求，如金钱、时间、距离成本等(Geijzendorffer et al.，2015)。总的来说，从消费角度的定义强调当前阶段对自然资源的实际消耗；从偏好角度的理解认为是达到某种生活质量标准而期望获取的生态系统服务，强调从生态系统所得到的惠益与预期；从支付意愿的角度定义反映了消费者对生态系统服务的感知程度和效用价值的判断(严岩等，2017)。值得注意的是，生态系统服务需求除了目前已经从生态系统获取的惠益，还包括潜在需求，因为一些限制因素(如可达性、成本、资源获取的技术限制)造成某些生态系统服务需求目前可能并未得到满足。需求具有强烈的地域差异性，需求的定量化需要结合当地实际情况来研究和确定。

14.3.1.2 生态系统服务供需关系

生态系统服务的供给和需求反映了生态系统和人类社会间复杂的动态关联，生态系统服务的供给与需求之间可能空间上是错位的，即人类利用生态系统的位置和产生生态系统服务的地点之间不匹配。具体来说，生态系统服务错配被定义为生态系统服务的供给和需求之间出现的质量或数量差异。生态系统服务供需关系是景观规划和管理的核心议题。

生态系统服务供需关系可以拓展为潜在供给、实际供给、实际需求和总量需求四者之间的关系，一般包括6种类型(马琳等，2017)。①当潜在供给>实际供给时且总量需求>实际需求时，表明生态系统提供的服务没有被充分利用，且人类的需求也没有被完全满足，生态系统服务供给和需求不完全匹配。②当潜在供给>实际供给且总量需求=实际需求时，表明在生态系统的承载范围内人类对生态系统服务的需求得到了充分满足，生态系统服务供给和需求实现了良好匹配。③当潜在供给=实际需求且总量需求>实际需求，表明生态系统所提供的服务已经得到了充分利用，但仍不能满足人类的需求，需要积极寻求其他资源来满足未实现的人类需求。④当潜在供给=实际供给且总量需求=实际需求，表明理想情况下生态系统服务充分利用后可刚好实现对人类需求的满足，在这种情况下，若人类需求结构发生变化，生态系统服务将不足以支持社会经济的持续发展。⑤当潜在供给<实际供给且总量需求>实际需求和⑥潜在供给<实际供给且总量需求=实际需求，生态系统提供的服务均难以支撑社会经济的持续发展。

14.3.2 生态系统服务流量化

14.3.2.1 生态系统服务流及其传递

生态系统服务流是指一个区域所产生的服务通过水、空气等媒介传递到另一区域而发生的空间位移(刘文平，2018)。也有学者将生态系统服务流定义为服务在形成地和使用地之间的空间位移，或服务供给区与受益区之间的时空连接，并将服务流看作服务的实际供给。物质、能量和信息梯度差是引起生态系统服务流动的主要原因(李双成，2014)，如由重力差而引起的水流，由气温差而引起的气体扩散，由密度差而引起的海水流动以及由美景信息差而引起的人流等。生态系统服务流载体可划分为两种类型：非生物因子载体和生物因子载体。

生态系统服务流的非生物因子载体，是以自然因子，如水、气体和土壤等作为媒介对生态系统服务的传递，而这些类型的载体本身在某种程度上也是重要的生态系统服务(刘慧敏等，2016)。例如，广泛分布的河流水系是物质运输和能量传递等生态系统服务流的重要载体；而区域温度不均衡等造成的空气流动能够携带着水汽或热能等从某区域内扩散到域外，是气候调节和降水调节服务流的载体。

生态系统服务流也可由动物、植物和微生物等生物因子作载体。在自然界，以动物为载体传递的生态系统服务受动物的行为等影响和支配，如蜜蜂访花行为所产生的授粉服务，由微生物将生态系统中的腐殖质和废弃物分解转变为有机质再次进入物质循环，以及通过人类移动将生态产品运移到使用区或在使用区获得休闲游憩与美景服务等(Liu et al.，2017，2021)。

无论是生物因子还是非生物因子作为载体，在传递生态服务时往往不是单独进行，而是几种结合在一起(刘慧敏等，2016)。对生态系统服务流载体的研究能够明确不同生态系统服务的传递特征和传递过程的动态性，有利于生态系统服务优化规划的制定。

14.3.2.2 生态系统服务流特征及类型

(1)特征

生态系统服务流具有空间衰减特征，但对于与精神信息相关联的景观服务，其在服务产生、传递和使用过程中几乎是无损耗的，如美景欣赏服务不会因被多次观看而消失或下降(Bagstad et al.，2013)。而对于以生物物理过程为基础的服务，其服务提供、消耗和使用方面的能力常常是有限的，如湿地景观调蓄洪水的服务能力是有限的，一旦洪水量超出湿地的承载阈值，湿地系统将趋于退化或崩溃(Villamagna et al.，2013)。这一类服务从供给区流出后，一种情况是经历了“汇”区域的消耗而只有部分服务流入受益区；另一种情况是在服务传递过程中被途中的“汇”区域完全消耗而无法到达受益区。例如，以水为传递媒介的上游水质净化服务在其传递过程中，由于中游土壤下渗或其他利用等过程而使下游获得的净化水量逐渐减少，可能使到达受益区的服务下降或由于中途消耗严重而无法到达受益区。由于这类服务的有限性，服务流入受益区后常常被不同用户竞争性使用。竞争性意味着一方受益者对服务的使用将会减少其他受益者使用服务的机会(Bagstad et al.，2013)，如流域中游用户对净化水的使用常常会减少下游用户使用的机会。而具有无限性特征的服务，如文化服务流入受益区后常常是被非竞争性使用的，即多个受益者的服务使用不会减少其他人的使用机会(Palomo *et al.*，2013)。此外，由于自然因素和人为活动的共同影响，一些服务在传递过程中其强度呈现出明显的距离衰减效应(Koch et al.，2009)，如公众对娱乐休闲服务的使用随空间距离的增加而减少。

(2)类型

根据服务供给区与受益区的空间重叠、邻近关系及其交互方向特征，可将生态系统服务流划分为原地服务流、无方向性邻近服务流、无方向性全球服务流、有方向性到达用户服务流和有方向性用户到达服务流 5 种类型(Serna-Chaves et al.，2014；Fisher et al.，2009；Vrebos et al.，2015)。

原地服务流是指服务供给区和受益区完全重合的类型，无服务连接区，如某些区域的食物供给服务。无方向性邻近服务流是指服务的供给是无特定方向的，且其周围区域为服务受益区，如仅在相邻区域发挥作用的公共绿地降温服务流。无方向性全球服务流是指服务的供给无特定方向，且人类享用该服务不依赖于该服务是否邻近，如可在全球尺度发挥作用的气候调节服务流。有方向性服务流是指服务从供给区到受益区的流动具有一定方向性。其中，服务从供给区流动到受益区的类型为到达用户服务流，包括服务从一个供给区流向不同距离的一个或多个受益区的情况，如径流调节服务从流域上游流向下游，为下游受益者提供服务；而用户到达服务流是指人类朝着某个方向移动来获取服务的类型，包括一个或多个地区的用户通过移动不同距离到达同一个服务区的多种情况，如人们利用交通工具从驻地到达景区欣赏美景服务等(刘文平等，2019)。

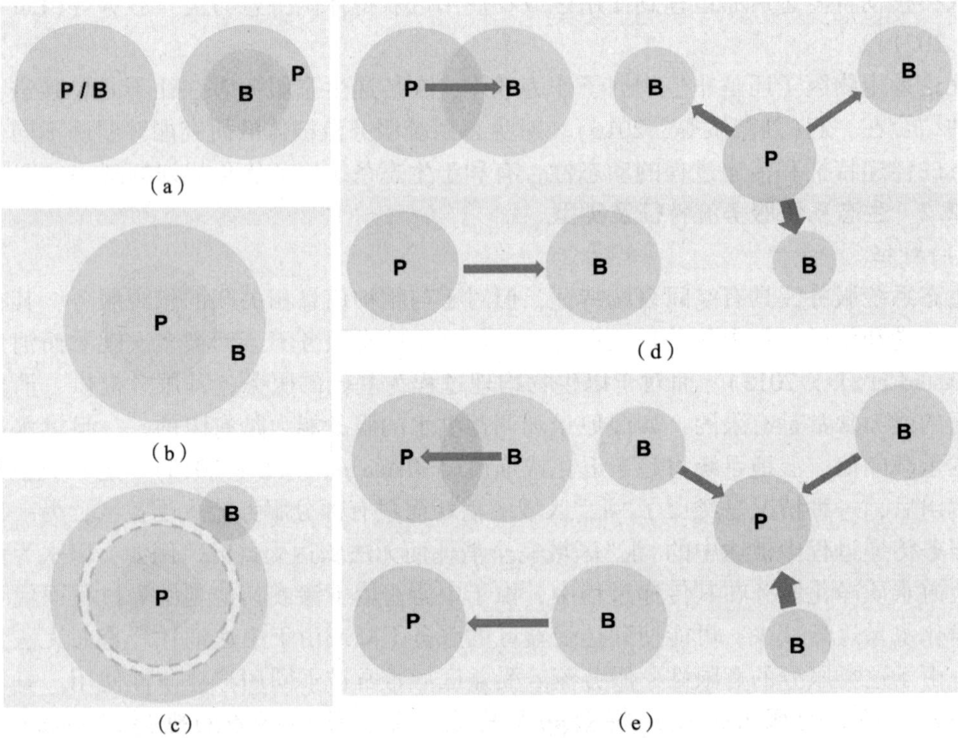

图 14-1　生态系统服务流类型

(P：服务供给区；B：服务受益区；→：服务流动方向)

(a)原地服务　(b)无方向性邻近服务　(c)无方向性非邻近服务

(d)有方向性到达用户服务　(e)有方向性用户到达服务

14.3.2.3　生态系统服务流量化

虽然对生态系统供给服务流，特别是食物供给服务流，目前已有相当多的了解，但由于数据可用性、方法和指标的问题，目前对调节和文化服务流的了解则较少。塞尔纳-查维斯等(Serna-Chaves et al.，2014)提出通过生态系统服务流动支持的受益区面积占总受益区面积比例指标来衡量来自生态系统服务的空间流动效益的重要性，并利用该方法对授粉服务、水供给和气候调节服务空间流动进行了分析。这些研究已经认识到生态系统服务从服务供给单元到服务使用单元需要经历一个空间流动的过程(肖玉等，2016)，但尚不足以明确出生态系统服务空间流动的确切路径并模拟其空间流动过程。

为量化生态系统服务流，美国佛蒙特大学开展了一项生态系统服务人工智能项目研究，提出了“服务路径属性网络”(ARIES)模型(Bagstad et al.，2013)。该模型利用概率贝叶斯网络来分析生态系统服务从供给点到使用和受益点的流动(肖玉等，2016)，可以模拟生态系统服务在理论、可能、实际、难以获得和封闭条件下的供给、使用、损耗和流动过程并绘制地图(Bagstad et al.，2013)。目前 ARIES 网站列出其已经开发了包括碳汇和碳蓄积、洪水调节、海岸洪水调节、景观美学、淡水供给、沉积物调节等 8 项生态系统服务模拟模块，并将这些模块应用于不同区域生态系统服务流动模拟。

14.4 生态系统服务时空权衡

景观生态规划和管理的一个关键挑战是在复杂的社会系统中应对多种生态系统服务的需求(Castro et al.，2014)。生态系统服务之间潜在的互补或冲突已成为政策决策者和科学家关心的主要内容之一。决策者和空间规划者往往需要制定出那些能够提高或加强需要的服务并尽可能使其最大化的政策。为了支持这些政策和方案的建立，多项生态系统服务之间可能的相互促进或冲突等相关关系有必要进行分析和定量化。理解和量化生态系统服务之间的权衡是生态系统管理和规划中的一个关键挑战。

14.4.1 生态系统服务时空权衡内涵及特征

14.4.1.1 权衡内涵

生态系统服务之间往往表现为相互交织、复杂的非线性关系，进而出现生态系统服务之间此消彼长或彼此增长的权衡/协同关系(赵文武等，2018)。权衡是指某些类型生态系统服务的供给受到其他类型生态系统服务消费增加而减少的情况，普遍存在于支持服务与调节服务之间；协同是指两种及两种以上的生态系统服务的供给同时增加或减少的情况，主要表现在支持服务与文化服务以及调节服务之间。生态系统服务竞争与协同作用主要是由人类—生态系统相互作用下制定的管理决策引起的。例如，在高度城市化地区的农田生产，若一味强调食物产出则可能会影响农田其他服务功能的发挥。同样的，若一味强调其他服务，如调节服务，同样可能也会影响农田食物产出。类似的这种服务之间的权衡已成为当前研究的热点和难点，且成为景观或生态系统管理决策所面临的不可避免的问题。

生态系统服务权衡产生于人类对生态系统服务的选择偏好。为了减少因个人偏好而导致的决策对群体效益产生的负面影响，在决策前对生态系统服务进行权衡分析是十分必要的(彭建等，2017)。权衡与协同分析也是实现生态系统服务利益最大化的内在途径。

14.4.1.2 权衡特征

生态系统服务会随时空尺度变化而变化，生态系统服务权衡同样具有时空尺度特征。生态系统服务权衡特征可从以下几个方面理解(戴尔阜等，2015)。

(1)空间上的权衡

这是指区域间生态系统服务的此消彼长，是由生态系统服务供给和需求能力的空间差异造成的，这类权衡表现为不同空间尺度上利益相关者对生态系统服务的竞争。

(2)时间上的权衡

这是指生态系统服务当前与未来利用之间的关系，是由不同类型生态系统服务供给、需求的时间特征或对生态管理的反馈周期不同造成的，例如，供给服务反馈迅速，而调节和支持服务往往周期漫长，对权衡管理反馈具有滞后效应。

(3)权衡可逆性

这是指生态系统服务在当前权衡干扰停止后，能否恢复到最初状态的能力。当人类活动过度干扰自然生态系统时，其服务功能常常发生退化，甚至崩溃。因此，生态系统服务权衡必须重视管理策略对生态系统稳定性和恢复力的影响，力求在生态系统可逆性变化和不可逆性变化之间找到平衡点。

(4)权衡外部性

这是指生态系统服务权衡管理对非目标区域生态系统服务的影响。全球生态系统是一个有机整体，但特定空间尺度下的利益相关者在权衡管理时往往只偏重利益范围内的生态系统服务，而忽视对周边区域或上级区域乃至国家或全球环境稳定有重要意义的服务功能，不重视权衡管理与周边区域或上级区域之间权衡管理的整合和协调，进而有可能损害周边区域或上级区域的生态系统服务功能。

14.4.2 权衡关系及服务簇

14.4.2.1 权衡关系

根据生态系统服务固有的时空尺度特征与其可逆与否，将生态系统服务权衡划分为：空间权衡、时间权衡与可逆权衡(Rodriguez et al.，2006；Tilman et al.，2002；赵文武等，2018)。根据生态系统服务之间动态关系(数量变化的曲线特征)，可归纳为无相互关联独立权衡(独立模型)、直线权衡(直线模型)、凸曲线权衡(凸曲线模型)、凹曲线权衡(凹曲线模型)、非单调凹曲线权衡(非单调凹曲线模型)以及倒“S”形曲线权衡(反“S”形曲线模型)等类型(Lester et al.，2013)(图 14-2)。

生态系统服务权衡的目标是使所有服务的总体效益最佳，应用这些模型可以从经济学角度估算 2 种生态系统服务的总体效益和价值变化，也有助于定量研究生态系统服务价值变化与生态系统结构和功能参数之间的联系(戴尔阜等，2015)。但这些模型只涉及 2 种生态系统服务之间的作用关系，现实生态系统管理更多面对的是多种生态系统服务之间相互交织的权衡或协同关系，解决一种生态系统服务冲突的同时，不可避免地会影响到其他服务之间的权衡或协同关系，造成新的服务冲突。因此，为更好地优化生态系统服务管理，迫切需要研究特定时空尺度下多种生态系统服务之间相互作用的表现形式及单一生态系统服务价值与生态系统服务总体效益之间的变化关系。

14.4.2.2 生态系统服务簇

生态系统服务的空间分布与土地覆被的空间分布密切相关，且具有相似土地覆被组成的生态系统提供的生态服务往往相似。不同景观服务之间的相关性在相同空间上随时间梯度的变化也并不是一成不变的。在过去的十年中，通过生态系统服务簇的概念来评估多种生态系统服务之间的关系的尝试越来越多。一个生态系统服务簇被定义为跨时间或空间重复出现在一起的相关的生态系统服务的集合(Baró et al.，2017)。生态系统服务簇的一个关键优势是，它允许通过分析不同的生态系统服务如何正相关或负相关来评估潜在的协同作用和权衡。

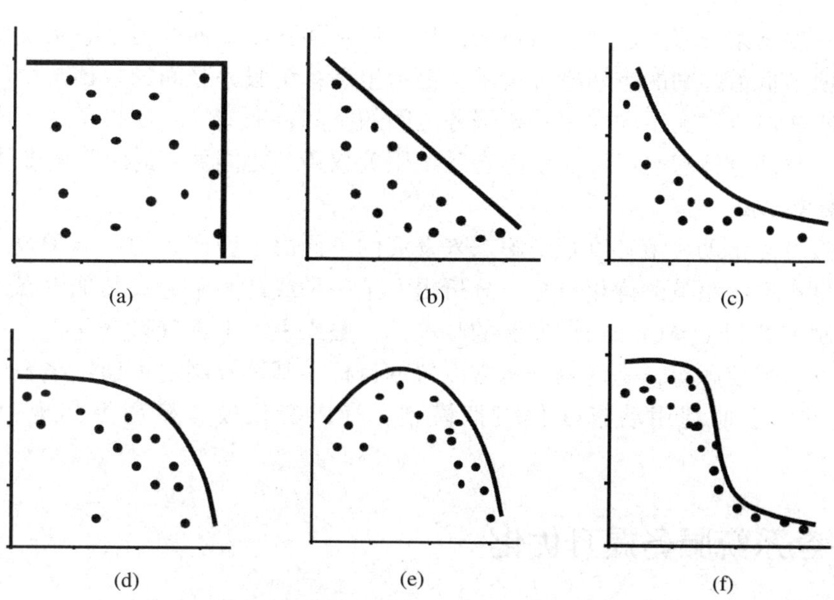

图 14-2　生态系统服务权衡的表现形式

(a)独立权衡　(b)直线权衡　(c)凸曲线权衡　(d)凹曲线权衡
(e)非单调凹曲线权衡　(f)倒“S”形曲线权衡

生态系统服务簇的评估主要应用于生态系统服务的供给端(生态系统交付生态系统服务的潜力或其实际流量)。相比之下，从需求角度评估生态系统服务簇(即考虑社会要求或期望)一般侧重于确定不同的社会文化价值观，但很少产生空间明确的信息。这种差异背后的原因可能与缺乏明确的方法框架来量化和绘制生态系统服务需求有关。总之，生态系统服务簇有助于更好地理解潜在的权衡和生态系统服务之间的协同作用。

14.4.3　生态系统服务权衡方法

生态系统服务权衡研究一般基于数学统计、空间制图、情景模拟、多目标决策和服务流动性分析等多种方法和模型(赵文武等，2018)，力求在充分认识生态系统服务之间多重非线性关系、类型特征、响应速率、驱动机制和尺度效应的基础上，找到生态保护与社会经济发展之间的平衡点，提出科学合理的生态系统服务管理策略，以实现不同利益相关方的效益最大化。

(1)统计学方法

统计学方法是指采用统计方法分析多种生态系统服务之间的数量关系，最终确定生态系统服务管理的权衡/协同关系(戴尔阜等，2016)。当要分析的生态系统服务类型较多时，也可采用聚类分析和冗余分析对生态系统服务及其影响因子进行重要性排序和分析，将生态系统服务之间的关系转变为几种典型的“生态系统服务簇”之间的关系，进而提高权衡决策的效率。

(2)空间分析法

空间分析方法是揭示生态系统服务权衡/协同时空尺度特征的重要途径，有利于权衡管理决策落实在特定空间位置上(戴尔阜等，2016)。一般来说，空间分析法可以通过对不同类型的单一生态系统服务进行空间叠加，从而识别两种或多种类型生态系统服务高值之间，以及高值与低值之间的空间叠置关系，揭示生态系统服务之间的权衡与协同关系。因而，空间分析法可以对比不同生态系统服务之间的空间特征差异。如果考虑不同时段的生态系统服务，空间分析法也可以揭示生态系统服务权衡与协同关系的时间尺度特征。

(3)情景模拟法

情景模拟可以帮助决策者直观了解未来发展的不同决策所产生的影响和效应。通过设定不同类型生态系统服务的优化目标，分析提升某一种或几种服务对其他生态系统服务的影响，进而制定有利于当前和长期发展的政策。一般来说，考虑气候变化、生态保护或社会经济优先发展或兼顾等，是情景分析常设置的目标，其情景制定可通过结合生物多样性保护规划模型、土地利用动态变化模拟模型、气候变化模拟模型等实现(戴尔阜等，2016)。

14.5 生态系统服务提升优化

有效保护生态系统服务以维护人类福祉是一项全球需求，需要了解生态系统在哪里产生服务，以及人们在哪里受益于这些服务。当前，生态系统服务在大尺度上多应用在土地利用优化、生物多样性保护以及应对气候变化的景观规划中(Maes et al.，2012)。土地利用/覆盖类型及其空间分布极大影响着生态系统服务的供给数量与类型。土地利用/覆盖类型的变化直接或间接改变了生态系统服务的供给，且单个土地覆盖类型的改变有可能促进多项生态系统服务的提升。同样的，多项生态系统服务时间和空间的权衡可以通过土地覆被多空间与时间尺度的管理来实现，特别是多项服务的空间规划目标的实现。因而，通过整合多项服务供给与需求来协助土地利用/覆盖的规划模拟，可以帮助决策者明确提供生态系统服务的优先领域，并进一步科学考虑自然区域在哪里以及如何为人们提供利益，以及这些利益在哪里可能受到人类行动的最大威胁，从而明确提出促进人与自然的和谐共生的解决方案。

14.5.1 生态系统服务与景观规划

景观规划被《欧洲景观公约》定义为“增强、恢复或创造景观的强有力的前瞻性行动”。景观规划的核心目标是协调景观格局与生态过程之间的相互关系，进而改善景观的整体功能，同时也是协调社会经济发展与资源环境关系的重要手段(Liu et al.，2014)。景观规划通常以土地利用空间配置规划为基础，进而一体化协调自然、社会经济及文化过程。

生态系统服务制图有助于确定具有特殊环境敏感性或生态系统交付或需求潜力大的地区，这些信息对于制定全面的战略发展计划非常有用。例如，对环境影响特别敏感、提供特别重要的生态系统服务或通过同时提供若干生态系统服务的地区，应该得到保护、加强或恢复。因此，在区域尺度上厘清生态系统服务之间的权衡关系，正确评估生态系统服务供给和利益相关方的生态系统服务需求，有助于制定出适应区域生态系统与人类可持续发展的最优决策方案，从而维持和改进生态系统服务和人类福祉之间的关系，实现提升人类福祉的最终目标。

在区域尺度上，景观规划与管理面临的挑战仍然是怎样权衡多种不同土地利用类型。目前，已有一些研究开始关注生态系统服务规划与管理方法的探讨。埃戈等(Egoh et al.，2007，2010)认为划分优先保护区域是实现生物多样性保护和生态系统整体规划的有效方法。然而，这些方法缺少对人类福祉的思考，很容易与社会经济发展及居民意愿形成冲突。基于人类福祉考量的生态系统服务成为景观决策制定的重要工具(Hein et al.，2006；Billsand，2005)。绿色基础设施规划能够通过不同生态系统服务供给与需求的辨析，发挥不同区域生态系统服务多功能性，改善绿色基础设施生态环境，提升生态系统服务，满足人类福祉需求，促进人与生态环境的可持续发展。然而，当前基于生态系统服务的规划探讨仅仅处理了可能对人类福祉造成影响的生态系统规划与管理(Pattanayak et al.，2007；Steffan-Dewenter et al.，2008)，与人类需求及意愿联系较为薄弱。

提高人类福祉是生态系统服务权衡及规划决策的最终目标。千年生态系统评估将人类福祉概括为 5 个方面的内容：维持高质量生活所需要的物质、健康、良好的社会关系、安全、自由权和选择权。生态系统通过人为或自然的过程提供多样的服务，继而经由消费满足人类的需求，从而转化为人类福祉。为了全面考虑不同群体的福祉需求，人们需要权衡多种生态系统服务之间的关系，以实现整体惠益的最大化。由于生态系统服务惠益对福祉的贡献具有边际递减效应，福祉程度的高低取决于惠益在不同需求层次上的分布状况，或需求的满足程度。当不同层次的人类福祉存在权衡关系时，以福祉的多层次耦合为最终评判标准。

14.5.2　生态系统服务优化框架

生态系统服务供给与需求的空间配置以及服务流动的距离衰减等理论，为景观空间布局和管理决策解决这些问题提供了新思路。基于生态系统服务的绿色基础设施规划目标是最优化生态系统服务供给以满足人类福祉需求。因此，我们需要将所有生态系统服务整合到一个单一的图层中，并解决以下问题：①哪些地方提供的生态系统服务可以满足当前人类福祉的需要；②哪些区域不能满足当地居民的服务需求，且需要被优先提升和发展；③建设多少绿色基础设施才能使那些不能满足居民服务需求的区域达到人类福祉的最低需求。

满足人类福祉需求的景观空间管理应通过以下几个关键步骤实现：

①基于景观空间生物物理条件，筛选指标体系，定量化绘制生态系统服务供给与需求图，并判断生态系统服务流。生态系统服务制图是利用量化指标体系，对特定时空尺度上生态系统服务的组成、数量、空间分布等特征进行定量、可视化描述的过程，需要明确服务供给区/量、服务流以及服务受益区/量。

②基于生态系统服务供给与需求图，分析不同生态系统服务的供需差异，初步确定景观空间管理目标。生态系统服务供需分析需要明确服务供给与需求空间位置的匹配程度、服务供给与需求数量的满足程度，以及服务供给与需求类型的对应程度。

③基于生态系统服务流传递特征与成本，结合当前社会经济背景，确定多项生态系统服务之间的权衡关系，进而设定不同的情景发展目标和策略。不同情景的设定需在整合利益相关者的意愿和价值取向的同时，充分考虑以下多种策略的成本和收益：增加或削减服

务流路径上的“汇”效应，或重新定向连接阻塞服务流路径使其达到更多潜在用户，同时增加多项协同效应服务的成本，或权衡增加一种服务而降低另一种服务的收益代价。

④生态系统服务权衡。土地利用/覆盖类型、空间分布严重影响着生态系统服务的类型和数量。土地覆盖类型的变化直接或间接地改变了生态系统服务的供给，且单个土地覆盖类型的改变有可能促进多项生态系统服务的提升。多项生态系统服务时间和空间的权衡可以通过土地覆盖多空间和时间尺度的管理来实现，特别是多项服务的空间规划目标的实现。

⑤基于情景发展目标，确定具体的景观保护、提升和新建等空间管理要求，包括明确重点保护和一般维持区、提升和新建区，以及需要提升和新建的服务类型与数量、范围与强度等关键值。

本章小结

基于生态系统服务的景观生态优化规划是人类积极主动应对生物多样性下降、全球气候变化等生态环境危机与挑战的重要手段。生态系统服务量化与制图为人类客观认识生态系统功能及其利用提供了直观的可视化工具，为生态系统保护与功能改善等决策提供了基础依据。生态系统服务供给与需求之间的关系，是影响生态系统可持续发展的关键。科学诊断生态系统服务供需匹配情况，是生态系统服务优化的前提。而由于多项生态系统服务之间存在权衡与协同等关系，使得多项生态系统服务之间的供给与需求关系也变得复杂化。生态系统服务簇是处理多项生态系统服务协同关系的一个重要概念，可以将复杂的多项协同服务整合为一个服务簇，从而有助于决策者更好地为多项生态系统服务的发展做出决策。

生态系统服务的优化，不仅需要关注多项服务之间的供给与需求匹配关系，还需要关注生态系统服务的时空间流动。生态系统服务流是近年来国内外研究的一个热点议题，从动态视角刻画了生态系统功能从供给端到需求使用端的过程，能够清晰地阐释出生态系统功能向服务的转化过程，为生态系统服务供需优化提供了一个新的视角。

通过整合多项服务供给与需求来协助土地利用/覆盖的规划模拟，可以帮助决策者更好明确哪些区域需要被保护、哪些需要被提升，以及哪些区域需要新建绿色基础设施以满足不同的生态系统服务需求。

思考题

1. 如何处理多项生态系统服务之间的权衡与协同关系？
2. 基于生态系统服务的优化决策可以解决现实中的哪些问题？

参考文献

戴尔阜，王晓莉，朱建佳，等，2015. 生态系统服务权衡/协同研究进展与趋势展望[J]. 地球科学进展，30(11)：1250-1259.

戴尔阜，王晓莉，朱建佳，等，2016. 生态系统服务权衡：方法、模型与研究框架[J]. 地理研究，35(6)：1005-1016.

李双成，2014. 生态系统服务地理学[M]. 北京：科学出版社.

刘慧敏，范玉龙，丁圣彦，2016. 生态系统服务流研究进展[J]. 应用生态学报，27(7)：2161-2171.

刘文平，2018，景观服务及其空间流动：连接风景园林与人类福祉的纽带[J]. 风景园林，25(3)：100-104.

刘文平，宇振荣，2013. 景观服务研究进展[J]. 生态学报，33(22)：7058-7066.

刘文平，袁雄钢，陈伟鹃，2019. 城市综合公园游憩服务多时空粒度辐射特征研究——以武汉为例［J］. 中国园林，35(1)：29-34.

马琳，刘浩，彭建，等，2017. 生态系统服务供给和需求研究进展［J］. 地理学报，72(7)：1277-1289.

彭建，胡晓旭，赵明月，等，2017. 生态系统服务权衡研究进展：从认知到决策[J]. 地理学报，72(6)：960-973.

肖玉，谢高地，鲁春霞，等，2016. 基于供需关系的生态系统服务空间流动研究进展[J]. 生态学报，36(10)：3096-3102.

严岩，朱捷缘，吴钢，等，2017. 生态系统服务需求、供给和消费研究进展[J]. 生态学报，37(8)：2489-2496.

赵文武，刘月，冯强，等，2018. 人地系统耦合框架下的生态系统服务［J］. 地理科学进展，37(1)：139-151.

BAGSTAD K J, JOHNSON G W, VOIGT B, et al., 2013. Spatial dynamics of ecosystem service flows: A comprehensive approach to quantifying actual services[J]. Ecosystem Services(4): 117-125.

BAGSTAD K J, SEMMENS D J, WINTHROP R, 2013. Comparing approaches to spatially explicit ecosystem service modeling: A case study from the San Pedro River, Arizona[J]. Ecosystem Services, 5: E40-E50.

BARó F, GóMEZ-BAGGETHUN E, HAASE D, 2017. Ecosystem service bundles along the urban-rural gradient: insights for landscape planning and management[J]. Ecosystem Services, 24: 147-159.

BILLS N D G, 2005. Sustaining multifunctional agricultural landscapes: Comparing stakeholder perspectives in New York and England[J]. Land Use Policy, 22(4): 313-321.

BOYD J, BANZHAF S, 2007. What are ecosystem services? The need for standardized enviromental accounting units[J]. Ecological Economics, 63(2): 616-626.

BURHARD B, MAES J, 2017. Mapping ecosystem services[M]. Bulgaria: Pensoft Publishers.

BURKHARD B, KROLL F, NEDKOV S, et al., 2012. Mapping ecosystem service supply, demand and budgets [J]. Ecological Indicators, 21: 17-29.

CAIRNS J, 1997. Sustainability, ecosystem services and health[J]. International Jouranl of Sustainable Development and World Ecology, 4(3): 153-165.

CASTRO A J, VERBURG P H, MARTíN-LóPEZ B, et al., 2014. Ecosystem service trade-offs from supply to social demand: A landscape-scale spatial analysis[J]. Landscape and Urban Planning, 132: 102-110.

COSTANZA R, 1997. The value of the world's ecosystem services and natural captial[J]. Nature, 387(6630): 253-260.

DAILY G C, 1999. Developing a scientific basis for managing Earth's life support systems[J]. Conservation Ecology, 3(2): 14.

DAILY G C, MASTON P A, 2008. Ecosystem services: from theory to implementation[J]. Proceedings of the National Academy of Sciences of the United States of America, 105(28): 9455-9456.

de GROOT R S, ALKEMADE R, BRAAT L, et al., 2010. Challenges in integrating the concept of ecosystem services and values in landscape planning, management and decision making[J]. Ecological Complexity, 7(3SI): 260-272.

de MARCO P, COELHO F M, 2004. Services performed by the ecosystem: forest remnants influence agricultural cultures' pollination and production[J]. Biodiversity and Conservation, 13(7): 1245-1255.

DOHERTY R M, SITCH S, SMITH B, et al., 2010. Implications of future climate and atmospheric CO_2 content for regional biogeochemistry, biogeography and ecosystem services across East Africa[J]. Global Change Biology, 16(2): 617-640.

EGOH B N, REYERS B, CARWARDINE J, 2010. Safeguarding biodiversity and ecosystem services in the little karoo South Africa[J]. Conservation Biology, 24(4): 1021-1030.

EGOH B, ROUGET M, REYERS B, 2007. Integrating ecosystem services into conservation assessments: A review[J]. Ecological Economics, 63(4): 714-721.

FISHER B, TURNER R K, 2008. Ecosystem services: Classification for valuation[J]. Biological Conservation, 141(5): 1167-1169.

FISHER B, TURNER R K, MORLING P, 2009. Defining and classifying ecosystem services for decision making [J]. Ecological Economics, 68(3): 643-653.

GEIJZENDORFFER I R, MARTIN-LOPEZ B, ROCHE P K, 2015. Improving the identification of mismatches in ecosystem services assessments[J]. Ecological Indicators, 52: 320-331.

HEIN L, VAN KOPPEN K, DE GROOT R S, et al., 2006. Spatial scales, stakeholders and the valuation of ecosystem services[J]. Ecological Economics, 57(2): 209-228.

HOU Y, LU Y, CHEN W, et al., 2017. Temporal variation and spatial scale dependency of ecosystem service interactions: A case study on the central Loess Plateau of China[J]. Landscape Ecology, 32(6): 1201-1217.

JENERETTE G D, HARLAN S L, et al., 2011. Ecosystem services and urban heat riskscape moderation: Water, green spaces, and social inequality in Phoenix, USA[J]. Environmental Justice in Ecological Research, 21(7): 2637-2651.

KOCH E W, BARBIER E B, SILLIMAN B R, 2009. Non-linearity in ecosystem services: temporal and spatial variability in coastal protection[J]. Frontiers in Ecology and the Environment, 7(1): 29-37.

LESTER S E, COSTELLO C, HAPLERN B S, 2013. Evaluating tradeoffs among ecosystem services to inform marine spatial planning[J]. Marine Policy, 38: 80-89.

LIMBURG K E, O'NEIL R V, COSTANZA R, et al., 2002. Complex systems and valuation[J]. Ecological Economics, 41: 409-420.

LIU W, CHEN Q, LI Y, et al., 2021. Application of GPS tracking for understanding recreational flows within urban park[J]. Urban Forestry & Urban Greening, 63: 127211.

LIU W, CHEN W, DONG C, 2017. Spatial decay of recreational services of urban parks: characteristics and influencing factors[J]. Urban Forestry & Urban Greening, 25: 130-138.

LIU W, HOLST J, YU Z, 2014. Thresholds of landscape change: a new tool to manage green infrastructure and social-economic development[J]. Landscape Ecology, 29(4): 729-743.

MAES J, EGOH B, WILLEMEN L, et al., 2012. Mapping ecosystem services for policy support and decision making in the European Union[J]. Ecosystem Services, 1(1): 31-39.

MEA, 2005. Ecosystems and human well-being: Synthesis[M]. Washington D C: Island Press.

MITCHELL M G E, SCHUSTER R, JACOB A L, et al., 2021. Identifying key ecosystem service providing areas to inform national-scale conservation planning [J]. Environmental research letters, 16(1): 14038.

PALOMO I, MARTIN-LOPEZ B, POTSCHIN M, et al., 2013. National parks, buffer zones and surrounding lands: mapping ecosystem service flow[J]. Ecosystem Services, 4: 104-116.

PATTANAYAK S K, WENDLAND K J, 2007. Nature's care: diarrhea, watershed protection, and biodiversity conservation in Flores, Indonesia[J]. Biodiversity and Conservation, 16(10): 2801-2819.

RODRIGUEZ J P, BEARD T D, M B E, 2006. Trade-offs across space, time and ecosystem services[J]. Ecology and Society, 11(1): 28.

SCHAICH H, BIELING C, PLIENINGER T, 2010. Linking ecosystem services with cultural landscape research [J]. Gaia-Ecological Perspectives for Science and Society, 19(4): 269-277.

SCHOLTE S S K, VAN TEEFFELEN A J A, Verburg P H, 2015. Integrating socio-cultural perspectives into ecosystem service valuation: a review of concepts and methods[J]. Ecological Economics, 114: 67-78.

SCHROTER D, CRAMER W, LEEMANS R, 2005. Ecosystem service supply and vulnerability to global change in Europe[J]. Science, 310(5752): 1333-1337.

SCHRÖTER M, KOELLNER T, ALKEMADE R, et al., 2018. Interregional flows of ecosystem services: Concepts, typology and four cases[J]. Ecosystem Services, 31: 231-241.

SERNA-CHAVES H M, SCHULP C J E, VAN BODEGOM P M, 2014. A quantitative framework for assessing spatial flows of ecosystem services[J]. Ecological Indicators, 39: 24-33.

SHERROUSE B C, SEMMENS D J, ANCONA Z H, 2022. Social values for ecosystem services (SolVES): open-source spatial modeling of cultural services[J]. Environmental Modelling & Software, 148.

STEFFAN-DEWENTER I, WESTPHAL C, 2008. The interplay of pollinator diversity, pollination services and landscape change[J]. Journal of Applied Ecology, 45(3): 737-741.

TERMORSHUIZEN J W, OPDAM P, 2009. Landscape services as a bridge between landscape ecology and sustainable development [J]. Landscape Ecology, 24(8): 1037-1052.

TILMAN D, CASSMAN K G, MATSON P A, 2002. Agricultural sustainability and intensive production practices [J]. Nature, 418: 671-677.

VILLAMAGNA A M, ANGERMEIER P L, BENNETT E M, 2013. Capacity, pressure, demand and flow: a conceptual framework for analyzing ecosystem service provision and delivery[J]. Ecological Complexity, 15: 114-121.

VREBOS D, STAES J, VANDEBROUCKE T, et al., 2015. Mapping ecosysem service flows with land cover scoring maps for data-scarce regions[J]. Ecosystem Services, 13: 28-40.

WOODRUFF S C, BENDOR T K, 2016. Ecosystem services in urban planning: comparative paradigms and guidelines for high quality plans[J]. Landscape and Urban Planning, 152: 90-100.

YANG D, LIU W, TANG L, et al., 2019. Estimation of water provision service for monsoon catchments of South China: applicability of the InVEST model[J]. Landscape and Urban Planning, 182: 133-143.

ZHANG H F, OUYANG Z Y, ZHENG H, 2007. Spatial scale characteristics of ecosystem services[J]. Chinese Journal of Ecology, 26(9): 1432-1437.

第 15 章 退化生态系统生态修复规划

退化生态系统(degraded ecosystem)指生态系统的结构和功能在自然和人为干扰下形成的偏离自然状态的生态系统。在这种干扰下，生态系统来不及自然恢复，且持续性和渐进性生态系统功能及自我维持性受到损伤(任海等，2019；任海和彭少麟，2001)。退化生态系统中生物多样性降低，生产力不断下降，食物网破裂，物质循环和能量循环降低，系统稳定性随之降低，其结构和功能的退化严重制约着人类和自然的可持续发展。采取适当的修复和恢复措施，修复退化生态系统结构和功能，是当前人类面临的一个重要挑战，因此联合国环境规划署和联合国粮农组织在 2021 年“世界环境日”共同启动“联合国生态系统恢复十年(2021—2030)”倡议，旨在推动全球重要生态系统的修复。

我国幅员辽阔、海陆兼备，地貌类型和海域特征繁多，形成了森林、草原、湿地、河湖、山地等复杂多样的自然生态系统，孕育了丰富的生物多样性。过去的几十年中，随着经济和社会的快速发展，生态环境遭受严重破坏，各类生态系统呈现出不同程度的退化趋势。近年来，随着人类环境保护意识的不断提高，退化生态系统的恢复成为生态学领域的研究热点，同时受到社会和管理者的广泛关注，推出了《全国重要生态系统保护和修复重大工程总体规划(2021—2035 年)》，生态系统修复规划将是未来一段时间的重点。本章将在介绍生态系统修复一般流程的基础上，就森林、草地、河湖、湿地、矿山等主要生态系统修复规划展开介绍。

15.1 森林生态修复规划

森林是由高密度树木覆被的区域，占地球陆地面积的 31%(约 40.6×10^8 hm^2)(联合国粮农组织，2022)。森林不仅是人类赖以生存和发展的重要自然资源，可提供许多物质产品和环境调节服务，如提供林木和林副产品、涵养水源、固碳释氧、净化大气环境、防风固沙、景观游憩等；也被认为是地球的基因库、碳贮库、蓄水库和能源库(罗佳等，2022；赵其国等，2015)。然而，世界范围内森林面积正在缩小(联合国粮农组织，2022)。据统计，1990—2020 年，全球有 4.2×10^8 hm^2 的森林因砍伐而消失，2000—2020 年约有 4700×10^4 hm^2 的原始森林消失(联合国粮农组织，2022)。另外，山体滑坡、火灾、洪涝、干旱、病虫害、地震、风灾等自然灾害的发生，以及以资源利用为主的森林开发与管理模式，也在不同程度上导致森林生态系统退化。《2005 年全球森林资源评估报告》中指出，每年近约 1.04×10^8 hm^2 的森林受到林火、有害生物、干旱、风雪等各种灾害的影响；其中病虫害(65.3%)和林火(26.7%)影响面积较大(张敏，2008)。同时，气候变化也是森林健康的主要风险，例如，研究表明森林火灾和虫害的发生率和严重程度正在加剧(赵其国等，2015；魏晓霞，2021)。因而，在全球森林面积锐减与森林生态系统退化背景下，遏制毁林、开展森林生态修复已成为人类应对全球气候变化、生物多样性丧失、水土流失等多重危机的必经之路。

2022 年，我国现有林业用地约 32 000×10^4 hm^2，森林面积 2.31×10^8 hm^2，人工林面积 8 760×10^4 hm^2，森林覆盖率 24.02%，森林蓄积量 194.93×10^8 m^3，但森林生态系统总体仍较为脆弱。近年来，国家和地区颁布了大量的森林保护和修复执行标准，如 2019 年国务院印发的《天然林保护修复制度方案》，2021 年印发的《东北森林带生态保护和修复重大工程建设规划(2021—2035 年)》。保护与修复森林生态系统是我国推进生态文明建设和生态保护修复的重要内容。

15.1.1　森林生态修复规划概念和目标

15.1.1.1　森林生态修复概念

森林生态修复(forest ecosystem restoration)是对已丧失或受损的森林生态系统进行恢复、重建和质量提升的一系列过程。森林生态修复强调以森林生态系统自组织和自调节能力为主，以人工调控能力为辅。对于立地条件丧失殆尽的区域，人工调控是修复森林生态系统结构与功能的基础。

15.1.1.2　森林生态修复目标

森林生态修复旨在通过自然恢复、造林再造林、封育抚育、农林混作等技术，采取保护、修复和利用等途径，提高森林覆盖率，改善森林群落结构和健康水平，改善栖息地及生境质量，提升森林生态服务功能(姜长龙等，2016)。一方面，以近自然林业理论和森林生态演替规律为基础，通过保护保育和人工辅助修复手段，使受损害的森林生态群落加速正向演替进程，恢复到树种结构优、系统动态稳定、适应当地自然地理条件的顶极群落。另一方面，通过工程建设，增加森林覆盖率和生产力，提升林区居民经济收入，增加生境、缓冲带或生态廊道，控制土壤侵蚀、保护河流水质和提供洁净水源，促进生物多样性保育。最终，通过动态监测、适度经营和适应性修复手段，不断修复和提升受损森林的生态系统功能，最终使森林的生态效益和社会经济效益有机结合，实现森林的可持续利用。

针对现阶段我国森林生态系统状况，《全国重要生态系统保护和修复重大工程总体规划(2021—2035 年)》中明确指出森林生态修复的总体规划目标：“到 2035 年森林覆盖率达到 26%，森林蓄积量达到 210×10^8 m^3，天然林面积保有量稳定在 2×10^8 hm^2 左右。”其中，天然林作为我国森林资源的主体，2019 年中共中央办公厅、国务院办公厅印发的《天然林保护修复制度方案》中明确，天然林生态修复的目标是加快完善天然林保护修复制度体系，确保天然林面积逐步增加，天然林生态系统得到有效恢复、质量持续提高、功能稳步提升；到 2050 年全面建成以天然林为主体的健康稳定、布局合理、功能完备的森林生态系统，满足人民群众对优质生态产品、优美生态环境和丰富林产品的需求。

15.1.2　森林生态修复规划一般步骤

森林生态修复规划的一般步骤主要有森林基础调查与诊断、确定受损森林修复目标和

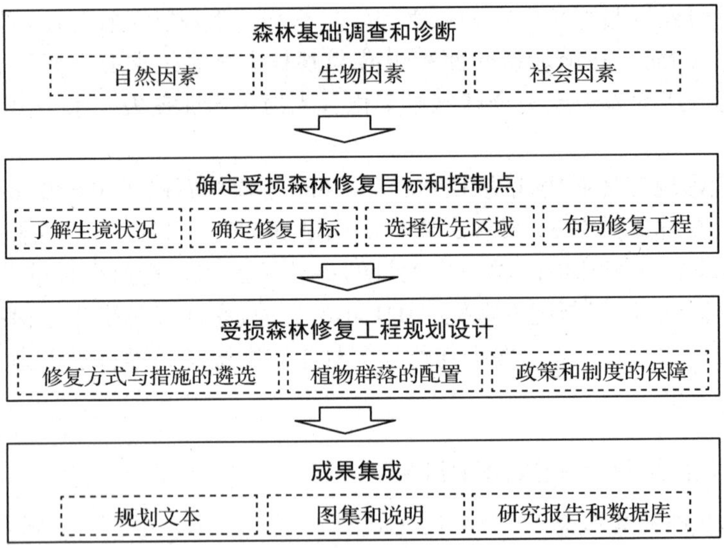

图 15-1 森林生态修复规划一般步骤

控制点、受损森林修复工程规划设计、成果集成(图 15-1)。

(1)森林基础调查和诊断

包括拟修复区域的自然状况、社会经济状况、土地利用现状、森林资源状况调查等环境背景调查，受损森林现场踏查、森林灾害情况、区域生态需求和农户意愿等。在此基础上进行受损森林退化程度、脆弱性与原因诊断，包括自然因素、生物因素和社会因素等。

(2)确定受损森林修复目标和控制点

确定修复范围，了解修复以前的生境状况，根据调查分析明确的问题，结合上位专项规划或区域总体规划等，设定森林修复目标。选择优先修复的区域和修复的具体目标，明确主要任务及重点项目安排，合理布局修复工程实施与管控单元。

(3)受损森林修复工程规划设计

根据森林修复的国家或相关地方政府和有关部门的政策要求和技术规范，确定修复工程布局、宜林地选择、修复方式(如自然恢复、人工辅助修复、生态重建)与技术措施遴选等；针对不同森林修复重点项目，根据森林受损状况、自然环境条件、人类干扰活动状况等综合条件，因地制宜地选择宜林地和相应的修复措施，合理设计和配置植物群落(重点是物种/品种的引种和筛选设计)等；提出保障森林修复完成任务目标的保障政策、制度等。

(4)成果集成

将上述各方面的成果，按照森林生态修复领域相关技术规范与要求，编制和形成规划文本、说明、图集、基础研究报告、数据库等成果。

15.1.3 森林生态修复策略和措施

15.1.3.1 森林生态修复策略

(1)自然恢复

当森林生态系统受损状况未超负荷，并在可逆的情况下，可采用封禁管理、自然恢复的策略。根据受损森林所处的演替和发育阶段、生态区域特点等，实施封禁保育措施，限制开荒垦殖等人工干扰，促进植被自然恢复。该策略能够在较低的人力、资金短缺的山区实现绿化增速，能够在保护物种多样性的同时，增强生态效应。目前，封山育林策略主要适用于培育疏林地、难以实现人工造林的高山陡坡和岩石裸露地等(赵彬，2022)。

(2)人工促进修复

当森林生态系统受损严重时，可采用封禁与人工改造、引种更新相结合，使退化的森林生态系统恢复到一定的功能水平，最终达到自我维持的状态。因地制宜选择乡土树种，通过人工栽植或播种及整地等措施，改善林地立地质量；通过造林、抚育、改造、补植、更新、泽伐、修枝、管理等手段，优化林分结构，调整林木竞争关系，更新改造恢复退化生态系统。

(3)人工重建

当森林生态系统受损严重，不能进行自然恢复和人工促进修复时，可采用人工重建森林生态系统。主要包括对宜林地及采伐迹地的造林和再造林恢复森林植被，以及与农耕地等形成斑块化或镶嵌化景观等，如农林混作、退耕还林、生态廊道、河流和湖边的护岸缓冲林带等。

(4) 科学经营与管理

采用科学管理与经营策略，实现森林生态修复的可持续发展。通过科学的森林资源经营与管理，天然林保育经营，人工林近自然经营，最终实现我国林地的定向、稳定、丰产、优质、高效、持续发展。综合经营和管理，进行林地保护、森林防火、林业有害生物防控等森林保护修复活动，推进生态文明建设，实现中华民族永续发展。

(5)综合策略

采用自然恢复和人工修复管理的综合措施进行受损森林的生态修复。对于退化人工公益林，采取补植等措施使纯林向混交林演替，从而形成稳定的群落结构。对于退化人工商品林，采取松土除杂、平茬促萌、林木嫁接、施肥、防旱排涝等措施促进商品林的复壮。对于退化景观林，采取补植、修枝措施提高其景观效果。对于退化严重的次生林，采取封禁措施和人工手段优化林分结构，从而使林下幼苗更新。

15.1.3.2　森林生态修复措施

森林生态修复技术措施从生态系统组分视角划分为非生物环境要素修复技术与生物群落恢复技术(表 15-1)。非生物环境要素修复技术措施包括土壤修复(土壤改良、表土稳定等)、水体修复(控制污染、节水技术等)和大气修复(烟尘控制、生物吸附等)等措施，通过从源头控制土壤、水和大气污染，改善环境条件，减缓对森林生态系统的影响；生物群落恢复技术措施包括物种选育引种(选育繁殖、引种驯化等)、种群调控(分类保护、动态调控等)和群落营造(结构优化、演替控制等)。在森林生态修复实践中，同一项目(如自然恢复、造林再造林、封育抚育、林农混作等)可能会运用到多种上述技术措施。

我国地域辽阔，不同地区自然地理条件差异很大，退化森林生态修复的主要措施也存在一定的差异性。寒温带退化森林强调遏制天然林砍伐和完善林网保护和建设，暖温带森林退化生态系统则综合运用工程措施和生物措施治理水土流失、采用退耕还林恢复森林植被，亚热带退化森林生态系统强调停止天然林砍伐、控制水土流失、建设水源涵养林等，西南亚热带高山退化森林生态系统强调生物和工程措施并举，通过封山育林治理和人工种植发展水源涵养林、用材林和经济林等，而热带退化森林生态系统主要强调保护、恢复和建设红树林等。

表 15-1　森林生态修复的具体措施

类型	对象	措施	要点
非生物措施	土壤	土壤改良	土壤肥力恢复技术、土壤结构熟化技术、化学改良技术、生物堆肥技术等
		水土流失控制	坡面水土保持林技术、生物篱笆技术、土石工程技术等
	大气	大气污染控制	烟尘控制技术、生物吸附技术等
	水体	水体污染控制	物理处理技术、化学处理技术、生物处理技术等
生物措施	物种	物种选育、引入	基因工程、引种驯化、先锋树种引入、种子库引入、乡土种种苗库建设等
	种群	种群保护、调控	就地保护、迁地保护、分区保护；种群规模、结构、密度等的调控；种群竞争等行为控制等
	群落	群落结构优化配置与组建	林分改造(补植补播、调整改造、抚育改造、复壮改造、效应带改造等)，林下更新(林隙间伐和均匀间伐)等
		群落演替和恢复	封山育林(全封式封山育林、半封式封山育林和轮封式封山育林)等

15.2　草地生态修复规划

草地是地球陆地面积最大、分布最广泛的多功能生态系统。草地不仅为人类提供了肉、奶、皮、毛等具有直接经济价值的产品，同时具有调节气候、涵养水源、防风固沙、生物多样性保育、初级生产力和碳固持等极其重要的生态服务功能。据统计，世界草地总面积 52.5×10^8 hm^2，占地球陆地总面积的40.5%(不包括格陵兰岛和南极)，储存了陆地生态系统总碳量的34%，维持着30%的净初级生产力，提供了全球约30%~50%的畜产品。草地主要分布在干旱和半干旱区，占干旱和半干旱区总面积88%，养育了25%的世界人口(白永飞等，2020)。我国是世界草地资源大国，拥有草地总面积近 2.65×10^8 hm^2，草原综合植被覆盖度达到50.32%，是我国最大的陆地生态系统和最重要的绿色生态屏障。

随着人类对草地资源不合理的开发利用和索取，草地生态系统受到极大破坏，致使草地生态系统服务功能受损。相应的，草地生态系统为人类提供的福利大幅减少，直接威胁到人类的可持续发展(赵同谦等，2004；黄青等，2010)。草地生态系统受损主要包括人为和自然两个方面的原因。人为原因是指长期以来过高的家畜数量使草地超载过牧，另外还包括农牧民为获得生物所需能源对草原植被进行垦殖、割刈、耧草以及污染等干扰。而草原自然条件恶劣，春季干旱，夏季少雨，冬季严寒，自然灾害频发，这是造成草原退化的主要自然因素。人为因素和自然因素综合作用给草原的生态稳定性带来负面影响，导致世界各国的草地出现普遍退化。就我国而言，约有90%的天然草地处于不同程度的退化之中，其中严重退化草地占 60%以上(白永飞等，2020)。随着"山水林田湖草沙一体化系统化治理"概念提出，加快退化草地生态系统修复成为推进我国受损生态系统修复、保证国家生态安全的重要内容之一。

15.2.1　草地生态修复概念和目标

草地生态修复(rangeland ecological restoration)是指通过人工措施，使退化草地修复或接近原有草地生态功能和生产功能的过程。其中，近自然修复(close-to-natural restoration)是退化草地修复的重要方法，是按照草地植物的自然分布规律及生长特点，采取较少人为干预措施，促进退化草地植被修复的方法(参见《退化草地修复技术规范》GB/T 37067—2018)。

退化草地修复的目标是在构建草地基本组分(优势种与关键种)的基础上，激发草地的自组织过程，进而恢复草地的基本群落结构(植物、动物和土壤生物群落)和物种多样性，最终实现草地生态系统过程和多功能性的恢复。

15.2.2　草地生态修复规划一般步骤

在退化草地的修复实践中，需要确定一些重要规划的一般步骤或程序。恢复退化草地的规划程序框架如下(王德利等，2019；吴次芳等，2019)：①明确恢复对象、确定系统边界，确定需要修复的主体。②草地生态系统退化诊断，分析退化原因、退化类型、退化过程、退化阶段、退化强度。③草地生态系统修复目标和标准，调查历史上原生草地生态系统系统，设定参照系统，或者结合上位专题规划或区域总体规划等设定的草地生态修复的任务性目标，确定总体目标、具体目标和具体指标，确定保护修复标准。④草地生态系统修复方案设计，根据当地的自然状况、生态适宜性、立地环境、施工季节和施工工艺的难易程度等，充分吸收相关领域专家与本地居民的知识与经验，充分考虑当地居民的利益、权益与满意度，设计修复方案和措施。⑤成果集成，集成上述各方面成果，按照要求，依据相关领域规划编制技术规划，形成规划文本、说明、图集、研究报告、数据库等成果。

15.2.3　草地生态修复策略和措施

15.2.3.1　草地生态修复策略

退化草地生态修复的策略有：①近自然修复；②人工促进修复；③综合修复。近自然修复是指基于生态学理论，通过科学有效的人工辅助及管理措施，依靠自然生态过程，把退化生态系统恢复到物种组成、多样性和群落结构与地带性群落接近的生态系统，从而实现恢复后生态系统结构和功能的多样性、稳定性和可持续性。人工促进修复是指通过人工辅助措施恢复退化生态系统，如补播、施肥等。综合修复是指采取两种或两种以上的措施进行修复的策略。

15.2.3.2　草地生态修复措施

(1)封育

将退化草地封闭，禁止放牧等人为干扰，使草地以自身的恢复能力进行修复。根据草地面积及草地退化程度分为多年或 1~3 年逐块轮换封育。可通过设置围栏保护。在世界的许多退化草地，多采用草地封育的恢复方式。这种恢复类似于农田的“休耕”，即对草地进行围栏休牧或休割，不施加任何其他人工措施，经过数年乃至更长的时间使草地自然恢复。

(2)禁牧

对过度放牧利用的退化，草地或打草场等特殊利用的草地，以年为单位采取政策性、政令性及制度性等措施，实行一年以上禁止放牧利用。以草地初级生产力、植被盖度、当地草原的理论载畜量作为解除禁牧的主要参考指标。围封禁牧的优点是简单易行，通过行政命令可以实施。其缺点也很明显，围封禁牧只强调了草地恢复，没有考虑牧民的实际生产需求。因此，围封禁牧区有些牧民在夜间偷牧现象时有发生，从而影响了实施效果。通过围封禁牧恢复草原通常需要较长时间，对牧民的生产和生活影响较大，特别是草场面积很小的牧户，所以在生产上推广起来难度较大。

(3)休牧

对退化草地，在春季植物返青期或夏末秋初，通过设置围栏或其他方式管理家畜进入，以当地植物物候期确定开始和结束休牧的时间，休牧期一般不少于45 d。在我国北方草原，季节性休牧主要包括春季休牧和秋季休牧两种方式。春季休牧是指每年牧草返青期(4月下旬至6月中旬)停止放牧，使牧草能够尽快进入快速生长期。秋季休牧是指每年秋季牧草进入结实期，停止放牧，使牧草的种子得以成熟入土，以维持草地土壤种子库具有充足的种源。

(4)轮牧

对于轻、中度退化草地，根据天然草产量确定载畜量，规划放牧时间、轮牧周期、草场利用方式等，将放牧草地划为若干分区进行轮替放牧，亦可分季节轮流放牧。在我国草甸草原区，每家牧户的草场以6~8个轮牧小区为宜，每小区每次放牧5~7 d，轮牧周期40 d，轮牧频次为4次，每个生长季的轮牧时间是6月4日至11月12日，放牧时间为160 d。在典型草原区，每家牧户草场的轮牧小区数目以6~10个为宜，每小区每次放牧5~8 d，轮牧周期50 d，轮牧频次为3次，轮牧时间是5月28日至10月28日，放牧时间为150 d左右。

(5)松耙

对于以根茎型禾草或根茎—疏丛型禾草为主的中度退化草甸或草甸草原，宜在春季进行松耙，耙深6~8 cm，松耙后立即用镇压器镇压地面，禁牧2年以上。可采用机引圆盘耙、缺口重耙和松土补播机等。松耙主要作用如下：清除草地地面的枯枝残草，促进嫩枝和根茎型植物生长；耙松草层和土壤表层，有利于通气和水分渗入；减少土壤水分的蒸发，起到保墒作用；消灭杂草和寄生植物；有利于草地植物的天然下种和人工补播。

(6)划破草皮

对于以根茎型禾草为主的中度退化草地，宜在早春土壤解冻或秋季进行，采用机具进行划破，深度以10 cm为宜，行距30~60 cm为宜。禁牧2年以上，翌年后可适度割草利用。划破草皮可以改善土壤通气和透水性能，提高土壤肥力；使根茎型、根茎疏丛型优良牧草大量繁殖；有助于牧草的天然播种，利于草地自然复壮。

(7)浅耕翻

对重度退化的根茎型禾草草地，羊草等根茎型草每平方米株数不少于10株，宜在雨季进行浅耕翻，耕翻深度不得超过 15 cm。干旱年份或降水量过大不宜耕翻，对于有土壤侵蚀风险的地区宜采用带状浅耕翻方式，带宽 30 m，带间距 5 m。禁牧 2 年以上，翌年后可适度割草。

(8) 补播

在年降水量不少于 250 mm 的地区，对中度和重度退化草地，宜在雨季来临前，选用适宜草种，实施免耕补播或松土补播。禁牧 2 年以上。补播翌年后可适度割草利用。补播改良是退化草原修复的重要措施，是在退化草地土壤中播种一些适应性强、营养价值高的优良植物物种，增加草原植被覆盖度、物种多样性，从而提升草原生产力并提高草场质量。草地补播既可以在不破坏草地植被的情况下通过散播进行(免耕补播)，也可以结合浅耕和松耙进行(耕翻补播)。免耕补播与耕翻补播不同之处在于对原生植被破坏小甚至不破坏，草原土壤基本无翻垡，也可以快速改良草原植被组成。免耕补播不仅能够迅速提高草原生产力和物种多样性，还可以防止水土流失、提高草原碳汇功能、减少草原生物灾害的发生。

(9) 施肥

对于土壤贫瘠的轻、中度退化草地或打草场，在融雪水浸灌和土壤解冻时或雨季，采用沟施、撒施有机肥料或无机肥料等方法进行草地养分补充，施肥量视土壤肥力、植物需肥量确定。目前，草地施肥因草地类型、肥料种类、施肥量和施肥时间而存在较大争议。主要包括：①草原气候干旱，没有灌溉，能否施肥。②如果可以施肥，草原面积辽阔，该如何施肥。③即使解决了上述施肥问题，经济效益又如何体现。我国的草地施肥技术还处于起步阶段，既能促进草地恢复，又不带来环境或其他问题是草地施肥的关键。

(10) 鼠害防治

鼠害防治技术主要有生态防治、机械防治、生物防治和化学防治。生态防治的核心是研究害鼠生活习性，通过对害鼠生存环境和食物来源的干预和控制，达到控制和减少害鼠种群数量的目的。机械防治是利用机械捕鼠器械杀灭害鼠的措施，常见的机械防治器械有弹簧鼠夹、弓形鼠夹和捕鼠活套。生物防治的核心是利用动植物及微生物与害鼠之间的关系实现控制害鼠种群数量的防治办法。化学防治是采用化学药剂灭杀害鼠的防治方法。与其他防治措施相比，化学防治具有投入成本低、灭杀效果好和作用效果及时等优势。目前为止，化学防治是主要的害鼠防治手段之一。

(11) 虫害防治

防治方法有物理防治、机械防治、药剂防治和综合防治。物理防治主要利用害虫的趋光性进行光源诱捕，在虫害严重的区域设置诱捕器，诱捕到一定数量的害虫后集中进行无害化处理，降低成虫数量及排卵量。机械防治是利用机械设备对草原地区的害虫进行捕杀，属于应急性防治，防治成本低，对环境的污染小，防治效率比物理诱捕高。药剂防治虫害见效较快，但草原面积较大，需用无人机低空喷洒药剂，药剂喷洒过程中对自然环境及周边的种养殖业发展都会造成一定影响，须严格控制药剂喷洒频率和药品剂量配比。综合防治是根据草原的实际情况，进行草原生态保护，需花费较长时间，但防治效果好。

(12) 综合修复

为加快退化草地恢复的速度，可采取两种或两种以上的综合方式进行修复。

15.3 河流生态修复规划

河流(淡水)生态系统是由水体、陆地环境两部分构成的，包含动、植物点状要素、水体河床等线状要素以及湖泊、支流、湿地等面状要素，是生态网络的重要组成部分(胡光亮，2022)。淡水生态系统，为数十亿人提供食物、水和能源，保护我们免受干旱和洪水的侵袭，并为大量的动植物提供独特的栖息地，其中包括三分之一的脊椎动物物种(UNEP，2021)。此外，纵横交错的河湖生态系统还构成了天然的淡水网络，发挥着重要的生态廊道作用。

由于人类活动的影响，包括化学品、塑料和污水的污染，过度捕捞和过度取水，以及传统意义上以满足经济发展需求为主的水利工程对河流生态系统的负面影响，使得河流湖泊等淡水生态系统结构的完整性、持续性、稳定性和多样性遭到不同程度的破坏，河流生态环境承受着巨大的压力，并使得流域社会经济可持续发展受到严重制约(彭静等，2007；刘福全等，2021)。迄今为止，世界上只有三分之一的大河仍然可以自由流动，其余河流或多或少受到水坝和其他基础设施的影响，使得生存其中的鱼类以及其他野生动物迁移变得十分困难，三分之一的淡水物种面临灭绝的威胁(UNEP，2021)。改善河湖生态环境，为淡水生物的生存提供适宜环境，是实现生态系统良性循环，人类可持续发展的重要任务之一。

就我国而言，淡水生态系统面临着水资源供给结构性矛盾突出，部分地区水资源过度开发，经济社会用水大量挤占河湖生态水量，水生态空间被侵占，流域区域生态保护和修复用水保障、水质改善、生物多样性保护等面临严峻挑战。一些地区长期大规模超采地下水，形成地下水漏斗区，引发地面沉降、海水入侵等生态环境问题。部分城市过度挖湖引水造景，加剧水资源紧缺，破坏水系循环。全国废污水排放总量居高不下，不少河流污染物入河量超过其纳污能力，部分地区地下水污染严重等众多问题，保护和恢复河湖等淡水生态系统迫在眉睫。

15.3.1 河流生态修复规划概念和目标

“自然”是河流生态治理过程中的关键词，自20世纪30年代以来，西方国家就开始了对河流水质治理和河流污染防控的生态修复工程，并相继提出了“近自然河溪治理”“近自然河道治理工程学”“多自然型河道生态修复技术”“河流自然化”等概念与工程技术理论方法(高甲荣，2004；董哲仁，2004；高甲荣等，2002；胡静波，2009)，因此，河流生态修复(river ecosystem rehabilitation)可以定义为“通过调整河流生态系统的形态、结构、功能以及潜在的生态过程，以达到恢复至接近原有的水生态条件”(王薇等，2003)。具体来说，河流生态修复即基于自然的解决方案理念，利用生态系统自我修复过程进行生态功能的修复，其修复原理主要通过水文要素诱发河流水生态系统的自我修复和维持，减少修复后水生态系统对人类外部支持的依赖，提升水生态系统的适应性和可持续性(李恒义等，2020)。

河流生态修复的目标不是打破原有的生态结构和功能创造新的生态系统，而是要立足于江河生态现状，以遵循自然规律为前提，在掌握各大河流生态受损程度的基础上，运用现有的修复理念和先进技术，达到对河流生态近自然状态的修目标，以维持河流生态系统的健康良性循环。因此，河流生态系统修复所要达到的目标即河流生态系统的主导变量为天然水流，使水流尽可能接近天然流态，实现河流生态系统的自我维持，并可提高生态系统价值和生物多样性(董哲仁，2006；彭静等，2007)。

15.3.2　河流生态修复规划一般步骤

河流生态修复规划的主要步骤也可以分为现状调查、生态问题识别与诊断、保护修复目标设立、方案设计、成果集成等。

(1)现状调查

对河流在区域内的生态功能定位、自然生态环境状况以及河流流经区域的社会经济状况等进行调查。其中，区域生态功能包括水源涵养、水土保持、生物多样性维护、防风固沙、海岸防护等。自然生态环境状况包括本地气候条件、地形地貌、水文特征、土壤及水体的物理和化学性质等。

(2)生态问题识别与诊断

在现状调查的基础上，分析研判河流面临的主要生态问题及问题之间的关联性，科学诊断河流生态系统受损程度、面临的生态胁迫、影响因素及与相关生态系统的关联性，确定河流生态系统生态问题的严重性、紧迫性，进行河流生态系统恢复力评价，确定需要修复的关键要素、关键区域等。

(3)保护修复目标设立

确定河流生态系统的历史状况或选取周围河流生态系统参照系，或者结合上位专题规划或区域总体规划等设定河流生态修复的任务性目标，重点从河流生态环境质量改善效率、安全格局构建、工程项目任务完成量等方面制定河流生态修复的策略和指标体系。

(4)方案设计

强化源头控制、过程阻控、末端治理等多个环节的系统修复、综合治理，综合采取水源涵养、水源地保护、污染源控制、水体水质净化、河湖水系连通、河岸缓冲带修复等措施，重塑健康自然的弯曲河岸线，恢复自然深潭浅滩和泛洪漫滩，营造多样性生物生存环境，统筹推进河流生态修复，提升河流生态功能。

(5)成果集成

集成上述各方面成果，按照要求，依据相关领域规划编制技术规划，形成规划文本、说明、图集、研究报告、数据库等成果。

15.3.3　河流生态修复策略和措施

15.3.3.1　河流生态修复策略

河流生态系统修复核心是在河流中创造各类生物适宜生存的生境条件，形成各种生物群落结构优化、配比合理、系统稳定的河流生态系统。基于河流生态系统的受损机制以及河流生态系统的复杂性、多变性和非线性的特点，总体上说，河流水环境生态修复主要通过以下 3 个方面来完成(董哲仁等，2009；刘福全等，2021)。

(1)恢复河流形态多样性

河流湖泊地貌学特征的改善包括：恢复河流的纵向连续性和横向连通性；保持河流纵向蜿蜒性和横向形态的多样性；外移堤防给洪水以空间并扩大滩地；退耕还湖和退渔还湖；采用生态型护坡以防止河床材料的硬质化。

(2)河流生物多样性修复

在保证河流多样性的同时，也要对河流生物多样性进行修复。生物物种的恢复包括：濒危、珍稀、特有生物物种的保护；河湖水库水陆交错带植被恢复；鱼类等水生生物资源的恢复。

(3)水污染修复

水质条件、水文条件的改善包括：水量、水质条件的改善，水文情势的改善，水力学条件的改善，点、面源污染控制。通过水资源的合理配置以维持河流河道最小生态需水量。通过污水处理、控制污水排放、生态技术治污、提倡源头清洁生产、发展循环经济以改善河流水系的水质。提倡多目标水库生态调度，即在满足社会经济需求的基础上，模拟自然河流的丰枯变化的水文模式，以恢复下游的生境。

15.3.3.2　河流生态修复措施

通常将河流修复措施分为物理、化学和生物 3 大类型。一是化学措施包括化学除藻、絮凝沉淀、重金属化学固定等。二是物理措施包括曝气复氧、疏挖底泥、机械除藻、引水冲淤等。三是生物修复措施有微生物强化技术、水生生物法、人工湿地法、人工浮岛技术、生态滤床、稳定塘、人工水草技术等。此外，应及时清理河道垃圾，对于生态脆弱区应对水耗、水产资源等进行可持续性规划，实施出入管制，并对水生植物、河岸缓冲带等进行恢复。

从河流水生态修复技术的不同应用环节进行分类，可将河流修复工程技术措施分为以下几类(战玉柱等，2018)。

①污染基底修复工程技术　分为原位处理工程技术和异地处理工程技术，其中原位处理工程技术主要包括调水冲污、底泥覆盖、底泥化学固化等；异地处理工程技术主要是清淤疏浚，可以快速有效地去除水体外源污染。

②岸坡生境修复工程技术　最常用的是河道生态护坡工程修复，主要为采用自然属性较强的材料作为主体结构，结合适宜生态护岸结构采用的块石、生态混凝土、植草砌块、石笼、土工合成材料等，构筑可以抵抗水流淘刷侵蚀的结构，同时适合植物的生长和自然演替。

③河道缓冲带修复工程技术　其关键是确定缓冲带的宽度和植被群落的结构。

④河流水质净化技术　其中原位水质净化技术主要有生物膜技术、生态浮床技术、沉水植物修复技术、投加微生物菌剂修复技术等；异位水质净化技术主要有人工湿地系统技术、生态砾石床技术等。目前常用的水质净化主要有生态拦截工程技术、湿地植物净化技术、水生动物净化技术、人工浮岛技术和人工湿地净化技术等。

15.4　湿地生态修复规划

受人类活动的长期干扰和破坏，湿地正面临大规模快速退化，人类活动占用和改变湿地用途成为湿地退化的主要原因，而围垦和基建占用是导致湿地面积大幅度减少的最关键因素。随着人类对湿地功能的认识，如提供水资源、调蓄洪水、涵养水源、降解污染物、调节气候、美化环境、保护生物多样性和提供生产生活资源等，人们开始重新规划和利用湿地。然而，湿地生态修复与规划是一个系统工程，需要从景观尺度和立地条件综合考量，针对具体目标，在满足基本要求前提下，坚持基本原则，基于基本策略，制定科学可行的修复方案。

15.4.1　湿地生态修复规划概念和目标

15.4.1.1　湿地修复概念

湿地修复(wetland restoration)是指通过适当的生物措施、工程措施、生态技术，改善受损湿地生态系统内的生态环境因子使其恢复到原有生态服务水平，构建完整的湿地生态系统结构，以达到减缓湿地生态系统的退化速度和程度，实现湿地生态系统自我维持并发挥生态功能(吴季松，2018)。2016 年，国务院办公厅发布《湿地保护修复制度方案》，指出建立湿地保护修复制度，全面保护湿地，强化湿地利用监管，推进退化湿地修复，提升全社会湿地保护意识，为建设生态文明和美丽中国提供重要保障。

15.4.1.2　湿地恢复的目标

通常认为湿地生态恢复的总体目标是逐步恢复退化湿地生态系统的结构和功能，最终达到湿地生态系统的自持状态(吴季松，2018)，并增强湿地涵养水源、增加碳汇、净化水质、蓄洪抗旱、调节气候、维护生物多样性等功能，维持湿地生态系统健康。理想情况下，湿地恢复目标应该以特定类型湿地的自然生态功能为标准，然而很多情况下这种标准很难找到，所以常常需要人为确定可以实现的目标，并以此为恢复工作的参照(Zedler, 2000)。维持湿地生物多样性和改善水质两个目标有时候需要进行整体协调，如在富营养化湿地环境中，常需要通过阻控和去除水体营养物质来实现湿地的恢复，同时应避免或减少因水质净化过程所导致的生物多样性丧失。

15.4.2　湿地生态修复规划一般步骤

湿地生态修复设计的内容包括地点选择标准、水文分析、水源头和质量、基层扩大和管理、缓冲地带安排和长远规划等(吴季松，2018)。参考江西省地方标准《湿地修复与建设技术规程》(DB36/T 1378—2021)，湿地修复规划的一般步骤如下：

(1)受损湿地生态调查

包括水文、水质、基底、动植物、保护与管理、利用状况、受损因子、受损程度等调查。

(2)受损湿地胁迫因子识别

包括基建和城市建设、围垦、泥沙淤积、污染、过度捕捞和采集、非法狩猎、水利工程和引排水的负面影响、盐碱化、外来物种入侵、过度放牧、过度采伐、沙化等。

(3)受损湿地诊断和修复目标设定

主要通过受损因子和受损类型等综合诊断，受损因子通常包括湿地水文、湿地水环境、湿地生境、湿地植被、湿地土壤。主要受损类型包括湿地填埋、水系隔断、水体破碎化、水面萎缩、边岸硬化、底床破坏(采砂、收割水草、非法清淤)、河底破碎化、湿地植被受损、污水排放、水流受阻(桥墩、挡坝)、面源污染、生物多样性减少、鸟类栖息地破坏、水土流失、重金属污染、营养缺失等。综合考虑相关上位专题规划和区域规划设定的任务和目标，重点从湿地生态环境改善效率，工程项目完成量等方面提出修复目标及指标体系。

(4)受损湿地修复措施和方案设计

针对湿地生态系统主要生态环境问题，依据国家、相关地方政府及有关部门政策要求和技术规范制定湿地修复的措施和方案，具体可能涉及湿地水文修复、湿地水环境修复、湿地生境修复、湿地植被修复、湿地土壤修复等内容。

(5)成果集成

集成上述各方面成果，按照要求，依据相关领域规划编制技术规划，形成规划文本、说明、图集、研究报告、数据库等成果。

15.4.3 湿地生态修复策略和措施

15.4.3.1 湿地生态恢复基本策略

湿地生态恢复可采用自然恢复结合人工修复的策略，但是不同的湿地类型，恢复的指标体系及相应策略亦不同。湿地恢复策略经常由于决策者缺乏科学的知识而被阻断，特别是对湿地丧失的原因、湿地的自然性及控制因素、生物体对控制要素的反应等认识还不够清楚。因此，获得对湿地水动力的理解，以及评价不同受损类型的生态效应，是决定恢复策略的关键(崔保山等，1999)。

(1)沼泽湿地

泥炭开采、农业开发和城镇扩建会使泥炭沼泽湿地受损和丧失。若要发挥沼泽在流域系统中原有的调蓄洪水、滞纳沉积物、净化水质、美学景观等功能，必须根据沼泽湿地的价值，重新调整和配置沼泽湿地的形态、规模和位置。同时，合理恢复和重建具有多重功能的沼泽湿地，又不浪费人力和物力，需要科学的策略和合理的生态设计。

我国东北内陆沼泽恢复研究与实践表明，水文、生物连通的阻断是沼泽退化的决定性因素，水文和地貌条件改变是沼泽退化的关键驱动力。科研人员据此创建了以土壤种子库和生物完整性为核心的自然恢复与人工辅助恢复选择的判定方法，研发和筛选了基于水土精准调控的生物群落定向快速恢复技术，并以微地形修饰为核心构建了复合生境近自然构建技术(武海涛等，2022)。

(2)河流及河岸缓冲带湿地

面对陆地化过程及其污染不断加剧的现状，河流及河岸缓冲带湿地恢复的目标应主要集中在减小洪水危害和水质净化上。通过疏浚河道、再自然化河漫滩湿地、增加水流的持续性、防止侵蚀或沉积物进入等来控制湿地陆地化；通过切断污染源及加强非点源污染净化等措施恢复河流水质；通过恢复湿地与河流的连接，为湿地供水，利用洪水的干扰，结合水文过程(如水的周期、深度、年或季节变化、滞留时间等)改善水质，加快恢复。

(3)湖泊湿地

湖泊是静水水体，尽管其面积不难恢复到先前水平，但其水质恢复却十分困难。水位变化、营养盐浓度升高和藻类等颗粒物增多是湖泊湿地水体生态环境恶化的主要原因。光照条件是决定沉水植物生长与分布的关键因素，而水体富营养化或风浪引发的水体中沉积物悬浮会使水下光照条件变差，从而导致沉水植物无法正常生长。由于湖泊自净作用比河流弱，仅仅切断污染源是远远不够的，水体尤其是底泥中的毒物很难自行消除，这不仅需要进行点源、非点源污染控制，还需要进行污水深度处理及生物调控。

(4)红树林湿地

红树林沼泽在稳定滨海线及防止海水入侵等方面起着重要作用，其也是许多物种的栖息地。但由于各种人为破坏等，红树林面积正在不断地缩小。为恢复这一重要的生态系统，关键在于严禁红树林滥伐及矿物开采、保持陆地径流的合理方式、保证营养物的稳定输入等。

红树林的恢复主要依靠自然定植和人工造林，自然定植需要附近有可以传播到恢复区域的繁殖体(Lewis and Gilmore，2007)。在淡水充足和营养丰富的区域，附近的繁殖体就可以通过自然恢复重建红树林。在淡水来源少、营养盐含量低或高盐等胁迫环境中，红树林的恢复需要靠施肥和人工造林等方式来实现。人工造林的关键是选择本地物种，以适应种植区域生态环境，特别是水文条件和盐度状况(Ellison，2000；彭逸生等，2008)。

15.4.3.2 湿地生态修复措施

湿地生态系统修复的重点是针对天然湿地面积萎缩，水质下降，生物多样性减少，调蓄能力减弱等问题，以增加湿地面积、增强湿地生态功能，维护湿地生物多样性为核心目标，坚持自然恢复为主，结合人工修复的方式，调控湿地结构和功能，实现湿地生态系统的自持状态。生态恢复工程措施包括污染清理、土地整治、地形地貌修复、湿地岸线维护、河湖水系连通、植被恢复、野生动物栖息地恢复、污染水体与污染土壤修复、拆除围网、生态移民、湿地有害生物防治、完善湿地监测网络等。同时湿地恢复措施，也应该结合建立自然保护区，完善湿地保护法制及保护政策，增强群众生态文明意识，逐步实现湿地恢复目标。湿地生态修复具体分为以下几个方面。

(1)湿地水文修复

针对水系隔断、水体破碎化、水面萎缩等受损类型，采取水文联通、蓄水防渗、生态补水、退塘还湿、清淤疏浚等技术措施。具体为：利用遥感与建模找出制约水文连通的关键节点，采取淀底清淤和疏通水道等工程措施以提升水体交换能力与水文连通性(孙博闻等，2022)。打造多样化的缓坡地形，增加半淹区面积，并对湿地底部做防漏渗层(刘芷兰等，2022；李宗亚等，2020)。根据当地历史降水量、径流，以及水资源利用等因素进行综合评估，确定合理的补水量(魏健等，2020)。对于原本存在优势植物和杂草生长的塘堤，如果鱼塘距离天然湿地较近则退塘还湿；通过人力或机械进行水下土石方挖掘，实现河湖等水域的疏通、扩宽或挖深，达到清除水体底部淤泥的目的(邵晓龙等，2022)。

(2)湿地水环境修复

针对污水排放、水流受阻、面源污染、水体富营养化等受损类型，采取生态拦截、湿地植物净化、水生生物净化、人工浮岛、人工湿地净化等技术措施。具体为：在主要入水口处，增补拦截栅网，增设生物过滤膜、生态浮岛、风光曝气装置，沿地表径流路径设置区域土壤渗滤带，降解面源污染。通过物理拦截、生态降解、微生物代谢的三级水质净化系统，对污染物进行拦截、削减和末端治理；构建湖岸植被缓冲带，截留、消纳入湖的面源污染(荀翡翠等，2019)；同时，也可采用多级综合生物净化水体技术来调控水质(孙成渤等，2010，2017)。选择合适的材料，适合的植物类型和多种植物相结合的人工浮岛，也能实现水体中污染物的去除(肖安明等，2022；杨文焕等，2019)。

(3)湿地生境修复

针对河底硬化、边岸硬化、底床破坏、湿地填埋等受损类型，采取控制水量和水位、恢复河道自然走势、破除堤坝和破碎化硬质的河底与边岸、修复湖滨沼泽等技术措施。具体为：通过调节水力停留时间和水位变化、改善水动力条件和水流流态等技术措施，以期达到更好的水流冲刷效果(李晓琳等，2022)。根据湿地特性、空间多样、缓急分流、降速沉淀，兼顾水体流动性及建设用地保护等因素，整理场地地形，增加水岸线长度和小微湿地负地形，合理控制水深，形成丰富的水陆过渡接触面，塑造适合湿地生态发育的水生、陆生及过渡生态空间(李宗亚等，2020)。针对破碎化硬质的河底可采取清淤、壤土回填、多孔性微生物载体铺设，以及地形营造等技术改善水下的基底，也可在现状河道河底再次挖深，在挖深后形成的区域修复并营造水生态环境(齐成红等，2016)。针对破碎化硬质的边岸采取边坡整理、护坡工程和径流拦截沟渠构建等措施改善岸坡的基底(李晓琳等，2022)。

(4)湿地植被修复

针对湿地植被受损、鸟类栖息地破坏、生物多样性减少等受损类型，采取自然修复、物种选择、林草植被再生、土壤种子库引入等技术措施。具体为：尽量保留现状植被，以乡土植被为主进行湿地生态修复，遵循自然演替的规律，循序渐进地完善陆地与水生植物群落，形成从陆地到水中的和谐生境(方小山等，2019)。选择植被时要保留成熟的本地植被，新栽植的植物种类要选择本地陆生和水生植物，尽量降低对周边环境的威胁，防止外来生物的入侵(白金等，2022)。土壤种子库可为植被恢复提供一定的种源，但土壤种子库与地上植被相似性较低时，受外界干扰因素的影响，其自我恢复的潜力也相应较低，因此常考虑引入外源种子库提升群落恢复的潜力(王东丽等，2022)。

(5)湿地土壤修复

针对重金属污染、营养缺失、水土流失等受损类型，采取土壤生物自净、土壤改良和防渗基质建设等技术措施。具体为：种植富集污染物，并转移水平较高的植物，或采取多级生物吸附、迁移、转化的方法吸附去除重金属(曾欢等，2022)。采取施加有机肥、生物菌肥和生物炭等提高土壤养分和团聚体稳定性，也可施用生物有机改良剂来改善退化湿地土壤的环境条件(李凤梅等，2022；张倩等，2019)。防渗基质建设，可根据需要的水力传导率，选择不同黏性的土壤，并覆以 50 cm 左右的砂性土壤，压实处理，也可因地制宜，采用合适的防渗膜铺设工艺等技术措施(崔丽娟等，2011)。

15.5　矿山迹地生态修复规划

矿产资源开发引发、产生和加剧了矿山地质环境问题，其类型、表现形式、严重程度等，与开发的矿产资源种类(石油天然气、煤矿、金属矿产、石材类、水泥灰岩类、卤水盐矿类等)、开发方式(露天、井下开采)、区域地质环境条件(山地型、黄土高原型、戈壁沙漠型、平原盆地型)、开采规模等因素密切相关(徐友宁，2008；卞正富等，2022)。对于矿山开采导致的生态破坏问题，较早的关注点是土地问题。除此之外，矿产资源的开发对地貌造成的破坏可能会进一步引发地面塌陷、地裂缝、崩塌、滑坡和泥石流等地质灾害；同时，采矿过程中所产生的有害物质对于地下水、地表水以及大气都会造成严重的污染，并进一步危害人类的生命健康。因此，废弃矿山土地如果不加以修复，不但难以利用，而且存在安全隐患(鲜纪绅等，2009)。早在 2006 年，国际自然保护联盟(IUCN)、国际采矿及金属协会(ICMM)就联合发表了如何在采矿过程的各个环节实施环境友好的采矿策略，并指出闭矿后生态修复是整个采矿活动的闭环工作之一(ICMM，2006)。

15.5.1　矿山迹地生态修复规划概念与目标

15.5.1.1　矿山迹地生态修复概念

矿山迹地（mining wasteland)也称矿山废弃地、采矿废弃地、矿区废弃地等，是指为采矿活动所破坏的，未经治理而无法使用的土地，包括露天采矿场、排土场、尾矿场、塌陷区以及受重金属污染而失去经济利用价值的土地等(鲜纪绅等，2009)。广义的矿山生态修复(mine ecological rehabilitation)包括生态重建、生态修复与生态保护(卞正富等，2022)，具体来说，矿山生态修复指依靠自然力量或通过人工措施干预，对因矿产资源开采活动造成的地质安全隐患、土地损毁和植被破坏等矿山生态问题进行修复，使矿山地质环境达到稳定、损毁土地得到复垦利用、生态系统功能得到恢复和改善。此外，矿山生态修复规划作为国土空间的专项规划之一，是明确矿山修复功能定位的顶层设计，是指导矿山修复建设工程、土地整治及用途管制的重要依据，也是位于国土空间规划体系中承上启下的关键环节。

在规划尺度层面上，矿山生态修复规划则是从宏观、中观、微观等不同尺度对不同范围内已关闭矿山的生态系统恢复与构建、土地再利用方式、修复技术方法、工程建设规模等内容在时间、空间上进行科学合理的安排与布局。

15.5.1.2　矿山迹地生态修复目标

矿山生态修复的总体目标是把因矿产资源开采而破坏的生态系统作为一个整体，依据矿山周边区域生态系统功能重要性、人居环境与经济社会发展状况，综合考虑自然条件、地形地貌条件、矿山生态问题及其危害程度等，坚持山水林田湖草沙一体化系统治理的理念，依靠自然恢复能力，结合必要的人工修复措施，对矿产资源开发造成的生态破坏进行生态修复与综合治理，消除地质安全隐患，改善水土环境，有效恢复生态功能。具体来说，矿山生态修复的目标包括以下三个方面：

①保障安全，消除隐患　矿山生态修复规划以消灾除隐为基本任务，开展矿山地质环

境整治，保障人居环境安全，防止次生地质灾害，减少水土流失。

②恢复生态，优化景观　因地制宜，遵循自然恢复为主、人工修复为辅的方针，逐步修复受损山体，恢复地表植被。

③统筹谋划，综合利用　综合矿区用地条件和资源特色，谋划矿区及周边区域的更新再利用途径。

15.5.2　矿山迹地生态修复规划一般步骤

矿山迹地生态修复的内容一般包括以下几个方面：基础调查、问题与诊断、目标分析、矿山生态修复方案编制与实施、矿山生态修复与管护监测、生态修复成效评估。

(1)基础调查

矿山迹地基础调查范围应充分体现生态系统的完整性，统筹考虑矿山所在的地理单元和生态工程空间。调查内容主要包括自然生态状况、矿山概况和矿山生态问题，对于一些成因类型复杂、生态影响严重的重大问题应开展专项调查。自然生态状况调查包括矿山所在生态单元的区域自然生态条件、矿山地质环境条件和矿山生态状况。矿山生态状况调查包括水体、土体、植被和动物等。矿山概况调查包括矿山名称、地理位置、矿山面积、建矿时间、闭坑或废弃时间、开采矿类与矿种、采区范围、开采深度层位、方式、规模以及矿山周边已实施的修复治理工程情况等。矿山生态问题调查主要包括因矿山开采造成的地质安全隐患、土地损毁、水资源破坏和生态退化。

(2)问题与诊断

矿山主要生态问题包括地质安全隐患、土地损毁、水资源破坏、生态退化等问题。分析矿山所在区域自然生态状况，建立矿山恢复参照生态系统，将矿山生态问题与参照生态系统进行对比，分析矿山生态问题的分布、规模、特征、严重程度和危害等。

(3)目标分析

根据矿山调查和问题诊断明确的突出问题，结合专题规划或区域总体规划设定矿山迹地生态修复的任务目标，主要从地质安全隐患消除、生态环境改善、损毁土地利用等方面，定性或定量给出约束性指标和引导性指标。

(4)矿山生态修复方案编制与实施

矿山生态修复方案应在完成基础调查与问题识别的基础上编制。为了更好地实现修复效果，首先应在一定的指标体系(如气候、土壤、生物等)基础上，针对不同的被污染区域进行生态环境分区(张进德等，2020；万强，2021)；之后，根据矿山迹地实际现状，确定地质安全隐患消除方案，土地整治方案，水体治理方案，植被恢复方案等，其中，植被等绿色工程应该被作为矿山生态环境修复的核心，因其关系到整个生态系统的后续发展方向。对于矿山重大生态问题，应单独给出生态修复专项工程技术方案，明确工程措施。按照轻重缓急、分阶段实施的原则，提出工程总体部署和分年度实施计划，测算工程量。

(5)矿山生态修复监测与管护

矿山生态修复工程验收合格后，应根据矿山生态修复目标，做好后期管护工作，管护内容主要包括工程设施维护和植被养护。同时，为保证生态修复效果，应对修复后的矿山实行实时跟踪监测，主要监测内容包括：地质稳定性监测、水环境监测、土壤环境监测、植被群落监测、动物群落监测。后期管护工作，也应跟据监测结果及时做出相应调整。

(6)生态修复成效评估

矿山生态修复成效评估主要从生态效益、社会效益、经济效益三个方面进行。根据监测结果，生态效益评估主要考虑矿山地质稳定性、水环境、土壤环境、植被群落和动物种群五个方面。社会效益评估主要考虑矿山周边居住环境、公众环保意识、就业渠道、防灾减灾能力、社会关注度、群众满意度等方面。经济效益评估主要考虑工程投入产出比、土地增值、居民收入增长率、旅游收入增长率等方面。

15.5.3　矿山迹地生态修复策略和措施

15.5.3.1　矿山迹地生态修复策略

目前，在国内外针对矿山改造的成功案例很多，综合其不同功能与特性，主要有以下几种类型：复垦造田类、废弃矿山转为建设用地类、废弃矿山转为生态景观类、生态恢复类、引水造湖类等。

(1)复垦造田类

废弃矿山转换为农用地。主要在平原区，对于位置偏僻的煤炭和建材型非金属废弃矿山，满足矿区开采前主体为农业土地利用类型，开采后水土污染较轻、土壤质量下降较小、土壤肥力无明显损失且水资源较为丰富等条件，可采取土地平整措施，“挖深垫浅”、“划方整平”，将其整理成为农业用地，耕种当地优势农作物，恢复土地的生产能力。根据2015 年国土资源部颁布的《历史遗留工矿废弃地复垦利用试点管理办法》工矿废弃地复垦为耕地的，应与区域内建设占用耕地耕作层剥离再利用相结合。对存在污染风险的复垦项目，实施前应开展土壤污染调查与评价。严禁将存在严重污染隐患且在短期内无法修复的工矿废弃地复垦为耕地。

(2)废弃矿山转化为建设用地类

位于城镇或城乡接合部附近的废弃矿山，满足露天开采、地面较平整、地表坡度较平缓或者井工开采、采空区已回填、轻微塌陷区已达稳沉状态等条件，可采取相应工程措施，进行地基稳定处理，消除崩滑流等地质灾害隐患后用作建设用地。将矿山环境治理与土地开发利用相结合，将其建设成商业住房、工业开发区等，缓解城市用地紧张问题，促进城市转型发展(张进德等，2020)。根据自然资源部发布的《自然资源部关于探索利用市场化方式推进矿山生态修复的意见》，历史遗留矿山废弃国有建设用地修复后拟改为经营性建设用地的，在符合国土空间规划前提下，集体经济组织可自行投入修复，也可吸引社会资本参与。

(3)废弃矿山转换为生态景观类

将废弃矿山转化为生态景观模式，通常是指在原有矿业迹地的基础上对其进行矿山公园的规划，规划过程统筹考虑采矿过程中所引起的地质问题、土壤和水体污染等生态问题，采用生物技术以及建设工程技术对其进行修复。在城镇附近、自然生态景观良好或拥有悠久矿业开发历史和丰富矿业文化底蕴的矿业园区，可以通过创建生态景观公园、矿山主题公园等方式，以特色休闲旅游为主导，将自然景观资源与矿山文化资源相结合，提升城市生态品质，打造城市旅游品牌。

(4)对废弃矿山进行自然封育

对位于人迹罕至的偏僻地域或生态脆弱敏感区的废弃矿山，不宜大面积开展人工整治修复工程或将矿区平整复垦为农业用地、建设用地。应以自然修复为主，主要采取封育手段，限制人类活动对于矿区生态环境影响，自然恢复矿区原有生态系统结构与功能。

15.5.3.2　矿山迹地生态修复措施

矿山迹地生态修复的主要措施可以概括为消除地质安全隐患措施、自然恢复措施、辅助再生措施、土壤修复、植被修复等方面。

(1)消除地质安全隐患

采取清理、疏导、拦挡、固化等工程措施消除矿山废弃渣土安全隐患；采取爆破清除、锚固、拦挡、支护等工程措施消除矿山危岩体安全隐患；采取坡体锚固、削坡卸荷、垫脚堆坡、坡脚拦挡、疏导排水等工程措施消除矿山不稳定边坡隐患；采取爆破、拆除、回填、封堵、加固、综合利用等工程措施消除矿山废弃井口安全隐患；采取回填、整平等工程措施消除矿山地表开裂和地面塌陷坑安全隐患。

(2)自然恢复措施

采取封闭修复场地、拆除废弃设施等措施，消除影响自然修复的生态胁迫因子，禁止在修复场地内翻土、取石、搬运、垦殖等人类活动，排除外在干扰，依赖场地和周边生态系统自我修复和演替，恢复植被和生物群落。

(3)辅助再生措施

采取人工辅助措施进行土地平整和植物引种或补种，修复生态系统。通过坡面修整、采坑回填、废石(渣)清理、土壤改良、截排水等人工辅助措施进行场地的土地整治，改善土壤功能，为植被恢复提供条件；对于植被种群组成与密度不合理、健康状况差、自然更新能力不足的场地，筛选适地先锋植物物种，采取补植、补播、抚育、间伐、杂灌草清除等人工辅助措施，加快场地生态系统结构和功能的修复。禁止引入对当地生物多样性造成威胁的外来物种。

(4)土壤修复

土壤修复包括地貌重塑和土壤重构两个方面，修复通常涉及物理、化学、生物、生态等技术措施。重构土壤应具有适宜的土壤剖面和土壤肥力因素，能在较短的时间内恢复和提高重构土壤的生产力，并改善重构土壤的环境质量。根据矿山地貌破坏方式与损毁程度，结合矿山周边地貌特点，通过地形重塑、土地整治、重构截排水系统等措施重新塑造一个与周边地貌相协调的新地貌。土壤重构应在矿山地貌重塑基础上，依靠本地的岩土条件、水热条件等，充分利用采矿剥离的表土和采矿遗留的废石(渣)、尾矿砂(渣)、粉煤灰等固体废弃物，通过培肥改良、土层置换、表土覆盖、土层翻转、化学改良、生物修复等措施，重构土壤剖面结构与土壤肥力条件。

(5)植被修复

在地貌重塑和土壤重构基础上，依据参照生态系统的生物种群特点，考虑矿山生态重建的植被适宜性、结构布局合理性和物种多样性，合理配置植物种群组成和结构，借助人工支持和诱导，重建与周边生态系统相协调的生态系统，保障植物群落持续稳定。经过多年的研究与实践，矿山生态修复过程中植被的选择与配置模式已有较为丰富的经验积累，总体而言应遵循以下原则：①选择对自然环境适应力强的抗性植物；②优先选择当地优良的乡土植物和先锋植物；③优先选择具有改良土壤肥力的固氮植物；④在确保植物发挥应有的作用时，工作人员还要考虑其美观价值。

本章小结

由于经济社会发展刚性需求，尤其是 20 世纪发展过程中先污染后治理的历史遗留问题，迄今为止，我国受损生态系统数量众多、成因类型复杂，各类生态系统破坏严重，生态修复面临诸多问题，开展受损生态系统修复规划对于推动退化生态系统的保护修复具有重要意义。一般而言，退化生态系统的修复规划可以包括调查评估、目标分析、方案设计、成果集成 4 个主要的步骤。退化生态系统的修复目标的建立必须基于原有生态系统功能和当前的破坏程度，因地制宜，实施分区修复，避免一刀切，并能综合考虑相关上位专题规划和区域规划设定的任务和目标。方案设计要针对主要生态环境问题，依据国家、相关地方政府及有关部门政策要求和技术规范制定，且准确把握好自然修复与人工修复之间的关系，坚持自然修复为主的原则，实施分类修复，合理选择生态修复方式。

思考题

1. 生态系统修复规划的一般步骤是什么？
2. 不同生态系统退化的主要原因有哪些？主要修复策略和措施有哪些？

参考文献

白金，朱江，苏莉，等，2022. 间歇性河流湿地生态修复规划研究：以云南楚雄龙川江湿地为例[J]. 湿地科学与管理，18(1)：32-36.

白永飞，赵玉金，王扬，等，2020. 中国北方草地生态系统服务评估和功能区划助力生态安全屏障建设[J]. 中国科学院院刊，35(6)：675-689.

卞正富，于昊辰，韩晓彤，2022. 碳中和目标背景下矿山生态修复的路径选择[J]. 煤炭学报，47(1)：449-459

崔保山，刘兴土，1999. 湿地恢复研究综述[J]. 地球科学进展，14(4)：358-364.

崔丽娟，赵欣胜，张岩，等，2011. 退化湿地生态系统恢复的相关理论问题[J]. 世界林业研究，24(2)：1-4.

董哲仁，孙东亚，彭静，2009. 河流生态修复理论技术及其应用[J]. 水利水电技术，40(1)，2-9，28.

董哲仁，2004. 试论生态水利工程的基本设计原则[J]. 水利学报(10)：3-8.

董哲仁，2006. 试论河流生态修复规划原则[J]. 中国水利，559(13)：11-13.

方小山，王艺锦，2019. 珠江三角洲城市群地区湿地公园生境营造途径思考[J]. 西部人居环境学刊，34(3)：42-52.

高甲荣，肖斌，牛健植，2002. 河溪近自然治理的基本模式与应用界限[J]. 水土保持学报(6)：84-87，91.

高甲荣，2004. 近自然治理——以景观生态学为基础的荒溪治理工程[J]. 北京林业大学学报(1)：96-101.

苟翡翠，王雪原，田亮，等，2019. 郊野湖泊型湿地水环境修复与保育策略研究——以荆州崇湖湿地公园规划为例[J]. 中国园林，35(4)：107-111.

国家市场监督管理总局，中国国家标准化管理委员会，2018. 退化草地修复技术规范：GB/T 37067—2018[S]. 北京：中国标准出版社.

胡光亮，2022. 河流生态修复研究进展综述[J]. 现代园艺，45(3)：40-43.
胡静波，2009. 城市河道生态修复方法初探[J]. 南水北调与水利科技(2)：134-136，139.
黄青，辛晓平，张宏斌，2010，基于生态系统服务功能的中国北方草地及农牧交错带区划[J]. 生态学报，30(2)：350-356
江西省市场监管局、江西省林业局．湿地修复与建设技术规程：DB36/T 1378—2021[S]. 南昌：江西省市场监督管理局．
姜长龙，张圣坤，李顺龙，2016. 吉林省森工林区的森林生态修复工程实践[J]. 东北林业大学学报，44(1)：11-17，51.
李凤梅，郭书海，程凤莲，等，2022. 生物有机改良剂对辽河口翅碱蓬湿地滩涂土壤改良效果[J/OL]. 生态学杂志：1-8. [2022-06-20]. https://kns.cnki.net/kcms/detail/21.1148.Q.20220617.1738.041.html.
李恒义，孟琳琳，2020. 北京市“十四五”时期河流生态修复策略研究［J］. 人民黄河，42（S02）：99-101.
李晓琳，潘兴瑶，杨默远，刘波．基于生态补水的永定河流域径流变化分析[J/OL]. 北京师范大学学报(自然科学版)：1-7. [2022-12-16]. http://kns.cnki.net/kcms/detail/11.1991.N.20221012.1744.005.html.
李宗亚，李西子，罗力，等，2020. 雁栖湿地生态修复研究——以成都天府新区为例[J]. 西部人居环境学刊，35(4)：17-24.
联合国粮食与农业组织，2022. 世界森林状况概要[Z]. 2020-5-7.
刘福全，杜崇，韩旭，李瑞．2021. 国内外河流生态系统修复相关研究进展[J]. 陕西水利(9)：13-14，17.
刘芷兰，李红清，石义军，等，2022. 枯水期水位变化下菜子湖湿地生态修复技术初探[J]. 人民长江：1-7.
罗佳，黎蕾，姜芸，等，2022. 湖南省森林生态系统服务功能价值评估[J]. 生态科学，41(4)：70-77.
彭静，李翀，徐天宝，2007. 论河流保护与修复的生态目标[J]. 长江流域资源与环境，16(1)：66-71.
彭逸生，周炎武，陈桂珠，2008. 红树林湿地恢复研究进展[J]. 生态学报，28(2)：786-797.
齐成红，王铭伦，钱新举，2016. 河道硬质护岸生态修复应用趋势分析[J]. 中国水利(22)：52-53.
任海，彭少麟，2001. 恢复生态学导论[M]. 北京：科学出版社．
任海，刘庆，李凌浩，等，2019. 恢复生态学导论[M]. 3 版．北京：科学出版社．
邵晓龙，邢美楠，王金梅，等，2022. 退塘还湿生态修复效果评估——以天津七里海湿地为例[J]. 环境工程学报，16(9)：3102-3112.
孙博闻，陈巍，李娜，等，2022. 陈平．生态补水下白洋淀湿地水文连通特性研究[J]. 水利水电技术(中英文)，53(3)：134-144.
孙成渤，李建国，赵冬艳，等，2010. 循环养殖系统中多级生物处理对水质的调控作用[J]. 淡水渔业，40(3)：36-43
万强，2021. 废弃矿山生态环境修复分区与修复方案研究[J]. 世界有色金属(17)：227-228.
王德利，郭继勋，2019. 松嫩盐碱化草地的恢复理论与技术[M]. 北京：科学出版社．
王德利，王岭，辛晓平，等，2020. 退化草地的系统性恢复：概念、机制与途径[J]. 中国农业科学，53(13)：2532-2540.
王东丽，郭莹莹，谢伟，等，2022. 风沙黄土区排土场不同恢复类型植物群落与土壤种子库特征[J]. 水土保持研究，29(5)：171-177.
王薇，李传奇，2003. 景观生态学在河流生态修复中的应用[J]. 中国水土保持(6)：36-37.
魏健，潘兴瑶，孔刚，等，2020. 基于生态补水的缺水河流生态修复研究[J]. 水资源与水工程学报，31(1)：64-69，76.

魏晓霞，2021. 关于我国森林生态系统保护和修复的思考[J]. 林草政策研究，1(1)：28-33.
吴次芳，肖武，曹宇，等，2019. 国土空间生态修复[M]. 北京：地质出版社.
吴季松. 2018. 湿地修复规划理论与实践[M]. 北京：中国建筑工业出版社.
武海涛，姜明，吕宪国，等，2022. 湿地保护和修复的基础理论及关键技术问题——第 289 期双清论坛[J]. 湿地科学，20(1)：128-132.
鲜纪绅，杨忠，熊东红，等，2009. 西藏矿山迹地环境问题及其治理[J]. 安徽农业科学，37(16)：7636-7638.
徐友宁，2008. 矿山地质环境调查研究现状及展望[J]. 地质通报，27(8)：1235-1244.
曾欢，张华，丁明军，等，2022. 鄱阳湖典型湿地土壤—植物系统重金属沿湖向富集及迁移转换特征分析[J]. 环境科学(2)：1-16.
战玉柱，孙奇，徐缇，胡惠良，苏庆. 2018. 河道疏浚淤泥综合处置思路研究——以苏州市为例[J]. 江苏水利 (11)：26-30，34.
张进德，郗富瑞，2020. 我国废弃矿山生态修复研究[J]. 生态学报，40(21)：79251-7930.
张敏，夏朝宗，陈雪峰，等，2008. 世界各国森林资源发展状况及启示[J]. 林业资源管理 (1)：112-116.
张倩，刘冰洁，余璐，等，2019. 生物炭对滨海湿地盐碱土壤碳氮循环的影响[J]. 自然资源学报，34(12)：2529-2543.
赵彬，2022. 封山育林在林业生态工程建设中的应用探讨[J]. 温带林业研究，5(2)：48-50.
赵其国，黄国勤，王礼献，2015. 中国南方森林生态系统的功能、问题及对策[J]. 森林与环境学报，35(4)：289-296.
赵同谦，欧阳志云，贾良清，等，2004. 中国草地生态系统服务功能间接价值评价[J]. 生态学报，24(6)：1101-1110.
中共中央办公厅与国务院办公厅，2019. 天然林保护修复制度方案[Z]. 2019-7-23.
中华人民共和国国家统计局，2021. 中国统计年鉴 2021 [M]. 北京：中国统计出版社.
ELLISON A M，2000. Mangrove restoration：do we know enough[J]? Restoration Ecology，8 (3)：219-229.
LEWIS R R，GILMORE R G，2007. Important considerations to achieve successful mangrove forest restoration with optimum fish habitat[J]. Bulletin of Marine Science，80(3)：823-837.
ICMM，2006. Good Practice Guidance for Mining and Biodiversity[EB/OL]. https：//www.cbd.int/development/doc/Minining-and-Biodiversity.pdf.
UNEP(United Nations Environment Programm)，2021. Ecosystem Restoration Playbook. A practical guide to healing the planet[EB/OL]. https：//www.nuoverigenerazioni.eu/images/GuidaPratica_ Ecosystem_ Restoration_ Playbook.pdf.
ZEDLER J B. 2000. Progress in wetland restoration ecology[J]. Trends in Ecology & Evolution，15(10)：402-407.
WU J，VANKAT J L，BARLAS Y，1993. Effects of patch connectivity and arrangement on animal metapopulation dynamics：a simulation study[J]. Ecological Modelling，65：221-254.